"十二五"普通高等教育本科国家级规划教材
普通高等教育"十一五"国家级规划教材
普通高等教育电子设计系列规划教材

EDA 技术与 VHDL 设计
（第 2 版）

徐志军　王金明
　　　　　　　　　　编著
尹廷辉　徐光辉　苏　勇

电子工业出版社
Publishing House of Electronics Industry
北京·BEIJING

内 容 简 介

本书根据电子信息类课程教学和实验要求,以提高学生的实践动手能力和工程设计能力为目的,对 EDA 技术和 VHDL 设计的相关知识进行系统和完整的介绍。全书共 10 章,主要内容包括：EDA 技术概述、可编程逻辑器件基础、典型 FPGA/CPLD 的结构与配置、原理图与宏功能模块设计、VHDL 设计输入方式、VHDL 结构与要素、VHDL 基本语句与基本设计、VHDL 设计进阶、数字接口实例及分析、通信算法实例及分析等。本书内容新颖,技术先进,由浅入深,既有关于 EDA 技术、大规模可编程逻辑器件和 VHDL 硬件描述语言的系统介绍,又有丰富的设计应用实例。本书提供配套电子课件、程序代码和习题参考答案。

本书可作为高等学校电子、通信、雷达、计算机应用、工业自动化、仪器仪表、信号与信息处理等学科本科生或研究生的 EDA 技术或数字系统设计课程的教材和实验指导书,也可作为相关科研人员的技术参考书。

未经许可,不得以任何方式复制或抄袭本书之部分或全部内容。
版权所有,侵权必究。

图书在版编目(CIP)数据

EDA 技术与 VHDL 设计 / 徐志军等编著. —2 版. — 北京：电子工业出版社,2015.2
普通高等教育电子设计系列规划教材
ISBN 978-7-121-25178-8

Ⅰ. ①E… Ⅱ. ①徐… Ⅲ. ①电子电路—电路设计—计算机辅助设计—高等学校—教材 ②VHDL 语言—程序设计—高等学校—教材 Ⅳ. ①TN702 ②TP312

中国版本图书馆 CIP 数据核字(2014)第 298387 号

策划编辑：王羽佳
责任编辑：王羽佳   文字编辑：王晓庆
印　　刷：北京盛通商印快线网络科技有限公司
装　　订：北京盛通商印快线网络科技有限公司
出版发行：电子工业出版社
　　　　　北京市海淀区万寿路 173 信箱　邮编：100036
开　　本：787×1092　1/16　印张：20.75　字数：600 千字
版　　次：2009 年 1 月第 1 版
　　　　　2015 年 2 月第 2 版
印　　次：2021 年 7 月第 10 次印刷
定　　价：45.00 元

凡所购买电子工业出版社图书有缺损问题,请向购买书店调换。若书店售缺,请与本社发行部联系,联系及邮购电话：(010)88254888。
质量投诉请发邮件至 zlts@phei.com.cn,盗版侵权举报请发邮件至 dbqq@phei.com.cn。
服务热线：(010)88258888。

前　言

EDA（Electronic Design Automation，电子设计自动化）技术是 20 世纪 90 年代以来迅速发展起来的电子设计新技术，它以可编程逻辑器件为载体，以计算机为工作平台，以 EDA 软件工具为开发环境，以硬件描述语言（HDL）为电子系统的功能描述方式，以电子系统设计为目标，在教学、科研，以及大学生电子设计竞赛等应用场合中起着越来越重要的作用。

EDA 技术目前成为电子类本科生必须掌握的专业基础知识与基本技能，国内许多高校的相关学科已将 EDA 技术作为一门重要的专业基础课程。随着教学改革的深入，对 EDA 课程教学的要求也在不断提高，为与 EDA 技术的发展相适应，必须对教学内容进行更新和优化。

我们认为在 EDA 教学中应注意如下几点。

首先，要明确最基本的教学内容，并突出重点。EDA 技术教学的目的是使学生掌握一种通过软件的方法来高效地完成硬件设计的设计技术，应以培养学生的创新思维和设计思想为主，同时使学生掌握基本的设计工具和设计方法。

其次，要改进教学方法。EDA 教学应主要以引导性教学为主，合理安排理论教学和实验教学的学时比例，使学生能够理论联系实际，提高实践动手能力和工程设计能力。

再次，要注重教学实效。EDA 课程具有很强的实践性，针对性强的实验应该是教学的重要环节，应格外重视 EDA 实验的质量。

基于以上的认识，我们安排了本书的章节，本书是以可编程逻辑器件、EDA 设计工具、VHDL 硬件描述语言三方面内容为主线展开的，贯穿其中的则是现代数字设计的新思想、新方法。

本书是在普通高等教育"十一五"国家级规划教材《EDA 技术与 VHDL 设计》基础上编写的，全书共 10 章，主要内容涵盖了 EDA 技术的硬件资源、软件操作和设计应用。

第 1 章对 EDA 技术做了综述，介绍了 EDA 技术的发展、EDA 设计流程及 EDA 技术涉及的领域。第 2 章介绍可编程逻辑器件的基本概念、结构组成和工作原理，可编程逻辑器件的编程工艺及测试技术等。第 3 章具体介绍 Altera 公司典型的 FPGA/CPLD 器件的结构与配置。第 4 章介绍使用集成工具 Quartus II 软件进行设计开发的过程，并介绍宏功能模块的设计与应用。第 5 章介绍基于 VHDL 的设计过程及 VHDL 综合工具的使用方法。第 6 章介绍 VHDL 的语法、结构与要素。第 7 章介绍 VHDL 的语句及常用组合电路、时序电路的 VHDL 设计。第 8 章结合具体实例介绍用 VHDL 进行设计的方法。第 9 章是用 VHDL 进行数字接口开发的实例。第 10 章是数字通信常用算法与模块的设计实例。

为了方便使读者能够较系统、完整地学习 EDA 技术，掌握 EDA 设计基本技能，本书从教学的角度出发，尽量将有关 EDA 技术的内容编入书中，并力求内容精炼，语言通俗易懂。读者也可以根据实际需要，节选学习书中的部分内容，然后再通过相关 EDA 技术书籍的学习，达到掌握 EDA 技术的目的。

本书的教学可安排 32~40 学时，其中第 1 章占 2 学时，第 2 章占 4 学时，第 3 章占 4 学时，第 4 章占 4 学时，第 5 章占 4 学时，第 6 章占 4 学时，第 7 章占 4~6 学时，第 8 章占 2~4 学时，第 9 章占 2~4 学时，第 10 章占 2~4 学时。建议安排 8~16 学时的实验，第一个实验可安排 EDA 工具软件的使用方法。此外，各学校也可根据自己的教学计划适当调整学时安排。本书提供配套电子课件、程序代码和习题参考答案等教学资源，请登录华信教育资源网（http://www.hxedu.com.cn）注册下载。

本书由徐志军教授主编，并编写第1、2章，第3、4、5章由王金明编写，第6、7章由尹廷辉编写，徐光辉编写了第8章，苏勇编写了第9、10章，全书由徐志军统稿。南京航空航天大学的王成华教授审阅了全书，并提出了修改意见和建议，杭州电子科技大学的潘松老师也给予了支持和帮助，我们在此表示衷心的感谢！

本书是几位老师在多年EDA教学经验的基础上精心编写而成的，虽经很大努力，但由于作者水平所限，加之时间仓促，书中错误与疏漏之处在所难免，真诚地希望同行和广大读者批评指正。

作　者

2015年2月

目 录

第1章 EDA技术概述 ··················· 1
  1.1 EDA技术及其发展历程 ········· 1
  1.2 EDA技术的特征和优势 ········· 3
    1.2.1 EDA技术的基本特征 ········ 4
    1.2.2 EDA技术的优势 ············ 6
  1.3 EDA设计的目标和流程 ········ 7
    1.3.1 EDA技术的实现目标 ········ 8
    1.3.2 EDA设计流程 ·············· 8
    1.3.3 数字集成电路的设计 ········ 9
    1.3.4 模拟集成电路的设计 ······· 10
  1.4 EDA技术与ASIC设计 ········ 11
    1.4.1 ASIC的特点与分类 ········ 11
    1.4.2 ASIC的设计方法 ·········· 12
    1.4.3 SoC设计 ················· 15
  1.5 硬件描述语言 ················· 18
    1.5.1 VHDL ···················· 18
    1.5.2 Verilog HDL ·············· 19
    1.5.3 AHDL ···················· 19
    1.5.4 Verilog HDL和VHDL的比较 ····· 20
  1.6 EDA设计工具 ················· 20
    1.6.1 EDA设计工具分类 ········· 21
    1.6.2 EDA公司与工具介绍 ······ 22
  习题1 ····························· 25

第2章 可编程逻辑器件基础 ········ 26
  2.1 概述 ·························· 26
    2.1.1 可编程逻辑器件发展历程 ··· 26
    2.1.2 可编程逻辑器件分类 ······ 27
    2.1.3 可编程逻辑器件的优势 ···· 30
    2.1.4 可编程逻辑器件的发展趋势 ···· 30
  2.2 PLD器件的基本结构 ·········· 32
    2.2.1 基本结构 ················ 32
    2.2.2 电路符号 ················ 33
    2.2.3 PROM ··················· 34
    2.2.4 PLA ····················· 35
    2.2.5 PAL ····················· 36
    2.2.6 GAL ···················· 37
  2.3 CPLD/FPGA的结构特点 ······ 38
    2.3.1 Lattice公司的CPLD/FPGA ···· 39
    2.3.2 Xilinx公司的CPLD/FPGA ···· 41
    2.3.3 Altera和Actel公司的 CPLD/FPGA ·············· 43
    2.3.4 CPLD和FPGA的异同 ····· 44
  2.4 可编程逻辑器件的基本资源 ··· 45
    2.4.1 功能单元 ················ 45
    2.4.2 输入-输出焊盘 ············ 46
    2.4.3 布线资源 ················ 47
    2.4.4 片内RAM ··············· 48
  2.5 可编程逻辑器件的编程工艺 ··· 49
    2.5.1 熔丝型开关 ·············· 50
    2.5.2 反熔丝型开关 ············ 50
    2.5.3 浮栅编程器件 ············ 51
    2.5.4 基于SRAM的编程器件 ··· 53
  2.6 可编程逻辑器件的设计与开发 ··· 54
    2.6.1 CPLD/FPGA设计流程 ····· 54
    2.6.2 CPLD/FPGA开发工具 ····· 56
    2.6.3 CPLD/FPGA的应用选择 ··· 58
  2.7 可编程逻辑器件的测试技术 ··· 61
    2.7.1 边界扫描测试原理 ········ 61
    2.7.2 IEEE 1149.1标准 ·········· 62
    2.7.3 边界扫描策略及相关工具 ··· 65
  习题2 ···························· 66

第3章 典型FPGA/CPLD的结构与配置 ···· 67
  3.1 Stratix高端FPGA系列 ········· 67
    3.1.1 Stratix器件 ··············· 67
    3.1.2 Stratix II器件 ············ 70
  3.2 Cyclone低成本FPGA系列 ···· 73
    3.2.1 Cyclone器件 ············· 73
    3.2.2 Cyclone II器件 ··········· 77
  3.3 典型CPLD器件 ··············· 83
    3.3.1 MAX II器件 ············· 83

· V ·

3.3.2　MAX 7000 器件 ·············· 84
3.4　FPGA/CPLD 的配置 ················ 86
　　3.4.1　CPLD 器件的配置 ············ 87
　　3.4.2　FPGA 器件的配置 ············ 88
习题 3 ································· 92

第 4 章　原理图与宏功能模块设计 ········ 93
4.1　Quartus II 原理图设计 ·············· 93
　　4.1.1　半加器原理图输入 ············ 93
　　4.1.2　半加器编译 ·················· 96
　　4.1.3　半加器仿真 ·················· 98
　　4.1.4　全加器设计与仿真 ··········· 100
4.2　Quartus II 的优化设置 ············· 101
　　4.2.1　Settings 设置 ················ 101
　　4.2.2　分析与综合设置 ············· 103
　　4.2.3　优化布局布线 ··············· 103
　　4.2.4　使用设计助手检查设计可靠性 ··· 109
4.3　Quartus II 的时序分析 ············· 111
　　4.3.1　时序设置与分析 ············· 111
　　4.3.2　时序逼近 ···················· 114
4.4　宏功能模块设计 ···················· 116
　　4.4.1　Megafunctions 库 ············ 116
　　4.4.2　Maxplus2 库 ················ 125
　　4.4.3　Primitives 库 ················ 126
习题 4 ································ 128

第 5 章　VHDL 设计输入方式 ·········· 131
5.1　Quartus II 的 VHDL 输入设计 ······ 131
　　5.1.1　创建工程文件 ··············· 132
　　5.1.2　编译 ······················· 133
　　5.1.3　仿真 ······················· 134
5.2　Synplify Pro 的 VHDL 输入设计 ···· 136
　　5.2.1　用 Synplify Pro 综合的过程 ··· 137
　　5.2.2　Synplify Pro 与 Quartus II 的
　　　　　接口 ······················· 141
5.3　Synplify 的 VHDL 输入设计 ······· 141
习题 5 ································ 144

第 6 章　VHDL 结构与要素 ············ 145
6.1　实体 ······························ 145
　　6.1.1　类属参数说明 ··············· 146
　　6.1.2　端口说明 ··················· 147

6.1.3　实体描述举例 ··············· 148
6.2　结构体 ···························· 149
　　6.2.1　结构体的命名 ··············· 149
　　6.2.2　结构体信号定义语句 ········· 150
　　6.2.3　结构体功能描述语句 ········· 150
　　6.2.4　结构体描述方法 ············· 150
6.3　VHDL 库 ·························· 152
　　6.3.1　库的种类 ··················· 152
　　6.3.2　库的用法 ··················· 153
6.4　VHDL 程序包 ····················· 155
　　6.4.1　程序包组成和格式 ··········· 155
　　6.4.2　VHDL 标准程序包 ·········· 156
6.5　配置 ······························ 157
　　6.5.1　默认配置 ··················· 157
　　6.5.2　结构体的配置 ··············· 159
6.6　VHDL 文字规则 ··················· 161
　　6.6.1　标识符 ····················· 161
　　6.6.2　数字 ······················· 162
　　6.6.3　字符串 ····················· 162
6.7　VHDL 数据类型 ··················· 163
　　6.7.1　预定义数据类型 ············· 163
　　6.7.2　自定义数据类型 ············· 165
　　6.7.3　用户自定义的子类型 ········· 167
　　6.7.4　数据类型的转换 ············· 167
6.8　VHDL 操作符 ····················· 169
　　6.8.1　逻辑操作符 ················· 169
　　6.8.2　关系操作符 ················· 169
　　6.8.3　算术操作符 ················· 170
　　6.8.4　并置操作符 ················· 171
　　6.8.5　操作符重载 ················· 171
6.9　数据对象 ························· 172
　　6.9.1　常量 ······················· 172
　　6.9.2　变量 ······················· 173
　　6.9.3　信号 ······················· 174
　　6.9.4　文件 ······················· 174
习题 6 ································ 175

第 7 章　VHDL 基本语句与基本设计 ···· 176
7.1　顺序语句 ························· 176
　　7.1.1　赋值语句 ··················· 176
　　7.1.2　IF 语句 ···················· 176

7.1.3 CASE 语句 ………………………… 179
7.1.4 LOOP 语句 ………………………… 180
7.1.5 NEXT 语句 ………………………… 182
7.1.6 EXIT 语句 ………………………… 182
7.1.7 WAIT 语句 ………………………… 183
7.1.8 子程序调用语句 …………………… 184
7.2 并行语句 ……………………………………… 186
7.2.1 并行信号赋值语句 ………………… 186
7.2.2 进程语句 …………………………… 189
7.2.3 并行过程调用语句 ………………… 190
7.2.4 元器件例化语句 …………………… 191
7.2.5 生成语句 …………………………… 193
7.3 VHDL 组合逻辑电路设计 …………………… 196
7.4 VHDL 时序逻辑电路设计 …………………… 202
7.4.1 触发器 ……………………………… 202
7.4.2 寄存器 ……………………………… 204
7.4.3 计数器 ……………………………… 205
7.4.4 分频器 ……………………………… 206
习题 7 ……………………………………………… 209

第 8 章 VHDL 设计进阶 …………………………… 210
8.1 VHDL 行为描述方式 ………………………… 210
8.2 VHDL 结构化描述方式 ……………………… 212
8.3 VHDL RTL 描述方式 ………………………… 215
8.4 有限状态机（FSM）设计 …………………… 216
8.4.1 Moore 和 Mealy 状态机的选择 …… 216
8.4.2 有限状态机的描述方式 …………… 218
8.4.3 有限状态机的同步和复位 ………… 226
8.4.4 改进的 Moore 型有限状态机 ……… 232
8.4.5 小结 ………………………………… 237
习题 8 ……………………………………………… 238

第 9 章 数字接口实例及分析 ……………………… 240
9.1 ST-BUS 总线接口设计 ……………………… 240
9.1.1 ST-BUS 总线时序关系 …………… 240
9.1.2 ST-BUS 总线接口实例 …………… 242
9.2 数字复接分接接口技术及设计 ……………… 246
9.2.1 数字复接分接接口技术原理 ……… 247
9.2.2 同步数字复接分接接口设计
 实例 ………………………………… 248
9.3 I^2C 接口设计 ………………………………… 254
9.3.1 I^2C 总线工作原理 ………………… 255
9.3.2 I^2C 总线接口设计实例 …………… 257
9.4 GMSK 基带调制接口设计 …………………… 263
9.4.1 GMSK 调制基本原理 ……………… 263
9.4.2 GMSK 调制实现的基本方法 ……… 265
9.4.3 GMSK 基带调制接口的实现
 代码 ………………………………… 266
习题 9 ……………………………………………… 284

第 10 章 通信算法实例及分析 …………………… 285
10.1 伪随机序列的产生、检测设计 …………… 285
10.1.1 m 序列的产生 …………………… 285
10.1.2 m 序列的性质 …………………… 286
10.1.3 m 序列发生器的 VHDL 设计 …… 286
10.1.4 m 序列检测电路的 VHDL
 设计 ………………………………… 288
10.2 比特同步设计 ……………………………… 292
10.2.1 锁相功能的自同步法原理 ……… 292
10.2.2 锁相比特同步的 EDA 实现
 方法 ………………………………… 294
10.3 基带差分编码设计 ………………………… 303
10.3.1 PSK 调制和差分编码原理 ……… 303
10.3.2 PSK 差分编码设计 ……………… 306
10.4 FIR 滤波器设计 …………………………… 312
10.4.1 FIR 滤波器简介 ………………… 312
10.4.2 使用 MATLAB 设计 FIR
 滤波器 ……………………………… 314
10.4.3 FIR 滤波器的 FPGA 普通
 设计 ………………………………… 315
10.4.4 FIR 滤波器的并行 FPGA 优化
 设计 ………………………………… 317
习题 10 …………………………………………… 323

参考文献 …………………………………………… 324

第1章 EDA技术概述

本章概要：本章主要介绍EDA技术的发展、EDA技术的实现目标、EDA设计流程和设计工具、EDA技术涉及的领域。

知识要点：（1）EDA技术的特征；
（2）EDA设计的目标和流程；
（3）"自顶向下"的设计方法；
（4）EDA技术与ASIC设计；
（5）EDA设计工具。

教学安排：本章教学安排2学时。通过本章的学习，读者可了解EDA的基本概念，熟悉EDA设计的流程，了解EDA设计工具的主要功能。

1.1 EDA技术及其发展历程

信息社会的发展离不开集成电路，当前集成电路正朝着速度快、容量大、体积小、功耗低的方向发展，实现这种进步的主要原因就是生产制造技术和电子设计技术的发展。前者以微细加工技术为代表，目前已进展到纳米阶段，可以在几平方厘米的芯片上集成数亿个晶体管；后者的核心就是EDA（Electronic Design Automation）技术，目前已经渗透到电子产品设计的各个环节。

EDA是电子设计自动化的英文缩写，是随着集成电路和计算机技术飞速发展应运而生的一种快速、有效、高级的电子设计自动化技术。EDA工具融合了应用电子技术、计算机技术和智能化技术的最新成果，主要进行三方面的辅助设计工作：集成电路（IC）设计、电子电路设计及印制电路板（PCB）设计。在数字设计领域，EDA技术就是依靠功能强大的电子计算机和EDA软件工具，对以硬件描述语言HDL（Hardware Description Language）形式给出的系统设计文件自动地进行逻辑编译、化简、分割、综合、优化和仿真，直至下载到可编程逻辑器件CPLD/FPGA或专用集成电路芯片中，实现既定的电路功能。EDA技术使电路设计者的工作仅限于利用硬件描述语言和EDA软件平台来完成对系统硬件功能的实现，极大地提高了设计效率，缩短了设计周期，节约了设计成本。

EDA技术的发展历程同大规模集成电路技术、计算机技术、可编程逻辑器件，以及电子设计技术和工艺技术的发展是同步的。回顾60多年来电子技术的发展历程，可以将电子设计自动化技术大致分为三个发展阶段，如图1.1所示。

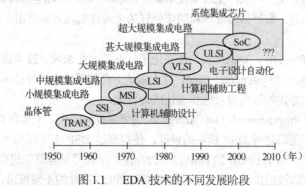

图1.1 EDA技术的不同发展阶段

20 世纪 70 年代到 80 年代初为 CAD 阶段，也是 EDA 技术发展的初级阶段。这一阶段由于受到计算机的运行速度、存储量和图形功能等方面的限制，电子 CAD 和 EDA 技术没有形成系统，仅是一些孤立的软件程序。这些软件程序在逻辑仿真、印制电路板（PCB）布局布线和 IC 版图编辑等方面取代了设计人员烦琐的手工计算和操作，大大提高了电子系统和集成电路设计的效率和可靠性，从而产生了计算机辅助设计的概念。但这些软件一般只有简单的人机交互能力，能处理的电路规模不是很大，计算和绘图的速度都受到限制，而且由于没有采用统一的数据库管理技术，程序之间的数据传输和交换也不方便。

20 世纪 80 年代中后期为 CAE 阶段，也是 EDA 技术发展的中级阶段。这一阶段计算机与集成电路技术得到了高速发展，CAD 软件主要用来实现模拟与数字电路仿真、集成电路的布局布线、IC 版图参数提取与验证、印制电路板的布图与检验、设计文档制作等各设计阶段的自动设计。将这些工具软件集成为一个有机的 EDA 系统，在工作站或超级微机上运行，它具有直观、友好的图形界面，可以用电原理图的形式输入，以图形菜单的方式选择各种仿真工具和不同的模拟功能。每个工具软件都有自己的元器件库，工具之间由统一的数据库进行数据存放、传输和管理。与初期的 CAD 相比，这一阶段的软件除了能进行纯粹的图形绘制功能外，又增加了电路功能设计和结构设计，并且通过电气连接网络表将两者结合在一起，以实现工程设计，这就是计算机辅助工程（CAE，Computer Aided Engineering）的概念。

20 世纪 90 年代以后是设计自动化阶段，也是 EDA 技术发展的高级阶段。这个时期微电子技术以惊人的速度发展，一个芯片可以集成几千万只晶体管，超高速数字集成电路的工作速率已经达到 10Gb/s，射频集成电路的最高工作频率已超过 6GHz，电子系统朝着多功能、高速度、智能化的趋势发展。例如，数字声广播（DAB）与音响系统、高清晰度电视（HDTV）、多媒体信息处理与传播、光通信等电子系统，它们对集成电路和专用集成电路（ASIC）的容量、速度、频带等都提出了更高的要求，这种高难度的 IC 要在短时间内正确地设计成功，必须将 EDA 技术提高到一个更高的水平。另一方面，随着集成度的提高，一个复杂的电子系统可以在一个集成电路芯片上实现，这就要求 EDA 系统能够从电子系统的功能和行为描述开始，综合设计出逻辑电路，并自动地映射成可供生产的 IC 版图，这一过程称为集成电路的高级设计。因此 20 世纪 90 年代后的 EDA 系统真正具有了自动化设计能力，EDA 技术被推向成熟和实用，用户只要给出电路的性能指标要求，EDA 系统就能对电路结构和参数进行自动化处理和综合，寻找最佳设计方案，通过自动布局布线功能将电路直接形成集成电路的版图，并对版图的面积及电路延时特性进行优化处理。

进入 21 世纪以后，EDA 技术得到了更大的发展，开始步入了一个崭新的时期，突出地表现在以下几个方面。

（1）电子技术各个领域全方位融入 EDA 技术，除了日益成熟的数字技术外，传统的电路系统设计建模理念发生了重大的变化——软件无线电技术崛起、模拟电路硬件描述语言的表达和设计标准化、在系统可编程模拟器件出现、数字信号处理和图像处理的全硬件实现方案推出、软硬件技术进一步融合等。

（2）IP（Intellectual Property，知识产权）核在电子行业的产业领域、技术领域和设计领域得到了广泛应用，基于 IP 核的 SoC（System on a Chip，片上系统）高效低成本设计技术趋向成熟，使电子设计成果以自主知识产权的方式得以明确表达和确认成为可能。

（3）在 FPGA（Field Programmable Gate Array，现场可编程门阵列）上实现 DSP（数字信号处理）应用成为可能，用纯数字逻辑进行 DSP 模块的设计，使得高速 DSP 实现成为现实，并有力地推动了软件无线电技术的实用化。基于 FPGA 的 DSP 技术为高速数字信号处理算法提供了实现途径。

（4）嵌入式微处理器软核的出现，更大规模的 FPGA/CPLD 器件的不断推出，使得 SOPC（System

On a Programmable Chip，可编程片上系统）步入了大规模应用阶段，在一片 FPGA 芯片中实现一个完备的数字信号处理系统成为可能。

（5）在仿真和设计两方面支持标准硬件描述语言的 EDA 软件不断推出，系统级、行为验证级硬件描述语言的出现（如 System C）使得复杂电子系统的设计和验证趋于简单。

（6）EDA 技术使得电子领域各学科的界限更加模糊、更加相互包容和渗透，如模拟与数字、软件与硬件、系统与器件、ASIC 与 FPGA、行为与结构等的基于 EDA 工具的 ASIC 设计标准单元已涵盖大规模电子系统及 IP 核模块。

EDA 技术为现代电子学理论和设计理念的表达与实现提供了可能性。在硬件实现方面，EDA 技术融合了大规模集成电路制造技术、IC 版图设计技术、ASIC 测试和封装技术、FPGA/CPLD 编程下载技术、自动测试技术等；在工程实现方面，EDA 技术融合了计算机辅助设计（CAD）、计算机辅助制造（CAM）、计算机辅助测试（CAT）、计算机辅助工程（CAE）技术及多种计算机语言的设计概念；而在现代电子学方面，EDA 技术则容纳了更多的内容，如电路基础理论、数字信号处理技术、数字系统建模、优化设计技术等。因此，现代 EDA 技术已经不是某一学科的分支或某种新的技能技术，而应该是一门综合性学科。它融合多学科于一体，又渗透于各学科之中，打破了软件与硬件间的壁垒，使计算机的软件技术与硬件实现、设计效率和产品性能合二为一，代表了现代电子设计技术和应用技术的发展方向。随着科学技术的进步和市场需求的不断增长，EDA 技术将呈现出以下发展趋势。

一是 EDA 开发工具将进一步得到完善。EDA 开发工具将朝着功能强大、简单易学、使用方便的方向发展，主要体现在 EDA 工具的 PC 平台化、灵活多样的设计输入工具、更为有效的仿真工具、更为理想的综合工具等几个方面。

二是 EDA 技术将促使 ASIC 和 FPGA 逐步走向融合。随着系统开发对 EDA 技术的目标器件各种性能指标要求的提高，ASIC 和 FPGA 将更大程度地相互融合。这是因为，虽然标准逻辑 ASIC 芯片尺寸小、功能强大、耗电省，但却设计复杂，并且有批量生产要求；可编程逻辑器件的开发费用低廉，能在现场进行编程，但却体积大、功能有限，而且功耗较大。因此，FPGA 和 ASIC 正在走到一起，两者之间正在诞生一种"杂交"产品，互相融合，取长补短，以满足成本和上市速度的要求。目前传统 ASIC 设计和 FPGA 之间的界限正变得模糊。系统级芯片不仅集成 RAM 和微处理器，也集成 FPGA。整个 EDA 和 IC 设计工业都在朝这个方向发展，这并非是 FPGA 与 ASIC 制造商竞争的产物，而对于用户来说，意味着有了更多的选择。

三是 EDA 技术的应用领域日益广泛。现代电子系统的设计将呈现以下特点：用软件的方式设计硬件，设计过程中可用有关软件进行各种仿真，系统现场可编程和在线升级，整个系统可集成在一个芯片上。这些特点使得 EDA 技术将广泛应用于科研和新产品的开发工作中。此外，传统机电设备的电气控制系统，如果利用 EDA 技术进行重新设计或技术改造，不但可以缩短设计周期，降低设计成本，而且还将提高产品和设备的性能及可靠性，缩小产品体积，提高产品的技术含量和附加值。

1.2 EDA 技术的特征和优势

在现代电子设计领域，EDA 技术已经成为电子系统设计的重要手段。无论是设计数字系统还是集成电路芯片，其设计作业的复杂程度都在不断增加，仅仅依靠手工进行设计已经不能满足要求，所有的设计工作都需要在计算机上借助 EDA 软件工具进行。在 EDA 软件的支持下，设计者只需完成对系统功能的描述，就可以由计算机软件进行处理，得到设计结果，修改设计如同修改软件一样方便。利用 EDA 设计工具，设计者可以预知设计结果，减少设计的盲目性，极大地提高了设计的效率。

1.2.1 EDA 技术的基本特征

现代 EDA 技术的基本特征是采用高级语言描述，具有系统级仿真和综合能力，具有开放式的设计环境，具有丰富的元器件模型库等。EDA 技术就是依赖功能强大的计算机，在 EDA 工具软件的平台上，对以硬件描述语言 HDL（Hardware Description Language）为系统逻辑描述手段完成的设计文件，自动完成逻辑编译、逻辑化简、逻辑分割、逻辑综合、布局布线和仿真测试，直至实现既定的电子线路系统功能。EDA 技术使得设计者的工作仅限于利用软件的方式，即利用硬件描述语言和 EDA 软件来完成对系统硬件功能的实现。

1. 硬件描述语言设计输入

用硬件描述语言进行电路与系统的设计是当前 EDA 技术的一个重要特征，硬件描述语言输入是现代 EDA 系统的主要输入方式。统计资料表明，在硬件描述语言和原理图两种输入方式中，前者约占 70%以上，并且这个趋势还在继续增长。与传统的原理图输入设计方法相比，硬件描述语言更适合于规模日益增大的电子系统，它还是进行逻辑综合优化的重要工具。硬件描述语言使得设计者在比较抽象的层次上描述设计的结构和内部特征，其突出优点是：语言的公开可利用性，设计与工艺的无关性，宽范围的描述能力，便于组织大规模系统的设计，便于设计的复用和继承等。

2. "自顶向下"设计方法

近 10 年来，电子系统的设计方法发生了很大的变化。过去，电子产品设计的基本思路一直是先选用标准通用集成电路芯片，再用这些芯片和其他元器件自下而上地构成电路、子系统和系统。这样设计出的电子系统所用元器件的种类和数量均较多、体积功耗大、可靠性差。随着集成电路技术的不断进步，半导体集成电路也由早期的单元集成、部件电路集成，发展到整机电路集成和系统电路集成。电子系统的设计方法也由过去的集成电路厂家提供通用芯片，整机系统用户采用这些芯片组成电子系统的 Bottom-up（自底向上）设计方法改变为一种新的 Top-down（自顶向下）设计方法。在这种新的设计方法中，由整机系统用户对整个系统进行方案设计和功能划分，系统的关键电路用一片或几片专用集成电路 ASIC 来实现，而且这些专用集成电路是由系统和电路设计师亲自参与设计的，直至完成电路到芯片版图的设计，再交由 IC 工厂投片加工，或者用可编程 ASIC（CPLD 和 FPGA）现场编程实现。图 1.2 所示为电子系统的两种不同的设计步骤。

图 1.2 "自顶向下"与"自底向上"设计

"自顶向下"法是一种概念驱动的设计方法。该方法要求在整个设计过程中尽量运用概念（即抽象）去描述和分析设计对象，而不要过早地考虑实现该设计的具体电路、元器件和工艺，以便抓住主要矛盾，避免纠缠在具体细节上，这样才能控制住设计的复杂性。整个设计在概念上的演化从顶层到底层应当逐步由概括到展开、由粗略到精细。只有当整个设计在概念上得到验证与优化后，才能考虑"采用什么电路、元器件和工艺去实现该设计"这类具体问题。

在进行"自顶向下"的设计时，首先从系统级设计入手，在顶层进行功能方框图的划分和结构设计；在方框图一级进行仿真、纠错，并用硬件描述语言对高层次的系统行为进行描述；在功能一级进行验证，然后用逻辑综合优化工具生成具体的门级逻辑电路的网表，其对应的物理实现级可以是印制电路板或专用集成电路。而"自底向上"的设计方法一般是在系统划分和分解的基础上先进行单元设计，在单元的精心设计后逐步向上进行功能块设计，然后再进行子系统的设计，最后完成系统的总成设计。"自顶向下"的设计方法有利于在早期发现结构设计中的错误，提高设计的一次成功，因而在现代 EDA 系统中被广泛采用。

3．逻辑综合与优化

逻辑综合是 20 世纪 90 年代电子学领域兴起的一种新的设计方法，是以系统级设计为核心的高层次设计。逻辑综合是将最新的算法与工程界多年积累的设计经验结合起来，自动地将用真值表、状态图或 VHDL 硬件描述语言等所描述的数字系统转化为满足设计性能指标要求的逻辑电路，并对电路进行速度、面积等方面的优化。

逻辑综合的特点是将高层次的系统行为设计自动翻译成门级逻辑的电路描述，做到了设计与工艺的相互独立。逻辑综合的作用是根据一个系统的逻辑功能与性能的要求，在一个包含众多结构、功能和性能均已知的逻辑元器件的逻辑单元库的支持下，寻找出一个逻辑网络结构的最佳（至少是较佳的）实现方案。

逻辑综合的过程主要包含以下两个方面。

（1）逻辑结构的生成与优化：主要是进行逻辑化简与优化，达到尽可能地用较少的元器件和连线形成一个逻辑网络结构（逻辑图），满足系统逻辑功能的要求。

（2）逻辑网络的性能优化：利用给定的逻辑单元库，对已生成的逻辑网络进行元器件配置，进而估算实现该逻辑网络的芯片的性能与成本。性能主要指芯片的速度，成本主要指芯片的面积与功耗。速度与面积或速度与功耗是矛盾的。这里有一步，允许使用者对速度与面积或速度与功耗相矛盾的指标进行性能与成本的折中，以确定合适的元器件配置，完成最终的、符合要求的逻辑网络结构。

4．开放性和标准化

开放式的设计环境也称为框架结构（Framework）。框架是一种软件平台结构，它在 EDA 系统中负责协调设计过程和管理设计数据，实现数据与工具的双向流动，为 EDA 工具提供合适的操作环境。框架结构的核心是可以提供与硬件平台无关的图形用户界面，工具之间的通信、设计数据和设计流程的管理等，以及各种与数据库相关的服务项目。

任何一个 EDA 系统只要建立了一个符合标准的开放式框架结构，就可以接纳其他厂商的 EDA 工具一起进行设计工作。框架结构的出现，使国际上许多优秀的 EDA 工具可以合并到一个统一的计算机平台上，成为一个完整的 EDA 系统，充分发挥每个设计工具的技术优势，实现资源共享。在这种环境下，设计者可以更有效地运用各种工具，提高设计质量和效率。

近年来，随着硬件描述语言等设计数据格式的逐步标准化，不同设计风格和应用的要求导致各具特色的 EDA 工具被集成在同一个工作站上，从而使 EDA 框架标准化。新的 EDA 系统不仅能够实现高层次的自动逻辑综合、版图综合和测试码生成，而且可以使各个仿真器对同一个设计进行协同仿真，从而进一步提高了 EDA 系统的工作效率和设计的正确性。

5. 库

EDA 工具必须配有丰富的库（Library），包括元器件图形符号库、元器件模型库、工艺参数库、标准单元库、可复用的电路模块库、IP 库等，才能够具有强大的设计能力和较高的设计效率。

在电路设计的每个阶段，EDA 系统需要各种不同层次、不同种类的元器件模型库的支持。例如，原理图输入时需要元器件外形库，逻辑仿真时需要逻辑单元的功能模型库，电路仿真时需要模拟单元和器件的模型库，版图生成时需要适应不同层次和不同工艺的底层版图库，测试综合时需要各种测试向量库，等等。每一种库又分为不同层次的单元或元素库，例如，逻辑仿真的库又按照行为级、寄存器级和门级分别设库。而 VHDL 输入所需的库则更为庞大和齐全，几乎包括了上述所有库的内容。各种模型库的规模和功能是衡量 EDA 工具优劣的一个重要标识。

1.2.2 EDA 技术的优势

传统的数字系统设计一般是采用搭"积木块"的手工设计方式，即由元器件搭成电路板，由电路板搭成电子系统。数字系统最初的"积木块"是标准的集成电路，如 74/54 系列（TTL）、4000/4500 系列（CMOS）芯片和一些固定功能的大规模集成电路。在设计数字电路时，一般先按照数字系统的具体功能要求进行功能划分，然后对每个子模块画出逻辑真值表和状态转换真值表，用卡诺图进行手工逻辑化简和状态化简，写出布尔表达式，画出相应的逻辑线路图，再据此选择合适的器件，并按照器件推荐的电路设计电路板，最后进行实测与调试。

手工设计方法有很多缺点：如对于复杂电路的设计，调试十分困难；对设计过程中出现的错误，查找和修改十分不便；设计过程中产生大量文档，不易管理；只有在设计出样机或生产出芯片后才能进行实测；等等。

相比之下，采用 EDA 技术进行电子系统的设计有很大的优势。

(1) 采用硬件描述语言，便于复杂系统的设计

从电子设计方法学来看，EDA 技术的最大优势是能够将所有的设计环节纳入统一的自顶向下的设计方案中。用 HDL 对数字电子系统进行结构描述、功能描述和行为描述，从而可以在电子设计的各个阶段和各个层进行计算机模拟验证，保证了设计过程的正确性，降低了设计成本，缩短了设计周期。此外，某些硬件描述语言（如 VHDL）也是文档型的语言，可以极大地简化设计文档的管理。

(2) 强大的系统建模和电路仿真功能

EDA 技术中最为瞩目的功能是日益强大的仿真测试技术。EDA 仿真测试技术只需通过计算机就能对所设计的电子系统进行各种不同层次的性能测试和逻辑仿真，在实际系统完成后，还能对系统上的目标器件进行边界扫描测试，极大地提高了大规模电子系统的设计自动化程度。

(3) 具有自主的知识产权

无论传统的应用电子系统设计得如何完美，使用了多么先进的功能部件，都掩盖不了一个无情的事实，即该系统对于设计者来说，没有任何的知识产权可言。因为系统中的关键器件往往并非出自设计者之手，这将导致该系统在许多情况下的应用直接受到限制，而且这种情况有时是致命的（如系统中某些关键器件失去供货来源、应用于军事电子装备中的关键器件等）。基于 EDA 技术的设计则不同，由于用 HDL 表达的设计在实现目标方面有很大的可选性，它既可以用不同来源的 FPGA 器件实现，也可以直接以 ASIC 来实现，设计者拥有完全的自主权，再也不用受制于人。

(4) 开发技术的标准化和规范化

传统的电子设计方法至今没有任何标准规范加以约束，设计效率低，系统性能差，开发成本高，市场竞争能力弱。EDA 技术的设计语言是标准化的，不会由于设计对象的不同而改变；EDA 开发工具是规范化的，它支持任何标准化的设计语言；EDA 技术的设计成果是通用性的，IP 核具有规范的接口协议；良好的可移植性与可测试性，为系统开发提供了可靠的保证。

(5) 全方位地利用计算机的自动设计、仿真和测试技术

EDA 不但在整个设计流程上充分利用了计算机的自动设计能力，在各个设计层次上利用计算机完成不同内容的仿真模拟，而且在系统板设计结束后仍可利用计算机对硬件系统进行完整的测试。对于传统的设计方法，如单片机仿真器的使用，仅仅只能在最后完成的系统上进行局部的软件仿真调试，在整个设计的中间过程中则是无能为力的。至于硬件系统测试，由于现在的许多系统主板不但层数多，而且许多器件都是 BGA（Ball-Grid Array）封装，所有引脚都在芯片的底面，焊接后普通的仪器仪表无法接触到所需要的信号点，因此无法测试。

(6) 对设计者的硬件知识和硬件经验要求低

传统的电子设计对于电子工程师的要求似乎很高：在电子技术理论和设计实际方面必须是行家；不但应该是软件高手，同时还应该是经验丰富的硬件设计能工巧匠；必须熟悉针对不同单片机或 DSP 器件开发系统的使用方法和性能，还必须知道许多器件的封装形式和电气特性，知道不同的在线测试仪表的使用方法和性能指标；要熟练掌握大量的与设计理论和优化技术毫无关系的技能技巧，不得不事无巨细，事必躬亲。

所有这一切显然不符合现代电子技术的发展需求，首先不符合快速换代的产品的市场要求，不符合需求巨大的人才市场的要求。EDA 技术的标准化和 HDL 设计语言与设计平台对具体硬件的无关性，使设计者能更大程度地将自己的才能和创造力集中在设计项目性能的提高和成本的降低上，而将更具体的硬件实现工作交给专业部门来完成。显然，高技术人才比经验性人才的培养效率要高得多。

1.3　EDA 设计的目标和流程

EDA 技术的范畴应包括电子工程师进行产品开发的全过程，以及电子产品生产的全过程中期望由计算机提供的各种辅助工作。从一个角度来看，EDA 技术可粗略分为系统级、电路级和物理实现级三个层次的辅助设计过程；从另一个角度来看，EDA 技术应包括电子电路设计的各个领域，即从低频电路到高频电路、从线性电路到非线性电路、从模拟电路到数字电路、从分立电路到集成电路的全部设计过程。EDA 技术的范畴如图 1.3 所示。

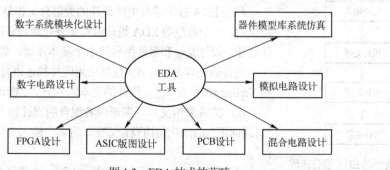

图 1.3　EDA 技术的范畴

1.3.1 EDA 技术的实现目标

一般来说，利用 EDA 技术进行电子系统设计，归纳起来主要有以下 4 个应用领域：印制电路板（PCB）设计、集成电路（IC 或 ASIC）设计、可编程逻辑器件（FPGA/CPLD）设计和混合电路设计。

印制电路板设计是 EDA 技术最初的实现目标。电子系统大多采用印制电路板的结构。在系统实现过程中，印制电路板的设计、装配和测试占据了很大的工作量。印制电路板设计是一个电子系统进行技术实现的重要环节，也是一个很具有工艺性、技巧性的工作。利用 EDA 工具来进行印制电路板的布局布线设计和验证分析是早期 EDA 技术最基本的应用。

集成电路是指通过一系列特定的加工工艺，将晶体管、二极管等有源器件和电阻、电容等无源器件，按照一定的电路互连，"制作"（集成）在一块半导体单晶薄片上，经过封装而形成的具有特定功能的完整电路。集成电路一般要通过"掩膜"来制作，按照实现的工艺，又分为全定制或半定制的集成电路。集成电路设计包括逻辑（或功能）设计、电路设计、版图设计和工艺设计多个环节。随着大规模和超大规模集成电路规模的出现，传统的手工设计方法遇到的困难越来越多，为了保证设计的正确性和可靠性，必须采用先进的 EDA 软件工具来进行集成电路的逻辑设计、电路设计和版图设计。集成电路设计是 EDA 技术的最终实现目标，也是推动 EDA 技术推广和发展的一个重要源泉。

可编程逻辑器件 PLD（Programmable Logic Device）是一种由用户根据需要而自行构造逻辑功能的数字集成电路，其特点是直接面向用户，具有极大的灵活性和通用性，使用方便，开发成本低，上市时间短，工作可靠性高。可编程逻辑器件目前主要有两大类型：复杂可编程逻辑器件 CPLD（Complex PLD）和 FPGA（Field Programmable Gate Array）。它们的基本设计方法是借助于 EDA 软件，用原理图、状态机、布尔表达式、硬件描述语言等方法，生成相应的目标文件，最后用编程器或下载电缆，由目标器件实现。可编程逻辑器件的开发与应用是 EDA 技术将电子系统设计与硬件实现进行有机融合的一个重要体现。

随着集成电路复杂程度的不断提高，各种不同学科技术、不同模式、不同层次的混合设计方法已被认为是 EDA 技术所必须支持的方法。不同学科的混合设计方法（Mixed-discipline）主要指电子技术与非电学科技术的混合设计方法；不同模式的混合方法（Mixed-mode）主要指模拟电路与数字电路的混合，模拟电路与 DSP 技术的混合，电路级与器件级的混合等；不同层次的混合方法（Multi-level）主要指逻辑设计中行为级、寄存器级、门级和开关级的混合设计方法。目前在各种应用领域，如数字电路、模拟电路、DSP 专用集成电路、多芯片模块（MCM，Multi-Chip Module）及印制电路系统的设计中都需要采用各种混合设计方法。

1.3.2 EDA 设计流程

利用 EDA 技术进行电路设计的大部分工作是在 EDA 软件平台上进行的。一个典型的 EDA 设计流程主要包括设计准备、设计输入、设计处理、设计验证和器件编程等 5 个基本步骤，如图 1.4 所示。

设计输入有多种方式，包括采用硬件描述语言（如 AHDL、VHDL 和 Verilog HDL 等）进行设计的文本输入方式、图形输入方式和波形输入方式，或者采用文本、图形两者混合的设计输入方式，也可以采用"自顶向下"的层次结构设计方法，将多个输入文件合并成一个设计文件等。

图 1.4 典型的 EDA 设计流程

设计处理是 EDA 设计中的核心环节。在设计处理阶段，编译软件将对设计输入文件进行逻辑化简、综合和优化，并适当地用一片或多片器件自动地进行适配，最后产生编程用的编程文件。设计处理主要包括设计编译和检查、逻辑优化和综合、适配和分割、布局和布线、生成编程数据文件等过程。

设计验证过程包括功能仿真和时序仿真,这两项工作是在设计处理过程中同时进行的。功能仿真是在设计输入完成以后,选择具体器件进行编译之前的逻辑功能验证,因此又称为前仿真。此时的仿真没有延时信息或只有由系统添加的微小标准延时,这对于初步的功能检测非常方便。仿真前,先要利用波形编辑器或硬件描述语言等建立波形文件或测试向量(即将所关心的输入信号组合成序列),仿真结果将会生成报告文件和输出信号波形,从中可以观察到各个节点信号变化,若发现错误,则返回设计输入方式,修改逻辑设计。时序仿真是在选择了具体器件并完成布局、布线之后进行的时序关系仿真,因此又称为后仿真或时延仿真。由于不同器件的内部延时不一样,不同的布局、布线方案也会给延时造成不同的影响,因此在设计处理以后,对系统的各个模块进行时序仿真、分析其时序关系、估计设计的性能,以及检查和消除竞争冒险等都是非常必要的。

器件编程是将设计处理中产生的编程数据文件通过软件放到具体的可编程逻辑器件中去。对于CPLD 器件来说,就是将熔丝图 JED 文件下载(Down)到 CPLD 器件中去;对 FPGA 器件来说,就是将位流数据文件配置到 FPGA 器件中去。

设计验证可以在 EDA 硬件开发平台上进行。EDA 硬件开发平台的核心是一片可编程逻辑器件 FPGA 或 CPLD,再附加一些输入/输出设备,如按键、数码显示器、指示灯、扬声器等,还提供时序电路需要的脉冲信号源。将设计电路编程下载到 FPGA 或 CPLD 中后,根据 EDA 硬件开发平台的操作模式要求,进行相应的输入操作,然后检查输出结果,验证设计电路。

1.3.3 数字集成电路的设计

数字集成电路的 EDA 设计流程如图 1.5 所示。首先由系统描述开始。在这个阶段要对用户的需求、市场前景及互补产品进行充分的调研与分析,对设计模式和制造工艺的选择进行认证,最终目标是用工程化语言将待设计 IC 的技术指标、功能、外形尺寸、芯片面积、工作速度与功耗等描述出来,形成这一步的文档。

下一步是功能设计。这一阶段的工作是根据用户提出的系统指标要求,将该系统划分成若干子系统,在行为级上将 IC 的功能及其各组成子系统的功能关系正确而完整地描述出来。

然后进行逻辑设计。这一阶段的主要任务是得到一个实现系统功能的逻辑结构(通常用逻辑图、HDL 文本或布尔表达式来表示),并对它进行逻辑模拟,验证其正确性。

接着进行电路设计。这一阶段的主要任务是将逻辑图中的各个逻辑部件细化到由一些基本门电路互连的结构,最后转变成由晶体管互连构成电子电路。电路设计中要考虑电路的速度和功耗,要注意所使用的元器件性能。

最后进行物理设计,包括版图设计与版图验证两方面的任务。版图设计是将电路的表示转化为几何表示(制造芯片所用的掩膜版图)。版图验证是保证集成电路版图设计正确性和可靠性的重要手段。版图的设计应符合与制造工艺有关的设计要求。版图验证的内容包括几何设计规则检查(DRC)、电学规则检查(ERC)、版图与电路原理图一致性检查(LVS)以及版图的电参数提取(LPE)及后模拟。

需要指出的是,在逻辑设计完成后要进行逻辑模拟,在电路设计完成后要进行电路模拟,在版图设计的全过程中及完成以后均需进行版图验证,以保证所设计的版图满足制造工艺要求和符合系统的设计规范。当不满足要求时,在后模拟与版图设计之间将会发生一个多次迭代的过程。逻辑模拟十分重要,因为任何逻辑设计上的错误如果一直到芯片做出来后才能发现(有时往往很难分清是否是逻辑设计上的错误),就要花费很多时间和费用去纠正,而且每纠正一次都需要重新进行电路设计、版图设计和工艺流水。

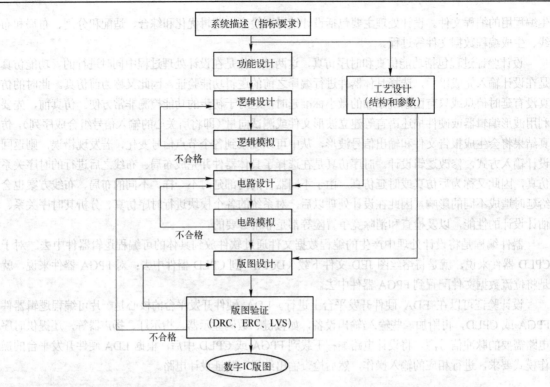

图 1.5 数字集成电路的 EDA 设计流程

经过验证的版图即可送去制作掩膜版并制造芯片,最后进行封装测试,整个设计流程结束。上述设计流程的每一步骤均需要相应 EDA 工具的支持,实际的数字 IC 设计可能会在某个步骤中或几个步骤之间反复交替进行,运用 EDA 工具进行设计的目标就是要尽量减少反复的次数,以缩短产品进入市场的时间。

1.3.4 模拟集成电路的设计

模拟集成电路的设计流程如图 1.6 所示。整个流程分为结构级设计、单元级设计(又分为拓扑选择、尺寸优化两步)和物理版图级设计三个阶段,需要有对应的 EDA 工具支持这些设计工作。结构设计是将用户给定的关于模拟集成电路性能的抽象描述转化为一个用各种功能单元所构成的电路;拓扑选择是根据功能单元的性能指标和工作环境,决定用何种具体的电路结构来实现该单元的功能;尺寸优化是在获得电路结构的条件下,根据所需的电路性能指标和生产条件确定每个元器件的"最佳"几何尺寸,以提高模拟集成电路的合格率;物理版图设计是将具有器件几何尺寸和满足一定约束条件的电原理图映射成集成电路版图。

模拟集成电路的设计比数字集成电路的设计要复杂得多,这是由模拟集成电路设计的特殊性决定的:① 模拟集成电路的层次不如数字集成电路清楚;② 模拟电路的性能指标繁杂;③ 模拟电路的拓扑结构层出不穷;④ 电路性能对器件尺寸、工艺及系统级串扰非常敏感。

由于上述模拟集成电路设计的种种特殊性,迫使设计者在模拟集成电路设计过程中,要综合考虑各项性能指标,合理选择电路拓扑结构,反复优化器件尺寸,全面考虑工艺水平、工作环境和各种因素,并精心设计物理版图。器件尺寸每调整一次,都要重新绘制版图、重新提取元器件参数,并重做一次后模拟。因此,模拟集成电路的设计是一项非常复杂、艰巨而费时的工作。

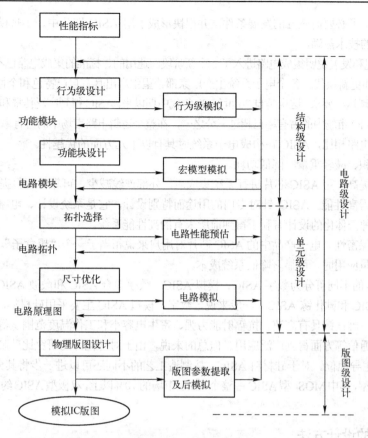

图 1.6 模拟集成电路的设计流程

目前模拟集成电路设计工具的自动化水平还不够高，设计中许多决策、判断与选择主要靠设计者的智慧来解决，设计中会遇到许多很复杂、很困难的性能指标的多维折中处理问题，而设计者处理这类问题时通常还是靠直觉和长期积累的设计经验，因此设计者必须具有广博的电路知识、丰富的实践经验和勇于创新的精神才能胜任此项工作。

1.4 EDA 技术与 ASIC 设计

EDA 技术的一个重要应用是 ASIC（Application Specific Integrated Circuits，专用集成电路）。ASIC 是面向专门用途的电路，以此区别于标准逻辑（Standard Logic）、通用存储器、通用微处理器等电路。目前在集成电路界，ASIC 被认为是用户专用集成电路（Customer Specific IC），即它是专门为一个用户设计和制造的。换言之，它是根据某个用户的特定要求，以低研制成本、短交货周期供货的全定制、半定制集成电路。

1.4.1 ASIC 的特点与分类

ASIC 的概念早在 20 世纪 60 年代就有人提出，但由于当时设计自动化程度低，加上工艺基础、市场和应用条件均不具备，因而没有得到适时发展。进入 20 世纪 80 年代后，随着半导体集成电路的工艺技术、支持技术、设计技术、测试评价技术的发展，集成度的大大提高，电子整机、电子系统高速更新换代的竞争态势不断加强，为开发周期短、成本低、功能强、可靠性高及专利性与保密性好的专用集成电路创造了必要而充分的发展条件，并很快形成了用 ASIC 取代中、小规模集成电路来组成电子系统或整机的技术热潮。

ASIC 的出现和发展说明集成电路进入了一个新阶段。通用的、标准的集成电路已不能完全适应电子系统的急剧变化和更新换代。各个电子系统生产厂家都希望生产出具有自己特色和个性的产品，而只有 ASIC 产品才能实现这种要求。这也是自 20 世纪 80 年代中期以来，ASIC 得到广泛传播和重视的根本原因。目前 ASIC 在总的 IC 市场中的占有率已超过三分之一，在整个逻辑电路市场中的占有率已超过一半。

与通用集成电路相比，ASIC 在构成电子系统时具有以下几方面的优越性。

（1）缩小体积、减轻重量、降低功耗。

（2）可靠性提高。用 ASIC 芯片进行系统集成后，外部连线减少，可靠性明显提高。

（3）易于获得高性能。ASIC 针对专门的用途而特别设计，它是系统设计、电路设计和工艺设计的紧密结合，这种一体化的设计有利于得到前所未有的高性能系统。

（4）可增强保密性。电子产品中的 ASIC 芯片对用户来说相当于一个"黑盒子"。

（5）在大批量应用时，可显著降低系统成本。

ASIC 按功能的不同可分为数字 ASIC、模拟 ASIC、数模混合 ASIC 和微波 ASIC；按使用材料的不同可分为硅 ASIC 和砷化镓 ASIC。一般来说，数字、模拟 ASIC 主要采用硅材料，微波 ASIC 主要采用砷化镓材料。砷化镓具有高速、抗辐射能力强、寄生电容小和工作温度范围宽等优点，目前已在移动通信、卫星通信等方面得到广泛应用。但总的来说，由于对砷化镓的研究比硅晚了十多年，目前仍是硅 ASIC 占主导地位。对于硅材料 ASIC，按制造工艺的不同还可以进一步将其分为 MOS 型、双极型和 BiCMOS 型，其中 MOS 型 ASIC 占整个 ASIC 市场的 70%以上，双极型 ASIC 约占 16%，BiCMOS 型 ASIC 约占 11%。

1.4.2　ASIC 的设计方法

目前 ASIC 已经渗透到各个应用领域，它的品种是如此之广，从高性能的微处理器、数字信号处理器一直到彩电、音响和电子玩具电路，可谓五花八门。由于品种不同，在性能和价格上会有很大差别，因而实现各种设计的方法和手段也有所不同。

ASIC 的设计按照版图结构及制造方法分，有全定制（Full-custom）和半定制（Semi-custom）两种实现方法，如图 1.7 所示。全定制法是一种手工设计版图的设计方法，设计者需要使用全定制版图设计工具来完成。半定制法是一种约束性设计方法，约束的目的是简化设计，缩短设计周期，降低设计成本，提高设计的正确率。对于数字 ASIC 设计而言，其半定制法按逻辑实现方式的不同，可再分为门阵列法、标准单元法和可编程逻辑器件法。

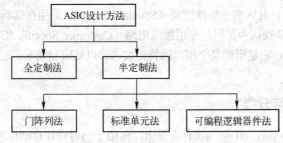

图 1.7　ASIC 设计实现方法

对于某些性能要求很高、批量较大的芯片，一般采用全定制法设计。例如，半导体厂家推出的新的微处理器芯片，为了提高芯片的速度，设计时须采用最佳的随机逻辑网络，且每个单元都必须精心设计，另外还要精心地布局布线，将芯片设计得紧凑，以节省每一小块面积，降低成本。但是，很多产品的产量不大或者不允许设计时间过长，这时只能牺牲芯片面积或性能，并尽可能采用已有的、规则结构的版图。为了争取时间和市场，也可采用半定制法，先用最短的时间设计出芯片，在占领市场的过程中再予以改进，进行二次开发。因此，半定制法与全定制法两种设计方式的优缺点是互补的，设计人员可根据不同的要求选择各自合适的设计方法。下面简要介绍几种常用的设计方法和它们的特点。

1. 全定制法

全定制法是一种基于晶体管级的设计方法，它主要针对要求得到最高速度、最低功耗和最省面积的芯片设计。为满足这种要求，设计者必须使用版图编辑工具从晶体管的版图尺寸、位置及互连线开始亲自设计，以期得到 ASIC 芯片的最优性能。

运用全定制法设计芯片，当芯片的功能、性能、面积和成本确定后，设计人员要对芯片结构、逻辑、电路等进行精心的设计，对不同的方案反复进行比较，对单元电路的结构、晶体管的参数要反复模拟优化。在版图设计时，设计人员要手工设计版图并精心地布局布线，以获得最佳的性能和最小的面积。版图设计完成后，要进行完整的检查、验证，包括设计规则检查、电学规则检查、连接性检查、版图参数提取、电路图提取、版图与电路图一致性检查等，最后，通过后模拟，才能将版图转换成标准格式的版图文件并交给厂家制造芯片。

由此可见，采用全定制法可以设计出高速度、低功耗、省面积的芯片，但人工参与的工作量大，设计周期长，设计成本高，而且容易出错，一般只适用于批量很大的通用芯片（如存储器、乘法器等）设计或有特殊性能要求（如高速低功耗芯片）的电路设计。

2. 门阵列法

门阵列是最早开发并得到广泛应用的 ASIC 设计技术，它是在一个芯片上把门排列成阵列形式，严格地讲是把含有若干元器件的单元排列成阵列形式。门阵列设计法又称"母片"法。母片是 IC 工厂按照一定规格事先生产的半成品芯片，在母片上制作大量规则排列的单元，这些单元依照要求相互连接在一起即可实现不同的电路要求。母片完成了绝大部分芯片工艺，只留下一层或两层金属铝连线的掩膜需要根据用户电路的不同而定制。典型的门阵列母片结构如图 1.8 所示。

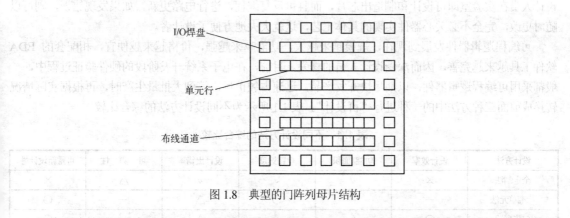

图 1.8 典型的门阵列母片结构

门阵列法的设计一般是在 IC 厂家提供的电路单元库的基础上进行的逻辑设计，而且门阵列设计软件一般都具有较高的自动化水平，能根据电路的逻辑结构自动调用库单元的版图，自动布局布线。因此，设计者只需掌握很少的集成电路知识，设计过程也很简便，设计制造周期短，设计成本低。但门的利用率不高，芯片面积较大，而且母片上制造好的晶体管都是固定尺寸的，不利于设计高性能的芯片，所以这种方法适用于设计周期短、批量小、成本低、对芯片性能要求不高的芯片设计。一般是采用此法迅速设计出产品，在占领市场后再用其他方法"再设计"。

3．标准单元法

标准单元设计法又称库单元法，它是以精心设计好的标准单元库为基础的，设计时可根据需要选择库中的标准单元构成电路，然后调用这些标准单元的版图，并利用自动布局布线软件完成电路到版图一一对应的最终设计。

标准单元库一般应包括以下几方面的内容。

（1）逻辑单元符号库：包含各种标准单元的名称、符号、输入/输出及控制端，供设计者输入逻辑图时调用。

（2）功能单元库：在单元版图确定后，从中提取分布参数再进行模拟得到标准单元的功能与时序关系，并将此功能描述成逻辑与时序模拟所需要的功能库形式，供逻辑与时序模拟时调用。

（3）拓扑单元库：该库是单元版图主要特征的抽象表达，去掉版图细节，保留版图的高度、宽度、I/O 和控制端口的位置。这样用拓扑单元进行布局布线，既保留了单元的主要特征，又大大减少了设计的数据处理量，提高了设计效率。

（4）版图单元库：该库以标准的版图数据格式存放各单元精心设计的版图。

相比于全定制设计法，标准单元法的设计难度和设计周期都小得多，而且也能设计出性能较高、面积较小的芯片。与门阵列法相比，标准单元法设计的电路性能、芯片利用率及设计的灵活性均比门阵列好，既可用于设计数字 ASIC，又可用于设计模拟 ASIC。标准单元法存在的问题是：当工艺更新以后，标准单元库要随之更新，这是一项十分繁重的工作。此外，标准单元库的投资较大，而且芯片的制作需要全套掩膜版和全部工艺过程，因此生产周期和成本均比门阵列高。

4．可编程逻辑器件法

可编程逻辑器件是 ASIC 的一个重要分支。与前面介绍的几类 ASIC 不同，它是一种已完成了全部工艺制造、可直接从市场上购得的产品，用户只要对它编程就可实现所需要的电路功能，所以称它为可编程 ASIC。前面三种方法设计的 ASIC 芯片都必须到 IC 厂家去加工制造才能完成，设计制造周期长，而且一旦有了错误，就要重新修改设计和制造，成本和时间要大大增加。采用可编程逻辑器件，设计人员在实验室即可设计和制造出芯片，而且可反复编程，进行电路更新，如果发现错误，则可以随时更改，完全不必关心器件实现的具体工艺，这就大大地方便了设计者。

可编程逻辑器件发展到现在，规模越来越大，功能越来越强，价格越来越便宜，相配套的 EDA 软件工具越来越完善，因而深受设计人员的喜爱。目前，在电子系统开发阶段的硬件验证过程中，一般都采用可编程逻辑器件，以期尽快开发产品，迅速占领市场，等到大批量生产时，再根据实际情况转换成前面三种方法中的一种进行"再设计"。表 1.1 所示为不同设计方法的综合比较。

表 1.1 不同设计方法的综合比较

设计方法	设计效率	功能/面积	电路速度	设计出错率	可测性	可重新设计性
全定制法	×	√	√	√	△	×
标准单元法	—	—	○	△	—	○
门阵列法	○	△	—	△	—	○
可编程逻辑器件法	√	△	○	×	√	√

注：√最高（最大），○高（大），—中等，△低（小），×最低（最小）

1.4.3 SoC 设计

微电子技术的迅速发展使集成电路设计和工艺技术水平有了很大的提高，单片集成度已经超过上亿个晶体管，从而使得将原先由许多 IC 芯片组成的电子系统集成在一个硅片上成为可能，构成所谓的片上系统（SoC，System on a Chip）或系统芯片。SoC 将系统的主要功能综合到一块芯片中，本质上是在做一种复杂的 IC 设计。与普通的集成电路相比，SoC 不再是一种功能单一的单元电路，而是将信号采集、信号处理、输入和输出等完整的系统功能集成在一起，成为一个专用功能的电子系统芯片。

SoC 按用途的不同可以分为两种类型：一种是专用 SoC 芯片，是专用集成电路（ASIC）向系统级集成的发展；另一种是通用 SoC 芯片，将绝大部分部件（如 MCU、DSP、RAM、I/O 等）集成在单个芯片上，同时提供用户设计所需要的逻辑资源和编程所需的软件资源。SoC 的出现是电子系统设计领域的一场革命，它对电子信息产业的影响将不亚于集成电路诞生所产生的影响。当今电子系统的设计已经不再是利用各种通用 IC 进行 PCB 板级的设计和调试，而是转向以 ASIC 或大规模 FPGA 为物理载体的系统芯片设计。

1. IP 核

系统芯片的设计思想有别于普通的 IC 设计，它是以 IP 核为基础，以硬件描述语言 HDL 为主要设计手段，借助于以计算机为平台的 EDA 工具而进行的。

IP 原来的含义是知识产权、著作权等。实际上，IP 的概念早已在 IC 设计中使用，应该说前面介绍的标准单元库中的功能单元就是 IP 的一种形式，因此，在 IC 设计领域可将其理解为实现某种功能的设计。美国著名的 Dataquest 咨询公司则将半导体产业的 IP 定义为用于 ASIC 或 FPGA/CPLD 中的预先设计好的电路功能模块。

随着信息技术的飞速发展，用传统的手段来设计高复杂度的系统级芯片，设计周期将变得冗长，设计效率降低。解决这一设计危机的有效方法是复用以前的设计模块，即充分利用已有的或第三方的功能模块作为宏单元，进行系统集成，形成一个完整的系统，这就是集成电路设计复用的概念。这些已有的或由第三方提供的具有知识产权的模块（或内核）称为 IP 核，它在现代 EDA 技术和开发中具有十分重要的地位。

可复用的 IP 核一般分为硬核、固核和软核三种类型。硬核是以版图形式描述的设计模块，它基于一定的设计工艺，不能由设计者进行修改，可有效地保护设计者的知识产权。换句话说，用户得到的硬核仅是产品的功能，而不是产品的设计。由于硬核的布局不能被系统设计者修改，所以也使系统设计的布局布线变得更加困难，特别是在一个系统中集成多个硬件 IP 核时，系统的布局布线几乎不可能。

固核由 RTL 描述，由可综合的网表组成。与硬核相比，固核可以在系统级重新布局布线，使用者按规定可增减部分功能。由于 RTL 描述和网表对于系统设计者是透明的，这使得固核的知识产权得不到有效的保护。固核的关键路径是固定的，其实现技术不能更改，不同厂家的固核不能互换使用。因此，硬核和固核的一个共同缺陷就是灵活性比较差。

软核是完全用硬件描述语言（VHDL/Verilog HDL）描述的 IP，它与实现技术无关，可以根据使用者的需要进行修改。软核可以在系统设计中重新布局布线，在不同的系统设计中具有较大的灵活性，可优化性能或面积使之达到期望的水平。由于每次应用都要重新布局布线，软核的时序不能确定，从而增加了系统设计后测试的难度。

一个 IP 模块，首先要有功能描述文件，用于说明该 IP 模块的功能时序要求等，其次还要有设计实现和设计验证两方面的文件。硬核的实现比较简单，类似于 PCB 设计中的 IC 芯片的使用；软核的使用情况较为复杂,实现后的性能与具体的实现方式有关。为保证软核的性能,软核的提供者一般还提供综合描述文件,用于指导软核的综合。固核的使用介于上述两者之间。

用户在设计一个系统时,可以自行设计各个功能模块,也可以用 IP 模块来构建。IP 核作为一种商品,已经在因特网上广泛销售,而且还有专门的组织——虚拟插座接口协会 VSIA(Virtual Socket Interface Association)来制定关于 IP 产品的标准与规范。对设计者而言,想要在短时间内开发出新产品,一个比较好的方法就是使用 IP 核完成设计。

目前,尽管对 IP 还没有统一的定义,但 IP 的实际内涵已经有了明确的界定:首先它必须是为了易于重用而按照嵌入式应用专门设计的;其次是必须实现 IP 模块的优化设计。优化的目标通常可用"四最"来表达,即芯片的面积最小、运算速度最快、功率消耗最低、工艺容差最大。所谓工艺容差大,是指所做的设计可以经受更大的工艺波动,因为 IP 必须能经受得起成千上万次的使用。

2. SoC 单片系统

集成规模和系统功能达到什么程度才能算做 SoC 并没有严格的定义。简单地说,SoC 是指将一个完整的系统集成在一个芯片上,就是用一个芯片实现一个功能完整的系统。但广义而言,SoC 应该指在单个芯片上集成系统级多元化的大规模功能模块,从而构成一个能够处理各种信息的集成系统,该集成系统通常由一个主控单元和一些功能模块构成。主控单元通常是一个处理器,这个处理器既可以是一个普通的微处理器(CPU)的核,也可以是一个数字信号处理器(DSP)的核,还可以是一个专用的运算控制逻辑单元。一个由微处理器核(CPU 核)、数字信号处理器核(DSP 核)、存储器核(RAM/ROM 核)、模数转换核(A/D、D/A 核)及 USB 接口核等构成的系统芯片如图 1.9 所示。

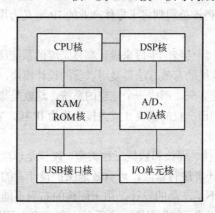

图 1.9　系统芯片(SoC)示意图

3. 基于 IP 模块的 SoC 设计

随着集成电路的规模越来越复杂,而产品的上市时间却要求越来越短,嵌入式设计方法应运而生。这种方法除了继续采用"自顶向下"的设计和综合技术外,其最主要特点是大量知识产权 IP 模块的复用,这就是基于 IP 模块的 SoC 设计方法,如图 1.10 所示。在系统设计中引入 IP 模块,就可以使设计者只设计实现系统其他功能的部分及与 IP 模块的互连部分,从而简化了设计,缩短了设计时间。

片内使用 IP 核构建是 SoC 的一个重要特征。当需要推出新产品时,SoC 开发人员可以将原来的 IP 模块移走,置入新的 IP 核,或者只需更改一小部分电路,即可符合产品所需要的功能,这就是对 IP 的重要利用。同时,可以做最有效率的使用,借以缩短产品的开发周期,降低开发的复杂度(通过把更多的特性和性能添加到更小的 IP 中,提升了满足大部分开发技术挑战的可能性)。

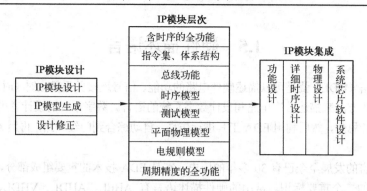

图 1.10 基于 IP 模块的 SoC 设计方法

可重复利用的 IP 大致包含了元器件库、宏及特殊的专用 IP，如通信接口 IP、多媒体压缩解压 IP、输入/输出接口 IP 等。此外，各家开发厂商所拥有的微处理器 IP 包括 ARM 公司的 RISC 架构的 ARM 核、MIPS 公司的 MIPS RISC 核等。许多芯片设计厂商可以向这些 IP 拥有厂商购买所需要的 IP，再加上一些外围的 IP，就可以制成一个高度集成的 SoC 嵌入式系统了。

SoC 以嵌入式系统为核心，集软硬件于一体，并追求产品系统最大包容的集成，是微电子领域 IP 设计的必然趋势和最终目标，也是现代电子系统设计开发的最佳选择。SoC 是一种系统集成芯片，其系统功能可以由全硬件完成，也可以由硬件和软件协同完成（如含有嵌入式处理器的 SoC），目前大部分 SoC 主要指的是后者。

因此，无论是专用 SoC 还是通用 SoC，它们在结构上都有相似的特点，即都是以嵌入式系统结构为基础，集软硬件于一体的系统级芯片，其中通常集成了一个或若干处理器，包括 RISC 处理器、DSP 及为某些专门应用设计的专用指令集处理器（Application Specific Instruction Set Processor），这些处理器是 SoC 的重要组成部分，与 SoC 的其他部件融合在一起，完成某种特定的系统功能。

目前，基于 IP 模块的 SoC 设计亟需解决三方面的关键技术问题，即软硬件协同设计技术、IP 核设计及复用技术、超深亚微米集成电路设计技术，而 IP 核复用技术则是保证系统级芯片开发效率和质量的重要手段。

4. SoC 的实现

微电子制造工艺的进步为 SoC 的实现提供了硬件基础，微电子技术的近期发展成果又为 SoC 的实现提供了多种途径，而 EDA 软件技术的提高则为 SoC 的实现创造了必要的开发平台。SoC 可以采用全定制的方式来实现，即把设计的网表文件提交给半导体厂家流片就可以得到，但采用这种方式的风险性高，费用大，周期长。还有一种就是以可编程片上系统 SOPC（System On a Programmable Chip）的方式来实现。

对于经过验证而又需要批量生产的 SoC 芯片，可以做成专用集成电路 ASIC 大量生产。而对于一些仅为小批量应用或处于开发阶段的 SoC，若马上投入流片生产，需要投入较多的资金，承担较大的试制风险。近几年发展起来的 SOPC 技术则提供了另一种有效的解决方案，即用大规模可编程器件 FPGA 来实现 SoC 的功能。

目前，大规模可编程器件 FPGA 的单片集成度已经由原来的数万门发展到数十万门甚至数百万门，芯片的 I/O 口也由原来的数十个发展到上千个，有的制造商还推出了含有硬核嵌入式系统的 IP。因此，完全可以将一个复杂的数字系统集成到一片 FPGA（即 SOPC）中，从而使得所设计的电路系统在其规模、可靠性、体积、功耗、性能指标、上市周期、开发成本、产品维护及硬件升级等多方面实现最优化，为 SoC 的实现提供了一种简单易行而成本低廉的手段。

1.5 硬件描述语言

硬件描述语言（HDL）就是可以描述硬件电路的功能、信号连接关系及定时（时序）关系的语言，也是一种用形式化方法来描述数字电路和设计数字系统的语言。数字系统的设计者可以利用这种语言来描述自己的设计思想，然后利用 EDA 工具进行仿真，自动综合到门级电路，再用 ASIC 或 FPGA 实现其功能。

硬件描述语言的发展至今已有 30 多年的历史，它是 EDA 技术的重要组成部分，也是 EDA 技术发展到高级阶段的一个重要标识。常用的硬件描述语言有 ABEL、AHDL、VHDL、Verilog HDL、System-Verilog 和 System C 等，而 VHDL 和 Verilog HDL 是当前最流行的，并已成为 IEEE 的工业标准硬件描述语言，得到了众多 EDA 公司的支持，在电子工程领域，已成为事实上的通用硬件描述语言。有专家认为，在新世纪中，VHDL 和 Verilog HDL 将承担起几乎全部的数字系统设计任务。

1.5.1 VHDL

VHDL 的英文全名为 VHSICHDL（Very-High Speed Integrated Circuit Hardware Description Language），其诞生于 1983 年，由美国国防部（DOD）发起创建。后来，IEEE（The Institute of Electrical and Electronics Engineers）对其进一步发展，于 1987 年作为"IEEE 标准 1076"发布，从而 VHDL 正式成为硬件描述语言的业界标准之一。随着 VHDL 标准版本（IEEE Std 1076）的公布，各 EDA 公司相继推出了自己的 VHDL 设计环境，或宣布自己的设计工具可以使用和支持 VHDL。此后，VHDL 在电子设计领域得到了广泛应用，并逐步取代了原有的非标准硬件描述语言。1993 年，IEEE 对 VHDL 进行了修订，从更高的抽象层次和系统描述能力上扩展了 VHDL 的内容，公布了新版本的 VHDL，即 IEEE 1076—1993 版本。现在公布的最新 VHDL 标准版本是 IEEE 1076—2008。

VHDL 主要用于描述数字系统的结构、行为、功能和接口。除了含有许多具有硬件特征的语句外，VHDL 的语言形式和描述风格与句法十分类似于一般的计算机高级语言。应用 VHDL 进行工程设计的优点是多方面的，具体如下。

（1）与其他硬件描述语言相比，VHDL 具有更强的行为描述能力，从而决定了它是系统设计领域最佳的硬件描述语言。强大的行为描述能力是避开具体的器件结构，从逻辑行为上描述和设计大规模电子系统的重要保证。

（2）VHDL 最初是作为一种仿真标准格式出现的，因此 VHDL 既是一种硬件电路描述和设计语言，也是一种标准的网表格式，还是一种仿真语言。它有丰富的仿真语句和库函数，设计者可以在系统设计的早期随时对设计进行仿真模拟，查验所设计系统的功能特性，从而对整个工程设计的结构和功能的可行性做出决策。

（3）VHDL 的行为描述能力和程序结构决定了它具有支持大规模设计和分解已有设计的再利用功能，满足了大规模系统设计要由多人甚至多个开发组共同并行工作来实现的市场需求。VHDL 中设计实体的概念、程序包的概念、设计库的概念为设计的分解和并行工作提供了有力的支持。

（4）对于用 VHDL 完成的一个确定的设计，可以利用 EDA 工具进行逻辑综合和优化，并自动地将 VHDL 描述转变成门级网表，生成一个更高效、更高速的电路系统。此外，设计者还可以很容易地从综合优化后电路获得设计信息，再返回去更新修改 VHDL 设计描述，使之更为完善。这种方式突破了门级设计的瓶颈，极大地减少了电路设计的时间和可能发生的错误，降低了开发成本。

（5）VHDL 对设计的描述具有相对独立性，设计者可以不懂硬件的结构，也不必管最终设计实现的目标器件是什么，而进行独立的设计。正因为 VHDL 的硬件描述与具体的工艺技术和硬件结构无关，

VHDL 设计程序的硬件实现目标器件有广阔的选择范围，其中包括各系列的 CPLD、FPGA 及各种门阵列实现目标。

（6）由于 VHDL 具有类属描述语句和子程序调用等功能，对于已完成的设计，在不改变源程序的条件下，只需改变端口类属参量或函数，就能轻易地改变设计的规模和结构。

1.5.2 Verilog HDL

Verilog HDL 是在 C 语言的基础上发展而来的硬件描述语言，具有简洁、高效、易用的特点，是目前应用最广泛的硬件设计语言之一。Verilog HDL 可以用来进行各种层次的逻辑设计，也可以用它进行数字逻辑系统的仿真验证、时序分析和逻辑综合等。在 ASIC 设计领域，Verilog HDL 已经成为了事实上的标准。

Verilog HDL 于 1983 年由 GDA（GateWayDesign Automation）公司的 Phil Moorby 首创，1989 年 Cadence 公司收购了 GDA 公司，Verilog HDL 成为 Cadence 公司的私有财产。1990 年，Cadence 公司决定公开 Verilog HDL，于是成立了 OVI（Open Verilog International）组织来负责 Verilog HDL 的发展。基于 Verilog HDL 的优越性，IEEE 先后推出了两个 Verilog 标准，即 IEEE Std.1364—1995（Verilog-1995）和 IEEE Std.1364—2001（Verilog-2001），后者在前者的基础上对 Verilog HDL 进行了若干改进和扩充，使其功能更强、使用更方便。

Verilog HDL 适合算法级（Algorithm-level）、寄存器传输级（RTL，Register Transfer Level）、门级（Gate-level）和版图级（Layout-level）等各个层次的设计和描述，见表 1.2。

表 1.2 不同层次的设计和描述方式

设计层次	行为描述	结构描述
算法级	系统算法	系统逻辑框图
RTL 级	数据流图、真值表、状态机	寄存器、ALU、ROM 等分模块描述
门级	布尔方程、真值表	逻辑门、触发器、锁存器构成的逻辑图
版图级	几何图形	图形连接关系

在采用 Verilog HDL 进行设计时，由于 Verilog HDL 的标准化，可以很容易地把完成的设计移植到不同厂家的不同芯片中去。用 Verilog HDL 所完成的设计，其信号参数是很容易改变的，可以任意修改，以适应不同规模的应用。在仿真验证时，测试向量也可以用该语言来描述。此外，采用 Verilog HDL 进行设计还具有与工艺无关性的优点，这使得工程师在功能设计、逻辑验证阶段可以不必过多地考虑门级及工艺实现的具体细节，只需利用系统设计时对芯片的需要，施加不同的约束条件，即可设计出实际电路。

1.5.3 AHDL

AHDL（Altera Hardware Description Language）是一种模块化的硬件描述语言，它是 Altera 公司根据自己公司生产的 MAX 系列器件和 FLEX 系列器件的特点，专门设计的一套完整的硬件描述语言。

AHDL 完全集成于 Altera 公司的 EDA 软件开发系统 Max+plus II 和 Quartus II 中，它支持多种输入方式，其中包括布尔方程、真值表、状态机等逻辑表达方式，特别适合于描述复杂的组合电路。用户可以通过 Max+plus II 或 Quartus II 的软件开发系统对 AHDL 源程序进行编辑，并通过对源文件的编译建立仿真、时域分析和器件编程的输出文件。

AHDL 的语句和元素种类齐全、功能强大，而且易于应用。用户可以使用 AHDL 建立完整的工程设计项目，或者在一个层次的设计中混合其他类型的设计文件，如 VHDL 设计文件或 Verilog HDL 设计文件。

1.5.4 Verilog HDL 和 VHDL 的比较

首先需要说明的是，这里的比较并不是要判断哪一种语言更好一些，因为这样的判断没有实际意义，而且不同的语言有其特定的适用环境，必须要将语言和它的使用领域相结合才能得出有意义的结论。

一般的硬件描述语言可以在三个层次上进行电路描述，其描述层次依次可分为行为级、RTL级和门电路级。VHDL 的特点决定了它更适用于行为级（也包括 RTL 级）的描述，有人将它称为行为描述语言；而 Verilog HDL 属于 RTL 级硬件描述语言，通常只适用于 RTL 级和更低层次的门电路级描述。

由于任何一种硬件描述语言的源程序最终都要转换成门电路级才能被布线器或适配器所接受，因此 VHDL 源程序的综合通常要经过行为级到 RTL 级再到门电路级的转化；而 Verilog HDL 源程序的综合过程要稍简单些，只要经过 RTL 级到门电路级的转化。

与 Verilog HDL 相比，VHDL 是一种高级描述语言，适用于电路高级建模，比较适合于 FPGA/CPLD 目标器件的设计，或间接方式的 ASIC 设计；而 Verilog HDL 则是一种较低级的描述语言，更适用于描述门级电路，易于控制电路资源，因此更适合于直接的集成电路或 ASIC 设计。

VHDL 和 Verilog HDL 的共同特点是：能形式化地抽象表示电路的结构和行为，支持逻辑设计中层次与领域的描述，可借用高级语言的精巧结构来简化电路的描述，具有电路仿真与验证机制以保证设计的正确性，支持电路描述由高层到低层的综合转换，便于文档管理，易于理解和设计重用。VHDL 和 Verilog HDL 的主要区别在于逻辑表达的描述级别。VHDL 虽然也可以直接描述门电路，但这方面的能力却不如 Verilog HDL，而 Verilog HDL 在高级描述方面不如 VHDL。Verilog HDL 的描述风格接近于电路原理图，从某种意义上说，它是电路原理图的高级文本表示方式；VHDL 最适于描述电路的行为，然后由综合器根据功能要求来生成符合要求的电路网表。

Verilog HDL 的最大优点是易学易用，入门容易，只要有 C 语言的编程基础，设计者可以在 2～3 个月的时间内掌握这种设计技术；VHDL 入门相对较难，一般很难在较短的时间内真正掌握其设计技术，但在熟悉以后，其设计效率明显高于 Verilog HDL，生成的电路性能也与 Verilog HDL 生成的电路不相上下。

由于 VHDL 和 Verilog HDL 各有所长，市场占有量也相差不多。在美国 Verilog HDL 和 VHDL 的应用比例是 60% 和 40%，在中国台湾地区各为 50%，在中国大陆地区则为 10% 和 90%。由于 VHDL 在语言编程风格上具有规范、严谨的特点，再加上引入到国内的时间较早，因此国内高校普遍都以 VHDL 作为主要授课内容；相反，由于 Verilog HDL 在编程风格上具有灵活、简洁的特点，更适合于美国人的口味，在美国的许多著名高校如斯坦福大学、南加州大学等都以 Verilog HDL 作为主要授课内容。

目前，大多数高档 EDA 软件都支持 VHDL 和 Verilog HDL 混合设计，因而在工程应用中，有些电路模块可以用 VHDL 设计，其他电路模块则可以用 Verilog HDL 设计，各取所长，已成为 EDA 应用技术发展的一个重要趋势。

1.6 EDA 设计工具

集成电路技术的进展不断对 EDA 技术提出新的要求，促进了 EDA 技术的发展。但是总的来说，EDA 系统的设计能力一直难以赶上集成电路技术的要求。EDA 工具的发展经历了两个大阶段，即物理工具阶段和逻辑工具阶段。物理工具用来完成电路设计中的实际物理问题，如芯片布局、印制电路板布线等，另外它还能提供一些设计的电气性能分析，如设计规则检查。逻辑工具是基于网表、布尔逻辑、传输时序等概念的，主要用于解决逻辑设计中的逻辑综合、仿真、优化等问题。

1.6.1 EDA 设计工具分类

为了完成复杂的 ASIC 设计，一个 EDA 系统至少应包括 10~20 个 CAD 工具。现在 EDA 技术和系统设计工具正逐渐被理解成一个整体的概念——电子系统设计自动化（ESDA）。在过去 30 多年中，人们开发了大量计算机辅助设计工具来帮助集成电路的设计，这些设计工具的分类如图 1.11 所示。

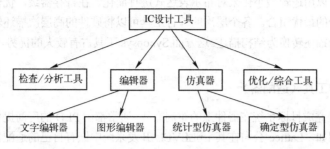

图 1.11 设计工具的分类

EDA 工具在 EDA 技术应用中占据了极其重要的位置。按照功能划分，EDA 工具大致可分为设计输入工具、检查/分析工具、优化/综合工具、仿真器、HDL 综合器、PCB 设计工具、适配器（布局布线器）及下载器（编程器）等多个模块。

1. 设计输入工具（编辑器）

这是任何一种 EDA 软件必须具备的基本功能。编辑器包括文字编辑器和图形编辑器。在系统级设计中，文字编辑器用来编辑硬件系统的自然描述语言，在其他层次用来编辑电路的硬件描述语言文本。在数字系统中的门级、寄存器级和芯片级，所用的描述语言通常为 VHDL 和 Verilog HDL；在模拟电路级，硬件描述语言通常为 SPICE 的文本输入。

图形编辑器可用于硬件设计的各个层次。在版图级，图形编辑器用来编辑表示硅工艺加工过程的几何图形。在高于版图层次的其他级，图形编辑器用来编辑硬件系统的方框图、原理图等。典型的原理图输入工具至少应包括以下三个组成部分。

（1）基本单元符号库。主要包括基本单元的图形符号和仿真模型。在实际应用时，硬件设计者除了采用基本单元和标准单元之外，还应该能够使用原理图编辑器建立自己专用的图形符号和相应的仿真模型加到基本单元符号库中，供下次设计时使用。

（2）原理图编辑器的编辑功能。

（3）产生网表的功能。

2. 设计仿真工具（仿真器）

使用 EDA 工具的一个最大好处是可以验证设计是否正确，几乎每个公司的 EDA 产品都有仿真工具。仿真器又称模拟器，主要用来帮助设计者验证设计的正确性。在硬件系统设计的各个层次都要用到仿真器。在数字系统设计中，硬件系统由数字逻辑器件和它们之间的互连来表示。仿真器的用途是确定系统的输入/输出关系，所采用的方法是把每个数字逻辑器件映射为一个或几个进程，把整个系统映射为由进程互连构成的进程网络，这种由进程互连组成的网络就是设计的仿真模型。

3. 检查/分析工具

在集成电路设计的各个层次都会用到检查/分析工具。在版图级，必须用设计规则检查工具来保证版图所表示的电路可以被可靠地制造出来。在逻辑门级，检查/分析工具可以用来检查是否有违反扇出规则的连接关系。时序分析器一般用来检查最坏情形时电路中的最大和最小延时。这方面 Cadence 公司的实力很强，其 Dracula、Virtuoso、Vampire 等物理验证工具有很多使用者。

4．优化/综合工具

优化/综合工具用来把一种硬件描述转换为另一种描述，这里的转换过程通常伴随着设计的某种改进。在逻辑门级，可以用逻辑最小化来对布尔表达式进行简化。在寄存器级，优化工具可以用来确定控制序列和数据路径的最优组合。各个层次的综合工具可以将硬件的高层次描述转换为低层次描述，也可以将硬件的行为描述转换为结构描述。这方面 Synopsys 工具占有较大的优势，它的 Design Compile 是综合的工业标准。

5．布局和布线工具（适配器）

适配器的任务是完成目标系统在器件上的布局布线，通常都由 PLD 的厂商提供的专门针对器件开发的软件来完成。例如，Lattice 公司在其 ispLEVEL 开发系统中嵌有自己的适配器，但同时又提供性能良好、使用方便的专用适配器 ispEXPERT Compiler；而 Altera 公司的 EDA 集成开发环境 Max+plus II、Quartus II 中都含有嵌入的适配器（Fitter）；Xilinx 公司的 Foundation 和 ISE 中也同样含有自己的适配器。适配器最后输出的是各厂商自己定义的下载文件。

在 IC 设计的布局布线工具中，Cadence 软件是比较强的，它有很多产品，用于标准单元、门阵列，已可实现交互布线。最有名的是 Cadence spectra，它原来是用于 PCB 布线的，后来 Cadence 把它用来做 IC 的布线，其主要工具有：Silicon Ensemble 标准单元布线器、Gate Ensemble 门阵列布线器、Design Planner 布局工具。其他各 EDA 软件开发公司也提供各自的布局布线工具。

6．下载工具（编程器）

下载器（编程器）的任务是将设计（适配器最后输出的下载文件）下载到对应的可编程逻辑器件中，以实现硬件设计。通常由可编程逻辑器件的厂商提供的专门针对器件下载或编程软件来完成。

7．PCB 设计工具

印制电路板（PCB）设计工具种类很多，目前在我国用得最多的应属 Protel。早期的 Protel 主要作为印制电路板自动布线工具使用，现在普遍使用的是 protel DXP 和 Altium Designer。其中 Altium Designer 是 Protel 系列的高端版本，它是业界第一款完整的板级设计解决方案，也是业界首例将设计流程、集成化 PCB 设计、可编程器件（如 FPGA）设计和基于处理器设计的嵌入式软件开发功能整合在一起的产品。Altium Designer 可以同时支持 PCB 和 FPGA 设计以及嵌入式设计，具有将设计方案从概念转变为最终成品所需的全部功能。

8．模拟电路仿真工具

前面讲的仿真器主要是针对数字电路的，对于模拟电路的仿真工具，普遍使用 SPICE，这是唯一的选择。在众多的 SPICE 中，最好最准的当数 HSpice，用做 IC 设计，它的模型最多，仿真的精度也最高。

1.6.2　EDA 公司与工具介绍

EDA 软件工具开发商大体分为两类：一类是 EDA 专业软件公司，较著名的有 Synopsys、Cadence、Mentor-Graphics、Viewlogic、Magma 和 Avant！公司等，这些公司都有各自独立的设计流程与相应的 EDA 设计工具；另一类是半导体器件厂商为了销售他们的产品而开发的 EDA 工具，较著名的公司有

Altera、Xilinx 和 Lattice 公司等。EDA 专业软件公司独立于半导体器件厂商,其推出的 EDA 系统具有较好的标准化和兼容性,也比较注意追求技术上的先进性,适合于学术性基础研究或专业从事集成电路设计的单位使用。而半导体厂商开发的 EDA 软件工具,能针对自己器件的工艺特点做出优化设计,提高资源利用率,降低功耗,改善性能,比较适合于新产品开发单位使用。在 EDA 技术发展策略上,EDA 专业软件公司面向应用,提供 IP 模块和相应的设计服务;而半导体厂商则采取三位一体的战略,注重器件生产、设计服务和 IP 模块的提供。表 1.3~表 1.10 列举了各个设计周期中的主要 EDA 工具及供应商。

表 1.3 仿真与验证 EDA 工具

设计周期	工具分类	工具名称	供应商
仿真与验证	Digital Simulator	NC-Verilog/Verilog-XL	Cadence
		VCS	Synopsys
	Equivalence Check	Encounter Conformal Equivalence Checker	Cadence
		Formality,ESP	Synopsys
		FormalPro	Mentor
	Waveform Viewer	Debussy,Verdi	Novas
	Analog Simulator	HSpice,Nanosim	Synopsys
		Incisive AMS	Cadence
		Advance MS	Mentor
	RTL Code Coverage	HDL Score	Innoveda
		VCS	Synopsys
		VN-Cover	TransEDA
	RTL Syntax and SRS Checker	nLint	Novas
		SpyGlass	Atrenta
		Leda	Synopsys
	C++ Based System Testbench	Nucleus C++	Mentor

表 1.4 综合 EDA 工具

设计周期	工具分类	工具名称	供应商
综合	Clock Gating	Power Compiler	Synopsys
		Power-savvy	Azuro
	RTL Synthesis	Design Compiler	Synopsys
	Physical Synthesis	Blast Fusion	Magma
		Physical Compiler	Synopsys

表 1.5 物理设计 EDA 工具

设计周期	工具分类	工具名称	供应商
物理设计	Floor Plan	First Encounter	Cadence
		Floorplan Compiler	Synopsys
		JupiterXT	Synopsys
	Cell Place and Route	SOC Encounter	Cadence
		ICC	Synopsys
	Clock Tree Synthesis	CTGen	Cadence
		Asteo	Synopsys

续表

设计周期	工具分类	工具名称	供应商
物理设计	scan Chain Recorder	Silicon Ensemble	Cadence
	Singal Integrity	Celtic NDC	Cadence
		Blast Noise	Magma
		Prime TimeSI/Asto-Xtalk	Synopsys
	IR Drop/Electromigration	Blast Rail	Magma
		Astro Rail	Synopsys
	RC Extraction	Fire&Ice（3-D）	Cadence
		HyperExtract（2.5-D）	Cadence
		Star-RCXT（3-D）	Synopsys
	LVS&DRC	Calibre	Mentor
		Hercules	Synopsys

表 1.6　时序与功耗检查 EDA 工具

设计周期	工具分类	工具名称	供应商
时序和功耗检查	Static Timing Analysis	PrimeTimeSI	Synopsys
		Pearl	Cadence
	Cell Level Power	Prime Power	Synopsys
	Transistor Level Timing	PathMill	Synopsys
	Transistor Level Power	PowerMill	Synopsys
	Dynamic Timing Analysis	NC-Verilog/Verilog-XL	Synopsys
		VCS	Synopsys

表 1.7　定制设计 EDA 工具

设计周期	工具分类	工具名称	供应商
定制设计	Schematic Capture	Composer	Cadence
	Spice Netlister	Cadence/MICA direct	Cadence
	Layour Editor	Enterprise	Synopsys
		Virtuoso	Cadence

表 1.8　可测性设计 EDA 工具

设计周期	工具分类	工具名称	供应商
可测性设计	ATPG	Fastscan	Mentor
		TetraMAX	Synopsys
	Boundary scan	BSDArchitect	Mentor
		BSD Compiler	Synopsys
	Scan Insertion	DFT Advisor	Mentor
		DFT Compiler	Synopsys
	Memory BIST	Mbist Architect	Mentor
		SocBIST	Synopsys

表1.9 RTL-to-GDSII 工具

设 计 周 期	工 具 分 类	工 具 名 称	供 应 商
RTL 转换到 GDSII	RTL-to-GDSII	SoC Encounter	Cadence
		Galaxy	Synopsys
		Blaster	Magma

表1.10 ESL 工具

设 计 周 期	工 具 分 类	工 具 名 称	供 应 商
ESL	System Level Design & Simulation	Seamless	Mentor
		Catapult	Mentor
		SoC Designer	ARM
		ESL CoCentric System Studio	Synopsys

上述这些工具都有各自的特长，有一些已经成为工业界的标准。例如，Synopsys 的静态时序分析工具 Prime time、晶体管级电路模拟仿真软件 HSpice、逻辑综合工具 Design Compiler、Cadence 的全定制芯片流程软件包 ICFB，以及 Mentor 的 DRC&LVS 工具 Calibre。设计者应该在设计之前根据自己的需求确定所要使用的 EDA 工具。

EDA 工具发展十分迅速，功能越来越强，竞争也非常激烈。总的来说，在逻辑验证方面，Synopsys 独占鳌头，Cadence 则在前端仿真及后端版图设计工具上继续保持优势，但 Synopsys 在收购 Avant! 后已成为其强有力的竞争对手，尤其是在超深亚微米（VDSM）集成电路设计领域，后者的表现非常突出。Mentor-Graphics 则在自动测试与提取验证工具方面占有一定的优势。

EDA 技术的发展完全可以用日新月异来描述；EDA 技术的应用非常广泛，现在已涉及各行各业；EDA 技术水平不断提高，设计工具已经到了趋于完美的地步；EDA 市场日趋成熟，但我国的研发水平还很有限，需迎头赶上。

习 题 1

1. EDA 技术的发展分为哪几个发展阶段？
2. 现代 EDA 技术有哪些基本特征？
3. 什么是 Top-down 设计方式？
4. EDA 设计流程包含哪几个主要步骤？
5. EDA 设计工具有哪些主要模块？
6. 什么是硬件描述语言？当前最流行的 HDL 是什么？
7. EDA 的设计输入有哪些方式？
8. EDA 设计的实现目标有哪些？各有什么特点？
9. ASIC 的定义和特点是什么？其设计方法有哪些？
10. 什么是 IP 核？什么是 IP 复用技术？
11. SoC 的实现途径有哪些？SoC 设计面临的主要问题是什么？
12. EDA 技术的优点是什么？
13. 从使用角度讲，EDA 技术主要包括哪几个方面的内容？

第 2 章 可编程逻辑器件基础

本章概要：本章主要介绍可编程逻辑器件的基本结构、工作原理，以及相关的工艺、编程和测试技术。

知识要点：（1）可编程逻辑器件的分类；
（2）CPLD/FPGA 的结构特点；
（3）可编程逻辑器件的基本资源；
（4）可编程逻辑器件的编程工艺；
（5）可编程逻辑器件的设计开发；
（6）可编程逻辑器件的测试技术。

教学安排：本章教学安排 4 学时，通过本章的学习，读者能了解可编程逻辑器件的发展和分类，掌握可编程逻辑器件的基本结构和编程方法，熟悉可编程逻辑器件的设计流程，了解可编程逻辑器件的测试方法。

2.1 概　　述

可编程逻辑器件（PLD，Programmable Logic Device）是 20 世纪 70 年代发展起来的一种新型逻辑器件，它是现代数字电子系统向着超高集成度、超低功耗、超小型封装和专用化方向发展的重要基础。可编程逻辑器件是一种由用户编程实现所需功能的半定制集成电路，近年来在计算机硬件、工业控制、智能仪表、数字视听设备、家用电器等领域得到了广泛应用。可编程逻辑器件与 EDA 技术的结合，使得系统设计人员与芯片设计人员的工作相互渗透，从而可快速、方便地构建数字系统。学习 ASIC 技术，掌握可编程逻辑器件的设计方法，已成为现代电子系统设计人员必须具备的基本技能之一。

2.1.1 可编程逻辑器件发展历程

可编程逻辑器件发展到现在，已经产生了多种结构，形成了不同的产品。历史上，可编程逻辑器件经历了从 PROM、PLA、PAL、GAL 等简单可编程逻辑器件 SPLD，到采用大规模集成电路技术的 EPLD、CPLD 和 FPGA 的发展过程，在结构、工艺、集成度、功能、速度和灵活性等方面都有了很大的改进和提高。

综观可编程逻辑器件的发展情况，大体可以分为 6 个发展阶段。

（1）20 世纪 70 年代初，熔丝编程的可编程只读存储器 PROM（Programmable Read-Only Memories）和可编程逻辑阵列 PLA（Programmable Logic Array）是最早的可编程逻辑器件。

（2）20 世纪 70 年代末，对 PLA 器件进行了改进，AMD 公司推出了可编程阵列逻辑 PAL（Programmable Array Logic）。

（3）20 世纪 80 年代初，Lattice 公司发明了电可擦写的、比 PAL 器件使用更灵活的通用可编程阵列逻辑 GAL（Generic-Programmable Array Logic）。

（4）20 世纪 80 年代中期，Xilinx 公司提出了现场可编程的概念，同时生产出了世界上第一个 FPGA 器件。同一时期，Altera 公司推出了 EPLD 器件，较 GAL 器件有更高的集成度，可以用紫外线或电擦除。

(5) 20世纪80年代末，Lattice公司又提出了在系统可编程的概念，即ISP（In System Programmable）技术，并且推出了一系列具备在系统可编程能力的CPLD器件，将可编程逻辑器件的性能和应用技术推向了一个全新的高度。

(6) 进入20世纪90年代以后，集成电路技术进入到飞速发展的时期，可编程逻辑器件的规模超过了百万逻辑门，并且出现了内嵌复杂功能块（如加法器、乘法器、RAM、PLL CPU核、DSP核等）的超大规模器件SOPC（System On a Programmable Chip）。

可编程逻辑器件由于具备可编程性和设计方便性两大特点，目前已经成为当今世界上最富吸引力的半导体器件。可编程逻辑器件是一门正在发展中的技术，其未来将向着高密度、大规模、低电压、低功耗、系统内可重构、可预测延时的方向发展。可以断定，随着工艺和结构的改进，可编程逻辑器件的集成度将进一步提高，性能将进一步完善，成本将逐渐下降，在现代电子系统设计中将起到越来越重要的作用。

2.1.2 可编程逻辑器件分类

可编程逻辑器件的种类很多，几乎每个大的可编程逻辑器件供应商都能提供具有自身结构特点的PLD器件。常见的可编程逻辑器件有PROM、PLA、PAL、GAL、EPLD、CPLD和FPGA等。由于历史的原因，对可编程逻辑器件的命名不很规范，一种器件往往具备几种器件的特征，并不能够严格地分类，所以可编程逻辑器件有多种分类方法，没有统一的标准。下面介绍其中几种比较通行的分类方法。

1. 按集成度分类

集成度是集成电路一项很重要的指标，如果从集成度上分类，可分为低密度可编程逻辑器件（LDPLD）和高密度可编程逻辑器件（HDPLD）。历史上，GAL22V10是简单PLD和复杂PLD的分水岭，集成度大于GAL22V10的称为复杂PLD，反之称为简单PLD。因此，在具体区分时，一般也按照GAL22V10芯片的容量区分为LDPLD和HDPLD。根据制造商的不同，GAL22V10的集成度为500~750门。如果按照这个标准，PROM、PLA、PAL和GAL属于低密度可编程逻辑器件，而EPLD、CPLD和FPGA则属于高密度可编程逻辑器件，如图2.1所示。

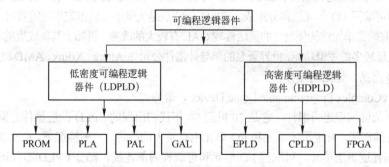

图2.1 可编程逻辑器件按集成度分类

(1) 低密度可编程逻辑器件LDPLD

低密度可编程逻辑器件包括PROM、PLA、PAL和GAL这4种器件。

① PROM（可编程只读存储器）

PROM是20世纪70年代初期出现的第一代PLD，其内部结构由"与阵列"和"或阵列"组成，其中"与阵列"固定，"或阵列"可编程，可以用来实现任何"以积之和"形式表示的各种组合逻辑。PROM 采用熔丝工艺编程，只能写一次，不可以擦除或重写。随着技术的发展和应用的要求，又出现了 EPROM（紫外线擦除可编程只读存储器）和 E^2PROM（电擦写可编程只读存储器）。由于 PROM 具有价格低、易于编程的特点，适合于存储函数和数据表格，在某些场合中还有一定的用途。

② PLA（可编程逻辑阵列）

PLA 是基于"与-或阵列"的一次性编程器件，其"与阵列"和"或阵列"都是可编程的。PLA 曾经被认为是极有发展前途的可编程逻辑器件，但由于器件内部的资源利用率低，现在已经不常使用，只在一些传统的场合中应用。

③ PAL（可编程阵列逻辑）

PAL 也是基于"与-或阵列"结构的器件，其"与阵列"可编程，"或阵列"是固定连接的。PAL 由 AMD 公司发明，并于 20 世纪 70 年代末期正式推出。PAL 具有多种输出结构形式，为数字逻辑设计带来了一定的灵活性，但 PAL 仍采用熔断丝工艺，一旦一次性编程后就不能再改写。

④ GAL（通用可编程阵列逻辑）

GAL 是 Lattice 公司于 20 世纪 80 年代发明的电可擦写、可重复编程、可设置加密位的 PLD 器件。GAL 器件和 PAL 器件相比，增加了一个可编程的输出逻辑宏单元 OLMC，通过对 OLMC 配置可以得到多种形式的输出和反馈。在实际应用中，由于 GAL 器件对 PAL 器件具有 100%的兼容性，所以 GAL 几乎完全代替了 PAL 器件。

低密度可编程逻辑器件的优点是易于编程，对开发软件的要求低，在 20 世纪 80 年代得到了广泛的应用。但随着技术的发展，低密度可编程逻辑器件在集成密度和性能方面的局限性也暴露了出来。低密度可编程逻辑器件的寄存器、I/O 引脚、时钟资源的数目有限，没有内部连接，使设计的灵活性受到了明显的限制。

(2) 高密度可编程逻辑器件 HDPLD

高密度可编程逻辑器件包括 EPLD、CPLD 和 FPGA 三种器件。

① EPLD（Erasable Programmable Logic Device）器件

EPLD 是 Altera 公司于 1986 年推出的一种新型可擦除、可编程逻辑器件，它是一种基于 EPROM 和 CMOS 技术的可编程逻辑器件。EPLD 器件的基本逻辑单位是宏单元，它由可编程的与-或阵列、可编程寄存器和可编程 I/O 单元三部分组成。EPLD 的特点是大量增加输出宏单元的数目，提供更多的与阵列。EPLD 特有的宏单元结构使设计的灵活性较 GAL 有较大的改善，再加上其集成度的提高，使其在一块芯片内能够实现较多的逻辑功能。世界著名的半导体器件公司如 Altera、Xilinx、AMD、Lattice 和 Atmel 公司均有 EPLD 产品，但结构差异较大。

② CPLD（Complex Programmable Logic Device）器件

CPLD 即复杂可编程逻辑器件，它是 20 世纪 90 年代初出现的 EPLD 改进器件。同 EPLD 相比，CPLD 增加了内部连线，对逻辑宏单元和 I/O 单元也有重大的改进。一般情况下，CPLD 器件至少包含三种结构：可编程逻辑宏单元、可编程 I/O 单元和可编程内部连线。部分 CPLD 器件还集成了 RAM、FIFO 或双口 RAM 等存储器，以适应 DSP 应用设计的要求。典型的 CPLD 器件有 Lattice 的 PLSI/ispLSI 系列器件、Xilinx 的 7000 和 9000 系列器件、Altera 的 MAX7000 和 MAX9000 系列器件，以及 AMD 的 MACH 系列器件等。

③ FPGA（Field Programmable Gate Array）器件

FPGA 即现场可编程门阵列，它是 1985 年由美国 Xilinx 公司首家推出的一种新型的可编程逻辑器件。FPGA 在结构上由逻辑功能块排列为阵列，并由可编程的内部连线连接这些功能块来实现一定的逻辑功能。FPGA 的功能由逻辑结构的配置数据决定，工作时，这些配置数据存放在片内的 SRAM 或熔丝图上。使用 SRAM 的 FPGA 器件，在工作前需要从芯片外部加载配置数据，这些配置数据可以存放在片外的 EPROM 或其他存储体上，人们可以控制加载过程，在现场修改器件的逻辑功能。

FPGA 的发展十分迅速，目前已达到超过 300 万门/片的集成度、3ns 内部门延时的水平。除 Xilinx 公司外，Altera 和 Actel 等公司也提供高性能的 FPGA 芯片。

2. 按器件结构分类

目前，常用的可编程逻辑器件都是从"与-或阵列"和"门阵列"两类基本结构发展起来的，所以又可从结构上将其分为两大类器件。

（1）乘积项结构器件：其基本结构为"与-或阵列"的器件，大部分简单的 PLD 和 CPLD 都属于这个范畴。

（2）查找表结构器件：其基本结构类似于"门阵列"的器件，它由简单的查找表组成可编程逻辑门，再构成阵列形式，大多数 FPGA 属于此类器件。

PLD 是最早的可编程逻辑器件，主要通过修改固定内部电路的逻辑功能来编程，能够有效地实现"积之和"形式的布尔逻辑函数。FPGA 是后来发展起来的另一种可编程逻辑器件，主要通过改变内部连线的布线来编程，能够实现一些较大规模的复杂数字系统。

3. 按编程工艺分类

所有的 CPLD 器件和 FPGA 器件均采用了 CMOS 技术，但它们在编程工艺上却有很大的区别。按照编程工艺划分，可编程逻辑器件又可分为以下 6 种类型。

（1）熔丝（Fuse）型器件

早期的 PROM 器件就是采用熔丝结构的，编程过程就是根据设计的熔丝图文件来烧断对应的熔丝，达到编程的目的。

（2）反熔丝（Antifuse）型器件

反熔丝型器件是对熔丝技术的改进，在编程处通过击穿漏层使得两点之间获得导通，这与熔丝烧断获得开路正好相反。某些 FPGA 器件就采用了此种编程方式，如 Xilinx 公司的 XC5000 系列器件和 Actel 公司的 FPGA 器件。

无论是熔丝型还是反熔丝型结构，都只能编程一次，编程后不能修改，因而又被合称为 OTP（One Time Programable）器件，即一次性可编程器件。OTP 器件的主要优点是可靠性和集成度高，抗干扰性强。

（3）UEPROM 型器件

UEPROM 型器件即紫外线擦除/电可编程器件。它用较高的编程电压进行编程，当需要再次编程时，就用紫外线进行擦除。与熔丝型、反熔丝型器件不同，它可以进行多次编程。有时为降低生产成本，在制造 UEPROM 型器件时不加用于紫外线擦除的石英窗口，于是就不能用紫外线擦除，而只能编程一次，也称为 OTP 器件。

（4）E^2PROM 编程器件

E^2PROM 编程器件即电可擦写编程器件，现有的大部分 CPLD 和 GAL 器件都采用这种方式编程。它是对 EPROM 的工艺改进，不需要紫外线擦除，而是直接用电擦除。

（5）SRAM 型器件

SRAM 型器件即 SRAM 查找表结构的器件。目前，大部分 FPGA 器件均采用此种编程工艺。这种编程方式可进行任意次数的编程，在编程速度、编程要求上要优于前 4 种器件。SRAM 型器件的编程信息存放在 RAM 中，在系统断电后就丢失，而前 4 种器件在编程后是不丢失编程信息的。因此，

SRAM 型可编程器件在每次上电工作时，就需要从器件外部的存储体（如 EPROM、E²PROM）中将编程信息写入器件的 SRAM 中。

（6）Flash 型器件

由于反熔丝型结构的可编程逻辑器件只能一次性可编程，对于产品的研制和升级带来了麻烦，Actel 公司为了解决反熔丝型器件的上述不足之处，推出了采用 Flash 工艺的 FPGA 器件，可以实现多次编程，同时掉电后无须重新配置。

对于大规模可编程逻辑器件，习惯上还有另外一种分类方法：编程后，对于单个可编程器件来说，掉电后重新上电还能保持编程信息的器件称为 CPLD；掉电后不能保持编程信息的器件称为 FPGA。

2.1.3 可编程逻辑器件的优势

前面介绍的几种可编程逻辑器件，尽管其结构和性能不尽相同，但有一个共同点，就是都由用户通过编程来决定芯片的最终功能，因此被统称为可编程 ASIC。随着工艺和技术的进步，可编程逻辑器件的集成度不断提高，它们在现代电子系统中占有的地位也越来越重要，成为当今 ASIC 技术的一个重要分支。与掩膜 ASIC 相比，可编程逻辑器件具有以下三个主要特点。

1．研制周期缩短

可编程逻辑器件相对于用户而言，可以根据一定的规格型号像通用器件一样在市场上买到，其 ASIC 功能的实现是完全独立于 IC 工厂的，由用户在实验室或办公室即可完成，因此不必像掩膜 ASIC 那样花费样片制作等待时间。由于采用先进的 EDA，可编程逻辑器件的设计与编程均十分方便和有效，整个设计通常只需几天便可完成，缩短了产品研制周期，有利于产品的快速上市。

2．设计成本降低

制作掩膜 ASIC 的前期投资费用较高，动辄数万元，只有在生产批量很大的情况下才有价值。这种设计方法还需承担很大的风险，因为一旦设计中有错误或设计不完善，则全套掩膜便不能再用，巨额的设计费用将付之东流。采用可编程逻辑器件为降低投资风险提供了合理的选择途径，它不需要掩膜制作费用，在设计的初期或在小批量的试制阶段，其平均单片成本远低于门阵列。如果要转入大批量生产，由于已用可编程逻辑器件进行了原型验证，也比直接设计掩膜 ASIC 费用小、成功率高。

3．设计灵活性提高

可编程逻辑器件是一种由用户编程实现芯片功能的器件，与由工厂编程的掩膜 ASIC 相比，具有更好的设计灵活性。首先，可编程逻辑器件在设计完成后可立即编程进行验证，有利于及早发现设计中的问题，完善设计；其次，可编程逻辑器件中的大多数器件均可反复多次编程，为设计修改和产品升级带来了方便；再次，基于 SRAM 开关的现场可编程门阵列 FPGA 和基于 E²CMOS 工艺的在系统可编程逻辑器件 ISPLD 具有动态重构特性，在系统设计中引入了"软硬件"的全新概念，使得电子系统具有更好的灵活性和自适应性。

2.1.4 可编程逻辑器件的发展趋势

可编程逻辑器件作为一种行业，目前已经发展到了相当的规模，其市场份额的增长主要来自大容量的可编程器件 CPLD 和 FPGA。可编程逻辑器件是当今世界上最富吸引力的半导体器件，在现代电子系统设计中扮演着越来越重要的角色，其未来的发展将呈现以下几个方面的趋势。

1. 向高密度、大规模的方向发展

电子系统的发展必须以电子器件为基础，但并不与之同步，往往系统的设计需求更快。随着集成电路制造技术的发展，可编程逻辑器件的规模不断地扩大，从最初的几百门到现在的几百万门。目前，高密度可编程逻辑器件产品已经成为主流器件，具备了片上系统（SoC）集成的能力，产生了巨大的飞跃，促使制造工艺不断取得进步。而每次工艺的改进，可编程逻辑器件的规模都将有很大的扩展。高密度、大容量可编程逻辑器件的出现，给现代复杂电子系统的设计与实现带来了巨大的帮助。

2. 向系统内可重构的方向发展

系统内可重构是指可编程 ASIC 在置入用户系统后仍具有改变其内部功能的能力。系统内可重构技术使得系统内硬件的功能可以像软件那样通过编程来配置，从而在电子系统中引入"软硬件"的全新概念。它不仅使电子系统的设计和产品性能的改进和扩充变得十分简便，还使新一代电子系统具有极强的灵活性和适应性，为许多复杂信号的处理和信息加工的实现提供了新的思路和方法。

3. 向低电压、低功耗的方向发展

集成技术的飞速发展，工艺水平的不断提高，节能潮流在全世界的兴起，也为半导体工业提出了降低工作电压的发展方向。可编程逻辑器件作为电子系统的重要组成部分，也不可避免地向 2.5V→1.8V→1.3V→1.0V 的标准靠拢，以便适应其他数字器件，扩大应用范围，满足节能的要求。

4. 向高速可预测延时器件的方向发展

在当前的电子系统中，数据处理量的激增要求数字系统有大的数据吞吐量和高速数据处理能力。对多媒体数字图像处理而言，必须要有高速的硬件系统才能完成，而高速的系统时钟是必不可少的条件。可编程逻辑器件如果要在高速系统中占有一席之地，也必然向高速发展。此外，为了保证高速系统的稳定性，可编程逻辑器件的延时可预测性也是十分重要的。因为用户在进行系统重构时，担心的是延时特性会不会因重新布线而改变，否则将导致系统重构的不稳定性，这对高速数字系统而言将是不可想象的，其带来的损失将是巨大的。因此，为了适应未来复杂高速电子系统的要求，可编程逻辑器件的高速可预测延时也是一个重要的发展趋势。

5. 向混合可编程技术方向发展

可编程器件特有的产品上市快和硬件可重构的特性为电子产品的开发带来了极大的方便，它的广泛应用使得电子系统的构成和设计方法均发生了很大的变化。但是，迄今为止，有关可编程器件的研究和开发的大部分工作基本都集中在数字逻辑电路上，在未来的几年里，这一局面将会有所改变，模拟电路及数模混合电路的可编程技术将得到发展。国外已有多家公司推出了各自的模拟与数模混合型的可编程器件，如可编程增益放大器、可编程比较器、可编程多路复用器、可编程数模转换器、可编程滤波器和跟踪保持放大器等。

可编程模拟器件是今后模拟电子电路设计的一个发展方向，这一技术的诞生翻开了模拟电路设计的新篇章，使得模拟电子系统的设计也变得和数字系统设计一样简单易行，从而为模拟电路的设计提供了一个崭新的途径，也为 EDA 技术的应用开拓了更广阔的前景。

2.2 PLD 器件的基本结构

简单可编程逻辑器件（SPLD）主要是早期出现的那些低密度可编程逻辑器件（LDPLD），它们的逻辑规模都比较小，只能实现通用数字逻辑电路（如 74 系列）的一些功能，在结构上是由简单的与-或门阵列和输入/输出单元组成的。常见的 SPLD 有 PROM、PLA、PAL 和 GAL 等。

2.2.1 基本结构

PLD 器件种类较多，不同厂商生产的 PLD 器件结构差别较大，不能逐一介绍，本节选择 PLD 器件中一些具有代表性的结构来说明其实现的主要逻辑功能。图 2.2 所示为 PLD 器件的基本结构框图，它由输入缓冲电路、与阵列、或阵列、输出缓冲电路等 4 部分组成。其中，"与阵列"和"或阵列"是 PLD 器件的主体，逻辑函数靠它们实现；输入缓冲电路主要用来对输入信号进行预处理，以适应各种输入情况；输出缓冲电路主要用来对输出信号进行处理，用户可以根据需要选择各种灵活的输出方式（组合方式、时序方式）。我们知道，任何组合逻辑函数均可化为与或式，用"与门-或门"二级电路实现，而任何时序电路又都是由组合电路加上存储元器件（触发器）构成的，因而 PLD 的这种结构对实现数字电路具有普遍的意义。

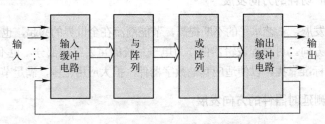

图 2.2 PLD 器件的基本结构框图

与-或阵列是 PLD 器件中最基本的结构，通过编程改变"与阵列"和"或阵列"的内部连接，就可以实现不同的逻辑功能。依据可编程的部位可将 PLD 器件分为可编程只读存储器 PROM、可编程逻辑阵列 PLA、可编程阵列逻辑 PAL、通用阵列逻辑 GAL 等 4 种最基本的类型，如表 2.1 所示。

表 2.1 4 种 PLD 器件的区别

器件名	与 阵 列	或 阵 列	输出电路
PROM	固定	可编程	固定
PLA	可编程	可编程	固定
PAL	可编程	固定	固定
GAL	可编程	固定	可组态

当然，与-或阵列结构组成的 PLD 器件的功能比较简单。后来，人们又从 ROM 工作原理、地址信号与输出数据间的关系及 ASIC 的门阵列法中得到启发，构造出另外一种可编程的逻辑结构，即可编程查找表 LUT（Look Up Table）结构，LUT 是其中最小的可编程逻辑单元。大部分 FPGA 器件采用了可编程查找表结构，这种结构基于 SRAM 查找表，采用 RAM "数据"查找的方式，用 SRAM（静态随机存储器）来构成逻辑函数发生器。

一个 N 输入查找表（LUT）可以实现 N 个输入变量的任何逻辑功能，如 N 输入 "与"、N 输入 "异或"等。图 2.3 所示为 4 输入 LUT，其内部结构如图 2.4 所示。

第 2 章 可编程逻辑器件基础

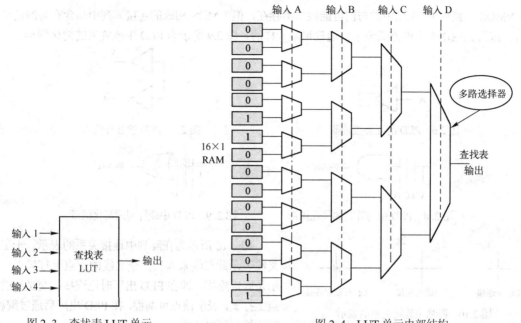

图 2.3　查找表 LUT 单元　　　　图 2.4　LUT 单元内部结构

需要指出的是，一个 N 输入查找表对应了 N 个输入变量构成的真值表，就需要用 2^N 个 SRAM 存储单元。显然 N 不可能很大，否则 LUT 的利用率很低，输入多于 N 个的逻辑函数，必须用几个查找表分开实现。

2.2.2　电路符号

在介绍简单 PLD 器件原理之前，有必要熟悉一些常用电路符号及常用的描述 PLD 内部结构的专用电路符号。图 2.5 所示为常用逻辑门符号与现有国标逻辑门符号的对照。

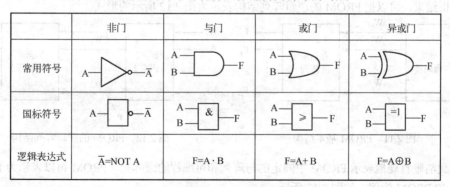

图 2.5　常用逻辑门符号与现有国标逻辑门符号对照表

在常用的 EDA 软件中，原理图一般是用图 2.5 中的"常用符号"来描述表示的。由于 PLD 的特殊结构，用通用的逻辑门符号表示比较繁杂，特用一种约定的符号来简化表示。接入 PLD 内部的与-或阵列输入缓冲器电路，一般采用互补结构，可用图 2.6 来表示，它等效于图 2.7 所示的逻辑结构，即当信号输入 PLD 后，分别以其同相信号和反相信号接入。

图 2.8 所示为 PLD 中与阵列的简化图形，表示可以选择 A、B、C 和 D 这 4 个信号中的任意一组或全部输入与门。在这时用以形象地表示与阵列，这是在原理上的等效。当采用某种硬件实现方法时

（如 NMOS 电路时），在图中的与门可能根本不存在，但 NMOS 构成的连接阵列中却含有与的逻辑。同样，或阵列也用类似的方式表示，道理也是一样的。图 2.9 所示为 PLD 中或阵列的简化图形。

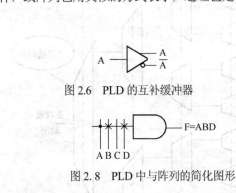

图 2.6　PLD 的互补缓冲器　　　　　图 2.7　PLD 的互补输入

图 2.8　PLD 中与阵列的简化图形　　图 2.9　PLD 中或阵列的简化图形

图 2.10 所示为在阵列中连接关系的表示。十字交叉线表示此二线未连接；交叉线的交点上打黑点，表示是固定连接，即在 PLD 出厂时已连接；交叉线的交点上打叉，表示该点可编程，在 PLD 出厂后通过编程，其连接可随时改变。

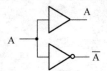

(a) 未连接　　(b) 固定连接　　(c) 可编程连接

图 2.10　阵列中连接关系的表示

2.2.3　PROM

PROM（Programmable Read Only Memory）即可编程只读存储器。ROM 除了用做只读存储器外，还可作为 PLD 使用。一个 ROM 器件主要由地址译码部分、ROM 单元阵列和输出缓冲部分构成。图 2.11 是对 PROM 基本结构的通常认识，也可以从可编程逻辑器件的角度来分析 PROM 的基本结构。

PROM 中的地址译码器完成的是对 PROM 存储阵列的行的选择，那么就可以将 PROM 的地址译码器看成一个与阵列，而将存储单元阵列看成一个或阵列，其中或阵列可编程，与阵列不可编程。基于这个分析结果，可以把 PROM 的逻辑阵列结构表示为图 2.12 所示的形式。

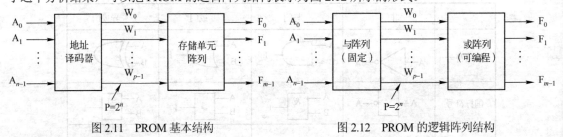

图 2.11　PROM 基本结构　　　　　图 2.12　PROM 的逻辑阵列结构

为了更清晰直观地表示 PROM 中固定的与阵列和可编程的或阵列，PROM 可以表示为 PLD 阵列图，以 4×2 PROM 为例，如图 2.13 所示。

PROM 的地址线 $A_{n-1} \sim A_0$ 是与阵列（地址译码器）的 n 个输入变量，经不可编程的与阵列产生 $A_{n-1} \sim A_0$ 的 $2n$ 个最小项（乘积项）$W_{2^n-1} \sim W_0$，再经可编程或阵列按编程的结果产生 m 个输出函数 $F_{m-1} \sim F_0$，这里的 m 就是 PROM 的输出数据位宽。

以下是已知半加器的逻辑表达式，可用 4×2 PROM 编程实现：

$$S = A_0 \oplus A_1$$
$$C = A_0 \cdot A_1$$

图 2.14 所示的连接结构表达的是半加器逻辑阵列。以下是图 2.14 所示结构的布尔表达式，即所

谓的"乘积项"方式：

$$F_0 = A_0\overline{A}_1 + \overline{A}_0A_1$$
$$F_1 = A_0A_1$$

式中，A_1 和 A_0 分别是加数和被加数，F_0 和 F_1 为进行位。反之，根据半加器的逻辑关系，就可以得到图 2.14 所示的阵列点连接关系，从而可以形成阵列点文件。这个文件对于一般的 PLD 器件称为熔丝图文件（Fuse Map），对于 PROM 则称为存储单元的编程数据文件。

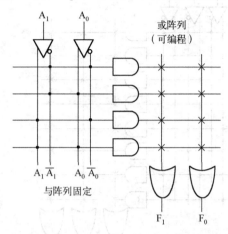
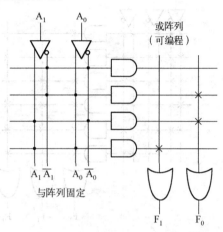

图 2.13　PROM 表示的 PLD 阵列图　　　　图 2.14　PROM 完成半加器逻辑阵列

PROM 只能用于组合电路的可编程用途上，输入变量的增加会引起存储容量的增加，这种增加是按 2 的幂次增加的，因此，多输入变量的组合电路函数是不适合用单个 PROM 来编程表达的。

2.2.4　PLA

用 PROM 实现组合逻辑函数，当输入变量增多时，PROM 存储单元的利用效率大大降低，PROM 的与阵列是全译码器，产生了全部最小项，在实际应用时，绝大多数组合逻辑函数并不需要所有的最小项。可编程逻辑阵列 PLA 对 PROM 进行了改进。由图 2.13 可见，PROM 的与阵列不可编程，而或阵列可编程，PLA 则是与阵列和或阵列都可编程，图 2.15 所示为 PLA 的逻辑阵列图表示。

任何组合函数都可以采用 PLA 来实现，但在实现时，由于与阵列不采用全译码的方式，标准的与或表达式已不适用。因此需要把逻辑函数化成最简的与或表达式，然后用可编程的与阵列构成与项，用可编程的或阵列构成与项的或运算。在有多个输出时，要尽量利用公共的与项，以提高阵列利用率。

图 2.16 所示为 6×3 PLA 与 8×3 PROM 的比较，两者在大部分实际应用中可以实现相同的逻辑功能，不过 6×3 PLA 只需要 6（2×3）条乘积项线，而不是 8×3 PROM 的 8（2^3）条，节省了两条。当 PLA 的规模增大时，这个优势更加明显。

PLA 不需要包含输入变量每个可能的最小项，仅需包含的是在逻辑功能中实际要求的那些最小项。PROM 随着输入变量增加，规模迅速增加的问题在 PLA 中大大缓解。

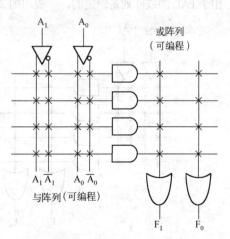

图 2.15　PLA 逻辑阵列示意图

虽然 PLA 的利用率较高，可是需要有逻辑函数的与或最简表达式，对于多输出函数需要提取、利用公共的与项，涉及的软件算法比较复杂，尤其是多输入变量和多输出变量的逻辑函数在处理上更加困难。此外，PLA 的两个阵列均可编程，不可避免地使编程后器件的运算速度下降了，因此，PLA 的使用受到了限制，只在小规模逻辑上应用。现在，现成的 PLA 芯片已被淘汰，但由于其面积利用率较高，在全定制 ASIC 设计中获得了广泛的使用，这时，逻辑函数的化简则由设计者手工完成。

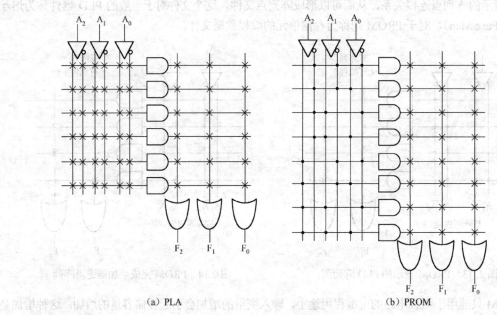

图 2.16 PLA 与 PROM 的比较

2.2.5 PAL

PLA 的利用率很高，但是与阵列、或阵列都可编程的结构造成软件算法过于复杂，运行速度下降。人们在 PLA 后又设计了另外一种可编程逻辑器件 PAL。PAL（即可编程阵列逻辑）的结构与 PLA 相似，也包含与阵列、或阵列，但是或阵列是固定的，只有与阵列可编程。PAL 的结构如图 2.17 所示，由于 PAL 的或阵列是固定的，一般用图 2.18 来表示。

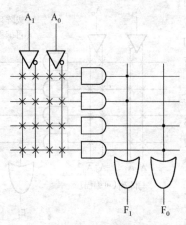

图 2.17 PLA 的结构

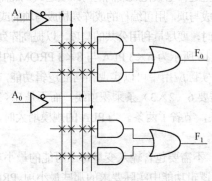

图 2.18 PAL 的常用表示

与阵列可编程、或阵列固定的结构避免了 PLA 存在的一些问题，运行速度也有所提高。从 PAL 的结构可知，各个逻辑函数输出化简，不必考虑公共的乘积项。送到或门的乘积项数目是固定的，大大简化的设计算法同时也使单个输出的乘积项为有限。

以上提到，可编程结构只能解决组合逻辑的可编程问题，而对时序电路却无能为力。由于时序电路是由组合电路及存储单元（锁存器、触发器、RAM 等）构成，对其中的组合电路部分的可编程问题已经解决，所以只要再加上锁存器、触发器等即可。PAL 加上了输出寄存器单元后，就实现了时序电路的可编程。

为了适应不同需要，PAL 的输出 I/O 结构很多，往往一种结构方式就有一种 PAL 器件。因此，PAL 的应用设计者在设计不同功能的电路时，要采用不同输出 I/O 结构的 PAL 器件。PAL 的种类变得十分丰富，但同时也带来了使用、生产的不便。此外，PAL 一般采用熔丝工艺生产，一次可编程，修改不方便。如今，在中小规模可编程应用领域，PAL 已经被 GAL 取代。

2.2.6 GAL

1985 年，Lattice 公司在 PAL 的基础上设计出了通用阵列逻辑器件 GAL。GAL 首次采用了 E^2PROM 工艺，具有电可擦除重复编程的特点，彻底解决了熔丝型可编程逻辑器件的一次可编程问题。GAL 沿用了 PAL 的与阵列可编程、或阵列固定的结构，但对 PAL 的输出 I/O 结构进行了较大的改进，其输出部分增加了输出逻辑宏单元 OLMC（Output Logic Micro Cell），这是 GAL 器件的一大特征。

GAL 器件的主要性能特点如下。

(1) 采用电可擦除工艺，使门阵列的每个单元都可以重新编程，整个器件的逻辑功能可重新配置。一般 GAL 器件能保证至少擦写 100 次。

(2) 采用高性能的 E^2CMOS 工艺，使 GAL 器件具有双极型的高速性能（12～40ns），而功耗仅为双极型 PAL 器件的 1/2 或 1/4（45mA 或 90mA），编程数据可保存 20 年以上。

(3) 可编程的输出逻辑宏单元（OLMC），使得 GAL 器件对复杂的逻辑设计具有极大的灵活性。

(4) 每个输出寄存器的状态可进行预置，从而可以检查时序电路的自启动能力，使 GAL 器件具有 100%的功能可测试性。

(5) 具有上电复位功能，开电源时向每个寄存器提供一个复位信号，使寄存器的 Q 端为 0，反相后输出为高电平。

(6) 电改写过程快速，改写整个芯片只需数秒钟。

(7) 电路设有加密单元，可防止抄袭电路设计。

(8) 含有不受保密位控制的电子标签字，可存放标识符，方便文档管理。

GAL 器件具有基本相同的电路结构，图 2.19 所示为型号为 GAL16V8 器件的结构图。图中包含了可编程的与阵列（由 8×8 个与门构成，每个与门有 32 个输入端，一个与门对应一个乘积项，共可形成 64 个乘积项）、输入三态缓冲器（左边 8 个缓冲器，分别与 2、3、4、5、6、7、8、9 相连）、输出三态缓冲器（右边 8 个缓冲器，分别与 12、13、14、15、16、17、18、19 相连）、输出逻辑宏单元 OLMC（或门阵列包含在其中）、输出反馈/输入缓冲器（中间一列 8 个缓冲器，分别与 8 个输出逻辑宏单元 OLMC 相连）。

GAL 的 OLMC 单元有多种组态，可配置成专用组合输出、专用输入、组合输出双向口、寄存器输出双向口等，为逻辑电路设计提供了极大的灵活性。由于具有结构重构和输出端的任何功能均可移植到另一输出引脚上的功能，在一定程度上简化了电路板的布局布线，使系统的可靠性得到了进一步的提高。

由于 GAL 器件是在 PAL 的基础上设计的，其与许多种 PAL 器件保持兼容性，GAL 能直接替换多种 PAL 器件，大大方便了应用厂商升级现有产品，因此，GAL 目前仍被使用。

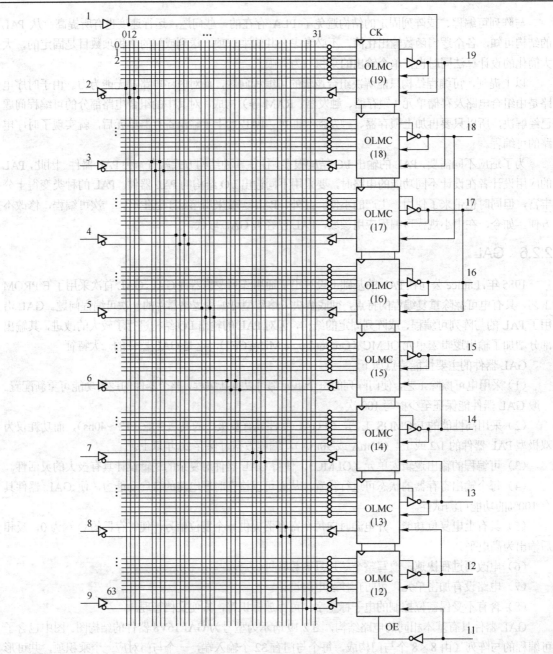

图 2.19 GAL16V8 器件的结构图

2.3 CPLD/FPGA 的结构特点

高密度可编程逻辑器件（HDPLD）主要包括 CPLD 和 FPGA，它们的逻辑规模都比较大，能够实现一些复杂的数字系统功能。高密度可编程逻辑器件近年来发展得很快，目前已有集成度高达 300 万门以上、系统频率为 200MHz 以上的 HDPLD 供用户使用。高密度可编程逻辑器件的使用，使得现代数字系统的设计方法和设计过程发生了很大的变化，现在一个数字系统已经可以装配在一块 PLD 芯片上，即所谓的片上系统（System On a Chip），这样制成的设备体积小、重量轻、可靠性高、成本低，维修也更加方便。

CPLD 是由 GAL 发展起来的，其主体仍是与-或阵列，并以可编程逻辑宏单元为基础，可编程连线集中在一个全局布线区。FPGA 以基本门单元为基础构成门单元阵列，可编程的连线分布在门单元与门单元之间的布线区。下面分别介绍当前主流 CPLD/FPGA 器件的结构与特点。

2.3.1 Lattice 公司的 CPLD/FPGA

Lattice 是最早推出 PLD 的公司，其推出的 CPLD 产品主要有 ispLSI、ispMACH 等系列。20 世纪 90 年代以来，Lattice 首先发明了 ISP（In-System Programmability）下载方式，并将 E^2CMOS 与 ISP 相结合，使 CPLD 的应用领域有了巨大的扩展。

1. ispLSI 器件系列

ispLSI 系列器件是 Lattice 公司于 20 世纪 90 年代以来推出的大规模可编程逻辑器件，集成度为 1000~60000 门，Pin-to-Pin（引脚到引脚）延时最小可达 3ns。ispLSI 器件支持在系统编程和 JTAG 边界扫描测试功能。

ispLSI 器件主要分 4 个系列，它们的基本结构和功能相似，但在用途上有一定的侧重点，因而在结构和性能上有细微的差异：有的速度快，有的密度高，有的成本低，有的 I/O 口多，适合在不同的场合使用。

以下为各系列器件的特点及适用范围。

（1）ispLSI1000E 系列

该系列是较早推出的 ispLSI 器件。属于通用器件，集成度为 2000~8000 门，引脚间延时最大为 7.5ns，价格便宜，适合在一般的数字系统中使用，如网卡、控制器、高速编程器、测试仪器仪表和游戏机等。

（2）ispLSI2000E/2000VL/200VE 系列

该系列器件的系统速度最高可达到 300MHz，集成度为 1000~6000 门，引脚间延时只有 3ns，属于高速器件，可用于移动电话、RISC/CISC 微处理器接口、高速路由器和高速 PCM 遥测系统。

（3）ispLSI5000V 系列

该系列的特点是 I/O 口多，乘积项宽，其集成度为 1~2.5 万门，工作电压为 3.3V，但其 I/O 引脚兼容 5V、3.3V 和 2.5V 等接口标准。该系列器件适合用在具有 32 位或 64 位总线的数字系统中。

（4）ispLSI8000/8000V 系列

该系列是高密度的在系统可编程逻辑器件，片内可达 58000 个逻辑门的规模。该系列器件能满足复杂数字系统设计的需要。

2. ispMACH4000 系列

ispMACH4000 系列 CPLD 器件有 3.3V、2.5V 和 1.8V 三种供电电压，分别属于 ispMACH4000V、ispMACH4000B 和 ispMACH4000C 器件系列。

ispMACH4000V 和 ispMACH4000Z 均支持车用温度范围。ispMACH4000 系列支持介于 3.3V 和 1.8V 之间的 I/O 标准，既有业界领先的速度性能，又能提供最低的动态功耗。ispMACH4000 系列具有 SuperFAST 性能：引脚至引脚之间的传输延迟 t_{pd} 为 2.5ns，可达 400MHz 系统性能。

3. Lattice EC & ECP 系列

EC 和 ECP 系列是 Lattice 的 FPGA 系列，使用 0.13μm 工艺，提供低成本的 FPGA 解决方案。在 ECP 系列器件中还嵌入了 DSP 模块。

4. ispLSI 器件的基本结构

ispLSI 器件都属于乘积项方式构成可编程逻辑的阵列型 CPLD，基本结构由 4 部分组成：通用逻辑块 GLB、集总布线区 GRP、输入/输出单元 IOC 和输出布线区 ORP。其中，GLB 是整个芯片的核心，芯片的逻辑功能主要由它来实现；GRP 是器件的内部连线资源；IOC 主要用于 I/O 引脚和器件内部逻辑结构的信号连接；ORP 负责 GRP 输出信号到 IOC 的连接。此外，ispLSI 还包括一些其他资源，如时钟分配网络 CDN、全局时钟信号和允许信号等。图 2.20 所示为一个典型的 ispLSI 器件的基本结构框图。

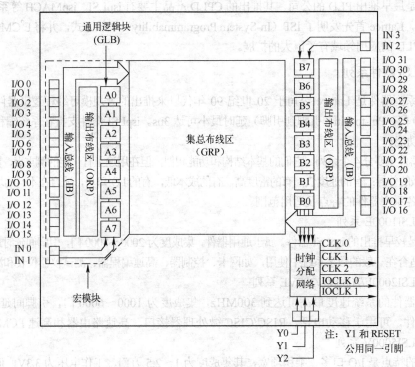

图 2.20 ispLSI 器件的基本结构框图

5. ispLSI 器件的主要特点

ispLSI 系列器件的主要技术特性如下。

（1）采用 UltraMOS 工艺

在工艺上采用 UltraMOS 工艺生产，集成度高，速度快。到目前为止，ispLSI 器件的系统工作速度已达 200MHz，集成度达 10 万门级。

（2）系统可编程功能

所有的 ispLSI 器件均支持 ISP 功能。Lattice 的 ISP 技术（注意，ISP 对于设计者可以称 ISP 技术，对于使用者只宜称 ISP 编程方式）较成熟。ispLSI 器件采用 UltraMOS 和 E^2PROM 工艺结构，能够重复编程达 10000 次以上，而且器件内部带有升压电路，可以在 5V 和 3.3V 条件下进行编程，使编程电压和逻辑电压一致。

（3）边界扫描测试功能

ispLSI 器件中的 ispLSI3000、ispLSI5000V 及 ispLSI8000 系列器件都支持 IEEE 1149.1 边界扫描测试标准。边界扫描测试是新一代集成电路、电路板和电子系统进行测试的主要手段。

(4) 加密功能

ispLSI 器件具有加密功能，用于防止非法复制 JEDEC 数据。ispLSI 器件中有一段特殊的加密单元，该单元编程后就不能读出器件的逻辑配置数据。由于 ispLSI 器件的加密单元只能通过对器件重新编程才能擦除，已有的解密手段一般不能破解，器件的加密特性较好。

(5) 短路保护功能

采用了两种短路保护方法：首先是利用电荷泵给硅片基底加上一个足够大的反向偏置电压，此反向偏置电压能够防止输入负电压毛刺而引起的电路自锁；其次是输出采用 N 沟道方式取代传统的 P 沟道方式，消除了 SCR 自锁现象。

2.3.2 Xilinx 公司的 CPLD/FPGA

Xilinx 在 1985 年首次推出了 FPGA，随后不断推出新的集成度更高、速度更快、价格更低、功耗更低的 FPGA 器件系列。Xilinx 以 CoolRunner、XC9500 系列为代表的 CPLD，以及 XC4000、Spartan、Virtex 系列为代表的 FPGA 器件，如 XC2000、XC4000、Spartan 和 Virtex、Virtex II pro、Virtex 4 等系列，其性能不断提高。

1. Xilinx 公司 FPGA 的基本结构

Xilinx 公司典型的 FPGA 基本结构如图 2.21 所示，主要由三部分组成：可编程逻辑块 CLB（Configurable Logic Blocks）、可编程输入/输出块 IOB（Input/Output Block）和可编程内部连接 PI（Programmable Interconnect）。其中，CLB 是 FPGA 的基本逻辑单元，它提供用户所需要的逻辑功能，通常规则地排列成一个阵列，散布于整个芯片；IOB 完成芯片上内部逻辑与外部封装腿的接口，它可编程为输入、输出和双向 I/O 三种方式，通常排列于芯片四周；PI 包括各种长度的连线线段和一些可编程连接开关，它们将各个可编程逻辑块或可编程输入/输出块连接起来，构成特定功能的电路。改变各个 CLB 的功能或改变各个 CLB 与 IOB 之间的连接组合，都能改变整个芯片的功能。由此可见，FPGA 的功能是非常强大和灵活的。

2. Xilinx 公司 FPGA 的主要特点

Xilinx 公司的 FPGA 在技术上有以下两个特点。

(1) 逻辑单元阵列 LCA 结构

逻辑单元阵列 LCA（Logic Cell Array）结构同门阵列相似，由内部逻辑块矩阵和周边 I/O 模块组成，逻辑块之间、逻辑块与 I/O 之间广布连线资源。LCA 像一个门阵列，通过内部的可编程连线资源进行内部互连，把逻辑功能单元即可编程逻辑块 CLB 按照设计要求连接在一起，以实现阵列的逻辑功能。由于用户可以对内部逻辑块矩阵、周边 I/O 模块和连线资源进行编程，使得 LCA 结构具备极强的能力来实现逻辑函数。虽然 LCA 并不是 PLD 的与-或阵列结构，但对用户而言，最终就等同于一个集成度很高的 PLD。由于其门阵列结构和可编程特性，FPGA 同时具备了门阵列的高密度性和通用性，以及 PLD 器件的灵活性等优点。

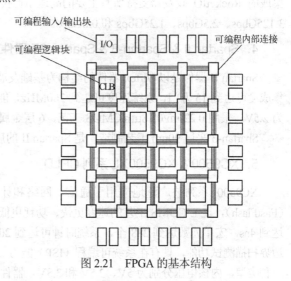

图 2.21 FPGA 的基本结构

(2) CMOS-SRAM 工艺

CMOS-SRAM 工艺的特点是速度快、功耗低，基于 SRAM（静态存储器 Static RAM）的查找表的单级延时可以做到 2ns 以下；同时，其静态功耗很低，一般为几毫瓦到几十毫瓦，如 XC2000/XC3000 仅为几毫瓦，而 XC4000 不超过 50mW。SRAM 主要用来存储 FPGA 的配置数据，无论是 XC2000、XC3000，还是 XC4000、Virtex 系列的 FPGA，其 LCA 的配置均是由分布于芯片内部各处的存储单元——SRAM 来实现的。通常由 FPGA 开发系统产生配置 LCA 的数据文件，通过其数据配置接口，采用一定的设置模式加载到器件上。

3. Virtex-4 系列 FPGA

Virtex-4 系列 FPGA 采用已验证的 90nm 工艺制造，可提供密度达 20 万逻辑单元和高达 500MHz 的性能。整个系列分为三个面向特定应用领域而优化的 FPGA 平台架构。

（1）面向逻辑密集的设计：Virtex-4 LX。
（2）面向高性能信号处理应用：Virtex-4 SX。
（3）面向高速串行连接和嵌入式处理应用：Virtex-4 FX。

这三种平台 FPGA 都内含 DCM 数字时钟管理器、PMCD 相位匹配时钟分频器、片上差分时钟网络、带有集成 FIFO 控制逻辑的 500MHz SmartRAM 技术，每个 I/O 都集成 ChipSync 源同步技术的 1Gbps I/O 及 Xtreme DSP 逻辑模块。

Virtex-4 LX 提供了所有共同特性，密度高达 20 万逻辑单元。Virtex-4 SX 与 Virtex-4 LX 器件一样都包括了基本的特性集，但 SX 还集成了更多的 SmartRAM 存储器和多达 512 个 XtremeDSP 逻辑模块。在最高 500MHz 时钟的速率下，这些硬件算术资源可提供高达 256GigaMACs/second 的惊人 DSP 总带宽，功耗却仅为 57μW/MHz。

Virtex-4 FX 器件嵌入多达两个 32 位 RISC PowerPC 处理器，提供超过 1300 Dhrystone MIPS 及最多 4 个集成 10/100/1000 Ethernet MAC 内核，以用于高性能嵌入式处理应用。新的辅助处理器单元（APU）控制器为处理器和 FPGA 硬件资源提供了通畅的连接通道，从而能够为某一类灵活且具有极高性能的集成软件/硬件设计提供支持。FX 平台器件还包括多达 24 个 RocketIO 高速串行收发器，其性能范围（600Mbps~11.1Gbps）是业界最宽的，因此可提供业界领先的高速串行性能。FX 平台器件集成的 RocketIO 收发器支持所有主要的高速串行传输数据速率，包括 10Gbps、6.25Gbps、4Gbps、3.125Gbps、2.5Gbps、1.25Gbps 和 0.6Gbps。

4. Spartan II & Spartan-3 & Spartan 3E 器件系列

Spartan II 器件是以 Virtex 器件的结构为基础发展起来的第二代高容量的 FPGA。Spartan II 器件的集成度可达到 15 万门，系统速度可达到 200MHz，能达到 ASIC 的性价比。Spartan II 器件的工作电压为 2.5V，采用 0.22μm/0.18μm CMOS 工艺，6 层金属连线制造。

Spartan-3 采用 90nm 工艺制造，是 Spartan II 的后一个低成本 FPGA 版本。

5. XC9500 & XC9500XL 系列 CPLD

XC9500 系列被广泛地应用于通信、网络和计算机等产品中。该系列器件采用快闪存储技术（FastFlash），比 E^2COMS 工艺的速度更快、功耗更低。目前，Xilinx 公司 XC9500 系列 CPLD 的 t_{pd} 可达到 4ns，宏单元数达到 288 个，系统时钟可达到 200MHz。XC9500 器件支持 PCI 总线规范和 JTAG 边界扫描测试功能，具有在系统可编程（ISP）能力。该系列有 XC9500、XC9500XV 和 XC9500XL 等三种类型，内核电压分别为 5V、2.5V 和 3.3V。器件具有以下重要特点：

（1）采用快闪存储技术，器件速度快，功能强，引脚到引脚的延时最低为 4ns，系统速度可达到 200MHz，器件功耗低；

（2）引脚作为输入可以接受 3.3V、2.5V、1.8V 和 1.5V 等几种电压，作为输出可以配置为 3.3V、2.5V、1.8V 等电压；

（3）支持在系统编程和 JTAG 边界扫描测试功能，器件可以反复编程达 10000 次，编程数据可以保持 20 年；

（4）集成度为 36～288 个宏单元、800～6400 个可用门，器件有不同封装形式。

XC9500XL 系列是 XC9500 系列器件的低电压版本，用 3.3V 供电，成本低于 XC9500 系列器件。

6. Xilinx FPGA 配置器件 SPROM

SPROM（Serial PROM）是用于存储 FPGA 配置数据的器件。Xilinx 的 SPROM 器件主要包括 XC18V00 和 XC17S00 系列。XC18V00 主要用来配置 XC4000 和 Virtex 等 FPGA 器件，XC17S00 则主要用来配置 Spartan 和 Spartan-XL 器件。

7. Xilinx 的 IP 核

Xilinx 公司一直致力于提供各种功能的 IP 核。Xilinx 的 IP 核与 Xilinx FPGA 相结合，降低了设计的复杂性，缩短了开发时间，是 FPGA 技术的巨大变革。用户可以直接链接到 Xilinx 网址上获得最新 IP 核的有关资料。

Xilinx 的 IP 核包括以下几类。

（1）逻辑核（LogiCORE）

LogiCORE 是 Xilinx 自行开发的 IP 核，支持预实现并经验证的系统级功能块，由 Xilinx 直接销售。LogiCORE 采用 Xilinx Smart-IP 技术，其性能和可预测性不受器件尺寸和器件中使用 Core 数目的多少的影响。

Xilinx 的逻辑核包括以下几类。

① 通用类：包括计数器、编码器、加法器、锁存器、寄存器和同步 FIFO 等。

② DSP 和通信类：包括 FIR 滤波器、1024 点 FFT、256 点 FFT 和 DDS 等。

③ 接口类：包括 64 位、33/66MHz 的 PCI 接口，32 位、33MHz 的 PCI 接口等。

（2）Alliance 核

Alliance 核是 Xilinx 与第三方开发商共同开发的各种适合于 Xilinx 可编程逻辑器件的、符合工业标准的 IP 核方案。目前，Alliance 核能提供包括标准总线接口、数字信号处理、通信、计算机网络、CPU 和 UART 等方面的广泛应用。

2.3.3 Altera 和 Actel 公司的 CPLD/FPGA

Altera 是著名的 PLD 生产厂商，多年来一直占据着行业领先的地位。Altera 公司的可编程逻辑器件具有高性能、高集成度和高性价比的优点，此外它还提供了功能全面的开发工具和丰富的 IP 核、宏功能库等，因此 Altera 的产品获得了广泛的应用。

Altera 公司的可编程逻辑器件产品有多个系列，按照推出先后顺序依次为 Classic 系列、MAX（Multiple Array Matrix）系列、FLEX（Flexible Logic Element Matrix）系列、APEX（Advanced Logic Element Matrix）系列、ACEX 系列、APEX II 系列、Cyclone 系列、Stratix 系列、MAX II 系列、Cyclone II 系列和 Stratix II 系列等。

随着百万级 FPGA 的推出，Altera 提出了 SOPC（System On a Programmable Chip）概念，即可编

程芯片系统，可将一个完整的系统集成在一个可编程逻辑器件内。为了支持 SOPC 的实现，方便用户的开发与应用，Altera 还提供了众多性能优良的宏功能模块、IP 核及系统集成等完整的解决方案。这些宏功能模块、IP 核都经过了严格的测试，使用这些模块将大大减少设计的风险，缩短开发周期，并且可以使用户将更多的精力和时间放在改善和提高设计系统的性能上，而不是重复开发已有的模块。

Altera 公司目前能够提供以下 5 类宏功能模块。

（1）数字信号处理类。即 DSP 基本运算模块，包括快速乘法器、快速加法器、FIR 滤波器和 FFT 等，这些参数化的模块均针对 Altera FPGA 的结构进行了充分的优化。

（2）图像处理类。Altera 为数字视频处理所提供的模块，包括旋转、压缩和过滤等应用模块，均针对 Altera 器件内置存储器的结构进行了优化，包括离散余弦变换和 JPEG 压缩等。

（3）通信类。包括信道编解码、Viterbi 编解码和 Turbo 编解码等，还能够提供软件无线电中的应用模块，如快速傅里叶变换和数字调制解调器等。在网络通信方面也提供了诸多选择，从交换机到路由器、从桥接器到终端适配器，均提供了一些应用模块。

（4）接口类。包括 PCI、USB、CAN 等总线接口，SDRAM 控制器、IEEE 1394 等标准接口，其中，PCI 总线包括 64 位/66MHz 总线和 32 位/33MHz 的 PCI 总线等几种方案。

（5）处理器及外围功能模块。包括嵌入式处理器、微控制器、CPU 核、Nios 核、UART 和中断控制器等。此外，还有编码器、加法器、寄存器和各类 FIFO 等 IP。

有关 Altera 公司系列产品的特点和性能将在第 3 章做详细的介绍，在此不再赘述。

Actel 公司生产的 FPGA 广泛应用于通信等领域，该公司的部分 FPGA 系列器件采用了反熔丝结构，可以应用于航空航天、军事领域，另外一些 FPGA 采用了 Flash 工艺制造。

2.3.4 CPLD 和 FPGA 的异同

不同厂家对 CPLD 和 FPGA 的定义有所不同。通常，根据结构特点和工作原理，CPLD 和 FPGA 的分类方法是：以乘积项结构方式构成逻辑行为的器件称为 CPLD，以查找表法结构方式构成逻辑行为器件称为 FPGA。FPGA 和 CPLD 都是可编程 ASIC，有许多共同的特点。但 CPLD 和 FPGA 硬件结构上的差异使得它们具有各自的特点。

在结构工艺方面，CPLD 多为乘积项结构，实现工艺多为 E^2CMOS，也包括 E^2PROM、Flash 和反熔丝等不同工艺；FPGA 多为查找表（LUT）加寄存器结构，实现工艺多为 SRAM，也包含反熔丝等工艺。

在触发器数量上，CPLD 触发器数量少，这使得 CPLD 更适合于触发器有限而乘积项丰富的结构，即 CPLD 更适合完成组合逻辑的功能；FPGA 触发器数量较多，这使得 FPGA 更适合完成时序逻辑的功能。

在逻辑规模和复杂度方面，CPLD 的规模小，逻辑复杂度低，因而适合于简单电路设计；FPGA 的规模大，逻辑复杂度高，新型器件高达千万门级，故用于实现复杂电路设计。

在时延方面，CPLD 的 Pin-to-Pin 延时是固定的，FPGA 的 Pin-to-Pin 延时是不可预测的。因此，对于 FPGA 而言，时序约束和仿真非常重要。

在布线资源方面，CPLD 采用集总式互连结构，相对布线资源有限，CPLD 的连续式布线结构决定了它的时序延迟是均匀的和可预测的；FPGA 采用分布式互连结构，具有丰富的布线资源，布线比较灵活。但 FPGA 的分布式布线结构决定了其延迟的不可预测性，使时序更难规划，一般需要通过时序约束、静态时序分析和仿真等手段来提高并验证时序性能。

在编程灵活性方面，FPGA 比 CPLD 具有更大的灵活性。因为 CPLD 是通过修改具有固定内连电路的逻辑功能来编程的，而 FPGA 主要是通过改变内部连线的布线来编程的；FPGA 可在逻辑门下编程，而 CPLD 在逻辑块下编程。

在功耗方面，一般情况下 CPLD 的功耗要比 FPGA 大，且集成度越高越明显。

在编程方式上，CPLD 主要是基于 E^2PROM 或 Flash 存储器编程，可分为在编程器上编程和在系统编程两类，系统断电时编程信息不丢失。FPGA 大部分是基于 SRAM 的编程，编程信息在系统断电时会丢失，每次上电时需从器件外部将编程数据重新写入 SRAM 中。

在使用方便程度上，CPLD 比 FPGA 使用起来更方便。CPLD 的编程无须外部存储器芯片，使用简单；而 FPGA 的编程信息一般存放在外部存储器上，使用相对复杂。

在保密性方面，CPLD 保密性好，FPGA 保密性较差。一般的 FPGA 不容易实现加密，但是目前一些采用 Flash 加 SRAM 工艺的新型 FPGA 器件（如 Lattice XP 系列等），在内部嵌入了加载 Flash，能提供更高的保密性。

在成本与价格方面，CPLD 成本与价格低，更适合低成本设计；FPGA 成本高，价格高，适合于高速、高密度的高端数字逻辑设计领域。

尽管 CPLD 和 FPGA 在硬件结构上有一定的差异，但是对用户而言，CPLD 和 FPGA 的设计流程是相似的，使用 EDA 软件的设计方法也没有太大的差别，设计时需根据所选器件型号充分发挥器件的特性就可以了。

2.4 可编程逻辑器件的基本资源

可编程逻辑器件可以由用户编程实现专门要求的功能，主要是由于其提供了 4 种可编程资源，即位于芯片内部的可编程功能单元、位于芯片四周的可编程 I/O、分布在芯片各处的可编程布线资源和片内存储块 RAM。这里以 FPGA 为例，对这些资源进行概括。

2.4.1 功能单元

可编程逻辑器件有以下 3 种基本的功能单元。

1. SRAM 查找表

在 SRAM 查找表结构中输入变量作为地址用来从 RAM 存储器中选择数值，在 RAM 存储器中预先加载进去要实现函数的真值表数值，因此可以实现输入变量的所有可能的逻辑函数。可以利用器件中相应结构的 RAM 寻址机构或分开的译码器由 RAM 的 Q 端输出选取它的输入数据。这个机构提供了有效的面积和可预测的延时，随输入变量数目的增加按比例改变。对功能单元选择的寻址机构能实现 4 个或更多输入变量的所有函数。还有一点是，有时可允许查找表 RAM 用做用户数据内的 RAM。这个技术的主要缺点如下：

（1）如果 RAM 寻址机构用来选择查找表的输出，很难像在大多数计算逻辑阵列中做的那样，将控制存储器构成普通的静态 RAM，因此失去了为部分随机存储器进行配置和存取内部状态的优点。

（2）大的功能单元在实现通常的简单逻辑函数时，如两输入与非，常常是低效率的。这个问题可以把 RAM 分成更小的功能块和有选择地组合其输出来解决，如允许单个功能单元实现三变量的两个函数或四变量的一个函数，此时需要附加一些多路开关和控制存储器，这就要增加延时。

2. 基于多路开关的功能单元

采用这种形式的功能单元是基于如下的考虑，即只要在多路开关的输入端放置输入的变量、反变量、固定的 0 和 1 等相应的组合，两输入变量的所有函数就可以由单个 2 选 1 的多路开关来实现。这个技术可以推广到允许更多的输入变量和实现锁存。这种形式的功能单元的主要优点是，它可以利用相同的基本单元作为布线逻辑来实现，在功能和布线相互混合的格形阵列中，它允许高密度的布线图。在计算阵列逻辑和几个反熔丝型的 FPGA 中利用了基于多路开关的功能单元。通过基于多路开关功能单元的延时是与通道有关的,可以通过编制软件来优化用户的设计,把跨过功能单元的快速通路分配给逻辑块的关键通路上通过的信号。

3. 固定功能单元

此类功能单元提供单个固定的功能。单个固定功能有单级简单和延时短的优点,它的主要缺点是要求有大量的功能单元才能实现用户设计的逻辑,而且相应功能单元的级联和布线的延时会导致整个性能的降低。

按照逻辑功能块的大小不同,可以将功能单元分为细粒度(Fine-grain)单元和粗粒度(Coarse-grain)单元两类。细粒度单元是一种简单的功能单元,其逻辑功能块一般较小,仅由很少的几个晶体管组成,非常类似于半定制门阵列的基本单元。细粒度单元的主要优点是其逻辑功能块能被完全利用,缺点是完成复杂逻辑功能需要很多逻辑单元、大量的连线线段和可编程开关,使相对速度变慢。粗粒度单元是一种较复杂的功能单元,其逻辑功能块规模较大,可实现的功能较强,完成复杂逻辑也只需较少的功能块和内部连线,因此易于获得较好的性能,不足之处是功能块有时不能充分利用。

2.4.2 输入-输出焊盘

可编程逻辑器件的输入-输出焊盘需要考虑许多要求,有时甚至是相互冲突的要求,例如:
(1) 支持 TTL 和 CMOS 电压级的输入;
(2) 支持双向 I/O、输入、输出、集电极开路和三态输出模式;
(3) 提供高驱动电流的输出与双极逻辑接口,直接驱动如发光二极管(LED)等器件和快速开关电容负载;
(4) 限制输出驱动,减少功率消耗,防止过冲和减少电源噪声;
(5) 与晶体接口提供晶振,而不需要外部专门的芯片;
(6) 与片内布线资源接口,减少片外连接;
(7) 提供简单的模拟接口能力;
(8) 有效地与同一厂家的其他芯片接口,实现用多个芯片构成阵列。

可编程逻辑器件的功耗通常由所用的 I/O 引脚决定,当该芯片有较多的 I/O 引脚被利用时,必须考虑 I/O 配置的潜在功耗(瞬态和静态的)及 I/O 块的有效性。否则,由于功耗问题很可能会熔化一个可编程逻辑器件芯片,特别是对于这些塑料封装的器件。

随着半导体工艺的线宽不断缩小,从器件功耗的要求出发,器件的内芯必须采用低电压。由于 I/O 块与内芯供电电压也可能不同,这就要求 I/O 块的结构能够兼容多个电压标准,既能接收外部器件的高电压输入信号,又能驱动任何高电压的器件。工艺线宽与供电电压的关系如图 2.22 所示,一般来说,工艺线宽越小,对功耗的要求就越高,工作电压就必须降低。如工艺线宽为 1.2~0.5μm 时,器件一般采用 5V 电压供电;当工艺线宽为 0.35μm 时,器件的供电电压为 3.3V,此时 I/O 块与内芯的供电电压相同;当工艺线宽为 0.25μm 时,I/O 块与芯片内芯的供电电压不再相同,内芯的供电电压为 2.5V,I/O 块的供电电压为 3.3V,并且能兼容 5V 和 3.3V 的器件;当工艺线宽为 90nm 时,器件应采用 1.0V 的供电电压,I/O 要能够兼容 1.3V 和 1.8V 的器件。

图 2.22 工艺线宽与供电电压的关系

2.4.3 布线资源

布线资源是可编程逻辑器件中一种专用的内部互连结构,它主要用来提供高速可靠的内部连线,以保证信号在芯片内部的相邻功能单元之间、功能单元与 I/O 块之间进行有效的传输。可编程逻辑器件一般有以下几种基本的布线资源。

1. 长线直接连线

长线(Long Line)是可编程逻辑器件最基本的布线资源,它是垂直或水平地贯穿于整个芯片的金属线,适用于传输距离长、偏移要求小的控制信号或时钟信号。典型的水平和垂直长线如图 2.23 所示,在每个布线通道有三根垂直长线夹在功能单元的两列之间,有两根水平长线夹在功能单元的两行之间。此外,在 I/O 块的每条边上还各有一条长线。长线与功能单元输入之间连接比较简单,与功能单元输出之间的连接则比较复杂。

直接连线(Direct Interconnect)为相邻功能单元之间及相邻的功能单元与 I/O 块之间提供了有效的连接手段。每个功能单元的输出能通过直接连线和与之相邻的功能单元或 I/O 块的输入相连。这种连线布线短,延时小,最适合相邻块之间信号的高速传输。

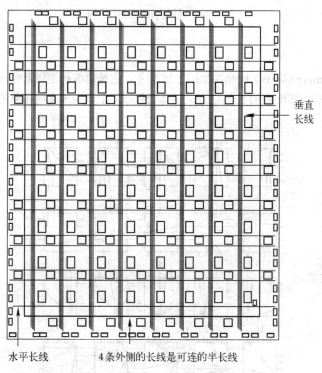

图 2.23 典型的水平和垂直长线

2. 通用内部连线

通用内部连线(General Purpose Interconnect)的结构如图 2.24 所示,它是逻辑功能单元行或列之间的一组垂直和水平的金属线段,其长度分别等于相邻逻辑功能单元的行距和列距。逻辑功能单元的输入和输出端可以与相邻的通用内部连线相连,相邻的通用内部连线则通过开关矩阵相互连接而形成网线。通用内部连线上还有一种双向缓冲器,可用于对高扇出信号进行隔离和放大。

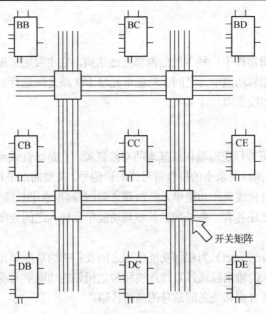

图 2.24 通用内部连线的结构

3. 开关矩阵

开关矩阵（Switching Matrix）的结构如图 2.25 所示，它是可编程逻辑器件内部的又一种重要的布线资源。开关矩阵一般由可配置的 N 沟道开关晶体管组成，主要用来实现相邻的通用内部连线之间的相互连接。

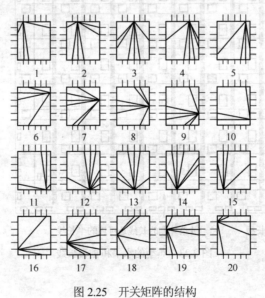

图 2.25 开关矩阵的结构

2.4.4 片内 RAM

在进行数字信号处理（DSP）、数据加密或数据压缩等复杂数字系统设计时，不可避免地要用到存储器。可编程逻辑器件芯片内如果没有相应的中小规模存储模块（RAM 或 FIFO），将很难实现上述电路。片内 RAM 不仅可以简化系统的设计，提高系统的工作速度，而且可以减少数据存储的成本，使芯片内外数据信息的交换更可靠。

由于半导体工艺已进入到深亚微米（DSM）和超深亚微米（VDSM）时代，器件的密度大大提高，所以新一代的 FPGA 都提供片内 RAM。这种片内 RAM 的速度是很高的，读操作的时间和组合逻辑延时一样，大约为 5ns，写操作的时间大约为 8ns，比任何芯片外解决方式都要快很多倍。新一代 FPGA 的片内 RAM 可以分为两类：一类是 Actel 和 Altera 公司采用的专用 RAM，或称为块 RAM；另一类是 Xilinx 公司的 XC4000 系列采用的分布 RAM。

1. 块式片内 RAM

Altera 公司的 FLEX10K 是工业界第一个嵌入式可编程逻辑器件，在它上面首次集成了嵌入式存储器块，可为用户提供多达 24KB 的片内 RAM。每个 FLEX10K 包含一个嵌入式阵列和一个逻辑阵列，其中嵌入式阵列主要用于实现各种复杂的逻辑功能（如 DSP、数据变换等），逻辑阵列主要用于实现通用的逻辑功能（如加法器、状态机、多路复用器等）。

嵌入式阵列由若干嵌入式阵列块 EAB（Embedded Array Block）组成。嵌入式阵列块 EAB 是一种输入/输出端带有寄存器的 RAM，当实现存储器功能时，每个 EAB 能提供 2048 位，可用来构成 RAM、ROM、FIFO 或双端口 RAM。将一个器件上的所有 EAB 进行组合，可以构成一个规模较大的块式片内 RAM。块 RAM 的具体结构将在第 4 章做详细介绍。

2. 分布式片内 RAM

分布式片内 RAM 是一个全新的概念，在系统设计中可以实现很多新功能，如累加器、状态寄存器、变址寄存器、DMA 计数器、LIFO 堆栈和 FIFO 缓冲器等。Xilinx 公司的 XC4000 系列中的片内 RAM 就是一种分布式的 RAM，它主要由排列成分布式阵列的各个可配置逻辑块 CLB 组成。根据需要，CLB 中的函数发生器可以被定义为片内 RAM。

另外，需要指出的是，Xilinx 公司新一代 Virtex 系列 FPGA 器件除了采用许多新技术以外，还提供了大量的片内块式 RAM 和分布式 RAM，以满足 DSP、数字视频处理等设计中对各种 RAM 配置高速存取的要求。以数字视频处理为例，对按字节存储的视频行数据，可以存储在块 RAM 中；对按位存储的像素和系数数据，则可存储在分布 RAM 中，以实现快速和灵活的数据存取。

2.5 可编程逻辑器件的编程工艺

可编程逻辑器件的编程器件采用了几种不同的编程技术，这些可编程器件常用来存储逻辑配置数据或作为电子开关。

常用的可编程器件有如下 4 种类型：
- 熔丝（Fuse）型开关
- 反熔丝（Antifuse）型开关
- 浮栅编程器件（EPROM 和 E^2PROM）
- 基于 SRAM 的编程器件

其中，前三类为非易失性器件，编程后能使逻辑配置数据保持在器件上。SRAM 类为易失性器件，即每次掉电后逻辑配置数据会丢失。熔丝型开关和反熔丝型开关元器件只能写一次，浮栅编程器件和 SRAM 编程器件则可以进行多次编程。反熔丝型开关器件一般用在要求较高的军品系列（如通信卫星、航空电子仪器等）器件上，而浮栅编程器件一般用在民品系列器件上。

2.5.1 熔丝型开关

熔丝型开关是最早的可编程器件,它由可以用电流熔断的熔断丝组成。

使用熔丝型开关技术的可编程逻辑器件有 PROM、EPLD 和 FPGA 等,一般在需要编程的互连节点上设置相应的熔丝型开关。在编时,需要保持连接的节点保留熔丝,需要去除连接的节点烧掉熔丝,由最后留在器件内的不烧断的熔丝模式决定器件的逻辑功能。熔丝型开关的编程原理如图 2.26 所示。

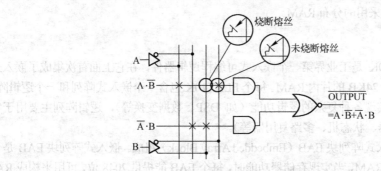

图 2.26 熔丝型开关的编程原理

熔丝型开关烧断后不能恢复,只能够编程一次,而且熔丝开关很难测试可靠性。在器件编程时,即使发生数量非常小的错误,也会造成器件功能的不正确。为了保证熔丝熔化时产生的金属物质不影响器件的其他部分,熔丝还需要留出极大的保护空间,因此熔丝占用的芯片面积很大。

2.5.2 反熔丝型开关

熔丝型开关要求的编程电流大,占用的芯片面积大。为了克服熔丝型开关的缺点,又出现了反熔丝型开关。反熔丝型开关主要通过击穿介质来达到连通线路的目的。这些开关器件在未编程时处于开路状态,编程时,在其两端加上编程电压,反熔丝就会由高阻抗变为低阻抗,从而实现两个极间的连通,且编程电压撤除后也一直处于导通状态。

Actel 公司采用了一种双极型多层反熔丝工艺的编程器件,称为 PLICE(可编程低阻抗电路)反熔丝型开关,其结构如图 2.27 所示。这是一种二端垂直型结构,上面是一层多晶硅,下面是 N^+ 掺杂扩散区,在两者之间是一个介质绝缘层。PLICE 反熔丝就生长在这个介质绝缘层上,其生产工艺和 CMOS、双极型、BiMOS 等工艺兼容。PLICE 反熔丝是一种非易失性器件,在未编程时通常呈现很高的阻抗(大于 100MΩ),当加上 18V 的编程电压将其击穿后,接通电阻小于 1kΩ,反熔丝在硅片上只占一个通孔的面积。反熔丝器件占用的硅片面积小,十分适宜于作为集成度很高的可编程逻辑器件的编程器件。

图 2.27 PLICE 反熔丝结构

除了 Actel 公司的 PLICE 反熔丝工艺外,还有 Cypress 公司的非晶体反熔丝 Vialink 器件,如图 2.28 所示。

Vialink 器件是在标准的 CMOS 工艺的两层金属之间形成通孔的反熔丝,未编程的 Vialink 反熔丝电阻值大于 1000MΩ,寄生电容小于 0.0013pF。在 Vialink 上加 10~11V 的编程电压后,可在两金属层之间形成永久性的双向连接，连接电阻低于 50Ω，这比介质型反熔丝及其他编程元器件的连接电阻要低得多。

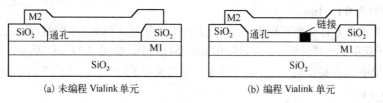

(a) 未编程 Vialink 单元　　　　(b) 编程 Vialink 单元

图 2.28　非晶体反熔丝结构

2.5.3　浮栅编程器件

浮栅编程器件包括紫外线擦除电编程的 EPROM、电擦除电编程的 EEPROM 及闪速存储器，这三种存储器都是用浮栅存储电荷的方法来保存编程数据的，因此在断电时，存储的数据是不会丢失的。

1. EPROM

EPROM 的存储内容不仅可以根据需要来编制，而且当需要更新存储内容时还可以将原存储内容抹去，再写入新的内容。EPROM 的基本结构是一个浮栅管，浮栅管相当于一个电子开关，当浮栅中没有注入电子时，浮栅管导通，当浮栅中注入电子后，浮栅管截止。

图 2.29 所示为一种以浮栅雪崩注入型 MOS 管为存储单元的 EPROM，图 2.29（a）和图 2.29（b）分别为它的基本结构和电路符号，它与普通的 NMOS 管很相似，但有 G_1 和 G_2 两个栅极。G_1 栅没有引出线，而被包围在二氧化硅（SiO_2）中，称为浮栅。G_2 为控制栅，有引出线。若在漏极和源极之间加上约几十伏的电压脉冲，在沟道中产生足够强的电场，则会造成雪崩，令电子加速跃入浮栅中，从而使浮栅 G_1 带上负电荷。由于浮栅周围都是绝缘的 SiO_2 层，泄漏电流极小，所以一旦电子注入到 G_1 栅后，就能长期保存。

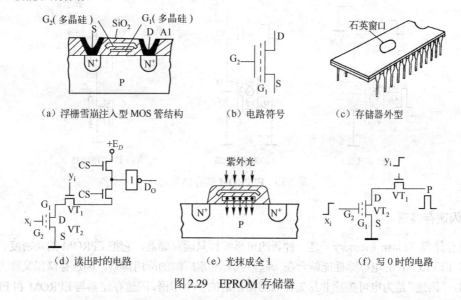

(a) 浮栅雪崩注入型 MOS 管结构　　(b) 电路符号　　(c) 存储器外型

(d) 读出时的电路　　(e) 光抹成全 1　　(f) 写 0 时的电路

图 2.29　EPROM 存储器

当 G_1 栅有电子积累时，该 MOS 管的开启电压变得很高，即使 G_2 栅为高电平，该管仍不能导通，相当于存储了"0"。反之，G_1 栅无电子积累时，MOS 管的开启电压较低，当 G_2 栅为高电平时，该管可以导通，相当于存储了"1"。图 2.29（d）所示为读出时的电路，它采用了二维译码方式，其中 x_i、

y_i 为地址译码器的二维输出，CS 为片选信号。这种 EPROM 出厂时为全"1"状态，使用者可根据需要写"0"，图 2.29（f）所示为写"0"电路。在写"0"时，x_i 和 y_i 选择线为高电平，P 端加 20 多伏的正脉冲，脉冲宽度为 $0.1 \sim 1\text{ms}$。

EPROM 器件的上方有一个石英窗口，如图 2.29（c）所示。当用光子能量较高的紫外光照射浮栅时，G_1 栅中电子获得了足够的能量，穿过氧化层回到衬底中，如图 2.29（e）所示。这样可使浮栅上的电子消失，达到抹去存储信息的目的，相当于存储器又存了全"1"。

2. EEPROM

E^2PROM 也写成 EEPROM，它是电可擦除电编程的器件。EEPROM 有多种工艺，也基于浮栅技术。图 2.30 所示为 EEPROM 的存储单元，这是一个具有两个栅极的 NMOS 管，其中 G_1 是控制栅，是一个浮栅，无引出线；G_2 是抹去栅，有引出线。在 G_1 栅和漏极之间有一小面积的氧化层，其厚度极薄，可产生隧道效应。当 G_2 栅加 20V 的正脉冲 P_1 时，通过隧道效应，电子由衬低注入到 G_1 浮栅，相当于存储了"1"，利用此方法可将存储器抹成全"1"状态。

这种存储器在出厂时，存储内容也为全"1"状态。使用时可根据需要把某些存储单元写"0"。写"0"电路如图 2.30（d）所示，此时漏极 D 加 20V 正脉冲 P_2，G_2 栅接地，浮栅上电子通过隧道返回衬底，相当于写"0"。EEPROM 读出时的电路如图 2.30（e）所示，这时 G_2 栅加 3V 的电压，若 G_1 栅有电子积累，则 VT_2 管不能导通，相当于存"1"；若 G_1 栅无电子积累，则 VT_2 管导通，相当于存"0"。

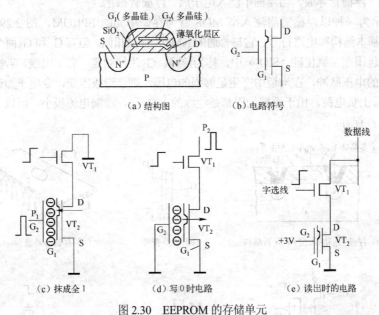

图 2.30 EEPROM 的存储单元

3. 闪速存储器

闪速存储器（Flash Memory）是一种新的可再编程只读存储器，它把 EPROM 的高密度、低成本的优点与 EEPROM 的电擦除性能结合在一起，具有非常广阔的应用前景。闪速存储器又称为快速擦除存储器，"闪速"是为电可擦除非易失存储器而创造的一个术语。闪速存储器与 EPROM 和 EEPROM 一样属于浮栅编程器件，其存储单元也是由带两个栅极的 MOS 管组成的。其中，一个栅极称为控制栅，连接到读/写电路上，另一个栅极称为浮栅，位于控制栅与 MOS 管传输沟道之间，并完全处于绝缘的二氧化硅的包围之中。

闪速存储器的编程和擦除分别采用了两种不同的机理。在编程方法上，它与 EPROM 相似，利用"热电子注入技术"，在擦除方法上则与 EEPROM 相似，利用"电子隧道效应"。编程时，一个高压（12V）加到 MOS 管的控制栅，且漏极-源极偏置电压为 6～7V，MOS 管强烈导通，沟道中的一些热电子就具有了足够的能量到达浮栅，将 MOS 管的阈值电压从大约 2V 提高到大约 6V。存储器电路设计得可以同时对 8 个或 1 个单元（一个字节或一个字）进行编程，因此闪速存储器可以在字节级上编程。从浮栅上消去电荷的擦除过程则利用电子的隧道效应来完成，即在浮栅与 MOS 管沟道间极薄的氧化层上施加一个大电场，使浮栅上的电子通过氧化层回到沟道中，从而擦除存储单元中的内容。闪速存储器可以在若干毫秒内擦除全部或一段存储器，而不像早期的 EEPROM 一次擦除一个字节。

闪速存储器在设计和工艺上与成熟的 EPROM 的产品十分相似，可以用类似于 EPROM 所用的工艺流程来制造。但两者之间存在以下两点差别：①闪速存储单元在源区利用分级双扩散；②闪速存储器有更薄的隧道氧化物层，如图 2.31 所示。

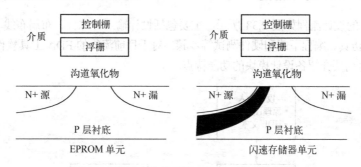

图 2.31　闪速存储单元和 EPROM 单元的区别

最早采用浮栅技术的存储器件都要求使用两种电压，即 5V 逻辑电压和 12～21V 的编程电压，现在已趋向于单电源供电，由器件内部的升压电路提供编程和擦除电压。现在大多数单电源供电的可编程器件为 5V 和 3.3V 的产品，也有部分芯片为 2.5V 的产品。另外，需要强调指出的是，EPROM、EEPROM 和闪速存储器都是属于可重复擦除的非易失器件，在现有的工艺水平上，这几种浮栅编程器件的擦写寿命已达 10 万次以上。

2.5.4　基于 SRAM 的编程器件

SRAM 是指静态存储器，大多数 FPGA 用它来存储配置数据，所以又称为配置存储器。它的基本单元是由 5 个晶体管组成的存储器。图 2.32 所示为 SRAM 的单元结构，它由两个 CMOS 反相器和一个用来控制读/写的 MOS 传输开关构成，其中每个 CMOS 反相器包含了两个晶体管（一个下拉 N 沟道晶体管和一个上拉 P 沟道晶体管）。

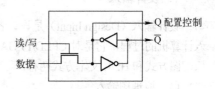

图 2.32　SRAM 的基本单元结构

静态存储器 SRAM 具有高度的可靠性、抗噪声能力和综合测试能力。采用这种技术的 FPGA 按点阵分布这些 SRAM 单元，在配置时写入，而在回读时读出。在一般情况下，MOS 传输开关处于断开状态，不影响单元的稳定性，而且功耗极低。通常，SRAM 的输出端 Q 端也可直接控制 MOS 传输开关，但此时不能用于读出方式。SRAM 输出端为容性负载，吸收电流小，使存储单元更加稳定。

SRAM 结构上的一些特点，使之可以免受电源剧烈变化或α粒子辐射的影响。在可靠性实验中，即使存在很高剂量的α辐射也没有产生过软错误。需要强调指出的是，由于 SRAM 是易失器件，FPGA 每次上电必须重新加载数据，这些加载数据一般要存放到外加的 EPROM 中，这就给 FPGA 的使用带来了不便。但基于同样的原因,FPGA 修改器件的逻辑功能很方便,例如,在微处理器系统中改变 I/O 卡的地址。利用这个特性还可以实现重构式系统和功能动态可变的软硬件。

2.6 可编程逻辑器件的设计与开发

了解可编程逻辑器件的设计开发流程,对于正确地选择和使用 EDA 软件、优化设计项目、提高设计效率十分有益。一个完整的、典型的 EDA 设计流程既是自顶向下设计方法的具体实施途径,也是 EDA 工具软件本身的组成结构。在实践中进一步了解支持这一设计流程的诸多设计工具,有利于有效地排除设计中出现的问题,提高设计质量和总结设计经验。

2.6.1 CPLD/FPGA 设计流程

CPLD/FPGA 的设计流程如图 2.33 所示,主要包括设计输入、综合、布局布线(CPLD/FPGA 适配)、时序与功能仿真、编程下载和硬件测试等步骤。对于目前流行的 EDA 工具软件,该设计流程具有一般性,以下将简要介绍各设计模块的功能特点。

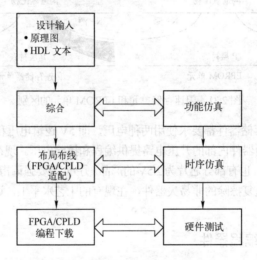

图 2.33 CPLD/FPGA 设计流程

1. 设计输入

设计输入(Design Input)是设计者将所要设计的电路以开发软件要求的某种形式表达出来,并输入计算机的过程,它是对 CPLD/FPGA 开发的最初步骤。设计输入有多种表达方式,其中最常用的是原理图方式和 HDL 文本方式两种。

(1) 原理图输入

原理图输入是一种类似于传统电子设计方法的原理图编辑输入方式,它使用元器件符号和连线等形式来描述设计,在 EDA 软件的图形编辑界面上绘制能完成特定功能的电路原理图。其特点是适合描述连接关系和接口关系,而描述逻辑功能则比较烦琐。原理图输入对于用户来说很直观,尤其是对表现层次结构、模块化结构更为方便,但是它要求设计工具提供必要的元器件库或逻辑宏单元。如果输入的是较为复杂的逻辑或者元器件库中不存在的模型,采用原理图输入方式往往很不方便。此外,原理图输入方式设计的可重用性、可移植性也差一些。

(2) HDL 文本输入

这种方式与传统的计算机软件语言编辑输入基本一致,就是将使用了某种硬件描述语言(HDL)的电路设计文本,如 VHDL 或 Verilog HDL 的源程序,进行编辑输入。用 HDL 文本来描述设计,其逻辑描述能力强,但描述接口和连接关系则不如图形方式直观。当然,在一定的条件下,情况会有所改变。目前,有些 EDA 输入工具可以把图形的直观与 HDL 的优势结合起来。如在原理图输入方式中,连接用 VHDL 描述的各个电路模块,直观地表示系统的总体框架,再用自动 HDL 生成工具生成相应的 VHDL 或 Verilog HDL 程序。但总体上看,纯粹的 HDL 输入设计仍然是最基本、最有效和最通用的输入方法。

可编程逻辑器件的设计往往采用层次化的设计方法,分模块、分层次地进行设计描述。描述器件总体功能的模块放置在最上层,称为顶层设计;描述器件最基本功能的模块放置在最下层,称为底层设计。顶层和底层之间的关系类似于软件中的主程序与子程序之间的关系。层次化设计的方法比较自由,可以在任何层次使用原理图或 HDL 硬件描述语言来进行设计描述。一般的做法是:在顶层设计中,使用图形法表达连接关系和芯片内部逻辑到引脚的接口;在底层设计中,使用 HDL 描述各个模块的逻辑功能。

2. 综合

综合(Synthesis)是进行可编程逻辑器件设计的一个很重要的步骤。因为综合过程将软件设计的 HDL 描述与硬件结构挂钩,是将软件转化为硬件电路的关键步骤,是文字描述与硬件实现的一座桥梁。

综合有以下几种形式:

(1) 从算法表示、行为描述转换到寄存器传输级(RTL),即从行为描述到结构描述,称为行为综合;

(2) RTL 级描述转换到逻辑门级(可包括触发器),称为逻辑综合;

(3) 从逻辑门表示转换到版图表示,或转换到 PLD 器件的配置网表表示,称为版图综合或结构综合。根据版图信息能进行 ASIC 生产,有了配置网表,即可完成基于 PLD 器件的系统实现。

整个综合过程就是将设计者在 EDA 平台上编辑输入的 HDL 文本、原理图或状态图形描述,依据给定的硬件结构组件和约束控制条件进行编译、优化、转换和综合,最终获得门级电路甚至更低层的电路描述网表文件。由此可见,综合器工作前,必须给定最后实现的硬件结构参数,它的功能就是将软件描述与给定的硬件结构用某种网表文件的方式对应起来,成为相应的映射关系。如果把综合理解为映射过程,那么显然这种映射不是唯一的,并且综合的优化也不是单纯的或一个方向的。为达到速度、面积、性能的要求,往往需要对综合加以约束,称为综合约束。

3. 布局布线(FPGA/CPLD 适配)

适配器也称为结构综合器,它的功能是将由综合器产生的网表文件配置于指定的目标器件中,使之产生最终的下载文件,如 JEDEC、Jam 格式的文件。适配所选定的目标器件(CPLD/FPGA 芯片)必须属于原综合指定的目标器件系列。通常,EDA 软件中的综合器由专业的第三方 EDA 公司提供,而适配器则需由 CPLD/FPGA 供应商提供,因为适配器的适配对象直接与器件的结构细节相对应。

逻辑综合通过后必须利用适配器将综合后网表文件针对某一具体的目标器件进行逻辑映射操作,其中包括底层器件配置、逻辑分割、逻辑优化、逻辑布局布线操作。适配完成后可以利用适配所产生的仿真文件做精确的时序仿真,同时产生可用于编程的文件。

4. 时序与功能仿真

在编程下载前必须利用 EDA 工具对适配生成的结果进行模拟测试,就是所谓的仿真。仿真,也称为模拟,是对所设计电路的功能验证。用户可以在设计的过程中对整个系统和各个模块进行仿真,即在计算机上用软件验证功能是否正确,各部分的时序配合是否准确。如果有问题,可以随时进行修改,以避免逻辑错误。高级的仿真软件还可以对整个系统设计的性能进行估计。规模越大的设计,越需要进行仿真。仿真不消耗资源,不浪费时间,可以避免不必要的损失。

仿真包括时序仿真和功能仿真。不考虑信号时延等因素的仿真称为功能仿真,又称为前仿真。时序仿真又称为后仿真,它是选择了具体器件并完成了布局布线后进行的包含定时关系的仿真,是接近真实器件运行特性的仿真,因而仿真精度高。由于不同器件的内部时延不一样,不同的布局、布线方案也会给时延造成很大的影响,因此在设计实现后,对网络和逻辑块进行时延仿真、分析定时关系、估计设计性能是非常有必要的。

5. 编程下载和硬件测试

把适配后生成的下载或适配文件,通过编程器或编程电缆装入到 FPGA 或 CPLD 器件中的过程称为下载。通常,将对基于 EEPROM 工艺的非易失结构 CPLD 器件的下载称为编程(Program),而对基于 SRAM 工艺结构的 FPGA 器件的下载称为配置(Configure),但对于反熔丝结构和 Flash 结构的 FPGA 的下载,以及对 FPGA 的专用配置 ROM 的下载仍称为编程。

编程需要一定的条件,如编程电压、编程时序和编程算法等。有两种常用的编程方式:在系统编程(ISP, In System Programmable)和专用的编程器编程。现在的编程器一般都支持在系统编程,因此在设计数字系统和制作 PCB 时,应预留好器件的下载接口。

最后是将含有载入了设计的 FPGA 或 CPLD 的硬件系统进行统一测试,以便最终验证设计项目在目标系统上的实际工作情况,以排除错误,改进设计。

2.6.2 CPLD/FPGA 开发工具

这里主要介绍目前广泛使用的以开发 FPGA 和 CPLD 为主的 EDA 工具,以及部分关于 ASIC 设计的 EDA 工具。根据 CPLD/FPGA 的设计流程,其开发工具大致可分为设计输入编辑器、HDL 综合器、仿真器、适配器(布局布线器)和下载器(编程器)等 5 个模块。当然,这种分类并不是绝对的,现在也有集成的 EDA 开发环境,如 Max+plus II。

1. 设计输入编辑器

设计输入编辑器可以接受不同的设计输入表达式,如原理图输入方式、状态图输入方式、波形输入方式和 HDL 的文本输入方式。在各可编程逻辑器件厂商提供的 EDA 开发工具中,一般都含有这类输入编辑器,如 Xilinx 的 Foundation、Altera 的 Max+plus II 等。

通常,专业的 EDA 工具供应商也提供相应的设计输入工具,这些工具一般与该公司的其他电路设计软件整合,这点尤其体现在原理图输入环境上。例如,Innovada 的 eProduct Designer 中的原理图输入管理工具 DxDesigner(原为 ViewDraw),既可作为 PCB 设计的原理图输入,又可作为 IC 设计、模拟仿真和 FPGA 设计的原理图输入环境。比较常见的还有 Cadence 的 Orcad 中的 Capture 工具等,这一类工具一般都设计成通用型的原理图输入工具。由于针对 CPLD/FPGA 设计的原理图要含有特殊原理图库(含原理图中的符号)的支持,因此其输出并不与 EDA 流程的下步设计工具直接相连,而要通过网表文件(如 EDIF 文件)来传递。

由于 HDL(包括 VHDL、Verilog HDL 等)的输入方式是文本格式,所以它的输入实现要比原理图输入简单得多,用普通的文本编辑器即可完成。如果要求 HDL 输入时有语法色彩提示,可用带语法提示功能的通用文本编辑器,如 UltraEdit、Vim、Xemacs 等。当然 EDA 工具中提供的 HDL 编辑器会更好用些,如 Aldec 的 Active HDL 的 HDL 编辑器。

有的 EDA 设计输入工具把图形设计与 HDL 文本设计相结合，如 Mentor 公司的 HDL Designer Series 中的各种输入编辑器，可以接受诸如原理图、状态图、表格图等输入形式，并将它们转成 HDL（VHDL/Verilog）文本表达方式，很好地解决了通用性（HDL 输入的优点）与易用性（图形法的优点）之间的矛盾。

设计输入编辑器在多样、易用和通用性方面的功能不断增强，标识着 EDA 技术中自动化设计程度的不断提高。

2. HDL 综合器

由于目前通用的 HDL 语言为 VHDL、Verilog HDL，这里介绍的 HDL 综合器主要是针对这两种语言的。硬件描述语言诞生的初衷是用于电路逻辑的建模和仿真，但直到 Synopsys 推出了 HDL 综合器后，才改变了人们的看法，于是可以将 HDL 直接用于电路的设计。

由于 HDL 综合器是目标器件硬件结构细节、数字电路设计技术、化简优化算法和计算机软件的复杂结合体，而且 HDL 可综合子集标准化过程缓慢，所以相比于形式多样的设计输入工具，成熟的 HDL 综合器并不多。比较常用的、性能良好的 CPLD/FPGA 设计的 HDL 综合器有如下三种：

（1）Synopsys 公司的 FPGA Compiler、DC-FPGA 综合器；
（2）Synplicity 公司的 Synplify Pro 综合器；
（3）Mentor 子公司 Exemplar Logic 的 Leonardo Spectrum 综合器。

较早推出综合器的是 Synopsys 公司，它为 CPLD/FPGA 的开发推出的综合器是 FPGA Compiler。为了便于处理，最初由 Synopsys 公司在综合器中增加了一些用户自定义类型，如 Std_logic 等，后被纳入 IEEE 标准。对于其他综合器也都只能支持 VHDL 中的可综合子集。FPGA Compiler 中带有一个原理图生成浏览器，可以把综合出的网表用原理图的方式画出来，便于验证设计，还附有强大的延时分析器，可以对关键路径进行单独分析。

Synplicity 公司的 Synplify Pro 除了有原理图生成器、延时分析器外，还带有一个 FSM Compiler（有限状态机编译器），可以从提交的 VHDL/Verilog 设计文本中提出存在的有限状态机设计模块，并用状态图的方式显示出来，用表格来说明状态的转移条件及输出。Synplify Pro 的原理图浏览器可以定位原理图中的元器件在 VHDL/Verilog 源文件中的对应语句，便于调试。

Exemplar 公司的 Leonardo Spectrum 也是一个很好的 HDL 综合器，它同时可用于 CPLD/FPGA 和 ASIC 设计两类工程目标。Leonardo Spectrum 作为 Mentor 的 FPGA Adantage 中的组成部分，与 FPGA Adantage 的设计输入管理工具和仿真工具有很好的结合。

当然，也有应用于 ASIC 设计的 HDL 综合器，如 Synopsys 的 Design Compiler、Synplicity 的 Synplify ASIC、Cadence 的 Synergy 等。

HDL 综合器在把可综合的 VHDL/Verilog 转化成硬件电路时，一般要经过两个步骤：第一步是 HDL 综合器对 VHDL/Verilog 进行分析处理，并将其转成相应的电路结构或模块，这时是不考虑实际器件实现的，即完全与硬件无关，这个过程是一个通用电路原理图形成的过程；第二步是对应实际实现的目标器件的结构进行优化，并使之满足各种约束条件，优化关键路径等。

HDL 综合器的输出文件一般是网表文件，如 EDIF 格式（Electronic Design Interchange Format），文件后缀是.edf，是一种用于设计数据交换和交流的工业标准文件格式的文件，或直接用 VHDL/Verilog 表达的标准格式的网表文件，或对应 FPGA 器件厂商的网表文件，如 Xilinx 的 XNF 网表文件。

3. 仿真器

在 EDA 设计技术中，仿真的地位十分重要，行为模型的表达、电子系统的建模、逻辑电路的验证乃至门级系统的测试，每一步都离不开仿真器的模拟检测。

按对设计语言不同的处理方式分类,仿真器可分为编译型仿真器和解释型仿真器。其中,编译型仿真器的仿真速度较快,但需要预处理,因此不便即时修改;解释型仿真器的仿真速度一般,可随时修改仿真环境和条件。

按处理的硬件描述语言类型分,HDL 仿真器可分为 VHDL 仿真器、Verilog 仿真器、Mixed HDL 仿真器(混合 HDL 仿真器,同时处理 Verilog HDL 与 VHDL)和其他 HDL 仿真器(针对其他 HDL 的仿真)。Model Technology 的 ModelSim 是一个出色的 VHDL/Verilog 混合仿真器,它也属于编译型仿真器,仿真执行速度较快。Cadence 的 Verilog-XL 是最好的 Verilog 仿真器之一,Verilog-XL 的前身与 Verilog HDL 一起诞生。

按仿真的电路描述级别的不同,HDL 仿真器可以单独或综合完成以下各仿真步骤:
(1)系统级仿真;
(2)行为级仿真;
(3)RTL 级仿真;
(4)门级时序仿真。

几乎各个 EDA 厂商都提供基于 Verilog/VHDL 的仿真器。常用的 HDL 仿真器除以上提及的 ModelSim 与 Verilog-XL 外,还有 Aldec 的 Active HDL、Synopsys 的 VCS、Cadence 的 NC-Sim 等。

4. 适配器(布局布线器)

适配器的任务是完成目标系统在器件上的布局布线。适配通常都由可编程逻辑器件的厂商提供的专门针对器件开发的软件来完成。这些软件可以单独或嵌入在厂商的针对自己产品的集成 EDA 开发环境中。例如,Lattice 公司在其 ispLEVEL 开发系统中嵌有自己的适配器,但同时提供性能良好、使用方便的专用适配器 ispEXPERT Compiler;Altera 公司的 EDA 集成开发环境 Max+plus II、Quartus 中都有嵌入的适配器(Fitter);Xilinx 的 Foundation 和 ISE 中也同样含有自己的适配器。

适配器最后输出的是各厂商自己定义的下载文件,用于下载到器件中以实现设计。适配器输出多种用途的文件,即时序仿真文件(如 Max+plus II 的 SCF 文件)、适配技术报告文件、面向第三方 EDA 工具的输出文件(如 EDIF 格式的文件)及 CPLD/FPGA 编程下载文件(如用于 CPLD 编程的 JEDEC 格式的文件)等。

5. 下载器(编程器)

下载器(编程器)的任务是把设计(适配器输出的编程下载文件)传输到对应的可编程逻辑器件中,以实现最终的硬件设计,通常由可编程逻辑器件的厂商提供的专门针对器件下载或编程的软件来完成。

2.6.3 CPLD/FPGA 的应用选择

由于各 PLD 公司的 CPLD/FPGA 产品在价格、性能、逻辑规模、封装及 EDA 开发工具性能等方面各有千秋,设计者必须根据不同的开发项目在其中做出最佳的选择。在 CPLD/FPGA 实际应用中一般应考虑以下几个问题。

1. 器件资源的选择

开发一个项目,首先要考虑的是所选器件的逻辑资源是否满足设计需求,还要考虑系统可能要增加的功能和后期的升级等问题,然后做出适当的选择。如果选择得当,就可以在不改变系统硬件电路板的前提下,实现新增功能和系统升级,从而可降低硬件成本,提高产品的性价比。

在实际开发应用中,逻辑资源的占用情况涉及的因素很多,大致如下:

（1）硬件描述语言的选择、描述风格的选择及 HDL 综合器的选择；

（2）综合和适配开关的选择，如选择速度优化则将耗用更多的资源，而若选择资源优化，则速度变慢，在 EDA 工具上还有许多其他的优化选择开关，这些都将直接影响逻辑资源的利用率；

（3）逻辑功能单元的性质和实现方法，一般情况下，许多组合电路比时序电路占用的逻辑资源要多。

2．器件速度的选择

随着集成技术的不断提高，可编程逻辑器件的工作速度也不断提高。目前，CPLD 和 FPGA 的工作速度很高，Pin-to-Pin 延时已达 ns 级，在一般的应用中，器件的工作频率已经足够了。在具体设计中应对芯片速度的选择综合考虑，并非速度越高越好，器件速度应与所设计系统的最高工作速度相一致。使用速度过高的器件将加大电路板设计的难度，这是因为器件的高速性能越好，对外界小毛刺信息的反应越灵敏就越好，若电路处理不当，或编程前的配置选择不当，则极易使系统处于不稳定的工作状态。

3．器件功耗的选择

由于在线（在系统）编程的需要，CPLD 的工作电压多为 5V 和 3.5V，而 FPGA 工作电压的流行趋势是越来越低，3.3V/2.5V/1.8V 等低工作电压的 FPGA 应用已十分普遍。因此，就低功耗和高集成方面，FPGA 具有绝对的优势。

4．器件封装的选择

CPLD/FPGA 器件的封装形式很多，其中主要有 PLCC、PQFP、TQFP、RQFP、VQFP、MQFP、PGA 和 BGA 等。芯片的引脚数从 28 至 1517 不等，同一型号的器件可能有多种不同形式的封装。由于可以买到现成的 PLCC 插座，插拔方便，一般开发中比较容易使用，适合于小规模的开发，缺点是需添加插座额外的成本、I/O 线有限及易被人非法解密。PQFP、TQFP 或 VQFP 是贴片封装形式，无须插座，引脚间距只有零点几毫米，可以直接在放大镜下焊接，适合于一般规模的产品开发或生产。PGA 封装成本较高，价格昂贵，一般不直接作为系统器件，但可用做硬件仿真。BGA 封装的引脚属于球状引脚，是大规模可编程逻辑器件的常用封装形式。由于这种封装采用球状引脚，以特定的阵列有规律地排列在芯片的背面，使得芯片可引出尽可能多的引脚，同时由于引脚排列的规律性，因而适合某一系统的同一设计程序能在同一电路板位置上焊上不同大小的含有同一设计程序的 BGA 器件，这是它的重要优势。此外，BGA 封装的引脚结构具有更强的抗干扰和机械抗震性能。

不同的设计项目，应使用不同的封装。对于逻辑含量不大，而外接引脚数量较多的系统，需要大量的 I/O 线才能以单片形式将这些外围器件的工作系统协调起来，因此选用贴片封装的器件较好。

5．CPLD 和 FPGA 之间的选择

CPLD/FPGA 的选择主要看开发项目本身的需要，对于普通规模且产量不大的产品设计项目，通常选用 CPLD 比较好，原因如下：

（1）在中小规模范围，CPLD 价格较便宜，能直接用于系统。CPLD 器件的逻辑规模覆盖面属于中小规模（1000～50 000 门），有很宽的选择范围，上市速度快，市场风险小。

（2）开发 CPLD 的 EDA 软件比较容易得到，其中不少 PLD 公司将有条件地提供免费软件，如 Lattice 的 ispExpert、Vantis 的 Design Director、Altera 的 Baseline、Xilinx 的 Webpack 等。

（3）CPLD 的结构大多为 E^2PROM 或 Flash ROM 的形式，编程后即可固定所下载的逻辑功能，使用方便，电路简单。

（4）目前，最常用的 CPLD 多为在系统可编程的硬件器件，编程很方便，这一优势能保证所设计的电路系统随时可通过各种方式进行硬件修改和升级，且有良好的器件加密功能。

（5）CPLD 中有专门的布线区和许多块，无论实现何种逻辑功能或采用怎样的布线方式，引脚至引脚间的信号延时几乎是固定的，与逻辑设计无关。这种设计使得 CPLD 的设计调试比较简单，逻辑设计中的毛刺现象比较容易处理。

综上所述，CPLD 适合于以下情况：
① 逻辑密集型；
② 中小规模（1000～50 000 门）；
③ 免费软件支持；
④ 编程数据不丢失，电路简单；
⑤ ISP 特性，编程加密；
⑥ 布线延时固定，时序特性稳定。

对于大规模的数字逻辑设计或单片系统设计，则多采用 FPGA。从逻辑规模上讲，FPGA 覆盖了中大规模范围，逻辑门数为 50 000～2 000 000 门。一般情况下，FPGA 保存逻辑功能的物理结构多为 SRAM 型，即掉电后将丢失原有的逻辑信息。所以，在使用中需要为 FPGA 芯片配置一个专用的 ROM，将设计好的逻辑信息烧录于该 ROM 中，电路一旦上电，FPGA 就能自动地从 ROM 中读取逻辑信息。

FPGA 的使用途径主要有以下几个方面。

（1）直接使用，即像 CPLD 那样直接用于产品的电路系统板上。虽然在大规模和超大规模逻辑资源、低功耗与价格比值方面，FPGA 比 CPLD 有更大的优势，但由于 FPGA 通常必须附带 ROM 以保存软信息，而对 ROM 的编程则要求有一台进行烧录的编程器，所以在电路规模不是很大的情况下，其性价比略逊于 CPLD。此外，用户也可以用单片机系统来完成配置 ROM 的功能，还可以使用 Actel 的不需要配置 ROM 的一次性 FPGA。

（2）间接使用。其方法是首先利用 FPGA 完成系统整机的设计，包括最后的电路板的定型，然后将充分验证的成功的设计软件（如 VHDL 程序）交付给原生产厂商进行相同封装形式的掩膜设计。这样获得的 FPGA 无须配置 ROM，单片成本要低许多。

（3）硬件仿真。由于 FPGA 是 SRAM 结构，且能够提供庞大的逻辑资源，因而适用于作为各种逻辑设计的仿真器件。从这个意义上讲，FPGA 本身即是开发系统的一部分。FPGA 器件能够用做各种电路系统中不同规模逻辑芯片功能的实用性仿真，一旦仿真通过，就能为系统配置相应的逻辑器件。在仿真过程中，可以通过下载线和下载适配电路直接将逻辑设计的输出文件配置到 FPGA 器件中，而无须使用配置 ROM 和专用编程器。

（4）ASIC 设计仿真。对于产品产量特别大的专用集成电路（如 CPU、单片机等）或单片系统的设计，除了使用功能强大的 EDA 软件进行设计和仿真外，有时还有必要使用 FPGA 对设计进行仿真测试，以便最后确认整个设计的可行性。

如果需要，可以在同一个系统中选用不同的器件，充分利用各种器件的优势。例如，利用 Altera 和 Lattice 的器件实现要求的延时和加密功能，用 Altera 和 Xilinx 器件实现大规模电路，用 Xilinx 器件实现时序较多或相位差要求数值较小（小于一个逻辑单元延时时间）的设计等。这样可以提高器件的利用率，降低设计成本，提高系统的综合性能。

综上所述，FPGA 适合于以下情况：
① 数据密集型；
② 大规模设计（50 000 至数百万门）；
③ SoC、SOPC 设计；

④ ASIC 设计仿真；
⑤ 布线灵活，但时序特性不稳定；
⑥ 需要专门的 ROM 进行数据配置。

6．其他因素的选择

相对而言，在 Lattice、Altera 和 Xilinx 三家 PLD 主流公司的产品中，Altera 和 Xilinx 的设计较为灵活，器件利用率较高，器件价格较便宜，品种和封装形式较丰富。但 Xilinx 的 FPGA 产品需要外加编程器件和初始化时间，且保密性较差，延时较难事先确定，信号等延时也较难实现。在进行数字系统设计时，设计者应综合加以比较。

2.7 可编程逻辑器件的测试技术

随着器件变得越来越复杂，对器件进行全面彻底的测试的要求也就越来越高，而且越来越重要。某些 ASIC 电路生产批量小，功能千变万化，很难用一种固定的测试策略和测试方法来验证其功能。此外，表面安装技术（SMT）和电路板制造技术的进步，使得电路板变小变密，这样一来，传统的测试方法都难于实现。结果电路板简化所节约的成本，很可能被传统测试方法代价的提高而抵消掉。

为了解决 ASIC 及可编程逻辑器件等超大规模集成电路的测试问题，自 1986 年开始，欧美一些大公司联合成立了一个组织——联合测试行动小组（JTAG，Joint Test Action Group），开发并制定了 IEEE 1149.1—1990 边界扫描测试技术规范。这个边界扫描测试（BST）结构提供了有效地测试高密度引线器件和高密度电路板上元器件的能力。目前，大多数高密度的可编程逻辑器件都已普遍应用 JTAG 技术，支持边界扫描技术。

2.7.1 边界扫描测试原理

边界扫描测试的原理是在核心逻辑电路的输入和输出端口都增加一个寄存器，通过将这些 I/O 上的寄存器连接起来，可以将测试数据串行输入到被测单元，并且从相应端口串行读出，从而可以实现三方面的测试。

（1）芯片级测试，即可以对芯片本身进行测试和调试，使芯片工作在正常功能模式，通过输入端输入测试矢量，并通过观察串行移位的输出响应进行测试。

（2）板级测试，检测集成电路和 PCB 之间的互连。实现原理是将一块 PCB 上所有具有边界扫描的 IC 中的扫描寄存器连接在一起，通过一定的测试矢量，可以发现元器件是否丢失或摆放错误，通过可以检测引脚的开路和短路故障。

（3）系统级测试。在板级集成后，可以通过对板上的 CPLD 或 Flash 进行在线编程，实现系统级测试。

边界扫描测试最主要的功能是进行板级芯片的互连测试，基本原理如图 2.34 所示。由图 2.34 可见，这种测试方法提供了一个串行扫描路径，它能捕获器件核心逻辑的内容，也可以测试遵守 JTAG 规范的器件之间的引脚连接情况。采用这种 BST 结构来测试引脚的连接，就不必使用传统的物理测试探针了，并且可以在器件正常工作时捕获功能数据。强行加入的测试数据从左边的一个边界扫描单元串行移入，捕获的数据从右边的一个边界扫描单元串行移出，在器件的外部同预期的结果进行比较。

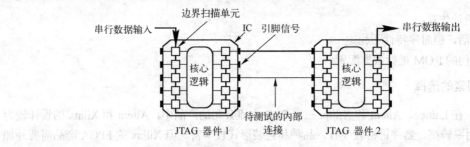

图 2.34 JTAG 边界扫描测试法

2.7.2 IEEE 1149.1 标准

边界扫描是联合测试行动小组（JATG）为了解决印制电路板（PCB）上芯片与芯片之间的互连测试而提出的一种解决方案。由于该方案的合理性，它于 1990 年被 IEEE 采纳而成为一个标准，即 IEEE 1149.1。该标准规定了边界扫描的测试端口、测试结构和操作指令。

1. IEEE 1149.1 结构

IEEE 1149.1 结构如图 2.35 所示，主要包括 TAP 控制器和寄存器组，其中，TAP 控制器如图 2.36 所示。寄存器组包括边界扫描寄存器、标识寄存器、旁路寄存器和指令寄存器，主要端口为 TCK、TMS、TDI 和 TDO，另外还有一个用户可选择的端口 TRST。

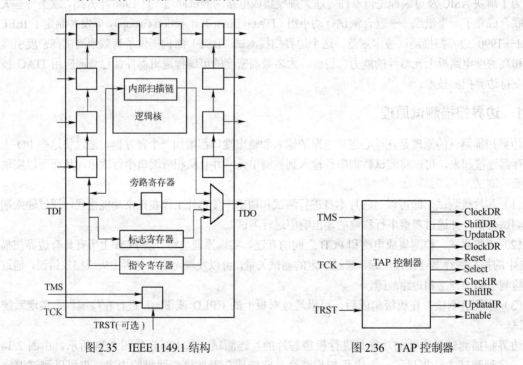

图 2.35 IEEE 1149.1 结构　　　图 2.36 TAP 控制器

2. 端口定义

（1）TCK（Test Clock，测试时钟端口）

边界扫描设计中的测试时钟是独立的，因此与原来 IC 或 PCB 上的时钟是无关的，也可以复用原来的时钟。

(2) TMS (Test Mode Select, 测试模式选择)

在测试过程中，需要有数据捕获、移位、暂停等不同的工作模式，因此需要有一个信号来控制。在 IEEE 1149.1 中，仅有这样一根控制信号，通过特定的输入序列来确定工作模式。该信号在测试时钟 TCK 的上升沿采样数据，在用户状态下 TMS 应是高电平。

(3) TDI (Test Data In, 测试数据输入)

以串行方式输入的数据有两种：一种是指令信号，送入指令寄存器；另一种是测试数据（激励、输出响应和其他信号），输入到相应的边界扫描寄存器中。

(4) TDO (Test Data Out, 测试数据输出)

以串行方式输出的数据也有两种：一种是从指令寄存器移位出来的指令；另一种是从边界扫描寄存器移位出来的数据。

除此之外，还有一个可选端口 TRST，为测试系统恢复信号，作用是强制复位。

3. TAP 控制器

TAP 控制器的作用是将串行输入的 TMS 信号进行译码，使边界扫描系统进入相应的测试模式，并且产生该模式下所需的各个控制信号。IEEE 1149.1 的 TAP 控制器由有限状态机来实现，图 2.37 所示为 TAP 控制器的状态转移图，其中 DR 表示数据寄存器，IR 表示指令寄存器。

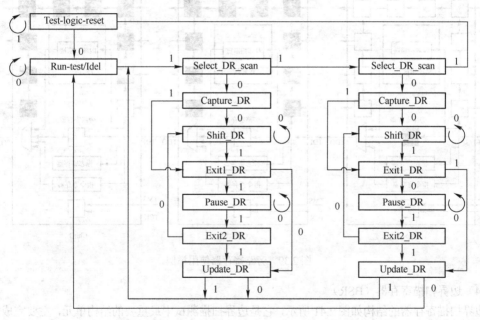

图 2.37 TAP 控制器的状态转移图

4. 寄存器组

(1) 指令寄存器 (IR)

指令寄存器如图 2.38 所示，它由移位寄存器和锁存器组成，长度等于指令的长度。IR 可以连接在 TDI 和 TDO 的两端，经 TDI 串行输入指令，并送入锁存器，保存当前指令。在这两部分中有个译码单元，负责识别当前指令。由于 JTAG 有 3 个强制指令，所以该寄存器的宽度至少为两位。

(2) 旁路寄存器 (BR)

旁路寄存器也可以直接连接在 TDI 和 TDO 两端，只由 1 位组成。若一块 PCB 上有多个具有边界

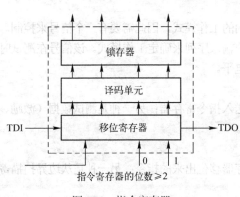

图 2.38 指令寄存器

扫描设计的 IC,可将每个 IC 中的边界扫描链串接起来。如果此时需要对其中的某几个 IC 进行测试,就可以通过 BYPASS 指令来旁路掉无须测试的 IC,如图 2.39 所示。如果需要测试 Chip2 和 Chip3,则在 TDI 输入 110000 就可以配置旁路寄存器,此时 Chip 的旁路寄存器被置位,表示该芯片在测试过程中被旁路。

(3) 标识寄存器(IDR)

标识寄存器如图 2.40 所示,它是一个 32 位的标准寄存器,其内容有关该器件的版本号、器件型号、制造厂商等信息,用途是:在 PCB 生产线上,可以检查 IC 的型号和版本,以便检修和替换。

在器件标识寄存器的标准格式中,最低位(第 0 位)为 1,用于识别标识寄存器和旁路寄存器的标识位。第 1~11 位为制造厂商的标识位。根据国际联合电子器件工程委员会所提出的方案,这 11 位共允许有 2032 个生产厂家的标识。第 12~27 位表示器件的型号,总计可以表示 65 536 种不同的型号。余下的 4 位表示同一型号器件的不同版本。

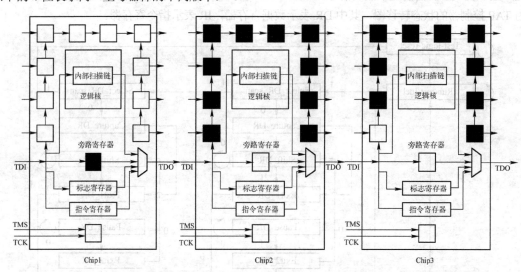

图 2.39 旁路寄存器使用举例

(4) 边界扫描寄存器(BSR)

边界扫描寄存器的结构如图 2.41 所示,它是边界扫描测试中最重要的结构单元,主要完成测试数据的输入、输出锁存和移位过程中必要的数据操作。其工作在多种模式,首先是满足扫描链上的串行移位模式,其次是正常模式下电路的数据捕获和更新。

利用边界扫描寄存器可提供如下主要的测试功能:

① 对被测 IC 的外部电路进行测试,如可测 IC 之间的互连,此时可以使用外部测试指令 EXTEST;
② 使用 INTEST 对被测电路进行内部自测;
③ 对输入/输出信号进行采样和更新,此时可以完全不影响核心逻辑电路的工作状态。

5. 相关指令

JTAG 规定了 3 个强制指令:EXTEST、BYPASS、SAMPLE/PRELOAD。

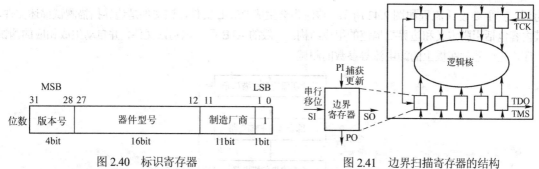

图 2.40 标识寄存器　　　　　图 2.41 边界扫描寄存器的结构

（1）EXTEST：外测试指令

外测试指令主要用于测试 IC 和 PCB 之间的连线或边界扫描设计以外的逻辑电路。执行该指令的主要操作为：将测试矢量串行移位至边界扫描寄存器，以激励被测的连线或外部逻辑电路，同时该寄存器又捕获响应数据，并串行移出测试结果，以便检查。

（2）BYPASS：旁路指令

这是一条由"1"组成的全"1"指令串，其功能是选择该 IC 中的旁路寄存器 BR，决定该 IC 是否被测。

（3）SAMPLE/PRELOAD：采样/预装指令

采样指令用于在不影响核心逻辑正常工作的条件下，将边界扫描设计中的并行输入端的信号捕获至边界扫描寄存器中。在测试时，通过采样指令捕获所测逻辑电路的响应。

预装指令的功能与采样指令基本相同，只是此时装入边界扫描寄存的数据是编程者已知或确定的。

除了上述必需的指令外，JTAG 还定义了部分可选择的命令：INTEST、IDCODE、RUNBIST、CLAMP、HIGHZ。

- INTEST 为内测试指令，用于测试核心逻辑电路。执行过程与外测试指令基本相似，只是由于被测对象的位置恰好相反，它的激励端和相应测试端正好相反。
- IDCODE 指令用于从标识寄存器中取出标识代码。
- RUNBIST 为运行自测试指令，用来执行被测逻辑的自测试功能，需要保证电路本身具有自测试结构。
- CLAMP 是组件指令，有两个功能，一是使旁路寄存器为 0，另一个是使边界扫描寄存器 BSR 的输出为一组给定的固定电平。
- HIGHZ 是输出高阻指令，可以使 IC 的所有输出端都呈现高阻状态，即无效状态。

2.7.3 边界扫描策略及相关工具

1. 板级测试策略

利用 IEEE 1149.1 进行板级测试的策略分为以下 3 步。

① 根据 IEEE 1149.1 标准建立边界扫描的测试结构。

② 利用边界扫描测试结构，对被测部分之间的连接进行矢量输入和响应分析。这是板级测试的主要环节，也是边界扫描结构的主要应用，可以用来检测由于电气、机械和温度导致的板级集成故障。

③ 对单个核心逻辑进行测试，可以初始化该逻辑并且利用其本身的测试结构。

2. 相关 EDA 工具

工业界主要采用的边界扫描工具有 Mentor 的 BSDArchiter 和 Synopsys 的 BSD Complier。以后者

为例,其主要设计流程如图 2.42 所示。该流程会生成 BSDL 文件,该文件是边界扫描测试描述文件,其内容包括引脚定义和边界扫描链的组成结构。一般的 ATE 可以识别该文件,并自动生成相应的测试程序,完成芯片在板上的漏电流等参数的测试。

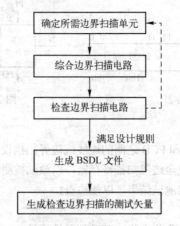

图 2.42　边界扫描的主要设计流程

习　题　2

1. 简述各种低密度可编程逻辑器件的结构特点。
2. 根据各种可编程器件的结构和编程方式,PLD 器件通常分为哪几种类型?
3. CPLD 和 FPGA 的区别是什么?简述 CPLD 和 FPGA 在电路结构形式上的特点。
4. 简述 CPLD/FPGA 的设计流程,并解释其中的主要概念。
5. 什么是 HDL 综合?常用的综合工具有哪些?
6. 什么是时序仿真?什么是功能仿真?
7. 什么是记忆查找表的可编程逻辑结构?
8. 请解释编程和配置这两个概念。
9. 简述 ISP 技术的特点及优越性。
10. 可编程逻辑器件有哪些基本资源?
11. 如何选用 CPLD 和 FPGA?
12. 与传统的测试技术相比,边界扫描技术有何优点?

第 3 章 典型 FPGA/CPLD 的结构与配置

本章概要：本章以 Altera 器件为例，介绍典型 FPGA、CPLD 器件的结构特点和配置方式。
知识要点：（1）典型 FPGA 器件的结构特点；
（2）典型 CPLD 器件的结构特点；
（3）典型 FPGA/CPLD 的编程配置方法。
教学安排及要求：本章教学安排 4 学时。通过本章的学习，读者可了解典型 FPGA 和 CPLD 器件的结构特点，了解 FPGA 和 CPLD 器件的结构差异和应用场合，掌握 FPGA/CPLD 的编程配置方法。

3.1 Stratix 高端 FPGA 系列

Altera 的 FPGA 器件包括：Stratix III、Stratix II、Stratix、Stratix GX、Cyclone III、Cyclone II、Cyclone、APEX II、APEX20K、Mercury、FLEX10K、ACEX1K 等；CPLD 器件包括：MAX II、MAX7000 和 MAX3000A 等。Altera 的 FPGA 器件的基本构造块称为逻辑单元（LE，Logic Element）；而 MAX 3000A、MAX7000 等 CPLD 器件的基本单元称为宏单元（Macrocell），宏单元主要由乘积项构成，而逻辑单元则一般基于查找表结构实现。

3.1.1 Stratix 器件

Stratix 器件采用 1.5V、130nm 全铜 SRAM 工艺制作。器件内部由逻辑阵列块（LAB，Logic Array Block）、TriMatrix 存储块（包括 M512 模块、M4K 模块、M-RAM 模块三种存储结构块）、DSP 块、锁相环和 I/O 单元构成。图 3.1 所示为 Stratix 器件 EP1S40 的平面结构图，从图中可看到 Stratix 器件内部的逻辑资源及其分布。

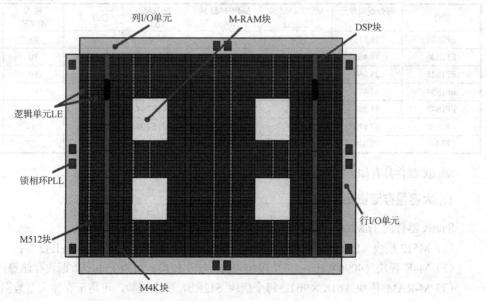

图 3.1 EP1S40 器件的平面结构图

大量的 LAB、存储块和 DSP 模块通过行和列连线连接起来，Stratix 器件采用了 DitrectDrive 技术和快速连续互连（MultiTrack）技术，DirectDrive 技术保证片内所有的函数可以直接连接使用同一布线资源，MultiTrack 互连技术可以根据走线的不同长度进行优化，改善内部模块之间的连接。这两种技术与 Quartus II 软件的 LogicLock 功能相结合，便于进行模块化设计，简化了系统集成。如图 3.2 所示为 Stratix 器件内部连接示意图。表 3.1 列出了 Stratix 器件的主要性能指标。

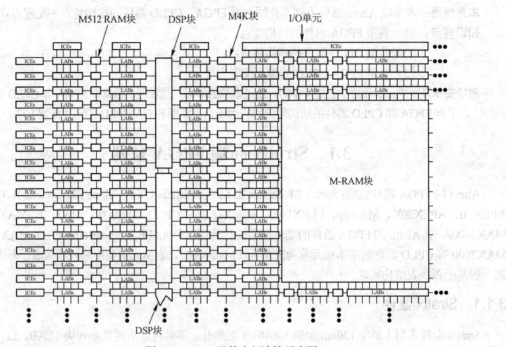

图 3.2　Stratix 器件内部连接示意图

表 3.1　Stratix 器件的主要性能指标

器件	等效逻辑单元（LE）	M512RAM 块（512b）	M4KRAM 块（4Kb）	总 RAM（b）	DSP 块	嵌入乘法器	锁相环（PLL）
EP1S10	10 570	94	60	920 448	6	48	6
EP1S20	18 460	194	82	1 669 248	10	80	6
EP1S25	25 660	224	138	1 944 576	10	80	6
EP1S30	32 470	295	171	3 317 184	12	96	10
EP1S40	41 250	384	183	3 423 744	14	112	12
EP1S60	57 120	574	292	5 215 104	18	144	12
EP1S80	79 040	767	364	7 427 520	22	176	12

Stratix 器件具有如下特点。

1. 大容量存储资源

Stratix 器件的 TriMatrix 存储结构具有以下三种类型的嵌入式存储模块。

（1）M512 模块（512×1b）：每个模块 512b，加上校验位，可用于实现 FIFO 等；

（2）M4K 模块（4096×1b）：每个模块 4Kb，加上校验，可用于小型数据块存储等；

（3）M-RAM 模块（64K×9b）：每个模块 512Kb，加上校验，可用于存储大型数据块或 Nios II 嵌入式处理器等。

其中，M4K 模块和 M-RAM 模块支持完全的双端口模式，所有存储资源分布在整个器件中，设计者可根据需要的存储器类型和容量大小，通过 Quartus II 软件的 MegaFunction 函数设定参数，配置成特定存储容量的 RAM、FIFO 等模块。

2. DSP 模块

Stratix DSP 模块在结构上包括硬件乘法器、加法器、减法器、累加器和流水线寄存器等单元，各个功能单元之间有专用的走线，具有针对 Stratix 器件内部大量存储器的专用接口，因此通过优化设计，DSP 模块可提供极高的 DSP 性能和尽可能小的布线拥塞。

Quartus II 软件的 MegaFunction 提供了多种 DSP 模块操作模式。每一 DSP 模块可针对不同的应用，通过选择合适的 DSP 模块操作模式，实现 8 个 9×9 位乘法器、4 个 18×18 位乘法器或一个 36×36 位乘法器。当配置为 36×36 位乘法器模式时，DSP 模式还可实现浮点运算。专用的乘法器电路支持带符号和不带符号乘法操作，并可在不带来任何精度损失的情况下，动态地在两种运算模式之间切换。

Stratix 器件的 DSP 模块提供了高于普通 DSP 芯片的数据处理能力，并且更经济和灵活。每个 DSP 模块可提供多达 8 个运行在 250MHz 的并行乘法器，数据吞吐能力高达 2GMACS，EP1S80 器件包括 22 个 DSP 模块，而传统的 DSP 处理器最多仅可同时进行 8 个并行乘法操作，数据吞吐量也只有 8.8GMACS。除了 DSP 模块中的专用乘法器外，还可利用逻辑单元（LE）实现乘法器和 DSP 功能。例如，可在 Stratix 器件中利用大约 9600 个逻辑单元实现一个 256 阶 FIR 滤波器。Stratix 器件适用于大数据量数字信号处理。

3. 支持多种 I/O 标准和高速接口

Stratix 器件支持多种高速接口，如 SFI-4、SPI-4、HyperTransport 和 RapidIO 等；支持多种高速外部存储器件接口，如 DDR SDRAM、SDR SDRAM、ZBT、QDR、QDRII 等；也支持多种单端和差分 I/O 标准，如 LVDS、LVPECL、PCML、GTL、PCI-X、AGP、SSTL 和 STL 等，能够在不同接口电平和协议下高速传送数据。

4. 时钟管理功能

Stratix 器件采用嵌入式锁相环（PLL）管理片内和片外时钟，可以进行频率合成、倍频、分频、调整相位和延迟。Stratix 器件具有两种 PLL：增强型 PLL 支持外部时钟反馈、时钟转换、PLL 重置、可编程带宽等功能；快速型 PLL 用于优化高速差分 I/O 端口和全局时钟，实现丰富的系统性能。

5. Nios II 嵌入式处理器

Nios II 嵌入式处理器提供了 16 位专用指令集、ALU、同步地址发生器、16b 或 32b 数据总线、各种外设（如定时器、SRAM、Flash）和接口（如 UART、PIO、SPI、PWM、SDRAM 接口和 IDE 硬盘控制器等），把微处理器的优点和 PLD 强大的 DSP 处理器功能结合在一起。设计者采用 Stratix DSP 模块和 Nios II 处理器，可充分利用高性能 DSP 模块和处理器核为软件算法实现所需的控制逻辑，通过硬件完成复杂的 DSP 算法。

6. 器件配置和远程系统升级

Stratix 器件配置了差错恢复电路，可实现远程系统升级和差错修复，如果在重新配置时出现错误，差错恢复电路可安全回到初始设置。

3.1.2 Stratix II 器件

Stratix II 器件采用 1.2V、90nm 的 SRAM 工艺制作，速度高，容量大，其容量为 15 600～179 400 个等效 LE 和多达 9Mb 的嵌入式 RAM。Stratix II 器件采用新的逻辑结构，与 Stratix 器件相比，性能平均提高了 50%，逻辑容量增加了一倍。Stratix II 器件支持高达 500MHz 的内部时钟频率，新的逻辑结构允许设计者把更多的功能集成到更小的面积上，进一步降低产品成本。这意味着设计者能够利用 FPGA 器件开发方便的优势尽快实现他们的设计，同时获得接近 ASIC 的容量和性能。

Stratix II 器件继承了 Stratix 的被证明成功的结构，如 TriMatrix 存储器、DSP 块和外部存储接口等，同时采用了一些新的功能：比如在设计安全性方面，采用了非易失的 128 位 AES 加密技术，动态相位调整（DPA）电路和支持新的外置存储器接口等。表 3.2 所示为 Stratix II 器件的主要功能和优点。表 3.3 列出了 Stratix II 系列典型器件的主要性能指标。

表 3.2 Stratix II 器件的特点

功能	优点
新的逻辑结构	采用由自适应逻辑模块（ALM）构成创新性的逻辑结构，具有更高的性能和资源利用率，能够高效地实现复杂的算术逻辑功能
高性能	Stratix II 器件支持高达 500MHz 的内部时钟，一般的系统性能超过 250MHz。Stratix II 器件的平均性能比第一代 Stratix 器件提高 50%
外部存储器接口电路	专用电路支持最新的外部存储器接口，包括 266MHz DDR2 SDRAM、300MHz RLDRAM II 和 200MHz QDRII SRA，还具有丰富的带宽和足够的 I/O 引脚和多个标准的 64 位 168/144 脚 DIMM 接口
1Gbps 差分和高速接口	支持高速 I/O 标准和高速接口，如 10G 以太网（XSBI）、SFI-4、SPI4.2、HyperTransport™、RapidIO™ 和高达 1Gbps 的 UTOPIA Level 4
动态相位调整	为了进行高速数据传送，优化信号完整性，简化了 PCB 布局和时钟管理。消除了高速数据传送系统中信道间和信道时钟间的偏移，能够达到 1Gbps 的数据传送速率
Trimatrix 存储器	高达 9Mb 的嵌入存储块，最高工作频率可达 370MHz
DSP 块	针对高速 DSP 应用而优化的性能。适用于 JPEG2000、MPPEG-4、803.11x、W-CDMA、高速下行分组接入（HSDPA）及 1x EV DV 等。多达 384 个 18b×18b 乘法器 DSP 块，运行工作频率可达 370MHz
设计安全性	非易失的 128 位 AES 设计加密技术防止剽窃知识产权
时钟管理电路	多达 12 个锁相环（PLL）和多达 48 个系统时钟，具有如 PLL 重配置、扩频时钟、频率合成、可编程相移和延迟偏移等功能，满足所有片内和片外时钟管理的需求
远程系统升级	确保可靠和安全地进行在系统升级和差错修正
Stratix II 器件的 HardCopy	至低成本 HardCopy 结构化 ASIC 的无缝小成本移植方式

表 3.3 Stratix II 器件的主要性能指标

器件	自适应逻辑模块（ALM）	等效逻辑单元（LE）	M512RAM 块（512b）	M4KRAM 块（4Kb）	总 RAM（b）	DSP 块	嵌入乘法器	锁相环（PLL）
EP2S15	6 240	15 600	104	78	419 328	12	48	6
EP2S30	13 552	33 880	202	144	1 369 728	16	64	6
EP2S60	24 176	60 440	329	255	2 544 192	36	144	12
EP2S90	36 384	90 960	488	408	4 520 448	48	192	12
EP2S130	53 016	132 540	699	609	6 747 840	63	252	12
EP2S180	71 760	179 400	930	768	9 383 040	96	384	12

图 3.3 所示为 EP2S60 器件的平面结构图，图中可看到 Stratix II 器件内部的逻辑资源及其分布，这些逻辑资源包括：逻辑阵列块（LAB）、存储器块（包括 M512 块、M4K 块、M-RAM 块三种存储结构块）、DSP 块、锁相环和 I/O 单元等。

Stratix II 采用了新的自适应逻辑模块（ALM）构成逻辑结构，提升了逻辑效率和内部频率。新的 ALM 结构能够在更小的面积上实现更大的逻辑容量和更高的性能。Stratix II 结构允许同一个 ALM 中相邻的查找表共享输入，因此有效减少了实现任一功能所需的逻辑资源和某个关键路径的逻辑级数。多个独立的功能也能够合并到单个 ALM 中，进一步减少了所需的逻辑资源。这在 90nm 工艺结构上是非常重要的，因为在整个 FPGA 延迟中很大一部分是互连延迟，因此减小互连级数是性能提升的关键。图 3.4 所示为 Stratix II 器件 ALM 结构的示意图。

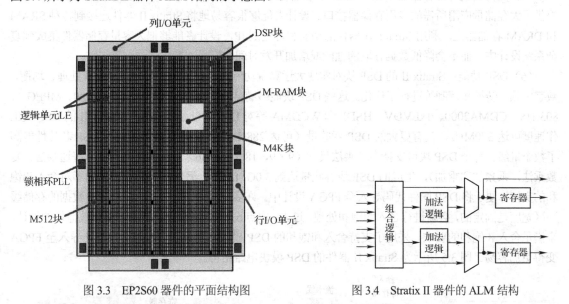

图 3.3　EP2S60 器件的平面结构图　　　图 3.4　Stratix II 器件的 ALM 结构

随着 FPGA 设计日益复杂，在系统中的作用也日益重要，因此对知识产权的保护也越来越引起人们的重视。Stratix II 器件采用了非易失的 AES 加密技术，为设计者提供了一种保护系统的安全方式。每个 Stratix II 器件能够用 128 位的 AES 密钥进行安全编程，这个密钥能对 Quartus II 软件生成和存放在外部配置器件中的编程文件进行加密。

Stratix II 器件还具有以下特点。

（1）高带宽 I/O 标准和高速接口：FPGA 作为数字系统中一个部件，必须能够和各器件进行通信。Stratix II FPGA 支持一些单端和差分 I/O 标准，能够和来自主机、总线、存储器及图形控制器的任何信号相连接。

（2）具有 DPA 的源同步信号：Stratix II 器件向设计者提供了多达 152 个接收器和 156 个发送器的高速差分信道，其性能可达 1Gbps。每个 I/O 通道都具有专用的串行/解串器（SERDES）和 DPA 电路。DPA 能够消除通道间的偏移及时钟和通道间的偏移，这样改善了大带宽数据传送的可靠性，简化了高速接口标准如 10G 以太网 XSBI、SFI-4、SPI-4.2、HyperTransport、RapidIO 和 CSIX 实现的复杂性。

（3）支持单端 I/O 标准：Stratix II 器件支持单端 I/O 标准，如 LVTTL、LVCMOS、SSTL、HSTL、PCI 和 PCI-X。单端 I/O 标准的电流驱动能力比差分 I/O 标准要强，在设计高级存储器件（如 DDR2 SDRAM 和 QDRII SRAM 器件）的接口时非常有用。

（4）高性能存储带宽：Stratix II 继承了 Stratix 器件的 TriMatrix 存储结构。TriMatrix 存储器包括 512b 的 M512 块、4Kb 的 M4K 块和 512Kb 的 M-RAM 块，每个 RAM 块都可以配置为多种功能，每个 RAM 块都针对不同类型的应用：M512 块可用于小存储器如 FIFO，M4K 块可存储多信道 I/O 协议的输入数据,而 M-RAM 块则用于大存储量的应用,如缓冲互联网协议包或片内 Nios II 嵌入处理器的指令/数据存储器。所有的存储块都包括进行差错控制的奇偶校验位、嵌入移位寄存器功能、支持混合宽度模式和混合时钟模式。另外,M4K 和 M-RAM 块支持高级写入操作的真正双口模式和字节掩码。TriMatrix 存储结构具有多达 9Mb 的 RAM 和 370MHz 的最大时钟速度,这使得 Stratix II 器件成为大存储量应用的理想选择。

(5) 支持高速外部存储器接口:Stratix II 器件除了具有丰富的片内 TriMatrix 存储器外,还为客户提供了大存储量应用所需的专用存储器接口。设计者能够很容易地将 Stratix II 器件连接到各种 SRAM 和 DRAM 存储器上。利用 Stratix II 器件的功能和可定制 IP,设计者能够把大容量存储器件集成到复杂系统设计中,而不会降低数据存取的性能或增加开发时间。

(6) DSP 功能:Stratix II 的 DSP 块对实现大运算量功能如滤波器、压缩、码片速率处理、均衡、数字中频、转换和调制等进行了优化。这些 DSP 块能够满足新的标准或协议如 JPEG 2000、MPEG-4、803.11x、CDMA2000、1xEVDV、HSDP 和 WCDMA 等对 DSP 吞吐量的要求。Stratix II 的 DSP 块工作速度可达 370MHz,具有更大的 DSP 吞吐量(可达 288GMAC),这比现今最快的 DSP 芯片性能高了数个量级。每个 DSP 块可支持多种乘法尺寸(9×9,18×18,36×36)和工作模式(普通乘法,复数乘法,乘累加和乘加),生成的 DSP 块吞吐量达到 3.0GMACS。另外,DSP 块中增加了对舍入和饱和的支持,便于将 DSP 固件代码导入至 FPGA 设计中。许多应用如语音处理,由于存放数据的存储缓冲区宽度是固定的,必须进行舍入和饱和处理。过去,定点设计的 DSP 设计者不得不修改他们的设计,来满足舍入和饱和的要求。采用了支持舍入和饱和的 DSP 模块,使数字信号处理的设计导入至 FPGA 变得更加容易。图 3.5 所示为 Stratix II 器件的 DSP 模块电路结构。

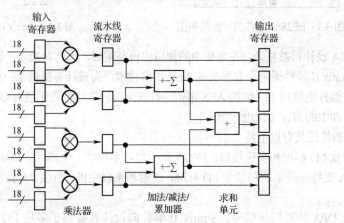

图 3.5 Stratix II 器件的 DSP 模块电路结构

(7) 增强系统时钟管理:Stratix II 器件具有多达 12 个锁相环(PLL)和多达 48 个系统时钟,能够满足用户对系统时序的要求。Stratix II 器件提供了两种 PLL:增强型 PLL 和快速 PLL。增强型 PLL 支持诸如外部反馈、时钟切换、PLL 重配置、扩频时钟和可编程带宽等先进功能。快速 PLL 是为高速差分 I/O 接口而优化的,但也可用做一般时钟。

(8) 内嵌式匹配电阻:随着系统速度和时钟速率不断增加,信号完整性在数字设计中变得日益重要。为了改善信号完整性,单端和差分信号都应该进行合适的匹配。在板上用外部电阻或内嵌式匹配电阻技术都可以实现端接。Stratix II 器件提供了内嵌式匹配电阻,支持串行和差分端接方案。

(9) 支持远程系统升级:远程系统升级能够通过任何通信网络进行传送,方便实现系统更新,延长产品的寿命周期。

3.2 Cyclone 低成本 FPGA 系列

3.2.1 Cyclone 器件

Cyclone 器件是低成本、高性价比的 FPGA，采用全铜、1.5V、130nm 的 SRAM 工艺制作。Cyclone 器件内部由逻辑阵列块（LAB）、嵌入式存储器、I/O 单元和 PLL 等构成，在各个模块之间存在着丰富的互连线和时钟网络，图 3.6 所示为 EP1C3 器件的平面结构图。

Cyclone 器件的可编程资源主要来自逻辑阵列块（LAB，Logic Array Block），而每个 LAB 都由多个 LE 构成。LE（Logic Element）即逻辑单元，是 Cyclone 器件的最基本的可编程单元。图 3.7 所示为 Cyclone 器件 LE 的内部结构。观察图 3.7 可发现，LE 主要由一个 4 输入查找表 LUT、进位链和一个可编程寄存器构成。4 输入 LUT 可以完成任意的 4 输入、1 输出的组合逻辑功能，进位链带有进位选择，能够灵活地构成 1 位加法或减法逻辑，并可以切换。每个 LE 的输出都可以连接到局部布线、行列、LUT 链、寄存器链等布线资源。

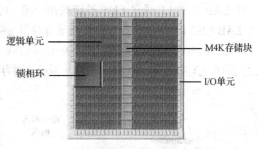

图 3.6 EP1C3 器件的平面结构图

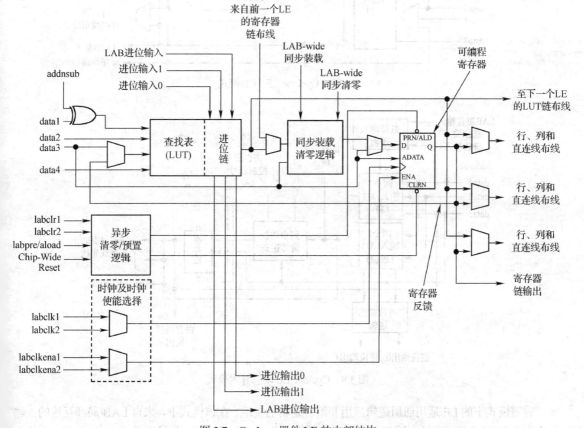

图 3.7 Cyclone 器件 LE 的内部结构

LE 中的可编程寄存器可以被配置成 D、T、JK 和 SR 触发器模式。每个可编程寄存器具有数据、异步数据装载、时钟、时钟使能、清零和异步置位/复位信号。LE 中的时钟、时钟使能选择逻辑可以灵活配置寄存器的时钟及时钟使能信号。在一些只需要组合电路的应用中,可将触发器旁路,直接将 LUT 的输出作为 LE 的输出。

LE 有 3 个输出驱动内部互连,一个驱动局部连接,另两个驱动行或列的互连资源,LUT 和寄存器的输出可以单独控制。可以实现在一个 LE 中 LUT 驱动一个输出,而寄存器驱动另一个输出。因而在一个 LE 中的触发器和 LUT 能够用来完成不相关的功能,这样提高了 LE 的资源利用率。

除上述的 3 个输出外,在一个逻辑阵列块中的 LE 还可以通过 LUT 链和寄存器链进行互连。在同一个 LAB 中的 LE 通过 LUT 链级联在一起,可以实现宽输入(输入多于 4 个)的逻辑功能。在同一个 LAB 中的 LE 里的寄存器可以通过寄存器链级联在一起,构成一个移位寄存器。

LE 可以工作在两种模式:普通模式和动态算术模式。在不同的 LE 操作模式下,LE 的内部结构和 LE 之间的互连有些差异,图 3.8 和图 3.9 所示分别为 Cyclone LE 普通模式和动态算术模式的结构和连接图。

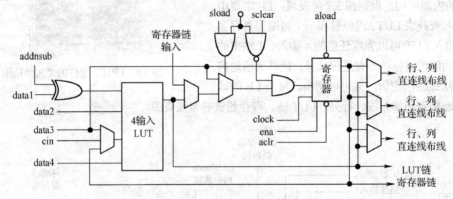

图 3.8　Cyclone LE 普通模式

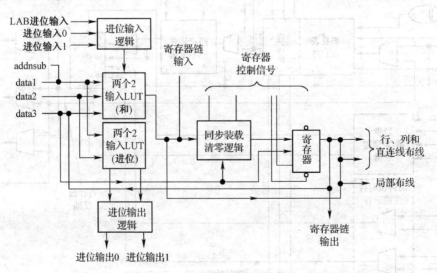

图 3.9　Cyclone LE 动态算术模式

普通模式下的 LE 适用通用逻辑应用和组合逻辑的实现。在该模式下,来自 LAB 局部互连的 4 输入将作为 LUT 查找表的输入端口。可以选择进位输入(cin)或 data3 信号作为 LUT 的其中一个输入信号。每个 LE 都可以通过 LUT 链直接连接到（在同一个 LAB 中的）下一个 LE。在普通模式下，LE 的输入信号可以作为 LE 中寄存器的异步装载信号。

Cyclone 器件的 LE 还可以工作在动态算术模式，在该模式下，可以更好地实现加法器、计数器、累加器宽输入奇偶校验功能。在动态算术模式下的单个 LE 内有 4 个 2 输入 LUT，可被配置成动态的加法/减法结构。其中两个 2 输入 LUT 用于计算和信号，另外两个 2 输入 LUT 用来生成进位输出信号，该信号是为进位选择电路的两条信号链提供的。

Cyclone 器件的主要逻辑功能由 LAB 来实现，Cyclone 器件里面存在大量 LAB，LAB 是由一系列相邻的 LE 构成的。每个 LAB 包含 10 个 LE、进位链和级联链、LAB 控制信号、LAB 局部互连、LUT 链和寄存器链。图 3.10 所示为 Cyclone LAB 的结构图。图中的局部互连用来在同一个 LAB 的 LE 之间传输信号；LUT 链用来连接 LE 的 LUT 输出和下一个 LE（在同一个 LAB 中）的 LUT 的输入；寄存器链用来连接下一个 LE（在同一个 LAB 中）的寄存器输出和下一个 LE 的寄存器的数据输入。

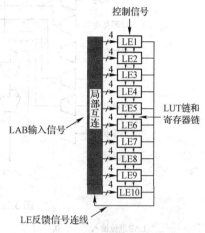

图 3.10 Cyclone 器件的 LAB 结构

Cyclone 器件中排列着大量 LAB，如图 3.11 所示，LAB 中的局部互连信号可以驱动在同一个 LAB 中的 LE，可以连接行与列互连和在同一个 LAB 中的 LE。相邻的 LAB、左侧或右侧的 PLL（锁相环）和 M4K RAM 块通过直连线也可以驱动一个 LAB 的局部互连。

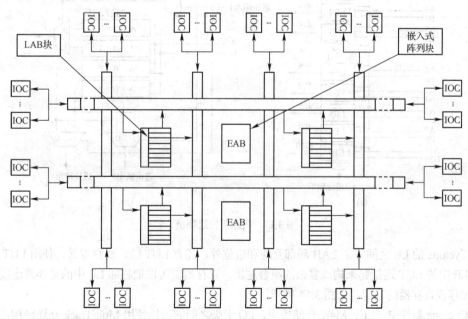

图 3.11 Cyclone 器件的 LAB 阵列

每个 LAB 都有专用的逻辑来生成 LE 的控制信号，这些 LE 的控制信号包括两个时钟（Clock）信号、两个时钟使能信号、两个异步清零信号、同步清零、异步预置/装载信号、同步装载和加/减控制信号。在同一时刻，最多可有 10 个控制信号。图 3.12 显示了 LAB 控制信号生成的逻辑图。

动态算术模式下 LE 的快速进位选择功能由进位选择链提供，进位选择链（进位链）通过冗余的进位计算的方式来提高进位功能的速度。如图3.13所示，在计算进位时，预先对进位输入为1和0的两种情况都计算，然后再进行选择。在LE之间也存在进位链，在Cyclone的一个LAB中存在两条进位链，如图3.13所示。在LAB之间的进位也可以通过进位链连接起来。

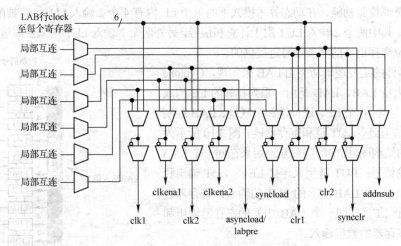

图 3.12　LAB控制信号生成的逻辑图

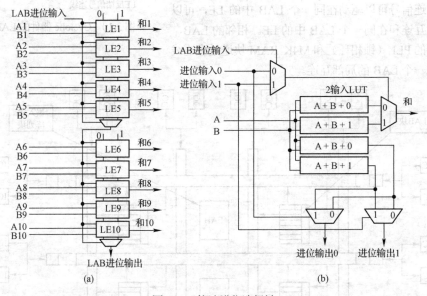

图 3.13　快速进位选择链

在Cyclone的LE之间除了LAB局部互连和进位外，还有LUT链、寄存器链。使用LUT链可以把相邻LE中的LUT连接起来构成复杂的组合逻辑，寄存器链可以把相邻LE中的寄存器连接起来，构成诸如移位寄存器的功能，如图3.14所示。

在Cyclone器件中，LE、M4K存储模块、I/O引脚之间的连接使用MultiTrack互连结构，这种结构采用了DirectDrive技术。

Cyclone器件的嵌入式存储器（Embedded Memory）由数十个M4K存储器块构成。每个M4K存储器块具有很强的伸缩性，可实现的功能有：4608位RAM、双端口存储器、单端口存储器、移位寄存器、FIFO、ROM等。嵌入式存储器可以通过多种连线与可编程资源实现连接，大大加强了FPGA的性能，扩大了FPGA的应用范围。

在数字逻辑电路的设计中，时钟、复位信号往往需要作用于系统中的每个时钟逻辑单元，因此在 Cyclone 器件中设置有全局控制信号。由于系统的时钟延时会大大影响系统的性能，在 Cyclone 中设置了复杂的全局时钟网络，以减少时钟信号的传输延迟。另外，在 Cyclone 器件中还有 1～2 个 PLL，可以用来调整时钟信号的波形、频率和相位。

Cyclone 的 I/O 支持多种 I/O 接口，符合多种 I/O 标准，可以支持差分的 I/O 标准，诸如 LVDS（低压差分串行）和 RSDS（去抖动差分信号），当然也支持普通单端的 I/O 标准，比如 LVTTL、LVCMOS、SSTL 和 PCI 等，通过这些常用的端口与板上的其他芯片连接。

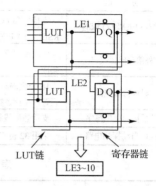

图 3.14 LUT 链和寄存器链的使用

Cyclone 器件可以支持最多 129 个普通的 LVDS 和 RSDS。Cyclone 器件内的 LVDS 缓冲器可以支持最高达 640Mbps 的数据传输速率。与单端的 I/O 标准相比，这些内置于 Cyclone 器件内部的 LVDS 缓冲器保持了信号的完整性，并具有更低的电磁干扰和更好的电磁兼容性（EMI），以及更低的功耗。Cyclone 器件支持采用内核电压和 I/O 电压分开供电的方式，I/O 电压取决于使用时需要的 I/O 标准，而内核电压使用 1.5V 电压供电。

3.2.2 Cyclone II 器件

Cyclone II 器件采用全铜、1.2V、90nm 的 SRAM 工艺制作，成本更低，容量更高，速度更快；Cyclone II 器件可提供 4608～68 416 个逻辑单元，内部集成了嵌入式 18×18 乘法器、专用外部存储器接口电路、M4K 嵌入式存储器块、锁相环（PLL）和高速差分 I/O 等结构，图 3.15 所示为 Cyclone II 器件 EP2C35 的平面结构图。Cyclone II 器件的主要特点见表 3.4，表 3.5 列出了 Cyclone II 典型器件的主要性能指标。

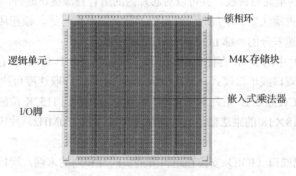

图 3.15 EP2C35 器件的平面结构图

表 3.4 Cyclone II 器件的主要特点

功　能	特　点
低成本的体系结构	具有 4608～68 416 个 LE，密度是 Cyclone 器件的 3 倍多
嵌入式乘法器	运行在 250MHz 的 150 个 18 位×18 位嵌入式乘法器，可实现常用的 DSP 功能，如 FIR 滤波器、FFT 变换等
嵌入式存储器	嵌入式存储器性能可达到 250MHz，可构成双端口和单端口 RAM、ROM 和 FIFO 等
Nios II 嵌入式处理器	支持 Nios II 嵌入式处理器，性能超过 100DMIPS

功　能	特　点
差分和单端 I/O 标准	支持单端 I/O 标准如 LVTTL、LVCMOS、PCI、PCI-X、SSTL、HSTL 等，支持 LVDS、mini-LVDS、RSDS、LVPECL、SSTL 和 HSTL 系统接口等差分信号
外部存储器接口	专用接口支持外部 167MHz 存储器，实现与外部 SDR、DDR、DDR2 SDRAM 和 QDRII SRAM 器件的集成
时钟管理电路	16 个全局时钟网络，由 16 个专用输入引脚输入。4 个锁相环（PLL）每个具有 3 个输出抽头，具有可设置占空比、扩频时钟、频率合成、可编程相移和延迟偏移等功能，满足所有片内和片外时钟管理的需求
热插拔和上电排序	支持热插拔和上电排序，使器件工作不受上电顺序的影响
SEU 自动探测电路	采用 32 位 CRC，具有 SEU 自动探测电路

表 3.5　Cyclone II 典型器件的主要性能指标

器　件	逻辑单元（LE）	M4KRAM 块（4Kb）	总 RAM bits	嵌入式 18×18 乘法器	锁相环（PLL）
EP2C5	4 608	26	119 808	13	2
EP2C8	8 256	36	165 888	18	2
EP2C20	18 752	52	239 616	26	4
EP2C35	33 216	105	483 840	35	4
EP2C50	50 528	129	594 432	86	4
EP2C70	68 416	250	1 152 000	150	4

Cyclone II 系列 FPGA 芯片包含二维的行列结构，从而实现定制逻辑，逻辑阵列块（Labs）在芯片中是以行与列的形式安排的，逻辑阵列块中的行与列之间通过不同速率信号进行连接。芯片的逻辑阵列包括多个逻辑阵列块，每个逻辑阵列块包括 16 个逻辑单元（LEs），每个逻辑单元是逻辑阵列块中提供给用户逻辑功能的最小单元。Cyclone II 系列 FPGA 芯片包含逻辑单元的数量范围为 4608～68 416。Cyclone II 系列芯片支持一个全局时钟网络，提供 4 个锁相环（PLL）。全局时钟网络包含多达 16 个贯穿整个芯片的全局时钟线，并可以对芯片内的所有资源提供时钟，如输入/输出单元、逻辑单元、片内存储块、片内乘法器。全局时钟线可以用做高速率信号线，锁相环提供具有时钟合成和相移的通用时钟，并为高速差分的外部 I/O 提供外部时钟输出。

Cyclone II 系列芯片中的 M4K 存储器是真正的双向内存块，具有 4K 位存储加上 512 位校验位，可配置成真双口、简单双口或单口模式，总线位数可达 36 位，存取速度可达 260Mb。这些存储块分布在逻辑阵列块之间。Cyclone II 系列 FPGA 芯片可提供 119K 到 1152K 位的存储块。每个片内乘法器能配置成 9×9 或者 18×18 的乘法器，其处理速度可以达到 250MHz。片内乘法器在芯片中是按列的方式进行排列的。

芯片中的输入/输出端口（IOE）安排在逻辑阵列块的行和列的末端，端口支持单端和不同 I/O 标准，如 66MHz、33MHz，64 位和 32 位的 PCI 标准。每个 IOE 包含一个双向的 I/O 缓冲器和 3 个寄存输入、输出和输出使能信号的寄存器。

1. 逻辑单元

逻辑单元是 Cyclone II 系列 FPGA 芯片中的最小逻辑单元，并能完成复杂的逻辑应用。一个逻辑单元的特性如下：4 输入的查找表相当于一个函数发生器，并能实现任何包含 4 个变量的函数功能；包含一个可编程寄存器、一个进位连接器、一个寄存器连接器；能驱动所有类型的互联，包括本地、行、列、寄存器链和直连；支持寄存器打包；支持寄存器反馈。Cyclone II 器件的逻辑单元的结构如图 3.16 所示。

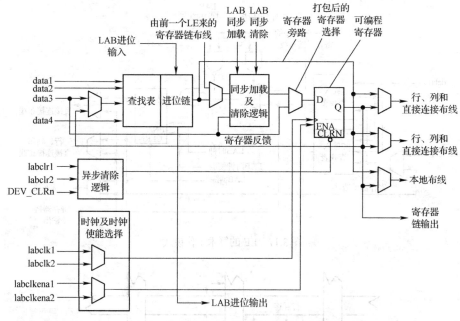

图 3.16 Cyclone II 器件的逻辑单元的结构

每个逻辑单元的可编程寄存器可以配置成 D、T、JK 或 SR 模式。每个寄存器都有独立的数据、时钟输入。全局时钟可以驱动寄存器时钟和清除控制信号。GPIO 或内部逻辑可以驱动时钟时能信号。每个逻辑单元具有 3 个输出用来驱动本地行和列的布线。查找表和寄存器可以独立地驱动者 3 个输出。这种性质也称做寄存器打包，可以提高器件的利用率。在寄存器打包工作模式下，逻辑阵列块的同步加载信号无效。另外一种特殊的打包模式允许把寄存器的输出反馈到查找表的输入，这也提供了更好的灵活机制。逻辑单元也可以驱动寄存的或非寄存的查找表输出。

除上述的 3 种基本的输出外，逻辑单元还具有寄存器链输出。寄存器链输入允许寄存器级联起来，也允许逻辑阵列块使用查找表作为单一的组合逻辑。这些资源加速了 LABs 之间的连接速度，同时也节省了连接资源。

LE 的工作模式有两种：普通工作模式和算术工作模式。不同的模式对 LE 资源的使用也不同。在任一模式下，6 个可用输入包含 4 个数据输入、一个进位输入和一个寄存器链输入，通过不同处理来实现不同的逻辑功能。普通工作模式适用于基本的逻辑应用和组合逻辑，4 输入数据与查找表的 4 个输出端连接。算术工作模式适合用来完成算术操作。每个 LE 可以完成 2 位的加法器并含有进位位。在这种模式下，LE 可以驱动寄存的和非寄存的查找表输出，并实现寄存器反馈和寄存器打包。LE 的算术工作模式如图 3.17 所示。

2. 逻辑阵列块（LAB）

每个逻辑阵列块包括：16 个逻辑单元、LAB 控制信号、LE 进位链、寄存器链，以及本地互联。LAB 的结构如图 3.18 所示。每个逻辑块有多达 4 个非全局控制时钟，而且 LAB 控制信号也可以作为全局时钟。LAB 控制信号包括两个时钟、两个时钟时能、两个异步清除、一个同步清除和一个同步加载。同步清除和加载主要负责完成计数和其他功能，它们影响所有的寄存器。每个 LAB 使用两个时钟信号和两个时钟使能信号，并且两个时钟和时钟使能信号是同时使用的。寄存器的复位信号利用的是非门 push-back 技术。Cyclone II 系列芯片只支持复位和异步清除信号。除了上述的清除端口，Cyclone II 系列芯片还支持芯片范围内寄存器值的清除信号，而且它的优先级也最高。

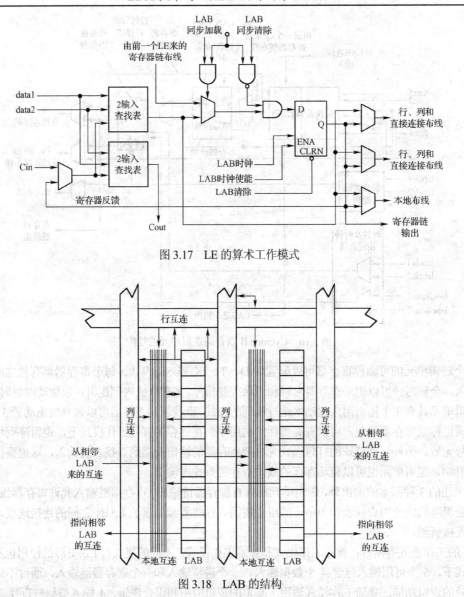

图 3.17 LE 的算术工作模式

图 3.18 LAB 的结构

3. MultiTrack 互连

Cyclone II 系列 FPGA 芯片中，M4K RAM、片内乘法器、I/O 之间的连接是通过采用 DirectDrive 技术的 MultiTrack Interconnect 互连结构完成的。MultiTrack Interconnect 互连由通过连续、经过优化的不同速率的线路组成，用以连接不同的模块。DirectDrive 技术是一种确定的连线技术，能使任何功能在芯片任何位置都有一致的布线。MultiTrack Interconnect 互连和 DirectDrive 技术使得由于改变设计而不用再做系统重优化过程，从而简化了系统集成过程。

MultiTrack 互连由跨越定长的行与列互连，对在不同器件密度的芯片中，可以保证布线结构具有预测性和可重复性。

4. 全局时钟网络和锁相环（PLL）

Cyclone II 系列 FPGA 芯片提供全局时钟网络和多达 4 个锁相环来对时钟进行管理。时钟网络主要有如下特性：16 个全局时钟网络；4 个锁相环；对全局时钟网络可以进行动态时钟资源选择；独立的控制时钟使能。每个时钟网络都有一个独立的时钟控制模块来进行动态时钟源选择，如 PLL 的输出、CLK 的时钟来源、DPCLK 的时钟来源及内部逻辑，这些都可以驱动全局时钟网络。

全局时钟网络可以作为 FPGA 上的各种资源，如 IOE、LE、片内乘法器和存储块。全局时钟信号也可以作为控制信号，如时钟使能、异步或同步清除。每个时钟网络都有一个时钟控制块，时钟控制块的原理如图 3.19 所示，时钟控制块安排在器件的外围。较大的 Cyclone II 器件有 16 个时钟控制块，每边都有 4 个。时钟控制块主要有两个功能：动态选择时钟源；使能或禁用该时钟网络。以下信号可以作为时钟控制块的输入信号：与时钟控制块在同一侧的 4 个时钟输入；PLL 的 3 个时钟输出；与时钟控制块在同一侧的 4 个 DPCLK 信号；4 个片内逻辑生成信号。

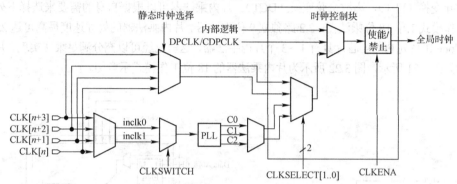

图 3.19　时钟控制块的原理

但是，在上述所列的这些信号中，最多只能同时有两个时钟输入、两个 PLL 时钟输入、一个 DPCLK、一个内部逻辑生成信号。在这 6 个信号中，两个时钟输入和两个 PLL 时钟输入可以进行动态选择来驱动全局时钟网络。时钟控制模块对 DPCLK 和内部逻辑生成信号只能静态选择。

锁相环（PLL）的结构如图 3.20 所示。

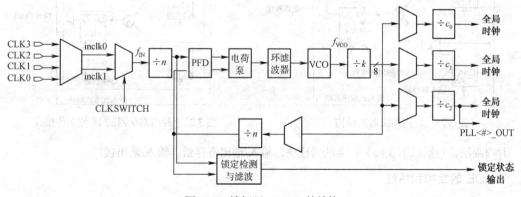

图 3.20　锁相环（PLL）的结构

Cyclone II 系列 FPGA 芯片的锁相环为器件提供通用时钟，并具有如下特性：输入时钟的分频与倍频，时钟的相移；可编程的占空比；3 个内部时钟输出，一个外部时钟输出；支持差分时钟输出和手动时钟切换；锁定指示输出；支持 3 种差分时钟反馈模式。

5. 片内存储器

Cyclone II 系列 FPGA 芯片的片内存储器是由多列 M4K RAM 块组成的，M4K RAM 块包括支持同步写入的输入寄存器和输出寄存器。输出寄存器可以设置成旁路，但输入寄存器不能。每个 M4K RAM 块可以根据需要设置工作模式，这些存储器可以包含或不包含奇偶校验位。M4K RAM 存储块支持的存储器类型有：真双口、简单双口、单口或先入先出（FIFO）缓冲器。M4K RAM 块具有如下特性：4608 RAM 位；最大工作频率为 250MHz；可设置为真双口存储模式、简单双口存储模式、单口存储模式、ROM 模式等；具有 FIFO 缓冲、校验位、移位寄存器、时钟地址使能等。

6. 片内乘法器

Cyclone II 系列 FPGA 芯片的片内乘法器提供了数字信号处理（DSP）功能，如有限冲击响应（FIR），快速傅里叶变换（FFT），离散余弦变换（DCT）。片内乘法器可以根据自身的需要来选择下列两种中的一种操作模式 1.单 18 位乘法器；2.2 路独立 9 位乘法器。片内乘法器的处理速度最高可达 250MHz。每个 Cyclone II 系列 FPGA 芯片具有 1～3 个片内乘法器，这些已经可以充分满足乘法实现。片内乘法器的结构如图 3.21 所示，图 3.22 所示为片内乘法器的 18 位工作模式示意图。

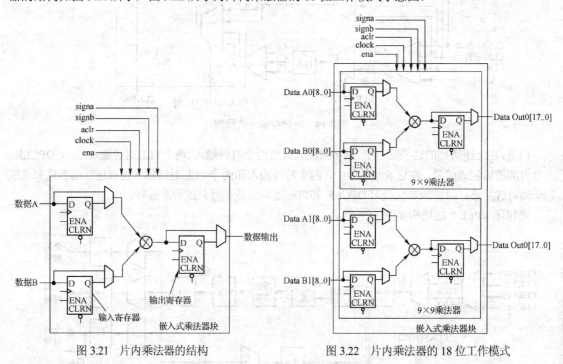

图 3.21　片内乘法器的结构　　　　图 3.22　片内乘法器的 18 位工作模式

片内乘法器包括以下 3 部分：乘法器模块，输入/输出寄存器，输入/输出接口。

7. IOE 的结构和特性

Cyclone II 系列 FPGA 芯片的 IOE 支持以下特性：多种单端口 I/O 标准；3.3V 64 位，32 位，66MHz 和 33MHz PCI 兼容；支持 JTAG 边界扫描测试；输出驱动功率控制；配置期间弱上拉电阻；三态缓冲；总线保持电路；用户模式下可编程上拉电阻；可编程输入和输出延时；输出为漏极开路。

Cyclone II 器件的 IOE 包含一个双向的 I/O 缓冲器和 3 个寄存器，用于控制完全内嵌的双向单数率传送。

IOE 位于 Cyclone II 器件周围的 I/O 块中，每行最多有 5 个 IOE，每列最多有 4 个 IOE，行 I/O 块驱动行、列或直接内部连接，列 I/O 块驱动列的内部连接。Cyclone II 器件的 IOE 包括可编程延时电路，用来保证零保持时间，使建立时间最小化或使输出延时。

3.3 典型 CPLD 器件

3.3.1 MAX II 器件

MAX II 是 Altera 的新一代 CPLD 器件，MAX II 系列和 MAX 器件相比，容量更大，成本和功耗更低，MAX II 器件和传统的 CPLD 完全不同，摒弃了传统的宏单元体系，而基于查找表（LUT）结构实现，采用行列布线。由于查找表结构和行列走线具有更高的裸片面积效率，因此采用 LUT 结构的 MAX II 器件具有更高的容量和更低的成本，同时具有传统 CPLD 所具有的非易失优点，因此为大容量的设计提供了一种替代 FPGA 器件的成本更低、功率更省的选择方案。

MAX II 采用 0.18μm Flash 工艺，每个 MAX II 器件都嵌入了 8Kb 的 Flash 存储器，用户可以将配置数据集成到器件中，进行在线编程。表 3.6 是 MAX II 器件的主要性能指标，可看出 MAX II 器件具有 240～2210 个逻辑单元（LE）和多达 272 个 I/O 引脚。

表 3.6 MAX II 器件的主要性能指标

MAX II (3.5V, 1.8V)	逻辑单元 （LE）	等效宏单元 （Macrocell）	内置 Flash 大小 （bits）	最大用户 I/O	引脚到引脚延时 （ns）
EPM240	240	192	8 192	80	4.5
EPM570	570	440	8 192	160	5.5
EPM1270	1 270	980	8 192	212	6.0
EPM2210	2 210	1 700	8 192	272	6.5

图 3.23 所示为 MAX II 器件的平面结构图，器件内部包括基于 LUT 的 LAB 阵列、Flash 存储器和 JTAG 控制电路，同时还集成用户 Flash 存储器、JTAG 转换器等功能。MultiTrack 互连提供了高效的直接连接，I/O 交错布局使得裸片尺寸最小，并降低了单位 I/O 引脚的成本。

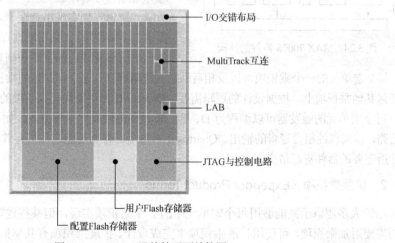

图 3.23 MAX II 器件的平面结构图

每个 MAX II 器件内都包含一个 Flash 存储器，该存储器多数情况下专门用于存储配置数据，称为配置 Flash 存储器（CFG, Configuration Flash Memory）。配置 Flash 存储器允许用户实时 ISP，在器件工作时重新配置，这样能够迅速地现场升级产品，而无须关闭系统重新进行配置。

MAX II 器件内还包含一个小的 Flash 存储器，用来供用户存储数据，称为用户 Flash 存储器(UFM, User Flash Memory)，这个存储器的容量是 8192b，UFM 提供了连接到逻辑阵列的可编程接口，用户可通过 JTAG 口或内核逻辑访问用户 Flash 存储器。用户 Flash 存储器的典型应用包括存储板子版本号或序列号等。

MAX II 器件具有一个独特的 JTAG 转换器，JTAG 转换器允许用户通过 MAX II 器件的内核逻辑实现特定的 JTAG 指令，能够配置板子上不符合 JTAG 标准的器件（如标准 Flash 存储器）。

MAX II 支持 MultiVlot 内核，该内核允许器件能够在 1.8V、2.5V 或 3.3V 电源电压下工作，MAX II 器件还支持 MultiVolt I/O 接口，能够和 1.5V、1.8V、2.5V 或 3.3V 逻辑电平的其他器件无缝地连接。

3.3.2 MAX 7000 器件

MAX7000S/AE/B 是基于 EEPROM 工艺的 CPLD，集成度为 32～512 个宏单元。从结构上看，MAX 7000S 器件包括以下几个部分：逻辑阵列块 LAB （Logic Array Blocks），宏单元 （Macrocells），扩展乘积项（Expander Product Terms），可编程连线阵列 PIA （Programmable Interconnet Array），I/O 控制块（I/O Control Blocks）。此外，每个芯片包含的 4 个专用输入（INPUT/GCLK1、INPUT/GCLRn，INPUT/OE1，INPUT/OE2）是全局时钟、全局清零和输出使能信号，这几个信号由专用连线与 PLD 中的每个宏单元相连，信号到每个宏单元的延时相同且延时最短。

MAX7000S 器件主要是由逻辑阵列块（LAB）及它们之间的连线构成的，如图 3.24 所示。每个 LAB 由 16 个宏单元组成，多个 LAB 通过可编程连线阵列 PIA 和全局总线连接在一起。

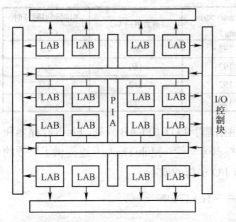

图 3.24　MAX 7000S 器件的结构

1. 宏单元（MC）

每个宏单元由 3 个功能块组成：逻辑阵列、乘积项选择矩阵和可编程触发器。宏单元的结构框图如图 3.25 所示。逻辑阵列实现组合逻辑功能，它可给每个宏单元提供 5 个乘积项。"乘积项选择矩阵"分配这些乘积项作为到或门和异或门的主要逻辑输入，以实现组合逻辑函数；每个宏单元的一个乘积项可以反相后回送到逻辑阵列。这个可共享的乘积项能够连到同一个 LAB 中任何其他乘积项上。根据设计的逻辑需要，Quartus II 自动地优化乘积项的分配。

每个宏单元的触发器可以编程为 D、T、JK 或 SR 触发器工作方式。如果需要的话，也可将触发器旁路，以实现纯组合逻辑的输出。Quartus II 对每个寄存器功能选择最有效的触发器工作方式，以使设计所需要的器件资源最少。

2. 扩展乘积项（Expender Product Terms）

尽管大多逻辑函数能够用每个宏单元中的 5 个乘积项实现，但某些逻辑函数比较复杂，要实现它们需要附加乘积项，可使用扩展乘积项来完成设计。扩展乘积项有共享扩展项和并联扩展项两种。

（1）共享扩展项

每个 LAB 有 16 个共享扩展项。共享扩展项就是由每个宏单元提供一个未使用的乘积项，并将它们反相后反馈到逻辑阵列，便于集中使用。每个共享扩展项可被 LAB 内任何（或全部）宏单元使用和共享，以实现复杂的逻辑函数。采用共享扩展项后会增加一个短的延时。图3.26所示为共享扩展项的结构。

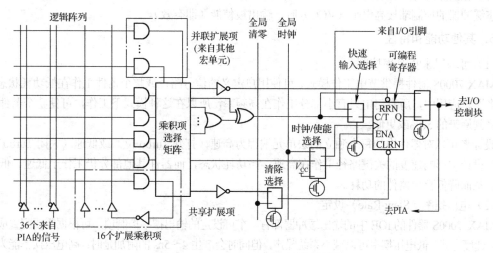

图 3.25 MAX 7000S 宏单元结构框图

（2）并联扩展项

并联扩展项是一些宏单元中没有使用的乘积项，并且这些乘积项可分配到邻近的宏单元去实现快速复杂的逻辑函数。并联扩展项允许多达20个乘积项直接馈送到宏单元的或逻辑，其中5个乘积项是由宏单元本身提供的，15个并联扩展项是由LAB中邻近宏单元提供的。并联扩展项的结构如图3.27所示。

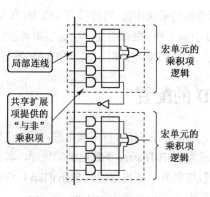

图 3.26 共享扩展项的结构

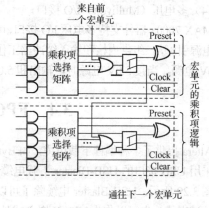

图 3.27 并联扩展项的结构

3．可编程连线阵列

可编程连线阵列（PIA）是将各LAB相互连接构成所需逻辑的布线通道。PIA能够把器件中的任何信号源连到其目的地。所有MAX 7000S的专用输入、I/O引脚和宏单元输出均反馈到PIA，PIA可以把这些信号送到器件内的各个地方。MAX 7000S的PIA有固定的延时，它消除了信号之间的时间偏移，使得延时性能容易预测。

4．I/O控制块

I/O控制块允许每个I/O引脚单独地配置为输入、输出和双向工作方式。所有I/O引脚都有一个三态缓冲器,它能由全局输出使能信号中的一个控制,或把使能端直接连到地(GND)或电源(VCC)上。当三态缓冲器的控制端接地(GND)时,输出为高阻态,此时I/O引脚可作为专用输入引脚使用。当三态缓冲器的控制端接高电平(VCC)时,输出被使能(即有效)。

5. 其他功能和特性

(1) 可编程速度/功率控制

MAX 7000S器件提供节电工作模式,可使用户定义的信号路径或整个器件工作在低功耗状态。由于许多逻辑应用中,所有门中只有小部分工作在高频率,所以在这种模式下工作,可使整个器件总功耗下降到原来的50%或更低。

设计者可以对器件中的每个独立的宏单元编程为高速(打开 Turbo 位)或低速(关闭 Turbo 位),通常让设计中影响速度的关键路径工作在高速、高功耗状态,而器件其他部分仍工作于低速、低功耗状态,从而降低整个器件的功耗。

(2) 电压摆率(Slew-Rate)设定

MAX 7000S器件的IOE中的输出缓冲器都有一个可设定的输出摆率控制项,可根据需要配置成低噪声或高速度方式。低电压摆率可以减小系统噪声,但同时会产生4~5ns的附加延时;高电压摆率能为高速系统提供高转换速率,但它同时会给系统引入更大的噪声。摆率控制连到 Turbo 位,当打开 Turbo 位时,电压摆率设置在快速状态;当关闭 Turbo 位时,电压摆率设置在低噪声状态。MAX 7000S器件的每个I/O引脚都有一个专用的EEPROM位来控制电压摆率,它使得设计人员能够指定引脚到引脚的电压摆率。

(3) 漏极开路(Open-Drain)设定

MAX 7000S器件的每个I/O引脚都有一个控制漏极开路输出的Open-Drain选项,利用该选项可提供诸如中断、写允许等系统级信号。

(4) 多电压(Multivolt) I/O接口

MAX 7000S器件支持多电压I/O接口,可与不同电源电压的系统相接。器件设有VCCIN和VCCIO两组电源引脚,一组供内核和输入缓冲器工作,一组供I/O引脚工作。根据需要,V_{CCIO}引脚可连到3.3V或5.0V电源,当接5.0V电源时,输出和5.0V系统兼容;当接3.3V电源时,输出和3.3V系统兼容。

3.4 FPGA/CPLD 的配置

Altera提供了多种编程下载电缆,如ByteBlaster MV、ByteBlaster II 并行下载电缆,目前更好的选择是采用USB接口的USB-Blaster下载电缆。图3.28所示为USB-Blaster下载电缆的外形,其内部电路如图3.29所示。USB-Blaster电缆除了可以用做编程下载电缆外,还可以用做SignalTap II 逻辑分析仪的调试电缆,也可以作为Nios II 嵌入式处理器的调试工具。

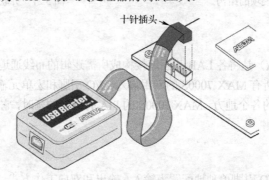

图 3.28 USB-Blaster 下载电缆的外形

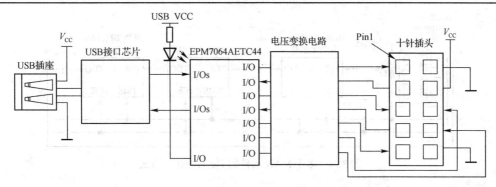

图 3.29 USB-Blaster 下载电缆的内部电路

USB-Blaster 下载电缆（或 ByteBlaster II、ByteBlaster MV 电缆）与 Altera 器件的接口一般是 10 芯的接口，其信号定义见表 3.7。

表 3.7 USB-Blaster 下载电缆 10 芯接口各引脚信号名称

引脚	1	2	3	4	5	6	7	8	9	10
JTAG 模式	TCK	GND	TDO	VCC	TMS	—	—	—	TDI	GND
PS 模式	DCK	GND	CONF_DONE	VCC	nCONFIG	—	nSTATUS	—	DATA0	GND
AS 模式	DCK	GND	CONF_DONE	VCC	nCONFIG	nCE	DATAOUT	nCS	ASDI	GND

3.4.1 CPLD 器件的配置

CPLD 器件可采用 JTAG 编程方式，其编程文件为 POF 文件（.pof）。图 3.30 所示为单个 MAX 器件的 JTAG 编程连接，图中的电阻为上拉电阻。CPLD 为非易失器件，一旦编程后，其编程数据便会一直保持在芯片内。

Altera 的 MAX7000、MAX3000 系列 CPLD 采用 IEEE 1149.1 JTAG 接口对器件进行在线编程，JTAG 接口本来是用来进行边界扫描测试的，用它同时作为编程接口，可以减少对芯片引脚的占用，由此在 IEEE 1149.1 边界扫描测试接口规范的基础上产生了 IEEE 1532 编程标准，以对 JTAG 编程方式进行规范。

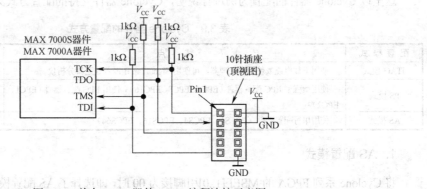

图 3.30 单个 MAX 器件 JTAG 编程连接示意图

多个器件的 JTAG 链编程方式如图 3.31 所示。当 JTAG 链中的器件多于 5 个时，建议对 TCK、TMS 和 TDI 信号进行缓冲处理。此外，在 JTAG 链编程时，应注意使下载文件类型及次序与硬件系统中连接的顺序一致。

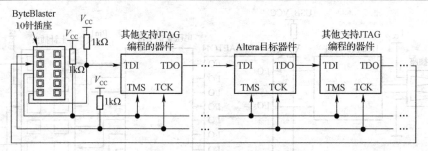

图 3.31 多个 MAX 器件的 JTAG 链编程方式

3.4.2 FPGA 器件的配置

FPGA 器件是基于 SRAM 结构的,由于 SRAM 的易失性,每次加电时,配置数据都必须重新构造。Altera 的 FPGA 器件主要有两类配置方式:主动配置方式和被动配置方式。主动配置方式由 FPGA 器件引导配置过程,它控制着外部存储器和初始化过程;而被动配置由外部计算机或控制器控制配置过程。根据配置数据线的宽度将配置分为串行配置和并行配置。

Altera 的 FPGA 器件配置方式有很多种,见表 3.8,这些配置模式通过 FPGA 器件中的两个模式选择引脚 MSEL1 和 MSEL0 上设定不同的电平组合来决定。

表 3.8 Altera 的 FPGA 器件配置方式

方 式	说 明
PS(Passive Serial)模式	被动串行,通过增强型配置器件(如 EPC16、EPC8、EPC4)或普通配置芯片(EPC1441、EPC1 和 EPC2)配置
AS(Active Serial)	主动串行,使用串行配置器件(如 EPCS1、EPCS4、EPCS16)进行配置
FPP(Fast Passive Parallel)	快速被动并行,使用增强型配置器件或并行同步微处理器接口进行配置
AP(Active Parallel)	主动并行,一种新的配置方式,Cyclone III 器件采用
PPS(Passive Parallel Synchronous)	被动并行同步,使用并行同步微处理器接口进行配置
PPA(Passive Parallel Asynchronous)	被动并行异步,使用并行异步微处理器接口进行配置
JTAG 模式	使用下载电缆通过 JTAG 接口进行配置

这里以 Cyclone 器件的配置为例进行说明,Cyclone 器件支持的配置方式见表 3.9。

表 3.9 Cyclone 器件的配置方式

配置模式	特 点	模式选择引脚设定
JTAG 模式	使用下载电缆或使用微处理器,可使用 SignalTap II 嵌入式逻辑分析仪	MSEL1=0、MSEL0=1
PS 模式	使用增强型 EPC 配置器件(EPC4、EPC8、EPC16),使用 EPC 配置器件(EPC1、EPC2)	MSEL1=0、MSEL0=1
AS 模式	使用串行配置器件(EPCS1、EPCS4、EPCS16、EPCS64)	MSEL1=0、MSEL0=0

1. AS 配置模式

将 Cyclone 系列 FPGA 的 MSEL[1..0]引脚接为 00 时,即选择了 AS 配置模式。在 AS 配置模式中,必须使用一个串行 Flash 来存储 FPGA 的配置数据,以作为串行配置器件。串行配置器件是非易失性存储器,如 EPCS1、EPCS4、EPCS16、EPCS64 等,选用哪一种芯片由 FPGA 的容量决定。表 3.10 列出了 EPCS 串行配置器件的基本性能,这些专用配置器件可以用 USB-Blaster 或 ByteBlaster II 下载电缆在线改写,工作电压为 3.3V。

第3章 典型FPGA/CPLD的结构与配置

表3.10 EPCS 串行配置器件

型 号	容 量	工作电压	是否可重复编程	封 装
EPCS1	1Mb	3.3V	可以	8脚 SOIC
EPCS4	4Mb	3.3V	可以	8脚 SOIC
EPCS16	16Mb	3.3V	可以	8脚 SOIC
EPCS64	64Mb	3.3V	可以	8脚 SOIC

带有编程接口的 Cyclone 器件的 AS 模式配置电路如图 3.32 所示,通过一个 10 针接头对 EPCS 器件进行编程。

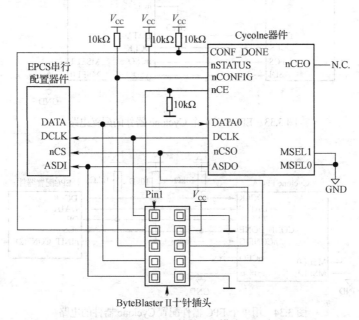

图 3.32 Cyclone 器件的 AS 模式配置电路

EPCS 对单个 Cyclone 器件的配置电路如图 3.33 所示,串行配置器件通过一个由 4 个引脚(DATA、DCLK、nCS 和 ASDI)组成的串行接口与 FPGA 连接。每当系统上电时,FPGA 和串行配置器件都进入上电复位周期,此时 FPGA 就将 nSTATUS 信号和 CONF_DONE 信号驱动为低电平,表示此时 FPGA 没有完成配置。上电复位周期大约持续 100ms,然后 FPGA 释放 nSTATUS 信号并进入配置模式,这时 FPGA 将 nCSO 信号驱动为低电平以使能串行配置器件。FPGA 内置的振荡器产生串行时钟 DCLK,ASDO 引脚发送控制信号,DATA0 引脚串行传输配置数据。串行配置器件在 DCLK 的上升沿锁存输入的信号,在 DCLK 的下降沿驱动配置数据;FPGA 在 DCLK 的下降沿驱动控制信号,在 DCLK 的上升沿锁存配置数据。当配置完成后,FPGA 释放 CONF_DONE 信号,外部电路将其拉为高电平,FPGA 开始初始化。串行时钟 DCLK 是由 Cyclone 器件的内置振荡器产生的,其频率范围为 14~20MHz,典型值为 17MHz。

2. PS 配置模式

在 PS (Passive Serial,被动串行)模式中,由 EPC 配置器件,或者外部计算机(或微处理器)控制配置过程,配置数据在 DCLK 时钟信号的每个上升沿通过 DATA0 引脚串行输入 Cyclone 器件。

EPC1、EPC2 和 EPC1441 器件将配置数据存放于 EPROM 中,并按照内部晶振产生的时钟频率将数据输出。OE、nCS 和 DCLK 引脚提供了地址计数器和三态输出缓存的控制信号。配置器件将配置数据按串行的比特流由 DATA 引脚输出。图 3.34 所示为用单个 EPC 器件配置 Cyclone 器件的电路连接图。

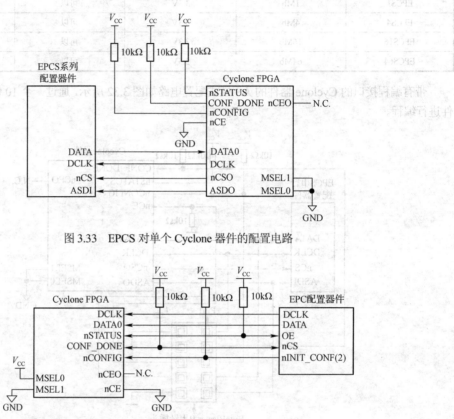

图 3.33　EPCS 对单个 Cyclone 器件的配置电路

图 3.34　用单个 EPC 器件配置 Cyclone 器件的电路

当配置数据大于单个 EPC2 或 EPC1 器件的容量时，可以级联使用多个 EPC2 和 EPC1 器件（EPC1441 不支持级联）。

配置器件的控制信号（如 nCS、OE、DCLK 等）直接与 FPGA 器件的控制信号相连，FPGA 器件不需要任何外部控制器就可以由配置器件进行配置。配置器件的 OE 和 nCS 引脚控制着 DATA 输出引脚的三态缓存，并控制地址计数器的使能。当 OE 为低时，配置器件复位地址计数器，DATA 引脚为高阻状态。nCS 引脚控制着配置器件的输出。如果在 OE 复位脉冲后 nCS 始终保持高电平，计数器被禁止，DATA 引脚为高阻。当 nCS 置低后，地址计数器和 DATA 输出均使能。OE 再次置低时，不论 nCS 处于何种状态，地址计数器都将复位，DATA 引脚置为高阻。当配置器件输出所有数据，并将 nCASC 置低时，器件将 DATA 引脚置为高阻以防止其他配置器件争用。加电后，地址计数器自动复位。

EPC2 器件允许设计人员通过额外的 nINIT_CONF 引脚初始化 FPGA 器件的配置。这个引脚可以和要配置器件的 nCONFIG 引脚相连。一个 JTAG 指令使 EPC2 器件将 nINIT_CONF 置低，接着将 nCONFIG 置低，然后 EPC2 器件将 nINIT_CONF 置高开始配置。当 JTAG 状态机退出这个状态时，nINIT_CONF 释放对 nCONFIG 引脚的控制，配置过程开始初始化。表 3.11 列出了 EPC 器件的常用引脚及其功能。

表 3.11　EPC 器件的常用引脚及其功能

引脚名称	引脚类型	功能描述
DATA	输出	串行数据输出。配置前 nCS 为高时，以及配置结束后该引脚为高阻态。这个操作与器件在级联链中的位置无关
DCLK	I/O	当使用单个配置器件或作为配置器件级联链的第一个器件时，为时钟输出；当作为后续器件时，为时钟输入
OE	输出	输出使能和复位。低电平复位地址计数器，高电平使能 DATA 并允许计数器开始计数
nCS	输入	片选输入。为低电平时，允许 DCLK 增加地址计数器，并使能 DATA
nCASC	输出	级联选择输出。当地址计数器达到最大值时，输出为低
nINIT_CONF	输出	允许 INIT_CONF JTAG 指令初始化配置。这个引脚连接到 APEX 和 FLEX 器件的 nCONFIG 引脚，通过 JTAG 指令来初始化配置过程
TDI	输入	JTAG 数据输入引脚
TDO	输出	JTAG 数据输出引脚
TMS	输入	JTAG 模式选择引脚
TCK	输入	JTAG 时钟引脚
VCCSEL	输入	VCC 供电模式选择
VPPSEL	输入	VPP 供电模式选择

Altera 提供了一系列 EPC 配置器件供设计人员使用，EPC 器件具有下述特点：和 FPGA 器件均用 4 针接口连接，十分方便；配置时电流很小，器件正常工作时，EPC 器件为零静态电流，不消耗功率；提供 3.3V/5.0V 等多种接口电压；提供了 8 脚 DIP、20 脚 PLCC、32 脚 TQFP 等多种封装形式。表 3.12 给出了常用的 EPC 器件及其特点。EPC 器件可分为两类：普通配置芯片（EPC1441、EPC1 和 EPC2）和增强型配置芯片（EPC16、EPC8 和 EPC4）。

表 3.12　常用的 EPC 器件及其特点

型号	容量	是否支持片上解压缩	工作电压	支持 ISP	支持 JTAG 链
EPC1441（不可擦写）	440 800 b	否	3.3 或 5V	否	否
EPC1（不可擦写）	1Mb	否	3.3 或 5V	否	支持
EPC2（可重复擦写）	1 695 680 b	否	3.3 或 5V	支持	支持
EPC4（可重复擦写）	4Mb	支持	3.3V	支持	否
EPC8（可重复擦写）	8Mb	支持	3.3V	支持	否
EPC16（可重复擦写）	16Mb	支持	3.3V	支持	否

其中，EPC2、EPC4、EPC8 和 EPC16 是采用 Flash 存储工艺制作的具有可多次编程特性的配置器件，可以通过 BitBlaster、ByteBlaster 或 ByteBlaster MV 下载电缆，使用串行矢量格式文件（.svf）、Jam 文件（.jam）、Jam Byte-Code 文件（.jbc）对其进行配置。EPC1 和 EPC1441 基于 EPROM 结构，不具有可擦写性，一般采用.pof 文件对其编程。

增强型配置芯片可以支持大容量 FPGA 器件的配置，此类器件既支持 JTAG 在系统编程模式，也支持 FPP 等快速配置模式。例如，EPC16 是容量较大的增强型配置芯片，其容量为 16Mb，采用 Flash 块闪存储工艺制作；工作电压为 3.3V；采用 88 脚 Ultra FineLine BGA 封装形式；EPC16 可用并行方式配置多个 PLD 器件，在这种方式下，在每个 DCLK 时钟周期内可传输 8 位并行数据；内部晶振频率默认为 10MHz，内部晶振频率可编程为 50MHz、66MHz，外部时钟频率可达到 133MHz；EPC16 内部可分为 8 个不同的页面，可配置多个 PLD 器件，每个配置器件既可以相同，也可以不同。

在 PS 模式中，也可以由外部计算机（或微处理器）控制配置过程，图 3.35 所示为用微处理器（如 89C52）PS 模式配置 Cyclone 器件的电路连接图，89C52 内含 8Kb 的存储器，可以用于存储配置数据。

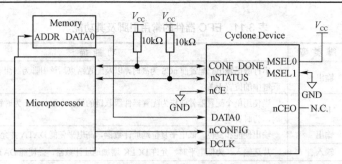

图 3.35　微处理器 PS 模式配置 FPGA 的电路连接图

3. JTAG 配置模式

JTAG 配置模式具有比其他配置模式更高的优先级，在 Cyclone 系列 FPGA 的非 JTAG 配置过程中，一旦发起 JTAG 配置命令，则非 JTAG 配置被终止，进入 JTAG 配置模式。

Cyclone 器件有 4 个专用的 JTAG 配置引脚：TDI、TDO、TMS 和 TCK。TDI、TMS 和 TCK 引脚在 FPGA 内部设有弱上拉电阻（20～40kΩ）。TDI 引脚用于配置数据串行输入，数据在 TCK 的上升沿移入 FPGA；TDO 用于配置数据串行输出，数据在 TCK 的下降沿移出 FPGA；TMS 提供控制信号，用于测试访问（TAP）端口控制器的状态机转移；TCK 则用于提供时钟。Cyclone 器件的 JTAG 模式配置电路如图 3.36 所示。

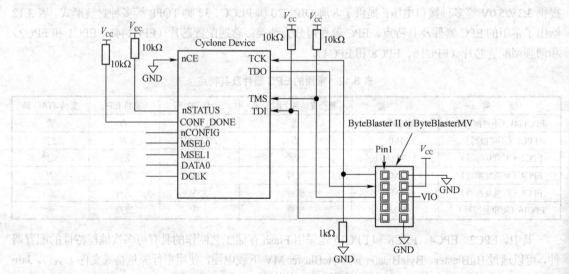

图 3.36　Cyclone 器件的 JTAG 模式配置电路

在 FPGA 配置完成后，Quartus II 软件将对其进行验证，其方法是检测 CONF_DONE 信号。如果 CONF_DONE 信号为高电平，则表明配置成功，否则配置失败。

习　题　3

3.1　设计一个利用单片机（如 89C52）对 FPGA 器件 EP1C3 进行配置的电路。
3.2　FPGA 器件中的存储器块有何作用？
3.3　上网了解 FPGA 器件和 CPLD 器件的最新发展。

第 4 章 原理图与宏功能模块设计

本章概要：本章主要介绍基于 Altera 公司的集成开发软件 Quartus II 进行原理图设计的过程，并介绍宏功能模块的设计与应用。

知识要点：（1）原理图设计的流程；

（2）基于 Quartus II 的原理图设计输入方法；

（3）基于 Quartus II 的采用宏功能模块的设计方法。

教学安排及要求：本章可安排 2~4 学时的实践教学。通过本章的学习，学生和读者可掌握原理图与宏功能模块设计流程与设计方法。

4.1 Quartus II 原理图设计

Quartus II 是 Altera 的 CPLD/FPGA 集成开发软件，具有完善的可视化设计环境，并具有标准的 EDA 工具接口，能运行于各种操作平台。基于 Quartus II 进行 EDA 设计开发的流程如图 4.1 所示，包括以下步骤。

（1）设计输入：包括原理图输入、HDL 文本输入、EDIF 网表输入及波形输入等几种方式。

（2）编译：先根据设计要求设定编译方式和编译策略，如器件的选择、逻辑综合方式的选择等，然后根据设定的参数和策略对设计项目进行网表提取、逻辑综合、器件适配，并产生报告文件、延时信息文件及编程文件，供分析、仿真和编程使用。

（3）仿真：包括功能仿真、时序仿真和定时分析，可以利用软件的仿真功能来验证设计项目的逻辑功能和时序关系是否正确。

（4）编程与验证：用得到的编程文件通过编程电缆配置 PLD，加入实际激励，进行在线测试。

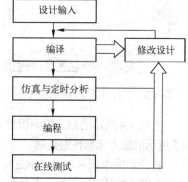

图 4.1 Quartus II 设计开发流程

在设计过程中，如果出现错误，则需重新回到设计输入阶段，改正错误或调整电路后重复上述过程。

本节通过 1 位全加器的设计和仿真，介绍基于 Quartus II 软件进行原理图设计的基本流程。该全加器通过两步实现，首先设计一个半加器，然后用半加器构成全加器。

4.1.1 半加器原理图输入

在进行设计之前，首先应该建立工作目录，每个设计都是一项工程（Project），一般都单独建立一个工作目录。在此设立的工作目录为：D:\My_design\add。

启动 Quartus II，出现图 4.2 所示的界面，界面分为几个区域，分别是工作区、设计项目层次显示区、信息提示窗口、各种工具按钮栏等，也可以根据自己的喜好调整该界面。

1. 输入源文件

选择菜单 File→New，在弹出的 New 对话框中的 Device Design Files 页面中选择源文件的类型，这里选择 Block Diagram/Schematic File 类型（如图 4.3 所示），即出现图 4.4 所示的原理图编辑界面。

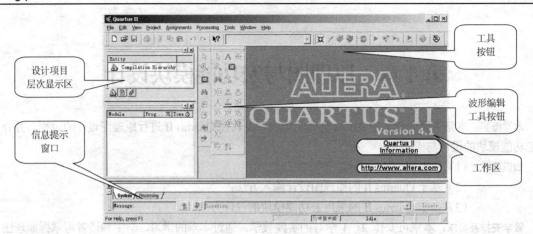

图 4.2　Quartus II 软件的界面

图 4.3　选择设计文件类型对话框

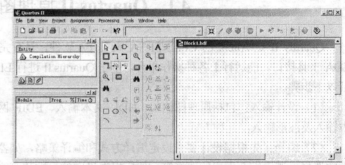

图 4.4　原理图编辑界面

在图 4.4 所示的原理图编辑界面中，选择菜单 Edit→Insert Symbol（或者双击空白处），即出现图 4.5 所示的输入元器件对话框。

在原理图中调入与门（and2）、异或门（xor）、输入引脚（input）、输出引脚（output）等元器件。可以在图 4.5 所示的 Name 栏中直接输入元器件的名字，也可以在元器件库中直接寻找并调入元器件，如图 4.6 所示。将这些元器件进行连接，构成半加器，最终的半加器原理图如图 4.7 所示。

将设计好的半加器原理图存于已设立的工作目录 D:\My_design\add 中，文件名为 adder.bdf。

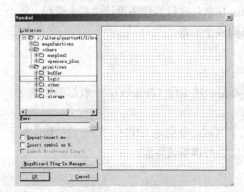

图 4.5　输入元器件对话框

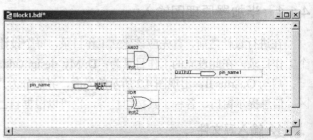

图 4.6　在原理图中调入元器件

第 4 章 原理图与宏功能模块设计

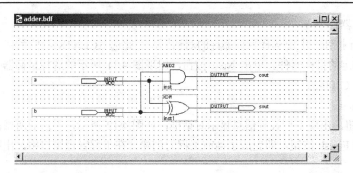

图 4.7 半加器原理图

2. 创建工程

这里利用 New Project Wizard 建立设计工程，在此过程中要设定有关的内容，如工程名、目标器件、选用的综合器和仿真器等，其过程如下。

（1）启动 New Project Wizard

选择菜单 File→New Project Wizard，弹出图 4.8 所示的对话框。单击该框最上一栏右侧的按钮"…"，找到文件夹 D:\My_design\add，作为当前的工作目录。第二栏的 adder 是当前工程的名字，一般将顶层文件的名字作为工程名。第三栏是顶层文件的实体名，一般与工程名相同。

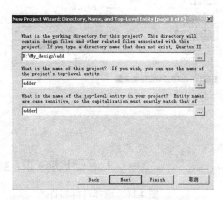

图 4.8 使用 New Project Wizard 创建工程

（2）将设计文件加入工程中

单击图 4.8 中的 Next 按钮，弹出 Add Files 对话框，如图 4.9 所示，单击 Add All 按钮，将所有有关的文件都加入到当前工程中。在本工程中，只有一个源文件 adder.bdf，因此，只将该文件加入到工程中即可。

（3）选择综合器和仿真器

单击图 4.9 中的 Next 按钮，弹出选择仿真器和综合器的对话框 EDA Tool Settings，如图 4.10 所示，如果选择默认的 None，则表示选择 Quartus II 自带的综合器和仿真器，也可以选择其他第三方综合器和仿真器等专业 EDA 工具。

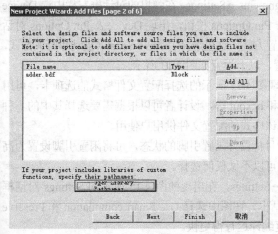

图 4.9 将设计文件加入到当前工程中

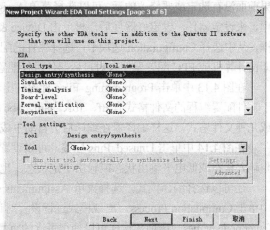

图 4.10 选择仿真器和综合器

（4）选择目标器件

再次单击 Next 按钮，出现选择目标器件的对话框，在此选 ACEX1K 器件系列，在此栏下选 Yes，表示要选择一个确定的目标器件。单击 Next 按钮，出现图 4.11 所示的选择目标器件的对话框，这里选择器件 EP1K10TC100-3。

（5）结束设置

单击 Next 按钮，出现工程设置信息显示对话框，如图 4.12 所示，对前面所做的设置情况进行了汇总。单击图中的 Finish 按钮，即完成了当前工程的创建。在工程管理窗口中，出现当前工程的层次结构显示。

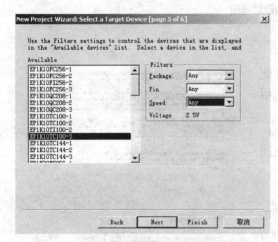

图 4.11　选择目标器件

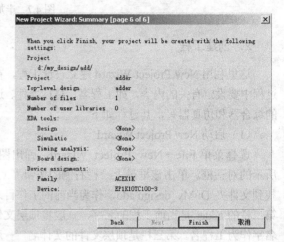

图 4.12　工程设置信息显示

4.1.2　半加器编译

完成了工程文件的创建和源文件的输入，即可对设计进行编译，在编译前必须做好必要的设置。

1．编译前设置

首先是选择目标器件，在前面利用 New Project Wizard 建立设计工程时已经选定了目标器件，如果前面没有选定或要修改的话，可以选择菜单 Assignments→Settings，在弹出的对话框左栏中选 Device 项，来设定器件，设定好器件后，再单击 Device & Pin Options 按钮，出现 Device & Pin Options 对话框，从中选择 Configuration 选项卡，选择器件的配置方式，这里选择 Passive Serial（被动串行）方式，即由计算机或 EPC 配置器来对目标器件进行配置，以上设置如图 4.13 所示。

在图 4.13 中单击 Programming Files 标签，出现图 4.14 所示的选择配置文件格式的选项卡，可用于器件配置编程的文件格式有.ttf、.rbf、.jam、.jbc 和.hexout 等，设计者可以根据需要选择其中的一种或几种文件格式，这样编译器在编译后会自动生成该格式的配置文件供用户使用。

在图 4.14 中单击 Unused Pins 标签，可以设置目标器件闲置引脚的状态，可将闲置引脚设置为高阻输入状态或低电平输出状态或输出不定状态，也可以不做任何选择。

还可以选择编译模式，选择菜单 Assignments→Settings，在出现的图 4.15 所示的 Settings 对话框中单击 Compilation Process，出现模式过程设置对话框，在图中选择 Use Smart compilation 和 Preserve fewer node names…选项，这样可以使得每次的重复编译运行得更快。

第4章 原理图与宏功能模块设计

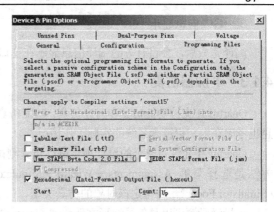

图4.13 选择配置方式和配置器件   图4.14 选择配置文件格式

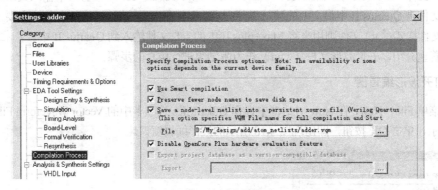

图4.15 选择编译模式

2. 编译

Quartus II 编译器是由几个处理模块构成的，分别对设计文件进行分析检错、综合、适配等，并产生多种输出文件，如定时分析文件、器件编程文件、各种报告文件等。

选择菜单 Processing→Start Compilation，或单击 ▶ 按钮，即启动了完全编译，这里的完全编译包括分析与综合、适配、装配文件、定时分析、网表文件提取等过程。如果只想进行其中某一项或某几项编译，可以选择菜单 Tools→Compiler Tool，或单击 按钮，即出现图4.16所示的编译工具窗口。其中共包括5个编译工具，分别为分析与综合器、适配器、装配器、定时分析器、网表文件提取器，单击每个工具前面的小图标可单独启动每个编译器，如果单击 Start Compilation 按钮，则启动整个编译过程。

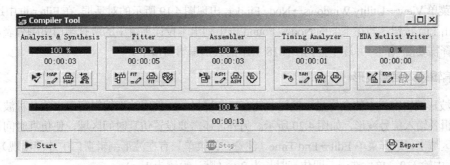

图4.16 设定编译工具

3. 编译信息显示

编译完成后，会将有关的编译信息显示在窗口中，以查看其中的相关内容。

4.1.3 半加器仿真

Quartus II 支持功能仿真和时序仿真，功能仿真只检验设计项目的逻辑功能，时序仿真则将延时信息也考虑在内，更符合系统的实际工作情况。

Quartus II 允许对整个的设计项目进行仿真测试，也可以只对该项目中的某个子模块进行仿真，其方法是选择菜单 Assignments→Wizard→Simulator Settings Wizard，在设置过程中指定仿真对象（Simulator Focus），并指定该对象的仿真类型、矢量激励源等。

矢量激励源可以是矢量波形文件.vwf（Vector Waveform File）、文本矢量文件.vec （Vector File）、矢量表输出文件（.tbl）或功率输入文件（.pwf）等，也可以通过 Tcl 脚本窗口来输入矢量激励源。其中，.vwf 文件是 Quartus II 中最主要的波形文件；.vec 文件是 Max+plus II 中的文件，主要是为了兼容而采用的文件格式；.tbl 文件则用来将 Max+plus II 中的.scf 文件输入到 Quartus II 中。

以下着重介绍以矢量波形文件（.vwf）作为激励源进行仿真的步骤。

1. 打开波形编辑器

选择菜单 File→New，在 New 对话框中选择 Other Files 选项卡中的 Vector Waveform File 选项，如图 4.17 所示，单击 OK 按钮，即出现图 4.18 所示的波形编辑窗口。

图 4.17 建立波形文件

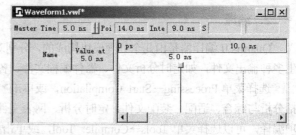

图 4.18 波形编辑窗口

2. 输入信号节点

选择菜单 View→Utility Windows→Node Finder，出现图 4.19 所示的对话框，在 Filter 框中选择 Pins: all，再单击 List 按钮，即在下面的 Nodes Found 框中列出本设计项目中的所有端口引脚列表，从端口列表中选择需要观察的，并逐个拖到图 4.18 所示的波形编辑窗口中。

3. 编辑输入信号波形

单击波形编辑窗口中的全屏显示按钮，使窗口全屏显示，使用波形编辑窗口中的各种波形赋值快捷键，编辑各输入信号波形，如图 4.20 所示。另外，还需要设置仿真时间区域，使仿真时间设置在一个合理的区域上，选择菜单 Edit→End Time（注意：该菜单只有在波形编辑窗口中才能出现），在弹出的 Time 框中输入 2，单位选μs，即仿真时长为 2μs（默认设置为 1μs）。

第4章 原理图与宏功能模块设计

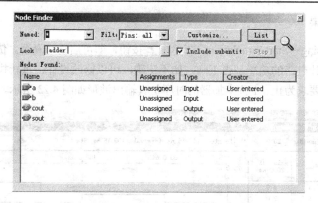

图 4.19 输入信号节点

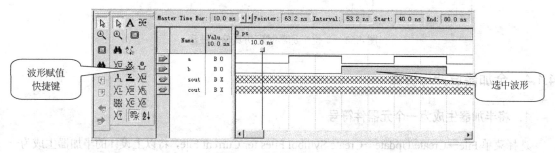

图 4.20 编辑输入信号波形

还可以设置各个信号的数据格式，如图 4.21 所示，有 5 种数据格式可供选择：Binary（二进制）、Hexadecimal（十六进制）、Octal（八进制）、Signed Decimal（有符号十进制）、Unsigned Decimal（无符号十进制）。本例中将所有信号都设置为二进制格式（Binary）即可。

4．仿真器参数设置

选择菜单 Assignments→Settings，在弹出的对话框中选择 Fitter Settings 项下的 Simulator，在出现的 Simulator 设计页面（如图 4.22 所示）中选择仿真模式，仿真模式有功能仿真（Functional）和时序仿真（Timing）两种，这里选择时序仿真（Timing）。还可以设置其他一些选项，如在时序仿真模式下可以选择毛刺检测的宽度（图中设为 1ns）。

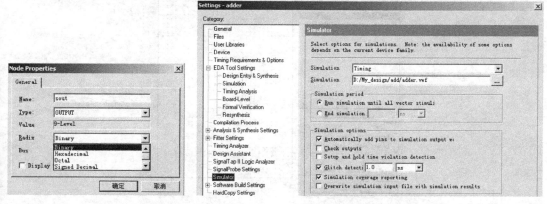

图 4.21 设置信号数据格式　　　　图 4.22 设置仿真模式

5. 观察仿真结果

选择菜单 Processing→Start Simulation，或单击 按钮，即可启动仿真器。仿真完成后，可查看输出波形，以检验所设计电路的功能是否正确，如不正确，可以修改设计，重新执行以上的过程，直到完全满足自己的设计要求为止。1 位半加器的时序仿真输出波形如图 4.23 所示。

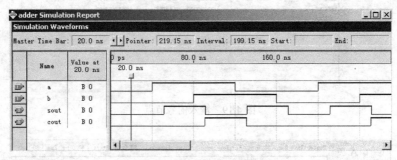

图 4.23　1 位半加器时序仿真输出波形

4.1.4　全加器设计与仿真

1. 将半加器生成为一个元器件符号

选择菜单 File→Create/Update→Create Symbol Files for Current File，将以上设计的半加器生成为一个器件符号，以供调用。

2. 全加器原理图输入

用与上面半加器同样的设计步骤，输入全加器原理图。

选择菜单 File→New，在弹出的 New 对话框中选择 Block Diagram/Schematic File 类型，打开一个新的原理图编辑窗口。

在原理图编辑窗口中，选择菜单 Edit→Insert Symbol（或双击空白处），出现 Symbol 元器件输入对话框，不同的是现在除 Quartus II 软件自带的元器件外，设计者自己生成的元器件也同样出现在库列表中，如图 4.24 所示，之前生成的 adder 半加器出现在可调用库元器件列表中。

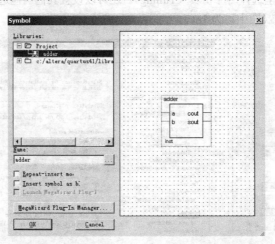

图 4.24　adder 半加器出现在可调用库元器件列表中

在原理图中继续调入与门（and2）、异或门（xor）、输入引脚（input）、输出引脚（output）等元器件，将这些元器件进行连接，构成全加器，最后的全加器原理图如图 4.25 所示，将设计好的全加器以名字 f_adder.bdf 存于同一目录 D:\My_design\add 下。

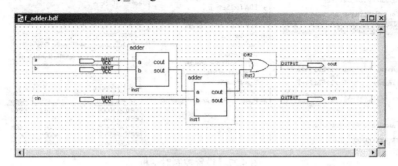

图 4.25　全加器原理图

3．建立一个新的工程

采用与之前半加器同样的步骤，利用 New Project Wizard 建立一个新的工程，工程名为 f_adder，目标器件选择 EP1K10TC100-1，然后再完成其他一些必要的设置。

4．编译

对当前工程重新编译。

5．仿真

采用与之前半加器同样的步骤，对全加器的功能进行仿真，图 4.26 所示为 1 位全加器时序仿真输出波形。

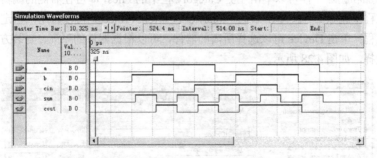

图 4.26　1 位全加器时序仿真输出波形

4.2　Quartus II 的优化设置

Quartus II 软件中包含优化设计的模块，可以根据实际需要进行设置实现优化。

4.2.1　Settings 设置

在 Quartus II 软件菜单栏中选择 Assignments 下的 Settings…就可打开一个设置控制对话框，如图 4.27 所示。可以使用该对话框对工程、文件、参数等进行修改，还可设置编译器、仿真器、时序分析、功耗分析等。

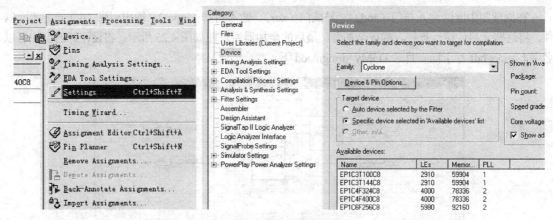

图 4.27 设置控制对话框

（1）修改工程设置：在工程中添加和删除文件、指定自定义用户库、工具目录、EDA 工具设置、默认逻辑选项和参数设置等。

（2）指定 HDL 设置：VHDL 和 Verilog HDL 版本及库映射文件（.lmf）设置。

（3）指定时序设置：为工程设置默认频率或定义各时钟的设置、延时要求、路径切割选项及时序分析报告选项等。

（4）指定编译器设置：引脚分配、器件选项、编译器模式、布局布线和综合选项、SignalTap II 设置、Design Assistant 设置和网表优化选项。

（5）指定仿真器设置：仿真设置、模式（功能仿真或时序仿真）及时间和波形文件选项。

（6）指定软件构建设置：处理器体系结构和软件工具集、编译器、汇编器和连接器设置。

（7）指定 HardCopy 时序设置：HardCopy 时序选项并生成 HardCopy 文件。

在工程中添加和删除文件可以单击左侧 Category 栏中的 Files，即可在右侧的编辑框中把文件添加进工程，或从工程中删除文件；单击 User Libraries（Current Project）可以将用户自定义的功能模块或库函数添加进工程；单击 Device 可以选择所需的器件，可以根据器件的系列、封装方式、引脚数目及速度等级进行选择，如图 4.28 所示。

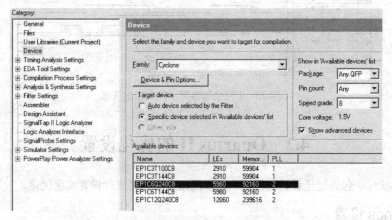

图 4.28 Device 设置

Quartus II 软件还可使用第三方工具对工程进行综合、仿真、时序分析等。这些第三方工具的设置可在 EDA Tool Settings 页中进行。

4.2.2 分析与综合设置

Analysis & Synthesis Settings 项中包含 VHDL Input、Verilog HDL Input、Default Parameters 和 Synthesis Netlist Optimization 这 4 个选项。如果使用 VHDL 或 Verilog HDL 设计，可以在 VHDL Input 和 Verilog HDL Input 项中设置版本。

作为 Quartus II 的编译模块之一，Analysis & Synthesis 包括 Quaruts II Integrated Synthesis 集成综合器，完全支持 VHDL 和 Verilog HDL，并提供控制综合过程的选项。支持 Verilog—1995 标准（IEEE 标准 1364—1995）和大多数 Verilog—2001 标准（IEEE 标准 1364—2001），还支持 VHDL—1987 标准（IEEE 标准 1076—1987）和 VHDL—1993 标准（IEEE 标准 1076—1993）。默认情况下，Analysis & Synthesis 使用 Verilog—2001 和 VHDL—1993。还可以指定 Quartus II 应用来将非 Quartus II 函数映射到 Quartus II 函数的库映射文件（.lmf）上。

Analysis & Synthesis 构建单个工程数据库，将所有设计文件集成在设计实体或工程层次结构中。Quartus II 用此数据库进行其余工程的处理。其他 Compiler 模块对该数据库进行更新，直到它包含完全优化的工程。开始时，数据库仅包含原始网表，最后，它包含完全优化且合适的工程。工程将用于为时序仿真、时序分析、器件编程等建立一个或多个文件。

当建立数据库时，Analysis & Synthesis 的分析阶段将检查工程的逻辑完整性和一致性，并检查边界连接和语法错误。Analysis & Synthesis 还在设计实体或工程文件的逻辑上进行综合和计数映射，它从 VHDL 和 Verilog HDL 的程序描述中推断出触发器、锁存器和状态机，能为状态机建立状态编码分配，并做出能减少所用资源的优化选择。

此外，Analysis & Synthesis 还使用 Altera 的 LPM 函数中的模块替换运算符，例如+或-，而该函数已经为 Altera 器件做了优化。

Analysis & Synthesis 还使用多种算法来减少逻辑资源的耗用，删除冗余逻辑，以及尽可能有效地利用器件体系结构，优化逻辑资源的利用率。

Analysis & Synthesis 还应用逻辑综合技术，以协助实施工程时序要求，并优化设计以满足这些要求。编译报告窗口和 Report 窗口的信息区域显示出 Analysis & Synthesis 生成的任何信息。Status 窗口记录工程编译期间在 Analysis & Synthesis 中处理所花的时间。

Synthesis Netlist Optimization 选项指定网表的优化，其中包括：

（1）进行 WYSIWYG（所见即所得类型）基本单元再综合；

（2）进行逻辑门级寄存器重新设置；

（3）在 tsu/tco 和 fmax 之间进行折中取舍。

Synthesis Netlist Optimization 中还包括 Fitter 网表优化和物理综合选项，可以在 Settings 对话框的 Synthesis 页中指定是否要 Analysis & Synthesis 将综合结果保存至 VQM 文件中。

4.2.3 优化布局布线

Fitter 主要用于布局布线操作，Fitter 使用 Analysis & Synthesis 建立的数据库，将工程时序要求与器件的可用资源相匹配。它将每个逻辑功能分配给最佳逻辑单元位置进行布局布线和时序分析，并选定相应的互联路径和引脚分配。控制 Fitter 可以影响布局布线的多个选项。

1. 设置 Fitter 选项

Settings 对话框的 Fitter Settings 页指定控制时序驱动编译和编译速度的选择，如图 4.29 所示。在时序驱动编译选项（Timing-driven Compilation）中，允许用户指定 Fitter 是否应尽量使用 I/O 单元中的寄存器（而不是使用普通逻辑单元中的寄存器）来满足与 I/O 引脚相关的时序要求和分配。还允许用户指定 Fitter 仅优化较慢的拐角的时序，或者在同时满足较快和较慢的拐角时序时，也优化较快的拐角时序。在 Fitter Effort 选项中可以指定是否要 Fitter 使用标准布局布线，来满足最高时钟频率 fmax 的时序要求，还是使用快速布局布线功能（可以提高 50%的编译速度，但是最高时钟频率 fmax 可能降低），或使用自动适配。当满足时序要求后再进行快速布局布线，也可缩短编译时间，还可以限制仅尝试一次布局布线，但有可能降低 fmax。

2. 设置布局布线优化与物理综合选项

在 Fitter Settings 页中单击 More Settings 按钮，打开 More Fitter Settings 对话框，在其中可以指定 Fitter 优化选项，如图 4.30 所示。

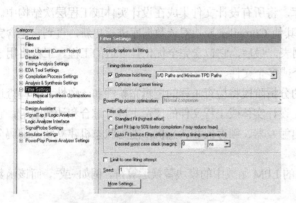

图 4.29 Fitter Settings 选项页　　　　图 4.30 More Fitter Settings 对话框

在物理综合优化选项（Physical Synthesis Optimization）中包括如下几项：
（1）进行组合逻辑的物理综合；
（2）寄存器的物理综合；
（3）进行寄存器复制；
（4）进行寄存器重新设定。

Quartus II 逻辑选项允许在不编辑源代码的情况下设置属性。可以在 Assignment Editor 中为各个节点和实体指定 Quartus II 逻辑选项，并可以在 Settings 对话框中完全默认逻辑选项。

3. 增量布局布线控制设置

如果所做的更改仅影响少数节点，还可以通过使用增量布局布线避免运行全编译。增量布局布线允许以尽量保留以前编译的布局布线结果的模式运行 Compiler 的 Fitter 模块。增量布局布线尽可能地保留以前编译的结果，这可以防止时序结果中出现不必要的变化，并且由于它重新使用以前编译的结果，因此所需的编译时间通常比标准布局布线要少。

4. 适配结果查看

适配结束后，用户可以对适配结果进行分析。全程编译之后，选择 Processing 菜单中的 Compilation Report，在弹出的窗口中选择 Fitter 文件夹，即可查看详细的适配信息，包括设置和适配结果，如图 4.31 所示。

用户还可通过 Timing Closure 平面布局图来查看适配结果。在 Assignments 菜单中选择 Timing

Closure Floorplan，如图 4.32（a）所示。通过查找按钮可以找到特定节点在 Timing Closure Floorplan 中的定位，图 4.32（b）中的连线指示了特定节点的扇入和扇出节点，以及节点之间的路径延时，节点扇入和扇出的具体信息也在界面的左下角和右下角分别给出。在其中选中任意节点，单击 go to 按钮，即可到达选定的节点。

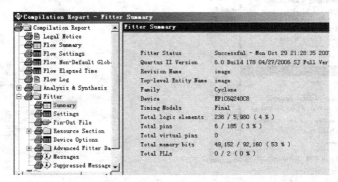

图 4.31　在 Compilation Report 中查看适配结果

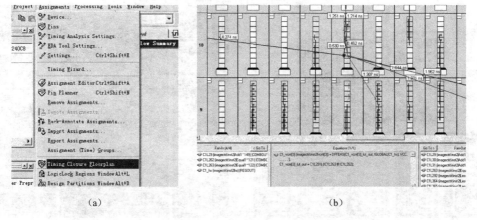

(a)　　　　　　　　　　　　　　　(b)

图 4.32　在 Timing Closure Floorplan 中查看适配结果

Timing Closure Floorplan 中的资源使用情况用不同色彩显示。不同颜色代表不同资源，这些资源包括未分配和已分配的引脚和逻辑单元、未布线项、MegaLAB^{TM} 结构、列和行 FastTrack^{TM} 扇出。Timing Closure 平面布局图还提供不同的平面布局视图，显示器件的引脚和内部结构。要在 Timing Closure Floorplan 中编辑分配资源，可以单击资源分配并将其拖放到新位置。

如果用户还需要获得更加详细的适配结果信息，并手动进行调整，则可以使用 Chip Editor。在 Tools 菜单中单击 Chip Editor 即可进入 Chip Editor 界面，如图 4.33 所示。可以看到颜色较深的块是工程占用的逻辑资源。单击放大缩小按钮，用鼠标左键放大，可以看到每个 LAB 块中含有 10 个 LE（这里器件选择 Cyclone 器件），如图 4.34 所示。继续放大，可以清楚地看到 LAB 中占用的逻辑宏单元，如图 4.35 所示。用鼠标左键双击某个逻辑宏单元，或者单击右键，在弹出的菜单中选择 Locate→Located in Resource Property Editor，就能进入图 4.36 所示的底层门级电路描述（模型块原理图，并非真实的门电路）。

此时可以在原理图中或者下面的属性表中更改资源。如果在属性表中做了修改，该更改将自动反映在原理图中。一旦做了更改，就可以使用 Check Resource Properties 命令对资源进行简单的设计规则检查，还可以在更改管理器中查看所做更改的摘要。如图 4.36 所示，属性表 Properties 右侧显示了 LUT

输出的逻辑函数"D &(C # !B)# !D & A & B"。现在可以在此属性表中直接改动它们的逻辑函数关系,且不经过全程编译就能在硬件中实现更改后的逻辑。

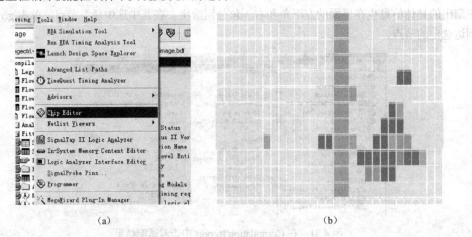

图 4.33 在 Chip Editor 中查看适配结果

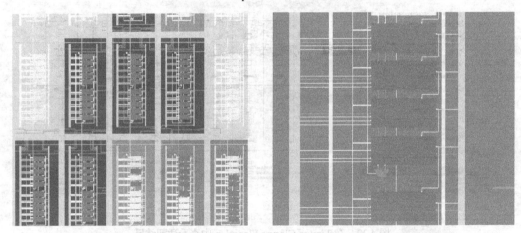

图 4.34 放大后的 LAB 分布　　　　图 4.35 LAB 中被占用的逻辑宏单元

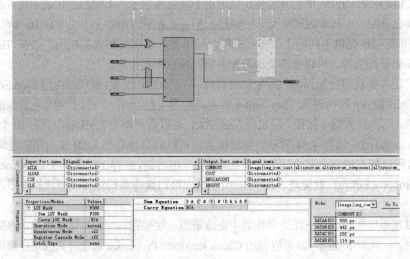

图 4.36 Resource Property Editor 中的门级电路

使用同样方法也能更改其他底层逻辑,而不会影响原来的布局布线情况,因为这种方法只改变了局部逻辑的相位和 LUT 中的数据。

5. 适配优化设置举例

例 4.1 是用 CASE 语句设计的正弦信号发生器,没有使用 ROM 宏功能模块设计,波形数据用 CASE 语句表达出来。如果直接编译,耗用的 LE 是 72 个(定义的器件是 EP1K30TC144-1),存储器耗用(Total memory bits)为 0,如图 4.37 所示,即上面的设计全部用芯片内的 LE 实现,而没有用到片内存储器。下面对该设计进行必要的适配优化设置,然后对资源的耗用进行比较。

```
Top-level Entity Name    sinout
Family                   ACEX1K
Device                   EP1K30TC144-1
Timing Models            Final
Met timing requirements  Yes
Total logic elements     72 / 1,728 ( 4 % )
Total pins               9 / 102 ( 9 % )
Total memory bits        0 / 24,576 ( 0 % )
Total PLLs               0 / 1 ( 0 % )
```

图 4.37　直接编译的资源耗用报告

【例 4.1】 用 CASE 语句设计正弦信号发生器。

```
module sinout (clock, dout);
input clock;
output[7:0] dout;
reg[7:0] dout;
reg[6:0] cnt;

always @(posedge clock)
begin  cnt<=cnt+1;   end

always @(negedge clock)
begin
 case (cnt)
0 : dout<=127;1 : dout<=134;2 : dout<=140;3 : dout<=146;4 : dout<=152;
5 : dout<=159;6 : dout<=165;7 : dout<=171;8 : dout<=176;9 : dout<=182;
10 : dout<=188;11 : dout<=193;12 : dout<=199;13 : dout<=204;14 : dout<=209;
15 : dout<=213;16 : dout<=218;17 : dout<=222;18 : dout<=226;19 : dout<=230;
20 : dout<=234;21 : dout<=237;22 : dout<=240;23 : dout<=243;24 : dout<=246;
25 : dout<=248;26 : dout<=250;27 : dout<=252;28 : dout<=253;29 : dout<=254;
30 : dout<=255;31 : dout<=255;32 : dout<=255;33 : dout<=255;34 : dout<=255;
35 : dout<=254;36 : dout<=253;37 : dout<=252;38 : dout<=250;39 : dout<=248;
40 : dout<=246;41 : dout<=243;42 : dout<=240;43 : dout<=237;44 : dout<=234;
45 : dout<=230;46 : dout<=226;47 : dout<=222;48 : dout<=218;49 : dout<=213;
50 : dout<=209;51 : dout<=204;52 : dout<=199;53 : dout<=193;54 : dout<=188;
55 : dout<=182;56 : dout<=176;57 : dout<=171;58 : dout<=165;59 : dout<=159;
60 : dout<=152;61 : dout<=146;62 : dout<=140;63 : dout<=134;64 : dout<=128;
65 : dout<=121;66 : dout<=115;67 : dout<=109;68 : dout<=103;69 : dout<=96;
70 : dout<=90;71 : dout<=84;72 : dout<=79;73 : dout<=73;74 : dout<=67;
75 : dout<=62;76 : dout<=56;77 : dout<=51;78 : dout<=46;79 : dout<=42;
80 : dout<=37;81 : dout<=33;82 : dout<=29;83 : dout<=25;84 : dout<=21;
85 : dout<=18;86 : dout<=15;87 : dout<=12;88 : dout<=9;89 : dout<=7;
90 : dout<=5;91 : dout<=3;92 : dout<=2;93 : dout<=1;94 : dout<=0;
```

```
 95 : dout<=0;96 : dout<=0;97 : dout<=0;98 : dout<=0;99 : dout<=1;
100 : dout<=2;101 : dout<=3;102 : dout<=5;103 : dout<=7;104 : dout<=9;
105 : dout<=12;106 : dout<=15;107 : dout<=18;108 : dout<=21;109 : dout<=25;
110 : dout<=29;111 : dout<=33;112 : dout<=37;113 : dout<=42;114 : dout<=46;
115 : dout<=51;116 : dout<=56;117 : dout<=62;118 : dout<=67;119 : dout<=73;
120 : dout<=79;121 : dout<=84;122 : dout<=90;123 : dout<=96;124 : dout<=103;
125 : dout<=109;126 : dout<=115;127 : dout<=121;
endcase
end
endmodule
```

适配优化设置的步骤如下。

(1) 打开 Assignment Editor 对话框，选中工程管理窗口左上角的 Project Navigator 栏中的 sinout 工程名，单击鼠标右键，在弹出的菜单中选择 Locate in Assignment Editor 项（如图 4.38 所示），弹出图 4.39 所示的窗口。

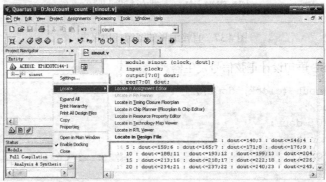

图 4.38 针对工程选择 Locate in Assignment Editor

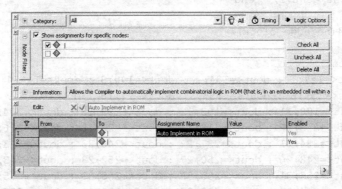

图 4.39 选用乘积项逻辑优化

注意：由于这种优化具有针对性，它可以针对一个工程，也可以针对工程中的某一模块、某一单元，甚至某一端口。因此必须用鼠标右键单击需要优化的对象来打开 Assignment Editor 对话框，而不能直接由 Assignment 菜单直接进入 Assignment Editor。

(2) 选项设置。单击图 4.39 所示窗口右上角的 Logic Options 按钮，然后双击 Assignment Name，出现下拉菜单，全部是适配控制选项。本例中选择 Auto Implement in ROM 项，然后在其右侧的 Value 处双击，在下拉菜单中选择 On，表明对工程 sinout 编译中将使用目标器件中的片内存储器实现设计。

图 4.40 优化设置后的编译报告

设置好后存盘，重新编译，查看编译结果报告，如图4.40所示。耗用的LE变为54个，存储器耗用（memory bits）为384b，即将前面的设计使用芯片内的LE和片内存储器两种资源来实现。

4.2.4 使用设计助手检查设计可靠性

在Settings对话框中选择设计助手（Design Assistant），即出现图4.41所示的界面。其中可以依据一组用户选定的设计规则检查设计的可靠性，这一点在将设计转换到HardCopy APEX 20K、HardCopy Stratix和HardCopy II器件上时尤为有用。

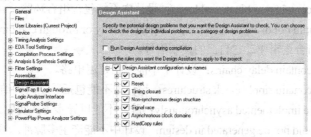

图4.41 设计助手（Design Assistant）界面

如图4.41所示，主要有7个方面的优化准则，分别是时钟（Clock）、复位（Reset）、时序逼近（Timing closure）、非同步设计结构（Non-synchronous design structure）、信号竞争（Signal race）、异步时钟区域（Asynchronous clock domains）、HardCopy规则（HardCopy rules）。用户使能各个选项前面的加号即打开了相应的检查规则，每项规则还有更具体的规则。

1. 时钟

Gated clock should be implemented according to Altera standard scheme：门控时钟应该按照Altera标准方案实现。

Logic cell should not be used to generate invented clock：逻辑单元不能用于产生虚拟时钟。

Input clock pin should fan out to only one set of gating clock：输入时钟引脚的扇出应该只有一组门控时钟。

Clock signal source should drive only input clock port：时钟信号源应该只驱动输入时钟端口。

Clock signal should be a global signal：时钟信号应该是一个全局信号。

Clock signal source should not drive registers that are triggered by different clockedges：时钟信号源不应该驱动不同时钟沿触发的寄存器。

2. 复位

Combinational logic used as reset signal should be synchronized：组合逻辑用于复位信号时应该是同步的。

External reset should be synchronized using two cascade registers：外部复位信号应该同时使用两个串联的寄存器。

Reset signal that is generated in one clock domain and used in other, asynchronous clock domains should be synchronized：在一个时钟域内产生并用于另外异步时钟域内的复位信号应该是同步的。

External reset should be correctly synchronized：外部复位信号应该正确地同步。

Reset signal that is generated in one clock domain and used in other, asynchronous clock domains should be correctly synchronized：在一个时钟域内产生并用于另外异步时钟域内的复位信号应该正确地同步。

3. 时序逼近

Nodes with more than specified number of fan outs: 30：节点连接多于规定的30个扇出。

Top nodes with highest fan out: 50：顶层节点最多连接 50 个扇出。

Register output directly drives input of another register when both registers are triggered at same time：当两个寄存器同时触发时，一个寄存器的输出直接驱动另外一个寄存器的输入。

Register in direct data transfer between clock domains are triggered by clock edges at the same time：寄存器在两个时钟域内用于直接数据传递，应该在同一时刻进行时钟沿触发。

4. 非同步设计结构

Design should not contain combinational loops：设计中不能包含组合环路。

Register output should not drive its own control signal directly or through combinational logic：寄存器的输出不能直接或通过组合逻辑驱动它自己的控制信号。

Design should not contain delay chains：设计中不能包括延迟电路。

Design should not contain ripple clock structures：设计中不能包括脉动时钟结构。

Pulses should not be implemented asynchronously：脉冲不能以异步方式实现。

Multiple pulses should not be generated in design：设计中不能产生多脉冲。

Design should not contain SR latches：设计中不能包括 SR 锁存器。

Design should not contain latches：设计中不能包括锁存器。

Combinational logic should not directly drive write enable signal of asynchronous RAM：组合逻辑不能直接驱动异步 RAM 的写使能信号。

Design should not contain asynchronous memory：设计中不能包括异步存储器。

5. 信号竞争

Output enable and input of same tri-state node should not be driven by same signal source：同一个三态节点的输出使能和输入不能被同一个信号源驱动。

Synchronous port and reset port of same register should not be driven by same signal source：同一个寄存器的同步端口和复位端口不能被同一个信号源驱动。

6. 异步时钟区域

Data bits are not synchronized when transferred between asynchronous clock domains：在异步时钟域内传输时，数据比特不是同步的。

Multiple data bits that are transferred across asynchronous clock domains are synchronized, but not all bits may be aligned in receiving clock domain：异步时钟域内传输的多速率数据比特是同步的，但在接收时钟域中不是所有的比特都是对准的。

Data bits are not correctly synchronized when transferred between asynchronous clock domains：在异步时钟域内传输时，数据比特不能准确地同步。

7. HardCopy 规则

Only one VREF pin should be assigned to HardCopy test pin in an I/O bank：在一个 I/O 块中，只能有一个 VREF 引脚被指定为 HardCopy 的测试引脚。

PLL drives multiple clock network types：锁相环驱动多时钟网络模型。

注意：在选定设计规则后，选中在对话框上的 Run Design Assistant during compilation。对工程编译后，可在 Compilation Report 中查看 Design Assistant 的相关信息，如图 4.42 所示。

在 Compilation Report 中可以看到 Dessign Assistant 将违反规则的情况分为以下 4 个等级。

第 4 章 原理图与宏功能模块设计

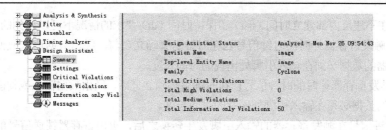

图 4.42　查看 Design Assistant 报告

（1）"Critial Violations"：非常严重地违反规则，影响设计的可靠性。如果设计者不对违规的情况进行仔细评估，在将设计转换到 HardCopy 和 HardCopy II 器件时，Altera 不能保证转换成功。

（2）"High Violations"：严重地违反规则，影响设计的可靠性。

（3）"Medium Violations"：中等程度违反规则。

（4）"Information only Violations"：一般程度违反规则。

4.3　Quartus II 的时序分析

4.3.1　时序设置与分析

Timing Analyzer 允许用户分析设计中所有逻辑的性能，并协助引导 Fitter 满足设计中的时序分析要求。默认情况下，Timing Analyzer 作为全编译的一部分自动运行，它观察和报告时序信息，如建立时间（tsu）、保持时间（th）、时钟至输出延时（tco）、引脚至引脚延时（tpd）、最大时钟频率（fmax）、延缓时间，以及设计的其他时序特性。可以使用 Timing Analyzer 生成的信息分析、调试和验证设计的时序性能，还可以使用 Timing Analyzer 进行最少的时序分析，它报告最佳情况时序结果，验证驱动芯片外信号的时钟至引脚延时。

全程编译前，可以利用 Assignment Editor 和 Settings 对话框中的 Timing Analysis Settings 对系统信号的时序特性进行设置，即指定初始工程范围的时序要求和个别时序要求。使用 Timing Analysis Settings 设置时序要求的界面如图 4.43 所示，在这里进行工程范围的时序设置，包括时钟建立时间（tsu）、时钟至输出延时（tco）、引脚至引脚延时（tpd）、保持时间（th）、最大时钟频率（fmax）、最小时钟至输出延时（Minimum tco）和最小时钟至引脚延时（Minimum tpd）。

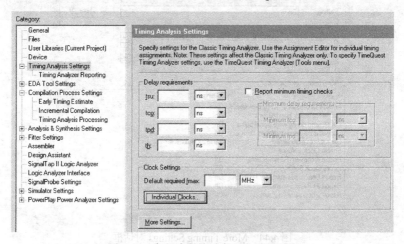

图 4.43　全程编译前时序要求设置界面

- fmax：在不违反内部建立时间（tsu）和保持时间（th）要求的情况下可以达到的最大时钟频率。
- tsu：在触发寄存器计时的时钟信号已在时钟引脚确立之前，经由数据输入或使能端输入而进入寄存器的数据必须在输入引脚处出现的时间长度。
- th：在触发寄存器计时的时钟信号已在时钟引脚确立之后，经由数据输入或使能端输入而进入寄存器的数据必须在输入引脚处保持的时间长度。
- tco：时钟信号在触发寄存器的输入引脚发生转换之后，再由寄存器馈送信号的输出引脚上取得有效输出所需的时间。
- tpd：输入引脚处信号通过组合逻辑进行传输，并出现在外部输出引脚上所需的时间。
- Minimum tco：时钟信号在触发寄存器的输入引脚上发生转换之后，再从寄存器馈送信号的输出引脚上取得有效输出所需的最短时间，这个时间总是代表外部引脚至引脚延时。
- Minimum tpd：指定可接受的最少的引脚至引脚延时，即输入引脚信号通过组合逻辑传输并出现在外部输出引脚上所需的时间。

在 More Timing Settings 对话框中（如图 4.44 所示）还可进行如下设置。
- Analyze latches as synchronous elements：分析时将锁存器作为同步单元。
- Cut off feedback from I/O pins：切断来自 I/O 引脚的反馈。
- Cut off read during write signal paths：写操作器件不允许读操作。
- Cut paths between unrelated clock domains：切断无关时钟域之间的路径。
- Default hold multicycle：默认的保持周期。
- Enable Clock Latency：允许时钟等待。
- Enable Recovery/Removal analysis：允许校正删除分析。
- Ignore Clock Settings：忽略时钟设置。
- Report Combined Fast/Slow Timing：同时分析快布线拐角和慢布线拐角，并回报所有分析结果。
- Report IO Paths Separately：分别报告 IO 路径。
- Report Unconstrained Paths：报告无约束的路径。

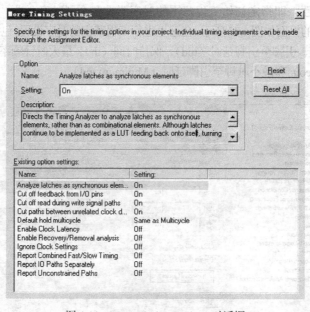

图 4.44　More Timing Settings 对话框

此外，在 Assignment Editor 中进行以下类型的个别时序分配。
- 个别时钟设置：允许通过定义时序要求和设计中所有时钟信号之间的关系，进行精确的多时钟时序分析。
- 多周期路径：需要一个以上时钟周期才能稳定下来的寄存器之间的路径。可以设置多周期路径，指示 Timing Analyzer 调整其度量，以避免不当的建立或保持时间。
- 剪切路径：默认情况下，如果没有设置时序要求或只使用默认的 fmax 时钟设置，Quartus II 将切断不相关时钟域之间的路径。如果设置了各个时钟分配，但没有定义时钟之间的关系，Quartus II 也将切断不相关时钟域之间的路径。还可以定义设计中特定路径的剪切路径。
- 最小延时要求：特定节点或组的个别 th、最小 tco 和最小 tpd 时序要求。可以对特定节点或组进行这些分配，以超越工程范围最小时序要求。
- 外部延时：指定信号从外部寄存器到达输入引脚的延时。
- 设计中特定节点的个别 tsu、tpd 和 tco 要求。

指定初始时序设置之后，可以再次使用 Timing Analysis Settings 修改设置，或使用 Assignment Editor 进行个别时序设置。指定工程范围时序分配和单个时序分配之后，通过全程编译运行 Timing Analyzer 或通过单独运行 Timing Analyzer 来运行时序分配。如果未指定时序要求，Timing Analyzer 将使用默认设置运行分析。

运行时序分析之后，在 Processing 菜单中选择 Compilation Report 项，在弹出的报告中选择 Timing Analyzer，即可在 Timing Analyzer Summary 文件夹中查看时序分析的结果，如图 4.45 所示。

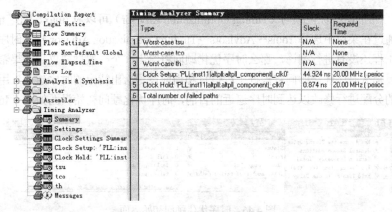

图 4.45　时序分析结果

报告窗口的时序分析部分列出了时钟建立和保持的时序信息：tsu、th、tpd、tco、最小脉冲宽度要求、在时序分析期间忽略的任何时序分配，以及 Timing Analyzer 生成的其他任何信息。在默认情况下，Timing Analyzer 还报告最佳情况最小时钟至输出时间和最佳情况最小点到点延时。报告窗口还包括以下时序分析信息：
- 时序要求的设置；
- 停滞和最小停滞；
- 源和目标时钟名称；
- 源和目标节点名称；
- 所需的和实际的点到点时间；
- 所需的保持关系；
- 实际最大频率。

4.3.2 时序逼近

Quartus II 软件提供完全集成的时序逼近流程，可以通过控制综合和设计的布局布线来达到时序目标。使用时序逼近流程可以对复杂的设计进行更快的时序逼近，减少优化迭代次数并自动平衡多个设计约束。时序逼近流程可以执行初始编译、查看设计结果，并有效地对设计进行进一步优化。在综合之后及在布局布线期间，可以在设计上使用网表优化，使用时序逼近布局图分析设计并执行分配，并使用 LogicLock 区域分配进一步优化设计。

1. 使用 Timing Closure Floorplan

可以使用时序逼近布局图查看 Fitter 生成的逻辑布局，查看用户分配和 LogicLock 区域分配及设计的布线信息。可以使用此信息在设计中标识关键路径，并执行时序分配、位置分配和 LogicLock 区域分配，实现时序逼近。可以使用 View 菜单中提供的选项自定义时序逼近布局图显示信息的方式。可以按照封装引脚及其功能显示器件，按内部 MegaLAB 结构、LAB 和单元格显示器件，按芯片的区域显示器件，按所选信号的名称和位置显示器件，使用 Field View 命令（View 菜单）显示器件。Field View 命令在 Floorplan Editor 的高级总体视图中显示器件资源的主要分类。在 Field 视图中用彩色区域表示分配，这些彩色区域显示已分配用户量、已布置的 Fitter 及器件中每个结构未分配的逻辑。可以使用 Field 视图中的信息进行分配，实现设计的时序逼近。

2. 使用时序优化顾问

Quartus II 自带的时序优化顾问（Timing Optimization Advisor）可以对 fmax、tco、tpd、tsu 提出时序优化建议。通过在菜单中选择 Tools→Advisors→Timing Optimization Advisor 打开时序优化顾问。如果希望优化的工程还没有进行编译，那么时序优化顾问将给出一个一般性建议。如果希望优化的工程已经通过编译，那么时序优化顾问将根据工程信息和当前设置给出特定的时序建议。用户可以根据这些建议对设计的分配进行修改以达到时序逼近的目的，时序优化顾问初始界面如图 4.46 所示。

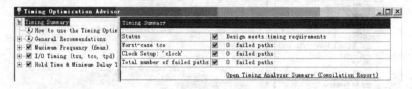

图 4.46 时序优化顾问初始界面

3. 使用网表优化实现时序逼近

Quartus II 软件包括网表优化选项，用于在综合及布局布线期间进一步优化设计。它通过修改网表提高性能来改进 fmax 结果。不管使用何种综合工具，均可应用这些选项。针对不同的设计，有些选项可能比其他选项的效果更明显一些。可以在 Settings 对话框中分别进行综合网表优化和物理网表优化，以达到时序逼近的效果。图 4.47 和图 4.48 所示分别为综合网表优化（Synthesis Netlist Optimizations）和物理网表优化（Physical Synthesis Optimizations）的界面。

综合网表优化包括以下部分。

- Perform WYSIWYG primitive resynthesis：执行 WYSIWYG 基本单元再综合。指示 Quartus II 软件在综合期间取消映射 WYSIWYG 基本单元。打开此选项后，Quartus II 软件将取消原子网表中逻辑元素对门的映射，并将该门重新映射回 Altera LCELL 基本单元。使用此选项，Quartus II 软件能够在重新映射过程中使用特定于器件体系架构的不同技术。

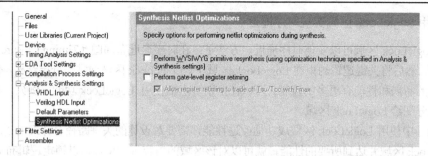

图 4.47 综合网表优化

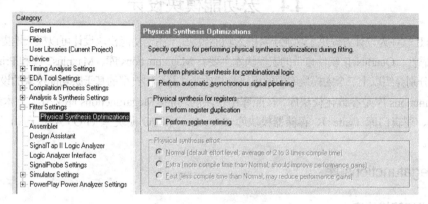

图 4.48 物理网表优化

- Perform gate-level register retiming：执行门电平寄存器重新定时。允许在组合逻辑间移动寄存器以平衡时序，但不更改当前的设计功能。此选项仅在组合门间移动寄存器，不在用户实例化的逻辑单元、存储器块、DSP 块、承载或串联链间移动寄存器，并能够将寄存器从组合逻辑块的输入移到输出，从而可能将寄存器结合在一起。它还可以用组合逻辑块输出端的寄存器在组合逻辑块的输入端建立多个寄存器。
- Allow register retiming to trade off Tsu/Tco with Fmax：允许寄存器重新定时，在 fmax 和 t_{su}/t_{co} 之间进行取舍。指示 Quartus II 软件在寄存器重新定时，实现对 t_{co} 和 t_{su} 与 fmax 的取舍时，在与 I/O 引脚相关的寄存器间移动逻辑。此选项开启之后，寄存器重新定时可能对馈送 I/O 引脚并由 I/O 引脚馈送的寄存器产生影响。如果未开启此选项，寄存器重新定时不会接触与 I/O 引脚相连的任何寄存器。

物理网表优化包括以下部分。

- Perform physical synthesis for combinational logic：执行组合逻辑的物理综合。指示 Quartus II 软件在布局布线期间对组合逻辑进行物理综合优化，以提高性能。
- Perform automatic asynchronous signal pipelining：自动使异步信号流水线化。指示 Quartus II 软件在布局布线器件自动为异步清零和异步置位信号插入流水线，以提高电路性能。
- Perform register duplication：进行寄存器复制。指示 Quartus II 软件在布局布线期间使用寄存器复制对寄存器进行物理综合优化，以提高性能。
- Perform register retiming：进行寄存器重新定时。指示 Quartus II 软件在布局布线期间使用寄存器重新定时对寄存器进行物理综合优化，以提高性能。
- Physical synthesis effort：物理综合工作等级。指定 Quartus II 软件进行物理综合时的工作等级，分为 Normal、Extral 和 Fast 三个等级。

4. 使用 LogicLock 区域实现时序逼近

使用 LogicLock 区域可以实现时序逼近。方法是：在时序逼近布局图（Timing Closure Foorplan）中分析设计，然后将关键逻辑约束在 LogicLock 区域中。LogicLock 区域通常为分层结构，使用户对模块或模块组的布局和性能有更多的控制。可以在个别节点上使用 LogicLock 功能，例如，将沿着关键路径的节点分配给 LogicLock 区域。

要在设计中使用 LogicLock 区域成功地改进性能，需要对设计的关键路径有详细的了解。一旦实现了 LogicLock 区域并达到所要的性能，就可以对该区域的内容进行反标，以锁定逻辑布局。

4.4 宏功能模块设计

Quartus II 软件为设计者提供了功能丰富的宏功能模块，采用宏功能模块设计可以极大地提高电路设计的效率和可靠性。Quartus II 软件自带的宏模块库主要有 Megafunctions 库、Maxplus2 库和 Primitives 库三个。本节将分别介绍以上三个宏模块库中的模块及其功能，并给出典型的基于宏功能模块的设计实例。

Megafunctions 库是参数化模块库，按照库中模块的功能，Megafunctions 库又分为算术运算模块库（arithmetic）、逻辑门库（gates）、存储器模块库（storage）和 I/O 模块库（I/O）4 个子库，下面介绍主要宏模块库。

4.4.1 Megafunctions 库

1. 算术运算模块库

算术运算模块库（arithmetic）的所有宏模块的名称及功能描述见表 4.1，如需要对其进行更详尽的了解，可参见 Quartus II 软件的帮助文档。

表 4.1 算术运算模块库模块列表

序 号	宏模块名称	功 能 描 述
1	altaccumulate	参数化累加器（不支持 MAX3000 和 MAX7000 系列）
2	altfp_add_sub	浮点加法器/减法器
3	altfp_div	参数化除法器
4	alt_mult	参数化乘法器
5	altmemmult	参数化存储乘法器
6	altmult_accum	参数化乘累加器
7	altmult_add	参数化乘加器
8	altsqrt	参数化整数平方根运算宏模块
9	altsquare	参数化平方运算宏模块
10	divide	参数化除法器
11	lpm_abs	参数化绝对值运算宏模块（Altera 推荐使用）
12	lpm_add_sub	参数化加法器/减法器（Altera 推荐使用）
13	lpm_compare	参数化比较器（Altera 推荐使用）
14	lpm_counter	参数化计数器（Altera 推荐使用）
15	lpm_divide	参数化除法器（Altera 推荐使用）
16	lpm_mult	参数化乘法器（Altera 推荐使用）
17	parallel_add	并行加法器

第 4 章 原理图与宏功能模块设计

对于表 4.1 所示的算术运算模块，下面通过两个设计实例对其使用方法进行说明。

(1) 乘法器模块设计举例

首先以参数化乘法器（lpm_mult）为例来说明宏功能模块的使用方法。首先利用 lpm_mult 来实现一个乘法器电路，步骤如下。

lpm_mult 宏模块的输入/输出端口和参数见表 4.2，下面介绍如何对这些参数进行设置。

表 4.2 lpm_mult 宏模块端口及参数

	端 口 名 称	功 能 描 述
输入端口	dataa[ ]	被乘数
	datab[ ]	乘数
	sum[ ]	部分和
	clock	输入时钟（流水线形式时使用）
	clken	时钟使能（流水线形式时使用）
	aclr	异步清零（流水线形式时使用）
输出端口	result[ ]	输出结果 result[ ]=dataa[ ]×datab[ ]+sum[ ]
参数设置	lpm_widtha	dataa[ ]端口的数据线宽度
	lpm_widthb	datab[ ]端口的数据线宽度
	lpm_widthp	result[ ]端口的数据线宽度
	lpm_widths	sum[ ]端口的数据线宽度
	lpm_representation	选择"有符号数乘法"或"无符号数乘法"
	lpm_pipeline	流水线实现乘法器时，流水线的级数

Megafunctions 库函数的调用非常方便。在 Quartus II 的图形编辑界面下，在空白处双击鼠标左键，或单击鼠标右键，选择菜单 Insert→Symbol…，即可弹出宏模块选择页面，然后选择 LPM 宏模块库所在目录\altera\quartus60\libraries\megafunctions，所有的库函数就会出现在窗口中，设计者可以从中选择所需要的函数，这里选择 lpm_mult，如图 4.49 所示，即可将参数化乘法器宏模块调入到原理图编辑窗口中。

单击图 4.49 左下角的 OK 按钮，进入乘法器模块参数设置对话框，如图 4.50 所示。这里将输出文件的类型设为 Verilog HDL，文件名按照默认设为 lpm_mult0。

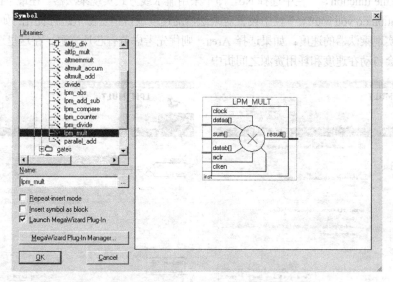

图 4.49 输入 lpm_mult 宏功能模块

单击图 4.50 中的 Next 按钮，出现对乘法器的输入和输出进行设置的对话框，如图 4.51 所示。在 Multiplier configuration 栏里选择 Multiply 'dataa' input by 'datab' input，这样乘法器便有 dataa 和 datab 两个输入端，然后将输入端的数据线宽度均设为 8bits，输出端的数据线宽度固定为 16bits。

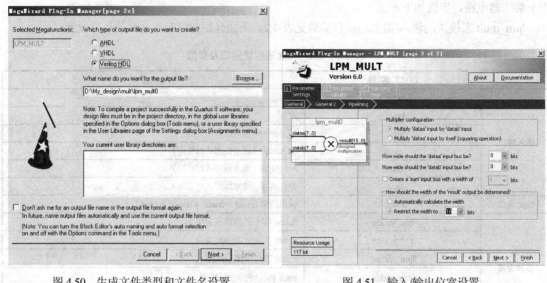

图 4.50　生成文件类型和文件名设置　　　　　图 4.51　输入/输出位宽设置

单击图 4.51 中的 Next 按钮，出现图 4.52 所示的对话框，在"Does the 'datab' input bus have a constant value？"栏中设置 datab 是否为常量，在这里选择 No，即 datab 的输入值可变。在第二栏"Which type of multiplication do you want？"中选择 Signed，即有符号数乘法。最下面一栏选择乘法器的实现方式，可以用 FPGA 器件中的专门的嵌入式乘法器（需注意的是，并不是所有的 FPGA 器件都包含嵌入式乘法器），也可以用逻辑单元（LE）来实现乘法器。在这里选择默认的方式实现（Use the default implementation）进行。

单击 Next 按钮，出现图 4.53 所示的对话框，首先设置是否以流水线方式实现乘法器，在"Do you want to pipeline the function？"栏中选择 No，即不采用流水线方式实现乘法器。在最下面一栏"Which type of optimization do you want？"栏中设置对乘法器的速度或占用资源量进行优化：如果选择 Speed，则优先考虑所实现乘法器的速度；如果选择 Area，则优先考虑节省芯片资源。在这里选择 Default 方式，设计软件会自动在速度和耗用资源之间折中。

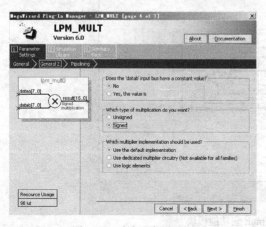 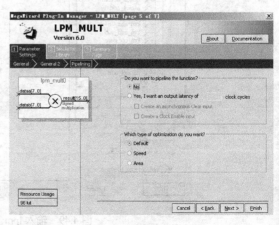

图 4.52　乘法器类型设置　　　　　　　　　图 4.53　乘法器优化设置

以上已将参数化乘法器的所有参数设置完毕,单击 Next 按钮,选择生成的文件,最后单击 Finish 按钮生成乘法器模块,给乘法器模块加上输入和输出端口,就构成了一个完整的乘法器电路,如图 4.54 所示。

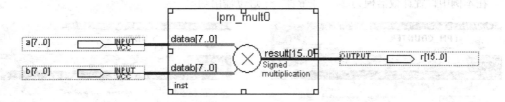

图 4.54　8 位有符号数乘法器电路

对上面的乘法器电路存盘,编译,然后进行功能仿真,得到图 4.55 所示的仿真波形。由波形可见,该电路实现了有符号数的乘法(图中的数据显示格式均设为有符号十进制(Signed Decimal))。修改 lpm_mult 函数的参数和端口设定,可以非常方便地实现任意位宽、有符号或无符号数的乘法器模块。

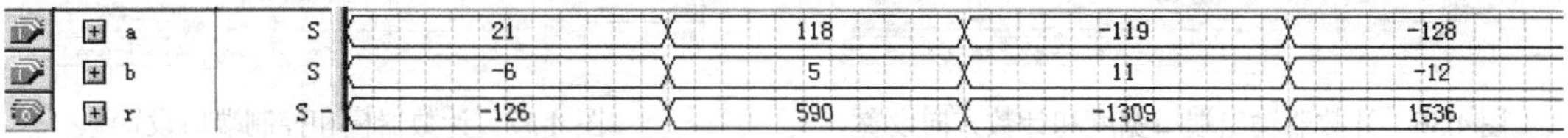

a	S	21	118	−119	−128
b	S	−6	5	11	−12
r	S	−126	590	−1309	1536

图 4.55　8 位有符号数乘法器的仿真波形

(2) 计数器模块设计举例

lpm_counter 宏模块的端口和参数见表 4.3。

表 4.3　lpm_counter 宏模块端口及参数

	端口名称	功能描述
输入端口	data[ ]	并行输入预置数(在使用 aload 或 sload 的情况下)
	clock	输入时钟
	clk_en	时钟使能输入
	cnt_en	计数使能输入
	updown	控制计数的方向
	cin	进位输入
	aclr	异步清零,将输出全部清零,优先级高于 ASET
	aset	异步置数,将输出全部置 1,或置为 LPM_AVALUE
	aload	异步预置
	sclr	同步清零,将输出全部清零,优先级高于 SSET
	sset	同步置数,将输出全部置 1,或置为 LPM_AVALUE
	sload	同步预置
输出端口	q[ ]	计数输出
	cout	进位输出
参数设置	LPM_WIDTH	计数器位宽
	LPM_DIRECTION	计数方向
	LPM_MODULUS	模
	LPM_AVALUE	异步预置数
	LPM_SVALUE	同步预置数

与 lpm_mult 的输入方法一样,新建一个图形输入文件,双击空白处,在 Megafunctions 目录下找到 lpm_counter 宏功能模块,进入参数设置界面后,首先对输出数据总线宽度和计数的方向进行设置,如图 4.56 所示。计数器可以设为加法或减法计数。还可以通过增加一个 updown 信号来控制计数的方向,为"1"时加法计数,为"0"时减法计数。

单击 Next 按钮，进入图 4.57 所示的对话框，在这里设置计数器的模，还可以根据需要增加控制端口，包括时钟使能 Clock Enable、计数使能 Count Enable、进位输入 Carry-in 和进位输出 Carry-out 端口。在本例中设置计数器模为 24，并带有一个进位输出端口。

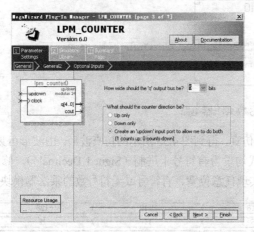
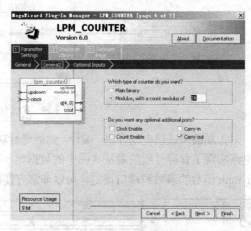

图 4.56　计数器输出端口宽度和计数方向设置　　　　图 4.57　计数器模和控制端口设置

单击 Next 按钮，进入图 4.58 所示的对话框。在该对话框中可增加同步清零、同步预置、异步清零、异步预置等控制端口，可以根据需要添加。

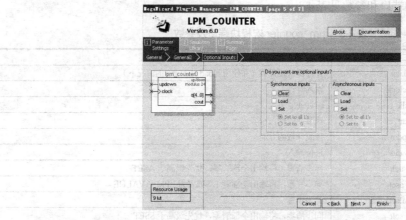

图 4.58　更多控制端口设置

设置完成的计数器电路如图 4.59 所示，该计数器的计数方向可控制，模为 24，包含一个时钟输入端、一个计数方向控制端 updown（updown 为 "1" 时，计数器为加法计数，为 "0" 时，计数器为减法计数）、一个数据输出端及一个进位输出端 cout。计数器输出端口宽度设置为 5。

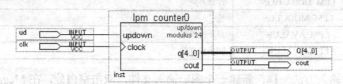

图 4.59　模 24 方向可控计数器电路

对以上的计数器电路编译后，进行功能仿真，得到图 4.60 所示的仿真波形。

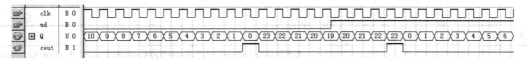

图 4.60 lpm_counter 计数器仿真波形

2. 逻辑门库

逻辑门库（gates）的所有宏模块及其功能见表 4.4。

表 4.4 逻辑门库模块列表

序 号	宏模块名称	功 能 描 述
1	busmux	参数化多路复用器宏模块
2	lpm_and	参数化与门宏模块
3	lpm_bustri	参数化三态缓冲器
4	lpm_clshift	参数化组合逻辑移位器或桶形移位器宏模块（Altera 推荐使用）
5	lpm_constant	参数化常量宏模块
6	lpm_decode	参数化译码器宏模块（数据位宽不大于 8 时，Altera 推荐使用）
7	lpm_inv	参数化反相器宏模块
8	lpm_mux	参数化多路复用器宏模块（Altera 推荐使用）
9	lpm_or	参数化或门宏模块
10	lpm_xor	参数化异或门宏模块
11	mux	参数化多路复用器宏模块

3. 存储器模块库

存储器模块库（storage）中所有宏模块及其功能见表 4.5。

表 4.5 存储器模块库模块列表

序 号	宏模块名称	功 能 描 述
1	alt3pram	参数化三端口 RAM 宏模块
2	altcam	内容可寻址存储器（CAM）宏模块
3	altdpram	参数化双端口 RAM 宏模块
4	altparallel_flash_loader	并行 Flash 装载器宏模块（仅支持 MAX II 系列）
5	altqpram	参数化双端口 RAM 宏模块（仅支持 APEX II 和 Mercury 系列）
6	altserial_flash_loader	串行 Flash 装载器宏模块（仅支持 MAX II 系列）
7	altshift_taps	参数化带抽头的移位寄存器宏模块
8	altsyncram	参数化真双端口 RAM 宏模块（仅支持 Cyclone、Cyclone II、Hardcopy II、Hardcopy Stratix、Stratix、Stratix II 和 Stratix GX 系列）
9	altufm_i2c	符合 I^2C 接口协议的用户 Flash 存储器（仅支持 MAX II 系列）
10	altufm_none	用户 Flash 存储器（仅支持 MAX II 系列）
11	altufm_parallel	符合并行接口协议的用户 Flash 存储器（仅支持 MAX II 系列）
12	altufm_spi	符合 SPI 接口协议的用户 Flash 存储器（仅支持 MAX II 系列）
13	csdpram	参数化循环共享双端口 RAM 宏模块（不支持 Cyclone、Cyclone II、Hardcopy Stratix、Stratix 和 Stratix GX 系列）

续表

序号	宏模块名称	功能描述
14	csfifo	参数化循环共享 FIFO 宏模块（不支持 Cyclone、Cyclone II、Hardcopy Stratix、Stratix 和 Stratix GX 系列）
15	dcfifo	参数化双时钟 FIFO 宏模块
16	lpm_dff	参数化 D 触发器和移位寄存器宏模块
17	lpm_ff	参数化触发器宏模块（Altera 推荐使用）
18	lpm_fifo	参数化单时钟 FIFO 宏模块
19	lpm_fifo_dc	参数化双时钟 FIFO 宏模块
20	lpm_latch	参数化锁存器宏模块
21	lpm_ram_dp	参数化双端口 RAM 宏模块
22	lpm_ram_dq	输入和输出端口分离的参数化 RAM 宏模块（Altera 推荐使用）
23	lpm_ram_io	单 I/O 端口的参数化宏模块
24	lpm_rom	参数化 ROM 宏模块
25	lpm_shiftreg	参数化移位寄存器宏模块（Altera 推荐使用）
26	lpm_tff	参数化 T 触发器宏模块
27	scfifo	参数化单时钟 FIFO 宏模块
28	sfifo	参数化同步 FIFO 宏模块

　　在进行数字信号处理（DSP）、数据加密或数据压缩等复杂数字逻辑设计时，经常要用到存储器。将存储模块（RAM 或 FIFO 等）嵌入 FPGA 芯片，不仅可以简化设计，提高设计的灵活性，同时也降低了数据存储的成本，使芯片内外数据交换更可靠。目前，很多 FPGA 器件都集成了片内 RAM。这种片内 RAM 速度快，读操作的时间可以达到 3～4ns，写操作的时间大约为 5ns，甚至更短。

　　ROM（Read Only Memory，只读存储器）是存储器的一种，其存储的信息需要事先写入，在使用时只能读取，不能写入。ROM 具有非易失性，即在掉电后，ROM 内的信息不会丢失。利用 FPGA 可以实现 ROM 的功能，但不是真正意义上的 ROM，因为 FPGA 器件在掉电后，其内部的所有信息都会丢失，再次工作时需要重新配置。

　　Quartus II 提供的参数化 ROM 是 lpm_rom，下面用一个乘法器的例子来说明它的使用方法。本例使用 lpm_rom 构成一个 4 位×4 位的无符号数乘法器，利用查表方式实现乘法功能。lpm_rom 宏模块的端口及参数如表 4.6 所示。

表 4.6　lpm_rom 宏模块端口及参数

	端口名称	功能描述
输入端口	address[ ]	地址
	inclock	输入数据时钟
	outclock	输出数据时钟
	memenab	输出数据使能
输出端口	q[ ]	数据输出
参数设置	LPM_WIDTH	存储器数据线宽度
	LPM_WIDTHAD	存储器地址线宽度
	LPM_FILE	.MIF 或 HEX 文件，包含 ROM 的初始化数据

lpm_rom 的参数设置步骤如下。

首先在图 4.61 所示的界面中设置芯片的系列、数据线和存储单元数目（地址线宽度）。本例中数据线宽度设为 8b，存储单元的数目设为 256。在"What should the RAM block type be？"栏中选择以何种方式实现存储器，由于芯片的不同，类型可能会有所区别，一般按照默认选择 Auto 即可。在最下面的"What clocking method would you like to use？"栏中选择时钟方式，可以使用一个时钟，也可为输入和输出分别使用一个时钟。大多数情况下，使用一个时钟即可。

单击 Next 按钮，在图 4.62 所示的界面中可以增加时钟使能信号和异步清零信号，它们只对寄存器方式的端口（registered port）有效，在"Which ports should be registered？"栏中选中输出端口'q' output port，将其设为寄存器型。

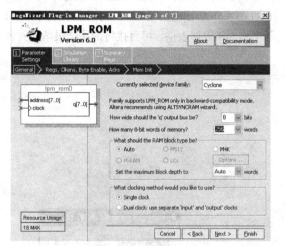

图 4.61　数据线、地址线宽度设置　　　图 4.62　控制端口设置

单击 Next 按钮，进入图 4.63 所示的界面，在这里将 ROM 的初始化文件（后缀名为 mif）加入到 lpm_rom 中，在"Do you want to specify the initial content of the memory？"栏中选中 Yes,…，然后单击 Browse…按钮将.mif 文件添加进来。.mif 文件的格式在下面说明。

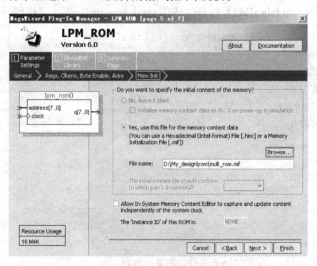

图 4.63　添加.mif 文件

图 4.64 所示为基于 ROM 实现的 4 位×4 位的无符号数乘法器电路图。

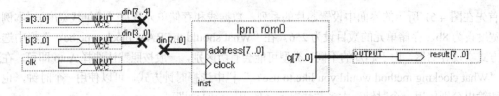

图 4.64 基于 lpm_rom 的 4 位×4 位无符号数乘法器

ROM 存储器的内容存储在.mif 文件中（本例中取名为 mult_rom.mif）。生成.mif 文件的步骤如下。

在 Quartus II 软件中选择菜单 File→New，并在 New 对话框中选择 Other Files 项，选择 Memory Initialization File（如图 4.65 所示），单击 OK 按钮后出现图 4.66 所示的对话框。在对话框中填写 ROM 的大小为 256，数据位宽为 8，单击 OK 按钮，将出现空的 mif 数据表格，可直接将乘法结果填写到表中，填好后保存文件，取名为 mult_rom.mif。

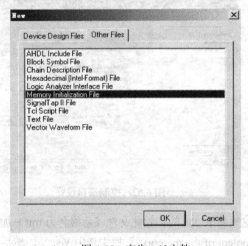

图 4.65 产生 mif 文件

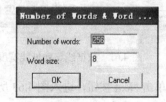

图 4.66 存储器设置

可用文本编辑软件（如 UltraEdit）打开生成的 mult_rom.mif 文件，可以看到该文件的格式如下。

```
-- Quartus II generated Memory Initialization File (.mif)
WIDTH=8;
DEPTH=256;
ADDRESS_RADIX=UNS;
DATA_RADIX=UNS;
CONTENT BEGIN
[0..16] :   0;
17      :   1;
18      :   2;
19      :   3;
20      :   4;
21      :   5;
22      :   6;
        …       //此处略去多行，地址：内容
250     :   150;
251     :   165;
252     :   180;
```

```
253  :  195;
254  :  210;
255  :  225;
END;
```

根据以上的格式，也可以自己填写其中的内容，或者编写 MATLAB 程序来完成任务。本例生成.mif 文件的 MATLAB 程序如下。

```
fid=fopen('D:\mult_rom.mif','w');
fprintf(fid,'WIDTH=8;\n');
fprintf(fid,'DEPTH=256;\n\n');
fprintf(fid,'ADDRESS_RADIX=UNS;\n');
fprintf(fid,'DATA_RADIX=UNS;\n\n');
fprintf(fid,'CONTENT BENGIN\n');

for i=0:15
    for j=0:15
      fprintf(fid,'%d : %d;\n',i*16+j,i*j);
    end
end

fprintf(fid,'END;\n');
fclose(fid);
```

到此已完成了整个设计，对该设计进行编译和仿真，结果如图 4.67 所示。

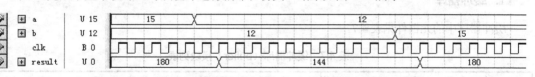

图 4.67　基于 lpm_rom 的 4 位×4 位无符号数乘法器仿真波形

在本例中，lpm_rom 输入地址的高 4 位作为被乘数，输入地址的低 4 位作为乘数，计算结果就存诸在该地址所对应的存储单元中。由于所有可能的结果都已经存储在了 ROM 中，于是乘法运算被转换为了查表。

采用与此例类似的方法，用 ROM 查表方式可以完成多种数值运算，这也是基于 FPGA 实现信号处理的一种常用手段。

4.4.2　Maxplus2 库

Maxplus2 库主要由 74 系列数字集成电路组成，还包括各种门、时序电路模块和运算电路模块等。时序电路模块包括触发器、锁存器、计数器、分频器、移位寄存器等，运算电路模块包括加法器、减法器、乘法器、绝对值运算器、数值比较器、编译码器和奇偶校验器等。采用 Maxplus2 库中的元器件可以完成普通数字逻辑电路中大多数的功能和设计，使用方便，设计灵活。

以下以 74161 为例来说明 Maxplus2 库的应用。在图形编辑窗口中，双击空白处，选择 Maxplus2 目录下的 74161，或者直接在 Name 栏中输入 74161，单击 OK 按钮，即可将 74161 模块调入图形编辑窗口。重复此步骤，依次调入 GND、VCC、INPUT、OUTPUT、NAND2 等元器件。按照图 4.68 所示电路进行连接，就构成了一个模 10 计数器。对该电路进行编译和仿真，其仿真波形如图 4.69 所示。

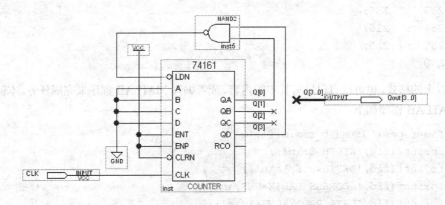

图 4.68 利用 74161 实现的模 10 计数器电路

图 4.69 模 10 计数器仿真波形

4.4.3 Primitives 库

Primitives 库主要由 5 类模块组成，分别为：缓冲器（buffer）、逻辑门（logic）、引脚（pin）、存储单元（storage）和其他功能（other）模块。

1. 缓冲器库

缓冲器库中的元器件见表 4.7。

表 4.7 缓冲器库（buffer）模块列表

序 号	宏模块名称	功 能 描 述
1	alt_inbuf	输入缓冲器
2	alt_iobuf	输入/输出缓冲器
3	alt_outbuf	输出缓冲器
4	alt_outbuf_tri	三态输出缓冲器
5	carry	进位缓冲器
6	carry_sum	进位缓冲器
7	cascade	级联缓冲器
8	clklock	参数化锁相环宏模块
9	exp	扩展缓冲器
10	global	全局信号缓冲器
11	lcell	逻辑单元分配缓冲器
12	opndrn	开漏缓冲器
13	row_global	行全局信号缓冲器
14	soft	软缓冲器
15	tri	三态缓冲器
16	wire	线段缓冲器

2. 引脚库

引脚库中的元器件及其功能见表 4.8。

表 4.8 引脚库（pin）元器件列表

序号	宏模块名称	功能描述
1	bidir	双向端口
2	input	输入端口
3	output	输出端口

3. 存储单元库

存储单元库中的元器件及其功能见表 4.9。

表 4.9 存储单元库（storage）模块列表

序号	宏模块名称	功能描述
1	dff	D 触发器
2	dffe	带时钟使能的 D 触发器
3	dffea	带时钟使能和异步置数的 D 触发器
4	dffeas	带时钟使能和异步/同步置数的 D 触发器
5	dlatch	带使能端的 D 锁存器
6	jkff	JK 触发器
7	jkffe	带时钟使能的 JK 触发器
8	latch	锁存器
9	srff	SR 触发器
10	srffe	带时钟使能的 SR 触发器
11	tff	T 触发器
12	tffe	带时钟使能的 T 触发器

4. 逻辑门库

逻辑门库的元器件见表 4.10。

表 4.10 逻辑门库（logic）模块列表

序号	宏模块名称	功能描述
1	and	与门
2	band	低电平有效与门
3	bnand	低电平有效与非门
4	bnor	低电平有效或非门
5	bor	低电平有效或门
6	nand	与非门
7	nor	或非门
8	not	非门
9	or	或门
10	xnor	异或非门
11	xor	异或门

5. 其他模块

其他元器件模块如表 4.11 所示。

表 4.11 其他元器件库（other）模块列表

序 号	宏模块名称	功 能 描 述
1	constant	常量
2	gnd	地
3	param	参数
4	title	工程图明细表
5	title2	含定制信息的工程图明细表
6	vcc	电源

习 题 4

1. 基于 Quartus II 软件，用 7490 设计一个能计时（12 小时）、计分（60 分）和计秒（60 秒）的数字钟电路。

设计过程如下：

① 先用 Quartus II 的原理图输入方式，用 7490 连接成包含进位输出的模 60 计数器，并进行仿真，如果功能正确，则将其生成一个部件；

② 用 7490 连接成模 12 计数器，进行仿真，如果功能正确，也将其生成一个部件；

③ 将以上两个部件连接成为简单的数字钟电路，能计时、计分和计秒，计满 12 小时后系统清零重新开始计时；

④ 在实现上述功能的基础上可以进一步增加其他功能，如校时功能，能随意调整小时、分钟信号，增加整点报时功能等。

注意：计数器的输出显示应是 8421BCD 码的编码方式。

2. 基于 Quartus II 软件，用部分积右移方式设计实现一个 4 位二进制乘法器，选择合适的器件，画出电路连接。

3. 参考 4.4 节的内容，用 74161 设计一个模 99 计数器，个位和十位都采用 8421BCD 码的编码方式设计，分别用置 0 和置 1 两种方法实现，完成原理图设计输入、编译、仿真和下载整个过程。

4. 用 7490 设计一个模 71 计数器，个位和十位都采用 8421BCD 码的编码方式设计，完成原理图设计输入、编译、仿真和下载整个过程。

参考设计如下：图 4.70 所示为原理图，功能仿真波形如图 4.71 所示，由时间标尺可计算出其模为 71。

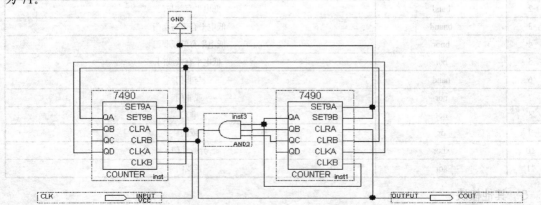

图 4.70 7490 模 71 计数器原理图（采用 8421BCD 码）

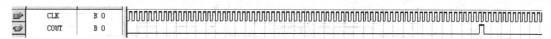

图 4.71 功能仿真波形

5. 基于 Quartus II，用 74283（4 位二进制全加器）设计实现一个 8 位全加器，并进行综合和仿真，查看综合结果和仿真结果。

参考设计如下：图 4.72 所示为 8 位全加器原理图，其功能仿真波形如图 4.73 所示。

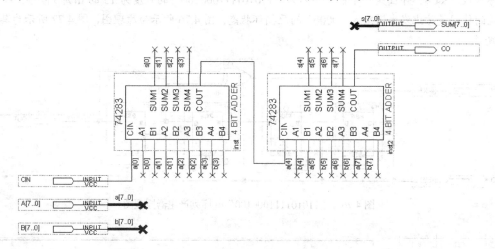

图 4.72 8 位全加器原理图

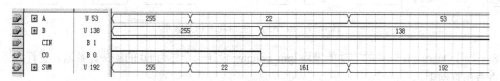

图 4.73 8 位全加器功能仿真波形

6. 基于 Quartus II，用 74194（4 位双向移位寄存器）设计一个"00011101"序列产生器电路，进行编译和仿真，查看仿真结果。

参考设计如下：采用 74194 和 74153（双 4 选 1 数据选择器）来构成，图 4.74 所示为原理图，图 4.75 所示为其功能仿真波形。

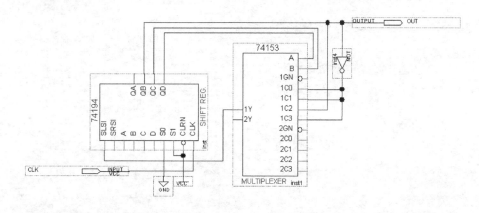

图 4.74 "00011101" 序列产生器原理图

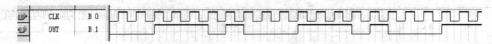

图 4.75 "00011101" 序列产生器功能仿真波形

7. 用 D 触发器和适当的门电路实现一个输出长度为 15 的 m 序列产生器，进行编译和仿真，查看仿真结果。

参考设计如下：下面是一个输出序列为 "110101111000100" 的长度为 15 的 m 序列产生器，SET 输入端的作用是防止发生器陷入 "0000" 的死循环状态。图 4.76 所示为原理图，图 4.77 所示为其功能仿真波形。

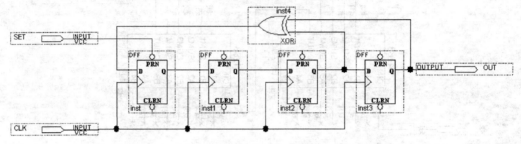

图 4.76 "110101111000100" m 序列产生器原理图

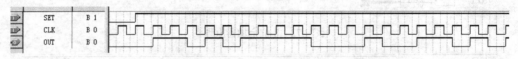

图 4.77 m 序列产生器功能仿真波形

8. 采用 Quartus II 软件的宏功能模块 lpm_counter 设计一个模为 60 的加法计数器，进行编译和仿真，查看仿真结果。

第 5 章 VHDL 设计输入方式

本章概要：本章主要介绍基于 VHDL 的设计过程及 VHDL 综合工具的使用方法。
知识要点：（1）基于 VHDL 文本的设计流程；
（2）基于 Quartus II 的 VHDL 设计方法；
（3）基于 Synplify Pro/Synplify 软件的 VHDL 设计方法。
教学安排及要求：本章可安排 2~4 学时的实践教学。通过本章的学习，读者可熟悉采用 VHDL 文本进行电路设计的流程，掌握 VHDL 文本设计输入方法。

5.1 Quartus II 的 VHDL 输入设计

在一般的设计开发中，常使用由 PLD 公司提供的集成开发软件，这些集成开发软件提供了设计输入编辑器、HDL 综合器、FPGA/CPLD 适配器、门级仿真器和编程下载器等一整套完整工具，如 Lattice 的 ispLEVER、Altera 的 Max+plus II 和 Quartus II、Xilinx 的 ISE 等。但有时为了完成更大型的设计项目，往往需要使用具有更专业的功能、更强大综合与仿真测试能力的 EDA 工具。通过在不同的综合与模拟层次上选用更适合的 EDA 工具进行系统设计来提高项目的设计效率和设计质量，是当前数字设计中常用的设计流程。

不同的工具如何配合使用，以最有效的方式完成设计任务，就成为我们必须清楚并熟练掌握的内容。事实上，优秀的 EDA 软件都含有相应的接口功能，相互之间能配合使用，共享数据，为用户的设计提供了便利。

图 5.1 所示为基于 HDL 文本输入的数字设计流程。首先，将 VHDL 设计文本通过文本编辑器输入后，可使用集成开发工具自带的综合器，或者选用第三方 EDA 公司提供的专业综合器，如 Synplify Pro/Synplify、FPGA Compiler II 或 Leonardo Spectrum 等，综合结束后将综合产生的网表文件返回到主设计软件的适配器中，进行针对某种目标器件的适配。对于适配结果的仿真测试，可以使用集成软件自带的门级仿真器来完成，也可以将适配器输出的仿真文件提供给 HDL 通用仿真器（如 ModelSim）进行时序仿真，并根据仿真的结果对源文件进行修改完善，直至完全满足设计要求。在设计的最后即可将得到的设计结果下载到 FPGA 中进行在线测试。

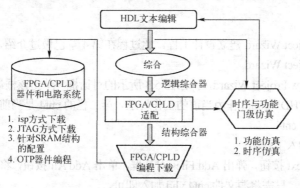

图 5.1 基于 HDL 文本输入的数字设计流程

本节通过一个模 16 加法计数器的设计过程，介绍 Quartus II 文本设计的基本流程。

5.1.1 创建工程文件

在进行设计前，首先应建立工作目录，每个设计都是一项工程（Project），一般都单独建一个工作目录。在此设立的工作目录为 E:\VHDL\count。

启动 Quartus II，进入 Quartus II 设计界面。

1. 输入源程序

选择菜单 File→New，在弹出的 New 对话框的 Device Design Files 页面中选择源文件的类型，此处应该选择 VHDL File 类型，如图 5.2 所示。然后就可以在文本编辑窗口中输入如下的 VHDL 源程序。

图 5.2 选择源文件类型对话框

【例 5.1】 4 位模 16 加法计数器。

```
library ieee;
use ieee.std_logic_1164.all;
use ieee.std_logic_unsigned.all;
entity CNT4 is
  port(CLK,CLR:in std_logic;             --CLR 是异步复位端
       Q:buffer std_logic_vector(3 downto 0));
end;
architecture ONE of CNT4 is
begin
  process(CLR,CLK)
  begin
    if CLR='1' then Q<="0000";           --当CLR 为高电平时，复位计数器状态到 0
elsif CLK'event and CLK='1' then
   Q<=Q+1;
end if;
    end process;
end;
```

完成输入后，选择菜单 File→Save As，将源文件保存于已创建的文件夹 E:\VHDL\count 中，文件名为 CNT4.vhd。

2. 创建工程

这里利用 New Project Wizard 建立设计工程，此过程在第 4 章已做过介绍，这里只做简单说明。

（1）启动 New Project Wizard

选择菜单 File→New Project Wizard，弹出图 5.3 所示的对话框。单击该框最上面一栏右侧的 "…" 按钮，找到文件夹 E:\VHDL\count 作为当前的工作目录。第二栏的 cnt4 是当前工程的名字，第三栏顶层文件实体名也命名为 cnt4。

（2）将设计文件加入工程中

单击图 5.3 中的 Next 按钮，弹出 Add Files 对话框，单击 Add All 按钮，将有关设计文件加入到当前工程中，在本工程中，只需将源文件 cnt4.vhd 加入即可。

（3）选择综合器和仿真器

继续单击 Next 按钮，则弹出选择仿真器和综合器的对话框，如果选择默认的 None，则表示选择

Quartus II 自带的综合器和仿真器。也可以选择其他第三方综合器和仿真器等专业 EDA 工具。

（4）选择目标器件

继续单击 Next 按钮，出现选择目标器件的窗口，此处选 Cyclone 器件系列，在此栏下选 Yes，表示要选择一个具体的目标器件。再单击 Next 按钮，出现图 5.4 所示的选择具体器件的对话框，选择器件 "EP1C3T100C6"。

（5）结束设置

单击 Next 按钮，出现图 5.5 所示的当前工程设置信息显示对话框，对前面所做的设置情况进行了汇总。单击 Finish 按钮，即完成了当前工程的创建。

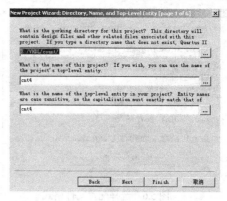

图 5.3 使用 New Project Wizard 创建工程

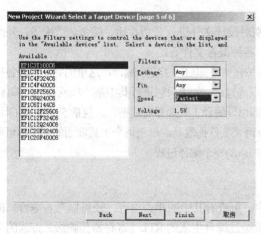

图 5.4 选择目标器件

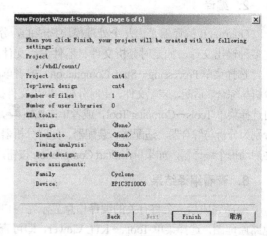

图 5.5 当前工程设置信息显示

5.1.2 编译

完成了工程文件的创建和源文件的输入，即可对设计进行编译，在编译前应做好必要的设置。

1. 编译前设置

首先可选择或更换目标器件，在前面利用 New Project Wizard 建立设计工程时已经选定了目标器件，如果前面没有选定或想更换的话，可选择菜单 Assignments→Settings，在弹出的对话框中选 Compiler Settings 项下的 Device 选择器件。选择好器件后，再单击 Device & Pin Options 按钮，出现 Device & Pin Options 对话框，从中选择 Configuration 选项卡，选择器件的配置方式。

还可以选择配置文件格式，如图 5.6 所示，可用于器件配置编程的文件格式有.ttf、.rbf、.jam、.jbc 和.hexout 等。设计者可根据需要选择其中的一种或几种文件格式，这样编译器在编译后会自动生成该格式的配置文件供用户使用。

在图 5.6 中选择 Unused Pins 选项卡，可设置目标器件闲置引脚的状态，将闲置引脚设置为高阻输入状态或低电平输出状态或输出不定状态，也可以不做任何设置。

还可以选择编译模式。选择菜单 Assignments→Settings，在弹出的对话框中单击 Compilation Process 项，出现模式过程设置对话框，如图 5.7 所示，选择 Use Smart compilation 和 Preserve fewer node names... 选项，这样可使每次的重复编译运行得更快。

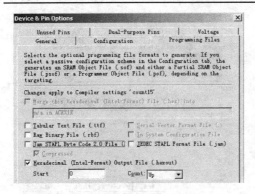

图 5.6 选择配置文件格式

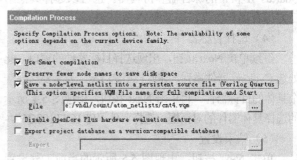

图 5.7 选择编译模式

2. 编译

Quartus II 编译器是由几个处理模块构成的，分别对设计文件进行分析检错、综合、适配等，并产生多种输出文件，如定时分析文件、器件编程文件、各种报告文件等。

选择菜单 Processing→Start Compilation，或者单击按钮▶，即启动了完全编译，这里的完全编译包括分析与综合、适配、装配文件、定时分析、网表文件提取等过程。如果只想进行其中某一项或某几项编译，可选择菜单 Tools→Compiler Tool，或者单击按钮，即出现编译工具选择对话框，共包括 5 个编译工具，分别为分析与综合器、适配器、装配器、定时分析器、网表文件提取器，单击每个工具前面的小图标可单独启动每个编译器，如果单击 Start Compilation 按钮，则启动整个编译过程。

3. 查看编译结果

编译完成后，会将有关的编译信息显示在窗口中，可查看其中的相关内容，还可以查看综合后的电路原理图，选择菜单 Tools→RTL Viewer，即可查看经过综合生成的 RTL（寄存器传输级）方式的电路原理图，本例生成的模 16 加法计数器的 RTL 原理图如图 5.8 所示，仔细核对此电路与设计程序的功能描述是否吻合。这是根据源程序的逻辑描述生成的原理图，可用于定性检查原设计的正确性。此功能对调试 VHDL 设计非常有用。

为了得到设计综合后的门级电路图，选择菜单 Tools→Technology Map Viewer，可查看综合后的门级电路原理图，注意，对于不同的目标器件，尽管逻辑功能一样，但其门级电路结构是不一样的，本例的门级原理图如图 5.9 所示。

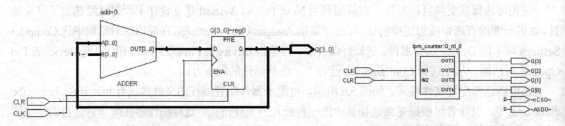

图 5.8　cnt4.vhd 综合后的 RTL 级原理图　　　图 5.9　cnt4.vhd 综合后的门级原理图

5.1.3 仿真

Quartus II 支持功能仿真和时序仿真，功能仿真只检验设计项目的逻辑功能，时序仿真则将延时信息也考虑在内。Quartus II 允许对整个设计项目进行仿真测试，也可以只对该项目中的某个子模块进行仿真，其方法是选择菜单 Assignments→Wizard→Simulator Settings Wizard，在设置过程中指定仿真对象（Simulator Focus），并指定该对象的仿真类型、矢量激励源等。矢量激励源可以是矢量波形文件.vwf（Vector Waveform File）、文本矢量文件.vec（Vector File）、矢量表输出文件（.tbl）或功率输入文件（.pwf）等。

下面是以矢量波形文件（.vwf）作为激励源进行仿真的步骤。

（1）打开波形编辑器

选择菜单 File→New，在 New 对话框中选择 Other Files 页面中的 Vector Waveform File 选项，单击 OK 按钮，即出现波形编辑窗口。

（2）输入信号节点

选择菜单 View→Utility Windows→Node Finder，出现图 5.10 所示的对话框，在 Filter 栏中选择 Pins:all，再单击 List 按钮，即在下面的 Nodes Found 框中出现本设计项目中的所有端口引脚列表，从端口列表中选择所需要的，并逐个拖到波形编辑窗口中。

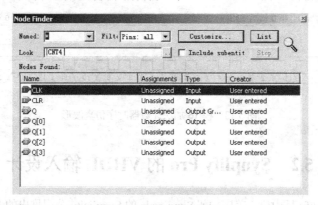

图 5.10　输入信号节点

（3）编辑输入信号波形

单击波形编辑窗口中的全屏显示按钮，使窗口全屏显示，使用波形编辑窗口中的各种波形赋值快捷键，编辑各输入信号的激励波形，如图 5.11 所示。另外，还需设置仿真时间区域，使仿真时间设置在一个合理的区域上，选择菜单 Edit→End Time，在弹出的 Time 对话框中输入 10，单位选 us，即仿真时长为 10μs。

图 5.11 中的 out 信号为总线型数据（信号左旁有符号"+"），如果单击信号 out 左边的"+"，则将展开该总线中的所有信号，如果双击"+"左旁的信号标记，则弹出信号数据格式设置对话框，如图 5.12 所示，在该对话框中有 5 种数据格式可供选择：Binary（二进制）、Hexadecimal（十六进制）、Octal（八进制）、Signed Decimal（有符号十进制）、Unsigned Decimal（无符号十进制）。这里选择 out 信号格式为无符号十进制，其余信号选择二进制格式。

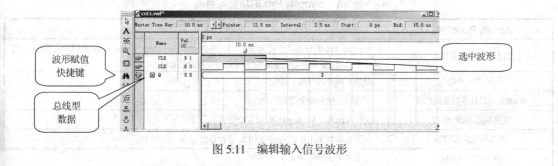

图 5.11　编辑输入信号波形

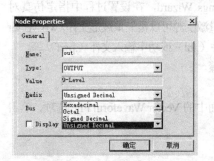

图 5.12 设置信号数据格式

(4) 仿真器参数设置

选择菜单 Assignments→Settings，在弹出的对话框（参见图 4.22）中选 Simulator Settings 项下的 Mode，来选择仿真模式，仿真模式有功能仿真（Functional）和时序仿真（Timing）两种，这里选择功能仿真。

(5) 观察仿真结果

选择菜单 Processing→Start Simulation，或者单击按钮，即启动仿真器工作。仿真完成后，可通过查看输出波形，检验所设计电路的功能是否正确，如不正确，可修改设计，重新执行以上的过程，直到完全满足自己的设计要求为止。4 位模 16 加法计数器的时序仿真波形如图 5.13 所示。

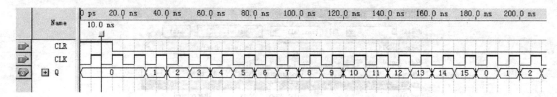

图 5.13 模 16 加法计数器时序仿真波形

5.2 Synplify Pro 的 VHDL 输入设计

Synplify Pro/Synplify 是由位于美国加州 Sunnyvale 的 Synplicity 公司推出的专门用于 CPLD/FPGA 逻辑综合的工具，支持 VHDL 和 Verilog HDL 高层次设计描述，在综合优化方面性能优异，应用广泛。

Synplify Pro/Synplify 支持 VHDL 1076—1993 标准和 Verilog 1364—1995 标准，能以很高的效率将 VHDL/Verilog 设计文件转换为针对选定器件的标准网表，并提供相应设计环境的配置文件，在综合后还可以生成 VHDL 和 Verilog 仿真网表，以便对原设计进行功能仿真。本节介绍 Synplify Pro 的基本功能和使用方法。

高性能的 FPGA 综合技术随着设计复杂性的提高和 FPGA 器件复杂性的提高而不断增强。FPGA 器件现在已经达到几百万门的规模，频率也达到 200MHz 以上，如此复杂的设计对综合工具的性能提出了很高的要求。Synplify Pro 所独有的功能特点和极快的编译速度使它成为强有力的综合工具，而且还附加了调试、优化功能和项目管理功能等，表 5.1 中对 Synplify Pro 的功能特点进行了总结，下面对一些关键技术做进一步的说明。

表 5.1 Synplify Pro 的功能与特点

Synplify Pro 的功能	特　点
特有的 B.E.S.T 算法	Synplify Pro 的核心算法称为 B.E.S.T（Behavior Extracting Synthesis Technology）算法，与传统工具相比，能在极短的时间内完成整个设计的优化
快速的编译速度	减少了综合的时间，适合大型设计
SCOPE 对设计多层次的约束	使设计者能够完全控制综合过程
支持标准 HDL 语言	支持 VHDL、Verilog HDL 及混合语言的设计
语言的敏感编辑器	可以自动对 VHDL、Verilog HDL 进行语法检查
自动识别 RAM	减少了手工例化 RAM 的麻烦

(续表)

Synplify Pro 的功能	特 点
第三方工具接口	可以与流行的仿真工具和输入工具之间实现数据共享
有限状态机开发器（FSM Explorer）	FSM Explorer 可以自动识别有限状态机并对状态机的不同编码方式做评估，然后根据约束条件选择最佳的编码方式
有限状态机编译器（FSM Compiler）	可以将 FSM 设计显示成状态图方式，使结果更加易读
自动 Retiming 技术	能自动在组合逻辑中移动寄存器，以平衡延迟，提高性能
乘法器和 ROM 的优化	自动对 ROM 和乘法器做流水线以达到更快的性能
创建探针	允许把任何信号连到芯片的引脚做测试而不改变源码
关键路径的互相标识	可以在第三方工具的时序报告和 HDL 分析器中互相标识
HDL 分析器（HDL Analyst）	寄存器传输级的分析调试工具，能从 HDL 代码中产生 RTL 模块框图，帮助识别关键路径和调试电路功能

- Retiming 技术：Synplify Pro 具有 Retiming 技术，允许自动移动寄存器之间的组合逻辑，以达到寄存器之间路径延迟的平衡，这样可以提高电路性能 20%以上。Retiming 可以作为一个全局的选项，也可以只针对部分电路。
- HDL 分析器（HDL Analyst）：HDL Analyst 是 RTL 图形分析和调试工具，它可以提供门级和更高层的视图，也可以连接到 HDL 源代码，用 HDL Analyst 可以方便快速地调试 HDL 源代码，以提高性能。
- 有限状态机开发器：Synplify Pro 的一个非常有用的特性就是它的有限状态机开发器（FSM Explorer）和增强的有限状态机编译器（FSM Compiler）。FSM Explorer 可以自动识别有限状态机并对状态机的不同编码方式做评估，然后根据约束条件选择最佳的编码方式。FSM Compiler 可以将 FSM 设计显示成状态图方式使结果更加易读，这种图形界面对调试非常有用。
- 流水线（Pipelining）设计技术：采用 Pipelining 设计技术可以提高算术操作的性能，Synplify Pro 可以自动移动 ROM 和乘法器内部的寄存器来创造流水线。
- Amplify Physical Optimizer：Amplify 是高性能的物理综合器，它允许利用 RTL 图来对设计做出物理约束，这种同时考虑布局和逻辑优化的新的算法比单独做逻辑综合最多可以提高 40%以上的性能。
- 设计工具接口：Synplify Pro 与很多仿真器如 NC-VHDL、NC-Verilog、Active-HDL、ModelSim 和 Speedwave 等都有接口，可以实现组合使用。

Synplify Pro 还具有图形调试功能，即将 HDL 设计文件编译和综合后，产生相应的电路原理图，以便用户可以从电路图中观察结果，并且在图形显示时，可交叉参考对应的 HDL 源代码。产生的原理图的表达方式有两种，即 RTL 图和门级结构 Technology 图。

RTL 图是综合的通用原理图描述，不随选定的目标器件的不同而改变，仅与 VHDL/Verilog HDL 代码描述的功能有关。Synplify Pro 可以将 VHDL 文件转成 RTL 图形的功能十分有利于 VHDL 的学习。Technology 视图是针对选定器件的门级结构原理图，并随着选定器件的不同而不同。

Synplify Pro 能够生成几乎所有主流 FPGA/CPLD 器件的网表，即能与这些器件相关的所有公司的适配器接口，这些公司包括 Actel、Altera、Lattice（含 Vantis 公司）、Atmel、QuickLogic、Xilinx 等。

5.2.1 用 Synplify Pro 综合的过程

下面以一个十进制计数器的综合为例，介绍 Synplify Pro 对 VHDL 设计的综合，以及与 Quartus II 的接口方法。需要注意的是，对于较复杂的设计，LPM 和 EAB 的使用和 Pin 的锁定都需要在 Synplify Pro 综合前的原文件中进行设置和说明。

1. 输入设计

首先进入 Synplify Pro 集成环境，如图 5.14 所示。

选择菜单 File→New...命令，弹出图 5.15 所示的对话框，选择 VHDL File 选项，填写 VHDL 程序的名字为 cnt10，选择 VHDL 程序存储的目录，然后进入 VHDL 文本编辑器，在文本编辑器中输入例 5.2 所示的源程序，例 5.2 描述了一个带有复位和时钟使能的十进制计数器。

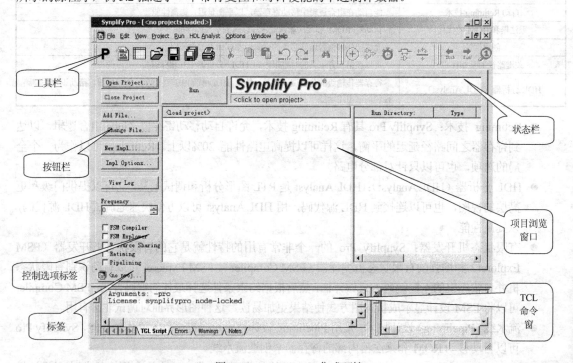

图 5.14 Synplify Pro 集成环境

【例 5.2】 带有复位和时钟使能的十进制计数器。

```vhdl
LIBRARY IEEE;
USE IEEE.STD_LOGIC_1164.ALL;
USE IEEE.STD_LOGIC_UNSIGNED.ALL;
ENTITY CNT10 IS
   PORT (CLK,RST,EN : IN STD_LOGIC;
         CQ : OUT STD_LOGIC_VECTOR(3 DOWNTO 0);
         COUT : OUT STD_LOGIC );
END CNT10;
ARCHITECTURE behav OF CNT10 IS
BEGIN
   PROCESS(CLK, RST, EN)
     VARIABLE CQI : STD_LOGIC_VECTOR(3 DOWNTO 0);
   BEGIN
      IF RST = '1' THEN    CQI := (OTHERS =>'0') ;    --计数器复位
      ELSIF CLK'EVENT AND CLK='1' THEN                --检测时钟上升沿
         IF EN = '1' THEN                             --检测是否允许计数
           IF CQI < "1001" THEN  CQI := CQI + 1;      --允许计数
           ELSE    CQI := (OTHERS =>'0');             --大于9, 计数值清零
```

```
          END IF;
        END IF;
      END IF;
      IF CQI = "1001" THEN COUT <= '1';         --计数大于9，输出进位信号
        ELSE    COUT <= '0';
      END IF;
        CQ <= CQI;                              --将计数值向端口输出
    END PROCESS;
END behav;
```

还要新建一个工程文件（Project File），与上面新建文件的操作类似，选择菜单 File 下的 New…命令，出现与图 5.15 同样的对话框，只不过这次是选择 Project File（Project）选项（如图 5.16 所示）。填写 Project 的名字为 cnt10，之后就在项目浏览窗口出现了 cnt10 项目的层次图。接着单击 Add File… 按钮，将预先输入的 cnt10.vhd 文件加入到当前工程项目中，项目的层次结构如图 5.17 所示。

图 5.15 Synplify Pro 新建文件对话框　　　　　图 5.16 Synplify Pro 新建项目对话框

注意：如果是调用现成的设计文件进入 Synplify 进行综合，方法同这里介绍的类似，需首先在设计文件的目录下为此建立一个工程，然后将此目录内的有关 VHDL 文件通过按钮 Add File…加入到此工程中，如果这个工程中有多个 VHDL 文件（不同结构层次的），应将此工程的所有文件调入综合窗口，进行统一综合。顶层设计文件应排在最下面，如果不是，可以用鼠标拖动文件，改动此文件在工程中的位置，这样就可以随意指定顶层设计文件。

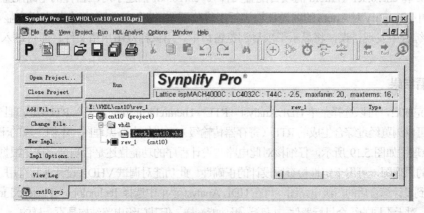

图 5.17 cnt10 项目的层次结构图

2. 选择目标器件

单击 Implementation Options 按钮，在弹出的对话框（如图 5.18 所示）中的 Device 选项卡中选择 Technology：Altera ACEX1K 系列；Part（型号）选择 EP1K10，Speed（速度）为–1；Package（封装）为 TC100，然后单击确定按钮。表明此设计的目标器件为 Altera 的 EP1K10TC100-1（当然也可以选其他器件系列，如 Lattice 的 ispMACH4000V 等）。这说明综合是针对某一系列特定的器件来进行的。

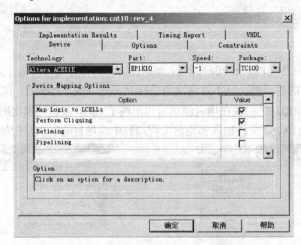

图 5.18 Synplify Pro 新建项目对话框

3. 综合前控制设置

在对输入的文件进行综合前，应根据源文件的不同设计特点做一些针对改善综合方式的控制。例如，设计者希望在不改变源文件的情况下，对设计项目中的电路结构进行资源共享优化，或对其中的有限状态机进行优化，或对在众多组合电路块中的触发器重新放置以提高运行速度，可以分别选中左栏的控制选择项：Resource Sharing（资源共享）、FSM Compiler（状态机编译器）、FSM Explorer（状态机开发器）、Retiming 和 Pipelining（流水线设计）。它们的详细功能可以参考该软件 Help 提供的资料。

4. 综合

最后按下状态栏边上的 Run 按钮，Synplify Pro 即对选定项目 cnt10.prj 中的源文件进行综合。在本例中只有一个文件 cnt10.vhd，综合后在项目文件 cnt10.prj 所在的目录，生成 cnt10.edf（EDIF 格式的网表文件）和 cnt10.acf（Altera 的项目配置文件）。cnt10.edf 描述了对应器件的电路配置连接关系；在 cnt10.acf 中，Synplify 对 Altera 的编译环境进行了优化配置。综合完成后，将在状态栏中显示"Done!"。

如果在综合中发现错误，将显示于项目浏览窗口中，用鼠标双击出错文件，即可进入文件编辑器进行修改。

5. 查看结果

在综合完成后，可以选择菜单 HDL Analyst→RTL→Hierarchical View，进入 RTL 级原理图观察窗口，通过此窗口可以浏览经过综合生成的 RTL（寄存器传输级）方式的电路原理图，本例生成的十进制计数器的 RTL 级原理图如图 5.19 所示，仔细核对此电路与设计程序的功能描述是否吻合。这是根据源程序的逻辑描述生成的原理图，可用于定性检查原设计的正确性。此功能对调试 VHDL 设计非常有用。

为了得到设计综合后的门级电路图，可在 HDL Analyst 菜单中选择 Technology→Flattened to Gates View 命令。注意，对于不同的综合目标器件，尽管逻辑功能一样，但其门级电路结构是不一样的。

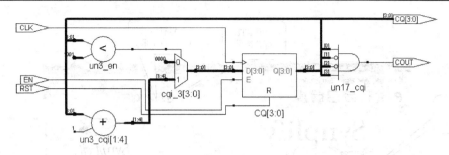

图 5.19 十进制计数器综合后的 RTL 级原理图

这样，十进制计数器的 Synplify Pro 综合过程已基本完成，下面介绍用 Quartus II 对 Synplify Pro 生成的.edf 文件做进一步处理（适配、仿真等）的过程。

5.2.2 Synplify Pro 与 Quartus II 的接口

针对 Quartus II 软件，Synplify Pro 提供的门级结构网表文件一般是 VHDL Quartus Mapping File (*.vqm) 或 EDIF File (*.edf)，可将该网表文件送 Quartus II 进行适配和下载。

Synplify Pro 提供了多种方式与 Quartus II 接口，最简单的就是在 Synplify Pro 中直接调用 Quartus II。在 Synplify Pro 中，选择菜单 Options→Quartus→Run Foreground Compile，如图 5.20 所示，Synplify 会自动地打开 Quartus II 进行编译。

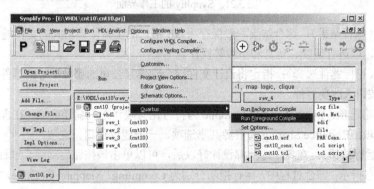

图 5.20 在 Synplify Pro 中调用 Quartus II

5.3 Synplify 的 VHDL 输入设计

Synplify 的性能特点与 Synplify Pro 类似，Synplify 支持 VHDL 1076—1993 标准和 Verilog 1364—1995 标准，Synplify 在综合后生成 VHDL 和 Verilog HDL 仿真网表，以便对原设计进行功能仿真。Synplify 具有资源共享优化功能，并含有符号化的 FSM（有限状态机）编译器，可以实现高级的状态机优化，此外还配备了一个内置的语法敏感编辑器，其可在 HDL 源文件中高亮显示综合后的错误和警告，使用户能迅速定位并纠正所出现的问题。

图 5.21 所示为 Synplify 软件的使用界面，下面对几个地方做重点介绍。

（1）project（工程文件树状列表）：显示当前的工程文件，并显示工程文件中的所有源文件，也可以通过左边的 Add、Change 和 Edit 按钮添加 VHDL 源文件，改变目录或对源文件进行修改（修改时应选中要修改的.v 文件，再单击 Edit 按钮）。

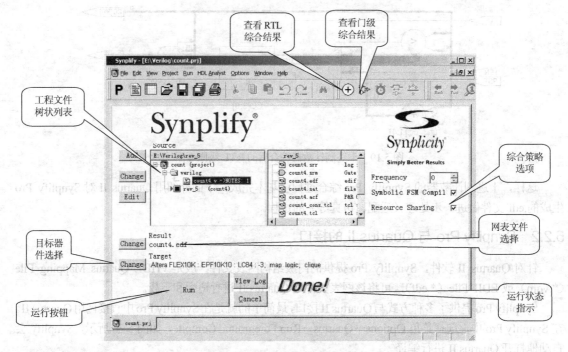

图 5.21 Synplify 的工作界面

（2）Result（综合结果）：综合结果一般保存为.edf 格式的文件，该格式的文件能够被 FPGA 厂家的适配软件接受，以进行适配、仿真和下载等操作。

（3）Target（目标器件选择）：指定将设计文件综合到哪家公司的哪种型号的器件中，用户可通过左边的 Change 按钮来改变器件。

（4）综合策略选项：Symbolic FSM Compile 为符号化有限状态机编译选项，在含有状态机的设计中一般使用该选项；Resource Sharing 为资源共享选项，一般建议使用该选项。

（5）Run（运行按钮）：在各个选项都设计好以后，可以单击该按钮启动综合过程。

（6）运行状态指示：综合过程中，运行指示分别为 Compiling、Mapping 和 Done，如果有错误 error 或警告 Warning，都会在 Done 的后面指出。

（7）RTL View（查看 RTL 综合结果）：单击该按钮可将设计文件的 RTL 综合结果展示出来，RTL 视图与所选择的器件无关。

（8）Technology View（查看门级综合结果）：该结果与所选用的器件有关系。

除以上几点之外，Synplify 综合器的 HDL 编辑器也是比较有特色的，体现为以下两点。

（1）编辑器对 HDL 关键词敏感：无论是 VHDL 还是 Verilog HDL，其关键字都以蓝色字体显示，注释以绿色字体显示。

（2）可进行语法检查和综合检查：在综合的过程中，综合器能定位语法错误之处，在 Run 菜单下选择 Syntax Check 可进行语法检查，选择 Synthesis Check 可进行综合检查。

Synplify 软件有助于帮助设计者建立"HDL 语言"和"硬件电路"的联系。

下面以 4 选 1 数据选择器的综合为例介绍 Synplify 软件的使用。

1. 创建源文件和工程文件

启动 Synplify 软件，选择菜单 File→New…，弹出新建文件对话框（如图 5.15 所示），选择 VHDL

File 选项，填写 VHDL 程序的名字为"mux4"，选择 VHDL 程序存储的目录，然后进入 VHDL 文本编辑器，在文本编辑器中输入源程序，源程序的内容如例 5.3 所示。

【例 5.3】 4 选 1 数据选择器。

```vhdl
LIBRARY IEEE;
USE IEEE.STD_LOGIC_1164.ALL;
ENTITY mux4 IS
PORT (i0, i1, i2, i3, a, b : IN STD_LOGIC;
      q : OUT STD_LOGIC);
END mux4;
ARCHITECTURE body_mux4 OF mux4 IS
BEGIN
process(i0,i1,i2,i3,a,b)
variable muxval : integer range 7 downto 0;
begin
                    muxval := 0;
if (a = '1') then  muxval := muxval + 1; end if;
if (b = '1') then  muxval := muxval + 2; end if;
case muxval is
    when 0 => q <= i0;
    when 1 => q <= i1;
    when 2 => q <= i2;
    when 3 => q <= i3;
    when others => null;
end case;
end process;
END body_mux4;
```

新建工程文件（Project File），选择菜单 File→New…，出现与图 5.16 同样的对话框，选择 Project File（Project）选项，填写 Project 的名字为 mux，之后就在项目浏览窗口出现了 mux 项目的层次图。接着单击 Add File 按钮，将预先输入的 VHDL 文件 mux4.vhd 加入到当前的 mux 工程项目中。

2. 选择目标器件

单击 Target 左边的 Change 按钮，在弹出的对话框 Options for Implementation 中的 Device 标签页中选择 Technology：Altera 的 ACEX1K 系列；Part（型号）选择 EP1K10，Speed（速度）为－1；Package（封装）为 TC100，再单击 OK 按钮。表明此设计的综合目标器件为 Altera 的 EP1K10TC100-1。

3. 综合方式选项

在对输入的文件进行综合前，应根据源文件的不同设计特点做一些针对改善综合方式的控制。Synplify 软件提供了两个选项，Symbolic FSM Compile 为符号化有限状态机编译选项，Resource Sharing 为资源共享选项，可根据设计的具体情况选择使用这两个选项。

4. 开始综合

全部设置好后，即可按下状态栏边上的 Run 按钮，Synplify 即对当前项目 mux.prj 中的 VHDL 文件进行综合。在本例中只有一个文件 mux4.vhd，综合后在项目文件 mux.prj 所在的目录，生成 mux4.edf（EDIF 格式的网表文件）和 mux4.acf（Altera 的项目配置文件）。mux4.edf 描述了对应器件的电路配置连接关系；在 mux4.acf 中，Synplify 对 Altera 的编译环境进行了优化配置。综合完成后，将显示"Done！"。

如果在综合中发现错误，将显示于项目浏览窗口中，用鼠标双击出错文件，即可进入文件编辑器进行修改。

5. 查看综合结果

综合完成后，可以单击⊕按钮，或选择菜单 HDL Analyst→RTL→Hierarchical View，进入 RTL 级原理图观察窗，通过此窗可以浏览经过综合生成的 RTL（寄存器传输级）方式的电路原理图，本例生成的 4 选 1 数据选择器的 RTL 级原理图如图 5.22 所示。仔细核对此电路与设计程序的功能描述是否吻合。这是根据源程序的逻辑描述生成的原理图，可用于定性检查原设计的正确性。此功能对调试 VHDL 设计非常有用。

为了得到此设计综合后的门级电路图，可单击 按钮，或在 HDL Analyst 菜单中选择 Technology→Hierarchical View。注意，对于不同的综合目标器件，尽

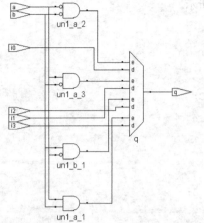

图 5.22 mux4.vhd 综合后的 RTL 级原理图

管逻辑功能一样，但其门级电路结构是不一样的，本例生成的 4 选 1 数据选择器的门级结构原理图如图 5.23 所示。

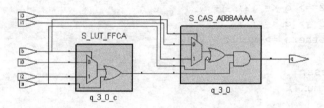

图 5.23 mux4.vhd 综合后的门级结构原理图

6. 其他操作

至此，用 Synplify 进行综合的过程已结束，如要继续进行适配和下载等过程，可转到其他软件，如 Quartus II 进行进一步处理，具体操作可参考 Quartus II 的使用方法。

习 题 5

1. 用 VHDL 设计一个类似 74138 的译码器电路，用 Synplify Pro 软件对设计文件进行综合，观察 RTL 级综合视图和门级综合视图。

2. 用 VHDL 设计一个功能类似 74161 的电路，用 Synplify Pro 软件对设计文件进行综合，观察 RTL 级综合视图和门级综合视图。

3. 用 VHDL 设计一个 1 位全加器，用 Synplify 软件对其进行综合，观察 RTL 级综合视图和门级综合视图。

4. 用 VHDL 设计一个 8 位加法器，用 Quartus II 软件进行综合和仿真。

5. 用 VHDL 设计一个 8 位模 60 加法计数器，用 Quartus II 软件进行综合和仿真。

6. 基于 Quartus II 软件，采用部分积右移的方式，用 VHDL 设计实现一个 4 位二进制乘法器，并进行综合和仿真。

第 6 章　VHDL 结构与要素

本章概要：本章主要介绍基本结构、文字规则、数据类型、操作符和数据对象等 VHDL 基础知识。

知识要点：（1）VHDL 基本结构；

　　　　　　（2）VHDL 文字规则；

　　　　　　（3）VHDL 数据类型；

　　　　　　（4）VHDL 操作符。

教学安排：本章教学安排 4 学时。通过本章的学习，重点让读者理解 VHDL 编程的基本结构组成，掌握 VHDL 的文字规则、数据类型、操作符和数据对象等编程要素。

6.1　实　　体

第 5 章已经让我们对 VHDL 程序有了初步的认识，本章进一步讨论 VHDL 程序的基本结构、文字规则、数据类型和操作符等要素。

首先通过一个简单实例来熟悉 VHDL 程序的基本框架。

【例 6.1】　D 触发器。

```
LIBRARY IEEE;
USE IEEE.STD_LOGIC_1164.ALL;

ENTITY mydff IS
  PORT(clk,d,clr:IN STD_LOGIC;              --clr 是异步清零端
       q: OUT STD_LOGIC);
END mydff;

ARCHITECTURE rtl OF mydff IS
BEGIN
  PROCESS(clr,clk)
  BEGIN
    IF clr='1' THEN q<='0';                  --clr 为高电平时，输出清零
    ELSIF clk'EVENT AND clk='1' THEN
      q <= d;
    END IF;
  END PROCESS;
END rtl;
```

例 6.1 是一个简单的 VHDL 例程，描述了一个简单的 D 触发器电路。可以观察到，一个最基本的 VHDL 程序可以划分为三个部分。

例 6.1 的第一段为库、程序包说明。VHDL 的库存放程序包定义、实体定义、结构体定义和配置定义，它的优点在于使设计者可以共享已经编译过的设计结果，以便在其他设计中可以随时引用这些信息，提高设计效率。而程序包主要用来存放各个设计能够共享的信号说明、常量定义、数据类型、子程序说明、属性说明和元器件说明等部分。

例 6.1 的第二段为实体部分。由 ENTITY 关键词标识，需要一个实体的名称。在实体部分，VHDL

主要进行类属参数说明和输入/输出端口说明,可以理解成为实体部分定义了一个 VHDL 模块和外部的接口。

第三段为结构体部分。结构体是 VHDL 程序的主体部分,是对实体模块的具体描述,是对电路的 VHDL 翻译。根据描述层次的不同,结构体描述又可以分为行为描述、寄存器传输描述和门级描述。

除了库、程序包、实体、结构体外,VHDL 程序还可以包括配置部分。本章后续部分将详细介绍这些基本模块。

在 VHDL 框架中,最重要的是实体和结构体两个部分。其中,实体提供了设计模块的基本公共信息,包括对外的端口和参数定义,而结构体描述了具体的行为和结构。形象地说,实体呈现了一个盒子的外观,而结构体描述了盒子的具体构造。

下面就从实体开始本章的学习。

VHDL 程序通常包含实体(ENTITY)、结构体(ARCHITECTURE)、配置(CONFIGURATION)、包集合(PACKAGE)和库(LIBRARY)五个部分。其中,实体和结构体这两个基本结构是必需的,它们构成最简单的 VHDL 程序。

实体是 VHDL 程序设计中最基本的模块,可以单独编译和并入设计库。实体所描述的是数字系统的输入/输出接口,同时还定义一些全局信号及与其他电路(程序模块或逻辑图模块)之间的必要连接。实体不对电路的逻辑做任何描述,因此可以看成是一个所谓的逻辑"黑盒子"。

实体的一般格式是:

  ENTITY 实体名 IS
   [GENERIC (参数名:数据类型);]
   [PORT(端口表);]
  END [ENTITY 实体名];

每个实体都应以"ENTITY 实体名 IS"开始,以"END ENTITY 实体名;"结束,其中的实体名可以由设计者自己添加。方括号内的语句描述在特定的情况下并非是必需的。大写字母表示的是实体说明的框架,对于每个实体说明建议读者都这样写。实际上,VHDL 是不区分大小写的,用大写只是为了使程序结构更清晰,从而方便阅读。

6.1.1 类属参数说明

类属参数是 VHDL 的一个术语,用以将信息参数传递到实体。参数传递说明语句必须放在端口说明语句之前,用于指定参数。最常用的参数是器件的上升沿和下降沿之类的延迟时间、负载电容和电阻、驱动能力和功耗、总线宽度等。其中一些参数如延时、负载等主要用于仿真,另一些参数如总线宽度等可用于综合。设计者可以从外部通过参数传递,很容易改变设计实体内部的电路结构或规模。

参数传递说明语句的一般格式如下:

  GENERIC ([常数名:数据类型 [:设定值]
  {;常数名:数据类型 [:设定值]});

参数传递说明语句以关键词 GENERIC 引导一个类属参量表,表中提供时间参数或总线宽度等静态信息。下面通过两个例子说明参数传递说明语句的使用方法。

【例6.2】对于各种译码器电路,如 2–4 译码器、3–8 译码器、4–16 译码器等,其特点是有 N 个输入,则输出为 2^N 个。而这些译码器除了端口数目不同之外,其他方面(如器件的连接)都是一样的,因此可用类属进行统一描述。

```
ENTITY decoder IS
```

第 6 章 VHDL 结构与要素

```
        GENERIC (N: POSITIVE);
        PORT
            (sel:  IN  BIT_VECTOR (1 to N);
            dout: OUT BIT_VECTOR (1 to 2**N));
    END decoder;
```

这里的 N 代表输入端口数目，N 的类型为正整数 POSITIVE。定义了 N 之后，在实体说明中定义端口时，就可以用 N 来代替位向量的维数。输入端口如果为 N 个，按照译码器的功能，输出端口自然就是 2^N 个。

如果需要明确 N 的宽度，则描述成：

```
    GENERIC (N: INTEGER: = 16);
```

GENERIC 引导的类属说明语句定义了总线宽度是整型数据，取值为 16。

【例 6.3】 对于一个基本门电路，其输入与输出之间存在着一定的延迟，这个延迟也可以用类属来表示。

```
    ENTITY gate IS
        GENERIC (delay: TIME := 5ns)
        PORT (…);
    END gate;
```

这样就可以在下面的程序中作为延迟引用。例如：

```
    out<=in1 AND in2 AFTER delay;
```

6.1.2 端口说明

端口为设计实体和其外部环境提供动态通信的通道，是对基本设计单元与外部接口的描述，其功能相当于电路图符号的外部引脚。端口可以被赋值，也可以当做逻辑变量用在逻辑表达式中。

端口说明语句是对实体与外部电路接口的描述，也可以是对外部信号的输入/输出端口模式及其数据类型的描述。端口说明语句由 PORT 引导，并在语句的结尾处加分号。

端口说明语句的一般格式如下：

PORT(端口名 {, 端口名 }: 端口模式 数据类型;
     …
     端口名 {, 端口名 }: 端口模式 数据类型);

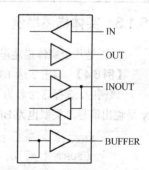

图 6.1 端口模式示意图

端口名是赋予每个实体外部引脚的名称，通常用一个或几个英文字母或英文字母加数字命名，如 d0、sel、q0 等。端口名的定义有一定惯例，如 clk 表示时钟，d 开头的端口名表示数据，a 开头的端口名表示地址等。

端口模式是指这些通道上数据流动的方式，如输入或输出等。端口模式用来定义外部引脚的信号方向，其模式有 4 种，分别为 IN、OUT、INOUT 和 BUFFER，如图 6.1 所示。下面分别加以解释。

（1）输入（IN）

输入模式允许信号进入实体，主要用于时钟输入、控制输入（如 load、reset、enable）和单向的数据输入（如地址数据信号 address）等。

（2）输出（OUT）

输出模式只允许信号离开实体，常用于单向数据输出、被设计实体产生的控制其他实体的信号等。注意，输出模式不能用于设计实体的内部反馈，因为输出端口在实体内不可读。

(3) 缓冲（BUFFER）

缓冲模式允许信号输出到实体外部，但同时也可以在实体内部引用该端口的信号。缓冲模式用于在实体内部建立一个可读的输出端口，如计数器的状态输出被用来决定计数器的次态。

(4) 双向（INOUT）

双向模式允许信号双向传输（既可以进入实体，也可以离开实体），双向模式端口允许引入内部反馈，可代替 IN、OUT、BUFFER，是一个完备的端口模式。例如，I/O 芯片与系统总线相接的数据端口。

端口模式可用图 6.2 说明，图中方框代表一个设计实体或模块。

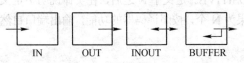

图 6.2　4 种端口模式示意图

在 VHDL 设计中，通常将输入信号端口指定为输入模式，输出信号端口指定为输出模式，而双向数据通信信号（如计算机 PCI 总线的地址/数据复用总线、DMA 控制器数据总线等纯双向的信号）采用双向端口模式。从端口名、模式就能一目了然地知道信号用途、性质、来源和去向。

数据类型指的是端口信号的类型。常用端口数据类型如表 6.1 所示，有关 VHDL 数据类型的详细内容将在第 6.7 节介绍，这里先简单介绍在逻辑电路描述中最常用的两种数据类型：BIT 和 BIT_VECTOR。当端口被说明为 BIT 数据类型时，该端口信号的取值只能是逻辑值 0 或 1；当端口被说明为 BIT_VECTOR 数据类型时，该端口的取值是由一组逻辑值 0 和 1 构成的序列。

表 6.1　常用端口数据类型

关　键　字	说　明
BOOLEAN	布尔类型，取值有 FALSE、TRUE 两种，只用于关系运算，不能用于数值计算
BIT	二进制位类型，取值只能是 0、1，由 STANDARD 程序包定义
BIT_VECTOR	位向量类型，表示一组由 0、1 构成的序列，常用来描述地址总线、数据总线等端口
STD_LOGIC	工业标准的逻辑类型，取值 0、1、X、Z 等，由 STD_LOGIC_1164 程序包定义
STD_LOGIC_VECTOR	工业标准的逻辑向量类型，是 STD_LOGIC 的组合
INTEGER	整数类型，可用做循环的指针或常数，通常不用做 I/O 信号

6.1.3　实体描述举例

以下是几个实体描述举例。

【例 6.4】 写出 2 选 1 数据选择器的实体部分。

该例中，选择器命名为 21mux，a、b 和 s 都是输入信号，且类型都为 BIT 型，所以描述为"IN BIT"。y 是输出信号，类型也为 BIT 型，因此描述为"OUT BIT"。如此，可写出如下的实体程序：

```
ENTITY 21mux IS
  PORT ( a, b, s : IN BIT ;
         y : OUT BIT ) ;
END 21MUX ;
```

【例 6.5】 如果数据选择器的数据输入端口宽度为 8 位，则地址选择端变成了 3 位，实体描述修改为：

```
ENTITY 81mux IS
  PORT ( d : IN BIT_VECTOR( 7 DOWNTO 0 ) ;
         s : IN BIT_VECTOR( 2 DOWNTO 0 ) ;
         y : OUT BIT ) ;
END 81MUX ;
```

【例6.6】 描述并行口通信芯片8255的实体。

根据电路定义,所有的控制信号和地址信号都是输入模式IN,而输出端口和与总线相连的数据端口都是双向三态的,因此定义为双向模式INOUT。

```
ENTITY  i8255_full_sync_latch    IS
    PORT (reset,cs:IN        STD_LOGIC;
          rd,wr:    IN        STD_LOGIC;
          a1,a0:    IN        STD_LOGIC;
          pa,pb:    INOUT     STD_LOGIC_VECTOR (7 DOWNTO 0);
          pcl,pch:  INOUT     STD_LOGIC_VECTOR (3 DOWNTO 0);
          d:        INOUT     STD_LOGIC_VECTOR (7 DOWNTO 0));
END i8255_full_sync_latch;
```

6.2 结 构 体

结构体也称构造体,用于描述基本设计单元(实体)的结构、行为、元器件及内部连接关系。也就是说它定义了设计实体的功能,规定了设计实体的数据流程,制定了实体内部元器件的连接关系。

结构体对其基本设计单元的输入和输出关系可用以下三种方式进行描述,即行为描述(基本设计单元的数学模型描述)、数据流描述(寄存器传输描述)和结构化描述(逻辑元器件连接描述)。

结构体是对实体功能的具体描述,因此它一定要跟在实体的后面。结构体一般由两大部分组成:

(1) 对数据类型、常数、信号、子程序和元器件等进行说明的部分;

(2) 描述实体的逻辑行为,以各种不同的描述风格表达的功能描述语句,包括各种顺序语句和并行语句。

结构体的语句格式为:

```
ARCHITECTURE  <结构体名>  OF <实体名>  IS
    <信号定义语句,包括定义内部信号、常数、数据类型、函数等;>
BEGIN
    <并行语句>
    <进程语句>
END [ARCHITECTURE  结构体名];
```

6.2.1 结构体的命名

结构体名由设计者自行定义,"OF"后面的实体名指明了该结构体所对应的实体。有些设计实体有多个结构体,这些结构体的结构体名不可相同,通常用 dataflow(数据流)、behavior(行为)、structural(结构)命名。这三个名称体现了三种不同结构体的描述方式,使得阅读 VHDL 程序时,能直接了解设计者采用的描述方式。

例如:

ARCHITECTURE behavior OF i8255_full_sync_latch IS

通过这个命名,可以知道采用的描述方法是行为级的,属于一个完全方式同步的 I/O 芯片 8255 的设计实体。

在一个设计实体中可以有多个结构体,此时可以用配置(CONFIGURATION)语句安装连接具体元器件到一个实体-结构体对。配置被看做是设计元件清单,它表明每个实体的描述方式。有关配置的内容将在第 6.5 节介绍。

6.2.2 结构体信号定义语句

结构体信号定义语句必须放在关键词 ARCHITECTURE 和 BEGIN 之间,用于对结构体内部将要使用的信号、常数、数据类型、元器件、函数和过程加以说明。需要注意的是,实体说明中定义的信号是外部信号,而结构体定义的信号为该结构体的内部信号,它只能用于这个结构体中。

结构体中的信号定义和端口说明一样,应有信号名称和数据类型定义。因为它是内部连接用的信号,因此不需要说明方向。图 6.3 所示为结构体信号定义举例。

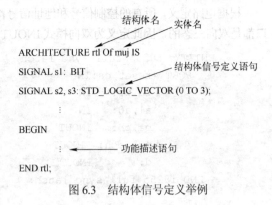

图 6.3 结构体信号定义举例

6.2.3 结构体功能描述语句

结构体功能描述语句位于 BEGIN 和 END 之间,描述了结构体的行为及其连接关系,可以含有 5 种不同类型的并行语句。每一种语句结构内部可以使用并行赋值语句,也可以使用顺序赋值语句。

结构体的构造图如图 6.4 所示。图中 5 种功能描述语句的基本组成和功能如下:

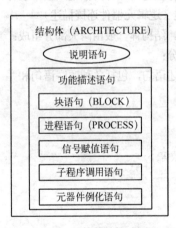

图 6.4 结构体的构造图

① 块语句:由一系列并行赋值语句构成的组合体,其功能是将结构体中的并行赋值语句组成一个或多个子模块;

② 进程语句:定义顺序赋值语句模块,用以将外部获得的信号值或内部运算数据向其他信号进行赋值;

③ 信号赋值语句:将设计实体内的处理结果向定义的信号或界面端口进行赋值;

④ 子程序调用语句:可以调用进程或参数,并将获得的结果赋值于信号;

⑤ 元器件例化语句:对其他的设计实体做元器件调用说明,并将此元器件的端口与其他元器件、信号或高层实体的界面端口进行连接。

各语句将在第 7 章进行详细介绍。

6.2.4 结构体描述方法

结构体主要有三种描述方法,即行为描述法、数据流描述法和结构化描述法。当然,这三种描述方法也可以任意组合,混合描述。

1. 行为描述法(Behavioral Description)

所谓结构体的行为描述,即对设计实体按算法路径来描述。行为描述在 EDA 工程中称为高层次描述或高级描述,原因有以下两点:

(1) 实体的行为描述是一种抽象描述,对电子设计而言是高层次的概括,是整体设计功能的定义;

(2) 从计算机领域而言,行为描述与高级编程语言类似,所以计算机业内人士通常称之为高级描述。当顺序执行结构体的行为描述时,设计工程师可为实体定义一组状态时序机制,不需要关注实体的电路组织和门级实现,这些完全由 EDA 工具综合生成,设计工程师只需注意正确的实体行为、准确的函数模型和精确的输出结果。

以下的例子为 8 位比较器的行为描述。

【例 6.7】 8 位比较器的行为描述。

```
LIBRARY IEEE;
USE IEEE.STD_LOGIC_1164.ALL;

ENTITY comparator IS
  PORT( a, b: IN STD_LOGIC_VECTOR ( 7 DOWNTO 0) ;
        g: OUT STD_LOGIC);
END comparator;

ARCHITECTURE behavioral OF comparator IS
BEGIN
  comp: PROCESS(a ,b)
  BEGIN
    IF a=b THEN g<='1';
    ELSE  g<='0';
    END IF;
  END PROCESS;
END behavioral;
```

实体的结构体采用简单算法描述了实体行为,定义了实体功能。输入 8 位数 a 和 b,若 a=b,则实体输出 g=1;否则实体输出 g=0。输出取决于输入条件。

进程标识 comp 是进程顺序执行的开始,END PROCESS 是进程结束。

关键字 PROCESS(a,b)中,a 和 b 都是敏感信号,即 a、b 每变化一次,就有一个比较结果输出。实体输出是动态的 g 值,时刻代表着 a、b 比较的结果。

2. 数据流描述法(Dataflow Description)

这种方法描述数据流的运动路径、运动方向和运动结果。对于布尔方程的数据流描述法描述的是信号数据流的路径。

例如,同样是一个 8 位比较器,采用数据流描述法编程如下。

【例 6.8】 8 位比较器数据流描述。

```
LIBRARY IEEE;
USE IEEE.STD_LOGIC_1164.ALL;

ENTITY comparator IS
  PORT( a, b: IN STD_LOGIC_VECTOR ( 7 DOWNTO 0) ;
        g: OUT STD_LOGIC);
END comparator;

ARCHITECTURE dataflow OF comparator IS
BEGIN
   g<='1' WHEN (a=b) ELSE '0';
END dataflow;
```

上述程序设计的数据流程为：当 a=b 时，g=1，其余情况 g=0。注意，数据流描述的句法与行为描述的句法是不一样的。以下两条语句是数据流描述时经常使用的。

（1）WHEN-ELSE：条件信号赋值语句。

（2）WITH-SELECT-WHEN：选择信号赋值语句。

同样布尔方程也可用于数据流描述法。

【例 6.9】 布尔方程描述。

```
LIBRARY IEEE;
USE IEEE.STD_LOGIC_1164.ALL;

ENTITY comparator IS
  PORT( a, b: IN STD_LOGIC_VECTOR ( 7 DOWNTO 0) ;
        g: OUT STD_LOGIC);
END comparator;

ARCHITECTURE bool OF comparator IS
BEGIN
    g<=NOT(a(0) XOR b(0))  AND  NOT(a(1) XOR b(1))  AND  NOT(a(2) XOR b(2))  AND
       NOT(a(3) XOR b(3))  AND  NOT(a(4) XOR b(4))  AND  NOT(a(5) XOR b(5))  AND
       NOT(a(6) XOR b(6))  AND  NOT(a(7) XOR b(7));
END bool;
```

布尔方程的数据流描述法描述了信号的数据流路径。这种描述法比行为描述法的结构体复杂，因为后者的结构体描述与端口结构无关，只要 a=b，就输出 1，与 a、b 的大小无关。数据流描述法采用并行信号赋值语句，而不是进程顺序语句。一个结构体可以有多种信号赋值语句，并且语句可以并行执行。

3. 结构化描述法（Structural Description）

在用结构化描述法描述结构体前，应首先画出描述功能的逻辑电路图，然后调用库中的标准元器件加以描述。由于采用结构化描述法描述 8 位比较器非常烦琐，这里不再给出源程序。

这种方法适用于层次化的设计，可以把一个复杂的电子系统分解为多个子系统，子系统再分解为多个模块。结构化设计可以多人协作，并同时进行设计。层次化设计中每个层次都可以作为一个元器件，再构成一个模块或一个系统。每个元器件可以分别仿真，然后再整体调试。结构化设计不仅是一种设计方法，而且是一种设计思想。

6.3 VHDL 库

库是经编译后数据的集合，它可以存放程序包定义、实体定义、结构体定义和配置定义。库的好处在于使设计者可以共享已经编译过的设计结果，以便在其他设计中可以随时引用这些信息，提高设计效率。在 VHDL 中可以存在多个不同的库，但是库与库之间是独立的，不能相互嵌套。

每当综合器在较高层次的 VHDL 源文件中遇到库语言时，就将随库制定的源文件读入，并参与综合。这就是说，在综合过程中，所要调用的库必须以 VHDL 源文件的方式存在，并能使综合器随时读入使用。

6.3.1 库的种类

当前在 VHDL 中存在的库大致可以归纳为 4 种：IEEE 库、STD 库、WORK 库和用户自定义库。下面分别予以介绍。

1. IEEE 库

IEEE 库是 VHDL 设计中最常用的库,它包含 IEEE 标准的程序包和其他一些支持工业标准的程序包。IEEE 库中的标准程序包主要包括 STD_LOGIC_1164、NUMERIC_BIT 和 NUMERIC_STD 等。其中,STD_LOGIC_1164 是最重要和最常用的程序包。

此外,现在有些公司也提供一些程序包,虽非 IEEE 标准,但由于其已成为事实上的工业标准,也都并入了 IEEE 库,如 Synopsys 公司的 STD_LOGIC_ARITH、STD_LOGIC_SIGNED 和 STD_LOGIC_UNSIGNED 程序包。

一般基于 CPLD/FPGA 的开发,IEEE 库中的这四个程序包已足够使用。另外需要注意的是,在 IEEE 库中符合 IEEE 标准的程序包并非符合 VHDL 标准,如 STD_LOGIC_1164 程序包在使用时,必须在设计实体前面显示出来。

2. STD 库

STD 库是 VHDL 的标准库,在库中存放有称为 STANDARD 的程序包。由于它是 VHDL 的标准配置,因此设计者如果要调用 STANDARD 中的数据,可以不按标准格式说明。STD 库中还包含称为 TEXTIO 的程序包。在使用 TEXTIO 程序包的数据时,应说明库和程序包名,然后才可以使用该程序包的数据。

例如:

  LIBRARY IEEE;
  USE STD.TEXTIO.ALL;

3. WORK 库

WORK 是现行工作库。设计者所描述的 VHDL 语句不需要任何说明,将都存放在 WORK 库中。使用该库时无须进行任何说明,WORK 库自动满足 VHDL 标准。在计算机或工作站上利用 VHDL 进行项目设计时,不允许在根目录下进行,必须为它设定一个文件夹,用于保存所有此项目的设计文件。VHDL 综合器将此文件夹默认为 WORK 库。但必须注意,工作库并非文件夹的名称,而是一个逻辑名,综合器将指向该文件夹的路径。

4. 用户自定义库

用于为自身设计需要所开发的公用程序包和实体等,也可以汇集在一起定义成一个库。在使用时同样需要说明库名。

6.3.2 库的用法

前面提到的 4 类库中,除 WORK 和 STD 库之外,其他两类库在使用前都需要说明,说明格式为:

  LIBRARY 库名;

另外,还需使用 USE 语句指明库中的程序包。一旦说明了库和程序包,整个设计实体都可以访问或调用,但其作用范围仅限于所说明的设计实体。USE 语句将使所说明的程序包对本设计实体部分或全部开放。

USE 语句有以下两种常用格式:

  USE 库名.程序包名.项目名;

含义是向本设计实体开放指定库中特定程序包内所选定的项目。

  USE 库名.程序包名.ALL;

含义是向本设计实体开放指定库中特定程序包内的所有内容。

下面举例说明:

```
LIBRARY IEEE;
USE IEEE.STD_LOGIC_1164.ALL;
USE IEEE.STD_LOGIC_1164.STD_ULOGIC;
```

此例中,第一个 USE 语句表明打开 IEEE 库中的 STD_LOGIC_1164 程序包,并使程序包中的所有公共资源对本语句后面的 VHDL 设计实体程序全部开放,关键词 ALL 代表程序包中的所有资源。第二个 USE 语句开放了程序包 STD_LOGIC_1164 中的 STD_ULOGIC 数据类型。STD_ULOGIC 是可枚举数据类型。

库说明语句的作用范围从实体说明开始到它所属的结构体、配置为止。当一个源程序中出现两个以上实体时,作为使用库的说明语句应在每个设计实体说明语句前重复书写。

例如:

```
LIBRARY IEEE;                                  --库使用说明
USE IEEE.STD_LOGIC_1164.ALL;

ENTITY and IS
    ...
END and;

ARCHITECTURE dataflow OF and IS
    ...
END dataflow;

CONFIGURATION c1 OF and IS                     -- CONFIGURATION(配置)
    ...
END c1;

LIBRARY IEEE;                                  --库使用说明
USE IEEE.STD_LOGIC_1164.ALL;
ENTITY or IS
CONFIGURATION c2 OF and IS
    ...
END c2;
```

在 VHDL 中,库的说明语句总是放在实体单元前面,这样实体内的语句就可以使用库中的数据和文件。由此可见,库的用处在于使设计者可以共享已经完成的设计成果。VHDL 允许在同一个实体中同时打开多个不同的库,但库之间必须是相互独立的。

库设置的一般方法是:自定义一个资源库,把过去的设计资料分类装入自建资源库备用,WORK 库只作为当前的设计库,每次设计前找到与本设计有关的资料装入 WORK 库,包括标准库的有用资料。因为 WORK 库是预定义标准库,无须用库语句制定,设计时可节省输入时间。清理 WORK 库中与本次设计无关的资料,可以节省查找文件的时间。

把其他资料装入 WORK 库的方法是:把资料的源程序复制存入 WORK 库,经过编译即可使用。例如,把 IEEE 库 STD_LOGIC_1164 程序包的源程序复制存入 WORK 库,经过编译即可使用。方法如下:

USE WORK.STD_LOGIC_1164.ALL;

含义是用 USE 语句打开 WORK 库中 STD_LOGIC_1164 程序包的所有资源。

把 IEEE 库的 STD_LOGIC_1164 整个程序包复制到 WORK 库中使用，操作比较简单。但 STD_LOGIC_1164 程序包内容较多，调用其中的子程序时，查找起来比较浪费时间。若能把本设计有关子程序的源程序从 STD_LOGIC_1164 程序包中分离出来存入 WORK 库进行编译备用，可以更节省时间，提高设计效率。

在实际设计中，不要滥用 USE 语句的".ALL"。例如，一个元器件包中有 10 个元器件，设计时只用其中最后一个元器件，用 ALL 打开所有资源，编译须从第一个元器件名开始查找，找 10 次才找到所用的元器件名。若用 USE 语句直接指定该文件名，可节省大量查找时间。

6.4 VHDL 程序包

在编写 VHDL 程序的过程中，实体说明和结构体中的信号定义、常量定义、数据类型、子程序说明、属性说明及元器件说明等部分只能在本设计实体中使用，而对于其他设计实体来说，则是不可用的。因此，为了使一组信号定义、数据类型说明或子程序说明等对多个设计实体和相应的结构体都有效，VHDL 提供了程序包的概念。

在 VHDL 中，程序包主要用来存放各个设计能够共享的信号说明、常量定义、数据类型说明、子程序说明、属性说明和元器件说明等部分。如果需要使用程序包中的某些说明和定义，设计人员只需使用 USE 语句进行说明即可。

6.4.1 程序包组成和格式

一个完整的程序包一般是由两部分组成的，分别为程序包说明部分和程序包包体部分。其中，程序包说明部分主要对数据类型、子程序、常量、元器件、属性和属性指定等进行说明；程序包包体部分由程序包说明部分指定的函数和过程的程序体组成，即用来规定程序包的实际功能。程序包包体部分的描述方法和结构体相同。

程序包这种结构的好处是：当功能需要做某些调整或数据赋值需要变化时，只要改变程序包体的相关语句就可以了，而无须改变程序包首的说明，这样使得需要重新编译的单元数目尽可能地减少。

1. 程序包说明部分

程序包说明部分的一般格式如下：

```
PACKAGE 程序包名 IS
    [说明部分;]              ├ 程序包说明部分
END 程序包名;
```

在程序包说明部分的语法结构中，说明部分可以是数据类型说明、子程序说明、常量说明、信号说明、元器件说明、文件说明、别名说明、属性说明及属性指定等。另外，程序包说明部分中的所有说明语句是对外有效的，这一点与实体说明部分十分相似，它们都用来指定对外有效的项。实际上，程序包说明部分和实体说明部分是不同的，程序包说明部分用来指定哪些数据类型、子程序、常量和信号对外有效，而实体说明部分则用来指定哪些信号对外有效。

2. 程序包包体部分

程序包包体部分的一般格式如下：

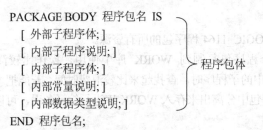

可见，程序包包体部分主要由程序包说明部分指定的函数和过程的程序体组成，同时还允许建立内部的子程序和内部变量、数据类型的说明，但要注意它们对外是无效的。

程序包说明部分是主设计单元，可以独立进行编译并插入到库中。程序包包体部分是次设计单元，同样也可以在其对应的主设计单元编译并插入到库中之后独立进行编译。在实际应用时，程序包中的程序包包体部分是一个可选项，当程序包说明部分不含有子程序说明部分时，则程序包包体部分是不需要的；当含有子程序说明部分时，则必须有相应的程序包包体部分对其子程序的程序体进行描述。

6.4.2 VHDL 标准程序包

VHDL 标准中提供了一些预定义的标准程序包，这些程序包广泛应用于编写 VHDL 程序，因此这里有必要对它们进行介绍。

（1）STD_LOGIC_1164 程序包

这是 IEEE 库中最常用的程序包，是 IEEE 的标准程序包。包中包含一些数据类型、子类型和函数定义。这些定义将 VHDL 扩展为一个能描述多值逻辑的硬件描述语言，很好地满足了实际数字系统的设计需求。STD_LOGIC_1164 程序包中用得最多和最广的是两个满足工业标准的数据类型 STD_LOGIC 和 STD_LOGIC_VECTOR。

（2）STD_LOGIC_ARITH 程序包

它预先编译在 IEEE 库中，在 STD_LOGIC_1164 程序包的基础上扩展了三个数据类型 UNSIGNED、SIGNED 和 SMALL_INT，并为其定义了相关的算术运算符和数据类型转换函数。

（3）STD_LOGIC_UNSIGNED 和 STD_LOGIC_SIGNED 程序包

它们都是 Synopsys 公司的程序包，都预先编译在 IEEE 库中。这些程序包包含了可用于 INTEGER 类型及 STD_LOGIC 和 STD_LOGIC_VECTOR 类型混合运算的运算符，并定义了由 STD_LOGIC_VECTOR 型到 INTEGER 型的转换函数。这两个程序包的区别是后者定义的运算符考虑到了符号，是有符号数的运算。

（4）STANDARD 和 TEXTIO 程序包

这是 STD 库中预先编译好的程序包。STANDARD 程序包中定义了许多基本的数据类型、子类型和函数。TEXTIO 程序包定义了支持文件操作的许多类型和子程序，主要供仿真器使用。

要使用程序包，可以使用 USE 语句说明。调用程序包的通用模式为：

    USE 库名.程序包名.ALL;

例如：

    USE IEEE.STD_LOGIC_1164.ALL;

该语句表示在 VHDL 程序中要使用名为 STD_LOGIC_1164 的程序包中所定义或说明的项。

6.5 配　　置

在一般的 VHDL 程序设计中，元器件的结构体与该元器件同名的实体相连接，配置可以把特定的结构体关联到（指定给）一个确定的实体。通常在大而复杂的 VHDL 工程设计中，配置语句可以为实体指定或配置一个结构体。例如，可以利用配置使仿真器为同一实体配置不同的结构体，使设计者比较不同结构体的仿真差别，或者为例化的各元器件实体配置指定的结构体，从而形成一个所希望的例化元器件层次构成的设计实体。

VHDL 提供配置语句用于描述各种设计实体和元器件之间的连接关系，以及设计实体和结构体之间的连接关系。

6.5.1 默认配置

默认配置是最简单形式的配置，不含任何块语句和元器件的模块可用这种配置。默认配置语句的一般格式如下：

CONFIGURATION　配置名　OF　实体名　IS
　FOR　选配结构体名
　END FOR;
END 配置名;

下面是默认配置的一个举例。

【例 6.10】　与、或、与非、或非、异或，5 个结构体公用一个实体。

```
LIBRARY IEEE;
USE IEEE.STD_LOGIC_1164.ALL;

ENTITY example_v IS
   PORT (a : IN STD_LOGIC;
         b : IN STD_LOGIC;
         y : OUT STD_LOGIC);
END example_v;

ARCHITECTURE and2_arc OF example_v IS
BEGIN
   y <= a AND b;
END and2_arc;

ARCHITECTURE or2_arc OF example_v IS
BEGIN
   y <= a OR b;
END or2_arc;

ARCHITECTURE nand2_arc OF example_v IS
BEGIN
   y <= NOT(a AND b);
END nand2_arc;

ARCHITECTURE nor2_arc OF example_v IS
```

```
BEGIN
   y <= NOT(a OR b);
END nor2_arc;

ARCHITECTURE xor2_arc OF example_v IS
BEGIN
   y <= a XOR b;
END xor2_arc;

CONFIGURATION cfg1 OF example_v IS
   FOR and2_arc
   END FOR;
END cfg1;

CONFIGURATION cfg2 OF example_v IS
   FOR or2_arc
   END FOR;
END cfg2;

CONFIGURATION cfg3 OF example_v IS
   FOR nand2_arc
   END FOR;
END cfg3;

CONFIGURATION cfg4 OF example_v IS
   FOR nor2_arc
   END FOR;
END cfg4;

CONFIGURATION cfg5 OF example_v IS
   FOR xor2_arc
   END FOR;
END cfg5;
```

在例（example_v）中有 5 个不同的结构体，分别用来完成两输入的逻辑与、或、与非、或非、异或的运算操作。在程序中使用了 5 个默认配置语句来指明设计实体 example_v 和哪个结构体一起组成完整的设计：配置语句 cfg1 将与逻辑结构体配置给实体，cfg2 将或逻辑结构体配置给实体，cfg3 将与非逻辑结构体配置给实体，cfg4 将或非逻辑结构体配置给实体，cfg5 将异或逻辑结构体配置给实体。模拟时，将根据所编译的是以上哪个配置来决定要进行模拟的结构体，也就是说，最后一个被编译的结构体（异或逻辑）将被模拟，图 6.5 所示为异或逻辑的仿真波形图。

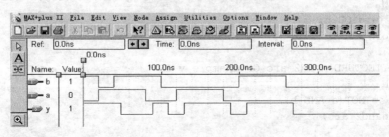

图 6.5 异或逻辑的仿真波形图

6.5.2 结构体的配置

结构体的配置主要用来对结构体中引用的元器件进行配置。结构体的配置格式如下：

FOR　<元器件例化标号>:<元器件名>USE ENTITY <库名>.<实体名(结构体名)>;

下面以一位全加器的构成为例说明结构体的配置用法。全加器电路如图 6.6 所示，将两输入与门、一个或门、两个异或门设置成通用例化元器件，由结构体引用。

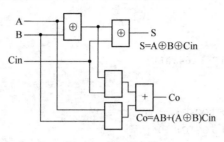

图 6.6　全加器电路

【例 6.11】 全加器（采用结构体配置）。

```
LIBRARY IEEE;
USE IEEE.STD_LOGIC_1164.ALL;

ENTITY and2_v IS
   PORT(a: IN STD_LOGIC;
        b: IN STD_LOGIC;
        y: OUT STD_LOGIC);
END and2_v;

ARCHITECTURE and2_arc OF and2_v IS
BEGIN
   y <= a AND b;
END and2_arc;

CONFIGURATION and2_cfg OF and2_v IS
    FOR and2_arc
    END FOR;
END and2_cfg;

LIBRARY IEEE;
USE IEEE.STD_LOGIC_1164.ALL;

ENTITY or2_v IS
   PORT(a: IN STD_LOGIC;
        b: IN STD_LOGIC;
        y: OUT STD_LOGIC);
END or2_v;

ARCHITECTURE or2_arc OF or2_v IS
```

```vhdl
BEGIN
  y <= a OR b;
END or2_arc;

CONFIGURATION or2_cfg OF or2_v IS
    FOR or2_arc
    END FOR;
END or2_cfg;

LIBRARY IEEE;
USE IEEE.STD_LOGIC_1164.ALL;

ENTITY xor2_v IS
   PORT(a: IN STD_LOGIC;
        b: IN STD_LOGIC;
        y: OUT STD_LOGIC);
END xor2_v;
ARCHITECTURE xor2_arc OF xor2_v IS
BEGIN
   y <= a XOR b;
END xor2_arc;

CONFIGURATION xor2_cfg OF xor2_v IS
    FOR xor2_arc
    END FOR;
END xor2_cfg;

LIBRARY IEEE;
USE IEEE.STD_LOGIC_1164.ALL;

ENTITY add1_v IS
   PORT(A : IN STD_LOGIC;
        B : IN STD_LOGIC;
        Cin: IN STD_LOGIC;
        Co : OUT STD_LOGIC;
        S : OUT STD_LOGIC);
END add1_v;

ARCHITECTURE structure OF add1_v IS
    COMPONENT and2_v
       PORT(a : IN STD_LOGIC;
            b : IN STD_LOGIC;
            y : OUT STD_LOGIC);
    END COMPONENT;
    COMPONENT or2_v
       PORT(a : IN STD_LOGIC;
            b : IN STD_LOGIC;
```

```
                y : OUT STD_LOGIC);
    END COMPONENT;
    COMPONENT xor2_v
      PORT(a : IN STD_LOGIC;
           b : IN STD_LOGIC;
           y : OUT STD_LOGIC);
    END COMPONENT;
  SIGNAL tmp1,tmp2,tmp3 : STD_LOGIC;
  FOR U1,U2 : xor2_v USE ENTITY work.xor2_v( xor2_arc);
  FOR U3,U4 : and2_v USE ENTITY work.and2_v( and2_arc);
  FOR U5    : or2_v USE ENTITY work.or2_v( or2_arc);
  BEGIN
     U1 : xor2_v PORT MAP(A,B,tmp1);
     U2 : xor2_v PORT MAP(tmp1,Cin,S);
     U3 : and2_v PORT MAP(tmp1,Cin,tmp2);
     U4 : and2_v PORT MAP(A,B,tmp3);
     U5 : or2_v PORT MAP(tmp2,tmp3,Co);
  END structure;
```

6.6 VHDL 文字规则

VHDL 的文字规则类似于计算机高级语言，但也有一些特殊的规则和表达方式。

6.6.1 标识符

与其他高级编程语言一样，VHDL 的标识符是一种用来对 VHDL 语法单位进行标识的符号，目的是区分不同的语法单位。所谓标识符规范，是指 VHDL 符号书写的一般规则，它不仅对电子系统设计工程师是一个约束，同时也为各种各样的 EDA 工具提供了标准的书写规范。

由前面的介绍可知，VHDL 有两个标准版本：VHDL'87 标准和 VHDL'93 标准。在 VHDL'87 标准中，有关标识符的语法规范经过扩展后，形成了 VHDL'93 标准中的标识符语法规范。通常，设计工程师为了区分这两种标识符语法规范，习惯上将 VHDL'87 标准中的标识符称为短标识符，将 VHDL'93 标准中的标识符称为扩展标识符。

VHDL'87 标准中，短标识符的命名必须遵循如下规则：
① 短标识符必须由英文字母、数字及下画线组成；
② 短标识符必须以英文字母开头；
③ 短标识符不允许连续出现两个下画线；
④ 短标识符最后一个字符不能是下画线；
⑤ 短标识符中的英文字母不区分大小写；
⑥ VHDL 中的关键字不能作为短标识符来使用。

在 VHDL 中，所谓关键字是指在应用中具有特殊地位或作用的标识符。对于这种关键字，设计人员不能将其说明为标识符。

VHDL'93 标准中，扩展标识符的命名必须遵循如下规则：
① 扩展标识符用反斜杠来分隔，如\addr_bus\；
② 扩展标识符中允许包含图形符号和空格等，如\addr&_bus\和\addr_b us\；

③ 扩展标识符的两个反斜杠之间可以用数字开头，如\16_addr_bus\；
④ 扩展标识符的两个反斜杠之间可以使用关键字；
⑤ 扩展标识符中允许多个下画线相连；
⑥ 同名的扩展标识符和短标识符不同；
⑦ 扩展标识符区分大小写；
⑧ 若扩展标识符中含有一个反斜杠，则应该用两个相邻的反斜杠来代替。

以下是几种合法的标识符：my_counter，decoder_1，FFT，ram-address。
以下是几种非法的标识符。

- _Decoder_1：起始为非英文字母；
- 2FFT：起始为数字；
- Sig_#N：符号"#"不能成为标识符的构成；
- Not-Ack：符号"-"不能成为标识符的构成；
- RyY_RST_：标识符的最后不能是下画线"_"；
- Data__BUS：标识符中不能有双下画线；
- Return：关键字。

6.6.2 数字

数字主要有整数、实数和物理量文字三种形式，现列举如下。

1. 整数

没有标出进制的整数都是十进制数，数字间的下画线仅仅是为了提高文字的可读性，相当于一个空的间隔符。例如，45_234_287 等于 45234287，156E2 等于 15600。

如果需要指明进制，则表示成"进制#数值#指数"5 个部分。#起分隔作用，十进制用 10 表示，十六进制用 16 表示，八进制用 8 表示，二进制用 2 表示。数值与进制有关，指数部分用十进制表示，如果指数部分为 0，则可以省略不写。例如，16#FE#表示十六进制数值 FE，2#1111_1110#表示二进制数值 11111110。

2. 实数

实数也都是十进制的数，但必须带有小数点。例如，1.335，99E-2 等。

3. 物理量文字

VHDL 综合器不接受此类文字，如 60s，100m 等。

6.6.3 字符串

字符是用单引号括起的 ASCII 字符，可以是数值，也可以是符号或字母，例如：'R'，'a'，'*'，'Z'，'U'，'0'，'1'，'-'，'L'…

字符串是一维的字符数组，需要放在双引号中。字符串有两类，分别是文字字符串和数位字符串。

文字字符串是用双引号括起的一串文字，例如："ERROR"，"Both S and Q equal to 1"，"X"，"BB$CC"。

数位字符串也称位矢量，是预定义的数据类型 BIT 的一位数组。数位字符串与文字字符串相类似，但所代表的是二进制、八进制或十六进制的数组。它们所代表的位矢量长度即为等值的二进制数位数。字符串数值的数据类型是一维的枚举型数组。与文字字符串表示不同，数位字符串的表示首先要有计算基数，然后将该基数表示的值放在双引号中，基数符以 "B"、"O" 和 "X" 表示，并存放在字符串的签名中。它们的含义分别如下。

- B：二进制基数符号，表示二进制位 0 或 1，字符串中的每位表示一个 BIT。
- O：八进制基数符号，字符串中的每一个数代表一个八进制数，即代表一个三位二进制数。
- X：十六进制的基数符号（0~F），代表一个十六进制数，即一个 4 位二进制数。

例如：
- data1<=B"1_1101_1110"：二进制数组，长度为 9。
- data2<=O"15"：八进制数组，长度为 6。
- data3<=X"AD0"：十六进制数组，长度为 12。
- data4<=B"101_010_101_010"：二进制数组，长度为 12。
- data5<="101_010_101_010"：表达错误，缺 B。
- data6<="0AD0"：表达错误，缺 X。

6.7 VHDL 数据类型

VHDL 中，信号、常量、常数等都要指定数据类型。为此，VHDL 提供了多种标准的数据类型。另外，为使用户设计方便，还可以由用户自定义数据类型。VHDL 是一种强类型语言，不同类型之间的数据不能相互传递。而且，即使数据类型相同，如果位长不同，也不能相互传递。这样，VHDL 综合工具很容易找出设计中的各种常见错误。

VHDL 的数据类型可以分成 4 类：标量型、复合型、存取型和文件型。这些数据类型又可以分成预定义数据类型和自定义数据类型两个类别。预定义的 VIIDL 数据类型是 VHDL 最常用、最基本的数据类型。这些数据类型都已在 VHDL 的标准程序包 STANDARD 和 STD_LOGIC_1164 及其他的标准程序包中进行了定义，并可在设计中随时调用。VHDL 综合器只支持部分可综合的预定义或用户自定义的数据类型，对于有些类型不支持，如 TIME、FILE 等类型。

6.7.1 预定义数据类型

预定义数据类型共有 10 种，如表 6.2 所示。下面对各种数据类型逐一简要说明。

表 6.2 预定义数据类型

数 据 类 型	含 义
整数	整数 32 位，−2 147 483 647~2 147 483 647
实数	浮点数，−1.0E+38~+1.0E+38
位	逻辑 "0" 或 "1"
位矢量	逻辑 "0" 或 "1" 序列
布尔量	逻辑 "真" 或 "假"
字符	ASCII 字符
字符串	ASCII 字符序列
时间	时间单位 fs, ps, ns, μs, ms, sec, min, hr
错误等级	NOTE, WARNING, ERROR, FAILURE
自然数、正整数	整数的子集（自然数：大于等于 0 的整数；正整数：大于 0 的整数）

1. 整数（integer）

整数类型的数代表正整数、负整数和零。整数类型与算术整数相似，可以使用预定义的运算符，如加（+）、减（-）、乘（*）、除（/）等进行算术运算。在 VHDL 中，整数的取值范围是-2 147 483 647～+2 147 483 647，即可用 32 位有符号的二进制数表示。实际应用中，VHDL 仿真器通常将整数类型作为有符号数处理，而 VHDL 综合器则将整数作为无符号数处理。在使用整数时，VHDL 综合器要求用 "RANGE 子句" 为所定义的数限定范围，然后根据范围决定表示此信号或变量的二进制位数。

2．实数（real）

VHDL 的实数类型也类似于数学中的实数，或称浮点数。实数取值范围为-1.0E38～+1.0E38。通常情况下，实数类型仅能在 VHDL 仿真器中使用，VHDL 综合器则不支持实数。直接的实数类型表达和实现相当复杂，目前在电路规模上难以承受。

实数有正、负数之分，书写时一定要带小数点。例如，-1.0，+2.5，-1.0E38。

3．位（bit）

位数据类型的取值只能是 0 或 1。位与整数中的 0 和 1 不同，前者是逻辑值，后者是整数值。位数据类型可以用来描述数字系统中的总线值，当然也可以用转换函数进行转换。

4．位矢量（bit_vector）

位矢量是用双引号括起来的一组位数据。例如，"001100"、X"00BB"，这里位矢量前面的 X 表示十六进制。使用位矢量时必须注明位宽。

5．布尔量（boolean）

布尔类型的数据只能取逻辑 "真" 或 "假" 两者之一。布尔量不属于数值，不能用于运算，只能通过关系运算符获得。

6．字符（character）

字符也是一种数据类型，所定义的字符量通常用单引号括起来，如 'A'。一般情况下，VHDL 对大、小写不敏感，但是对字符量中的大、小写字符则加以区分。例如，'B' 不同于 'b'。字符量中的字符可以是 a～z 中任一个字母，0～9 中的任一个数及空白或者特殊字符，如$、@、%等。程序包 STANDARD 中给出了预定义的 128 个 ASCII 字符类型，不能打印的用标识符给出。注意，字符 '1' 与整数 1 和实数 1.0 都是不相同的。

7．字符串（string）

字符串是由双引号括起来的字符序列，也称为字符矢量或字符串数组，例如，"integer range"。字符串常用于程序的提示和说明。

8．时间（time）

时间是一个物理量数据。完整的时间数据应包含整数和单位两部分，而且整数和单位之间应至少留一个空格位置，如 55 sec、2 min 等。

在程序包 STANDARD 中给出了时间的预定义，其单位为 fs, ps, ns, μs, ms, sec, min, hr。以下为时间数据的例子：20 μs, 100 ns, 3 sec。

在系统仿真时，时间数据非常有用，用它可以表示信号延时，从而使模型系统更逼近实际系统的运行环境。

9. 错误等级（severity level）

错误等级类型数据用来表征系统的状态，它共有 4 种：NOTE（注意）、WARNING（警告）、ERROR（出错）、FAILURE（失败）。在系统仿真过程中可以用这 4 种状态提示系统当前的工作情况。这样可使操作人员随时了解当前系统的工作情况，并根据系统的不同状态采取相应对策。

10. 大于等于零的整数（natural）、正整数（positive）

这两类数据是整数的子类，大于等于零的整数类型只能取 0 和 0 以上的正整数。

上述 10 种数据类型是 VHDL 中标准的数据类型，在编程时可以直接引用。如果用户需要使用这 10 种以外的数据类型，则必须自定义。但是，大多数 CAD 厂商已在程序包中对标准数据类型进行了扩展，如数组型数据等，这点请读者注意。

由于 VHDL 属于强类型语言，在仿真过程中，首先要检查赋值语句中的类型和区间，任何一个信号和变量的赋值均须落入给定的约束区间中，也就是说要落入有效数值的范围中。约束区间的说明通常跟在数据类型说明的后面。

例如：

  INTEGER RANGE 100 DOWNTO 1　　--整数取值范围为 100～1
  BIT_VECTOR(3 DOWNTO 0)　　--4 位位矢量
  REAL RANGE 2.0 TO 30.0　　--实数取值范围为 2.0～30.0

6.7.2 自定义数据类型

在 VHDL 中，用户最感兴趣是可以自己定义数据类型。用户自定义数据类型格式为：

  TYPE 数据类型名 {,数据类型名} 数据类型定义;

在 VHDL 中，还存在不完整的用户自定义数据类型，其格式为：

  TYPE 数据类型名 {,数据类型名};

这种由用户定义的数据类型是一种利用其他已定义说明进行的"假"定义，因此它不能进行逻辑综合。

用户自定义数据类型包括枚举类型、整数类型、实数类型、数组类型、时间类型、存取类型、文件类型和记录类型等。下面对常用的几种进行说明。

1. 枚举类型

在逻辑电路中，所有数据都是用 "0" 或 "1" 来表示。但是，人们在考虑逻辑关系时，只有数字往往是不方便的。VHDL 可以用符号名代替数字。例如，在表示一周每一天状态的逻辑电路中，假设 "000" 为星期日，"001" 为星期一，这使得阅读程序颇为不便。为此，可定义一个称为 "week" 的数据类型：

  TYPE week IS (sum, mon, tue, wed, thu, fri, sat) ;

由于上述定义，凡是用于代表星期二的日子都可以用 "tue" 来代替，这比用代码 "010" 表示星期二更加直观，使用时也不易出错。

枚举类型数据的定义格式为：

  TYPE 数据类型名 IS (元素, 元素, …);

枚举类型应用相当广泛，在程序包 STD_LOGIC 和 STD_LOGIC_1164 中都有定义。例如，STD_LOGIC 的数据类型在 STD_LOGIC_1164 程序包中被定义为：

  TYPE　STD_LOGIC　IS　 ('U', 'X', '0', '1', 'Z', 'W', 'L', 'H', '−');

2. 整数类型、实数类型

整数类型在 VHDL 中已存在,这里所说的是用户自定义的整数类型,实际上可以认为是整数的一个子类。例如,在数码管上显示数字,其值只能取 0~9 的整数。如果由用户定义用数码管显示的数据类型,那么可以写为:

  TYPE digit IS INTEGER RANGE 0 TO 9;

同理,实数类型也可自定义子类型,例如:

  TYPE current IS REAL RANGE 1E4 TO 1E4;

据此,总结出整数或实数用户自定义数据类型的格式为:

  TYPE 数据类型名 IS 数据类型定义 约束范围;

3. 数组类型

数组(ARRAY)类型属于复合类型,是将一组具有相同数据类型的元素集合在一起,作为一个数据对象来处理的数据类型。数组可以是一维(每个元素只有一个下标)数组或多维数组(每个元素有多个下标)。VHDL 仿真器支持多维数组,但综合器只支持一维数组。

数组的元素可以是任何一种数据类型。用以定义数组元素的下标范围子句决定了数组中元素的个数及元素的排序方向,即下标数是由低到高或由高到低排列的。例如,子句"0 TO 7"是由低到高排序的 8 个元素,"15 DOWNTO 0"是由高到低排序的 16 个元素。

数组定义的书写格式为:

  TYPE 数据类型名 IS ARRAY (范围) OF 原数据类型名;

在这里如果范围这一项没有被指定,则使用整数数据类型,例如:

  TYPE word IS ARRAY (INTEGER 1 TO 8) OF STD_LOGIC;
  TYPE instruction IS (ADD, SUB, INC, SRL, SRF, LDA, LDB, XFR);
  SUBTYPE digit IS INTEGER 0 TO 9;
  TYPE insflag IS ARRAY (instruction ADD TO SRF) OF digit;

数组在总线定义及 ROM、RAM 等系统模型中使用。STD_LOGIC_VECTOR 也属于数组数据类型,它在程序包 STD_LOGIC_1164 中的定义如下:

  TYPE STD_LOGIC_VECTOR IS ARRAY (NATURAL RANGE< >) OF STD_LOGIC;

这里范围由"RANGE< >"指定。如果没有给出范围,在这种情况下,范围由信号说明语句等确定。例如:

  SIGNAL aaa: STD_LOGIC_VECTOR (3 DOWNTO 0);

在函数和过程语句中,若使用无限制范围的数组时,其范围一般由调用者所传递的参数来确定。多维数组需要用两个以上的范围来描述,而且多维数组不能生成逻辑电路。

4. 时间类型

时间类型是表示时间的数据类型,在仿真时是必不可少的。其格式为:

  TYPE 数据类型名 IS 范围
    UNITS 基本单位;
      单位;
    END UNITS;

这里的基本单位是"fs",其 1000 倍是"ps"。时间是物理类型的数据,当然对容量、阻抗值等也可以进行定义。

5. 记录类型

数组是同一类型数据集合起来形成的,而记录则是将不同类型的数据和数据名组织在一起形成的新客体。记录类型的定义格式为:

  TYPE 数据类型名 IS RECORD
    元素名:数据类型名;
    元素名:数据类型名;
      ...
  END RECORD;

例如:

  TYPE bank IS RECORD
    addr0 : STD_LOGIC_VECTOR (7 DOWNTO 0);
    addr1 : STD_LOGIC_VECTOR (7 DOWNTO 0);
    r0 : INTEGER ;
    inst : instruction ;
  END RECORD ;

从记录类型中提取元素数据类型时应使用"."。

6.7.3 用户自定义的子类型

用户自定义的子类型是用户对已定义的数据类型进行一些范围限制而形成的一种新数据类型。子类型的名称通常采用用户较易理解的名字。

子类型定义的一般格式为:

  SUBTYPE 子类型名 IS 数据类型名 [范围];

例如,在 STD_LOGIC_VECTOR 基础上所形成的子类:

  SUBTYPE iobus IS STD_LOGIC_VECTOR (7 DOWNTO 0);
  SUBTYPE digit IS INTEGER RANGE 0 TO 9;

子类型可以对原数据类型指定范围而形成,也可以完全和原数据类型范围一致。例如:

  SUBTYPE abus IS STD_LOGIC_VECTOR (7 DOWNTO 0);
  SIGNAL aio : STD_LOGIC_VECTOR (7 DOWNTO 0);
  SIGNAL bio : STD_LOGIC_VECTOR (15 DOWNTO 0);
  SIGNAL cio : abvs ;
    aio <= cio ;正确操作   bio <= cio; 错误操作

除上述外,子类型还常用于存储器阵列等数组描述场合。新构造的数据类型及子类型通常在程序包中定义,再由 USE 语句装载到描述语句中。

6.7.4 数据类型的转换

在 VHDL 中,数据类型的定义是相当严格的,不同类型的数据是不能进行运算或赋值的,这点读者一定要注意。在某一数据类型的常量、变量、信号和文件之间进行运算或赋值操作时,必须要保证数据类型的一致性，否则仿真和综合过程中 EDA 工具将会给出错误信息。可见，数据类型的转换在编写 VHDL 程序中显得十分重要。

通常，VHDL 提供了三种数据类型的转换方法，它们分别是类型标识符转换、常量转换和函数转换。

1. 类型标识符转换

所谓类型标识符转换，实际上就是利用数据类型的名称进行类型的转换，这种方法通常只适用于那些关系比较密切的数据类型之间的转换。

例如，整数和实数之间的数据类型转换：

```
SIGNAL m : INTEGER ;
SIGNAL n : REAL ;
m<=integer(n);
n<=real(m);
```

以上实数转换整数时会发生"四舍五入"的现象。不难看出，采用类型标识符转换方法十分简单易行。但是，类型标识符转换只适用于那些关系密切的数据类型，如果在关系并不十分密切的数据类型间使用了这种方法，则仿真和综合过程中 EDA 工具将会给出错误信息。

2. 常量转换

常量转换就是借助一个具有转换表格性质的常量进行某些数据类型的转换，通常它的仿真效率要比利用转换函数的效率高得多。在进行某些复杂算法或数字信号处理过程中，采用常量转换是一种非常有效的方法。

采用常量转换方法的具体操作步骤是：首先利用一个数组常量（实际上就是一个转换表），然后通过给转换信号赋常量数组的元素值完成数据类型的转换。

3. 函数转换

顾名思义，函数转换是利用一些特殊的转换函数进行数据类型之间的转换。采用这种转换方法的具体步骤是：首先定义一个转换函数，然后将要转换的对象作为实参赋给函数的行参，最后通过调用函数可以完成数据类型的转换。

一般来讲，转换函数可以由设计人员自己编写，但是现在一些程序包中已经为设计人员提供了很多现成的转换函数，因此可以直接调用这些函数来进行数据类型之间的转换操作，从而省去了编写转换函数的麻烦。如果要调用程序包中的转换函数，设计人员必须要在调用前进行程序包使用的说明。

变换函数通常由 VHDL 的程序包提供。例如，在 STD_LOGIC_1164、STD_LOGIC_ARITH 和 STD_LOGIC_UNSIGNED 的程序包中提供了如表 6.3 所示的数据类型转换函数。

表 6.3 数据类型转换函数

函 数 名	功 能
STD_LOGIC_1164 程序包	
TO_STDLOGICVECTOR(A)	由 BIT_VECTOR 转换为 STD_LOGIC_VECTOR
TO_BITVECTOR(A)	由 STD_LOGIC_VECTOR 转换为 BIT_VECTOR
TO_STDLOGIC(A)	由 BIT 转换成 STD_LOGIC
TO_BIT(A)	由 STD_LOGIC 转换成 BIT
STD_LOGIC_ARITH 程序包	
CONV_STD_LOGIC_VECTOR(A,位长)	由 INTEGER、UNSIGNED、SIGNED 转换成 STD_LOGIC_VECTOR
CONV_INTEGER(A)	由 UNSIGNED、SIGNED 转换成 INTEGER
STD_LOGIC_UNSIGNED 程序包	
CONV_INTEGER(A)	由 STD_LOGIC_VECTOR 转换成 INTEGER

6.8 VHDL 操作符

操作符是指将 VHDL 中的基本元素连接起来的一种操作符号。在 VHDL 程序中，所有表达式都是由操作符将基本元素连接起来组成的。VHDL 有 4 种操作符，分别是逻辑操作符、关系操作符、算术操作符和并置操作符，分别进行逻辑运算、关系运算、算术运算和并置运算。

6.8.1 逻辑操作符

VHDL 提供了 7 种逻辑操作符，如表 6.4 所示。
这 7 种逻辑操作符具体使用规则如下。

① 逻辑操作符可以应用的数据类型包括 BOOLEAN、BIT、STD_LOGIC、BIT_VECTOR 的子类型及它们的数组类型。

② 二元逻辑操作符左右两边对象的数据类型必须相同。

③ 对于数组的逻辑运算来说，要求数组的维数必须相同，其结果也是相同维数的数组。

表 6.4 7 种逻辑操作符

操作符名称	操作符功能
NOT	取反
AND	与
OR	或
NAND	与非
NOR	或非
XOR	异或
XNOR	同或

④ 在 7 种逻辑操作符中，NOT 的优先级最高，其他 6 种逻辑操作符的优先级相同。

⑤ AND、OR、NAND、NOR 通常称为"短路操作符"，即只有左边的操作结果不确定时才执行右边操作。其中，AND、NAND 在左边的操作结果为"1"或"TRUE"时才执行右边的操作；OR、NOR 只有在左边的操作结果为"0"或"FALSE"时才执行右边的操作。

⑥ 高级编程语言中的逻辑操作符有自左向右或自右向左的优先级顺序，但 VHDL 中的逻辑操作符没有左右优先级差别，这时设计人员经常通过加括号的方法解决这个优先级差别的问题。

例如：

q <= x1 AND x2 OR NOT x3 AND x4 ;

以上的程序语句在编译时会有语法错误，原因是编译工具不知将从何处开始进行逻辑运算。对于这种情况，设计人员可以采用加括号的方法解决。这时将以上的语句修改成以下形式：

q <=(x1 AND x2)OR(NOT x3 AND x4);

这时再进行编译就不会出现语法错误了。不难看出，通过对表达式加括号的方法可以确定表达式的具体执行顺序，从而解决了逻辑操作符没有左右优先级差别的问题。

6.8.2 关系操作符

VHDL 提供 6 种关系操作符，如表 6.5 所示。
关系操作符的使用应遵循以下规则。

表 6.5 6 种关系操作符

操作符名称	操作符功能
=	等于
/=	不等于
<	小于
>	大于
<=	小于等于
>=	大于等于

① 关系操作符为二元操作符，要求操作符左右两边对象的数据类型必须相同，运算结果为 BOOLEAN 数据类型。

② 在关系操作符的左右两边是运算操作数，不同的关系操作符对两边操作数的数据类型有不同要求。其中，等号"="和不等号"/="可以适用所有类型数据，其他关系操作符则可以使用整数(INTEGER)、实数（REAL）和位（STD_LOGIC）等枚举类型和位矢量。数据类型必须相同，但是位长度不一定相同，当然也有例外的情况。

③ 在利用关系操作符对位矢量数据进行比较时，比较过程从最左

边的位开始，自左至右按位进行比较。在位长不同的情况下，只能按自左至右的比较结果作为关系运算结果。

例如，对 3 位和 4 位的位矢量进行比较：

```
SIGNAL   a : STD_LOGIC_VECTOR ( 3 DOWNTO 0 );
SIGNAL   b : STD_LOGIC_VECTOR ( 2 DOWNTO 0 );
a <= "1010";
b <= "111";
IF ( a > b ) THEN
…
```

上例中的 a 值为整数 10，而 b 值为整数 7，a 应该比 b 大。但是，由于位矢量是自左至右按位比较的，当比较到次高位时，a 的次高位为 0，而 b 的次高位为 1，故比较结果 b 比 a 大。这样的比较结果显然不符合实际情况。

在程序包 STD_LOGIC_UNSIGNED 中对 STD_LOGIC_VECTOR 关系运算重新进行了定义，使其可以进行关系运算。在使用时必须首先说明调用该程序包。当然，此时位矢量还可以和整数进行关系运算。

6.8.3 算术操作符

VHDL 有 16 种算术操作符，如表 6.6 所示。

表 6.6 16 种算术操作符

操作符名称	操作符功能
+	加
−	减
+	正号
−	负号
*	乘
/	除
MOD	取模
REM	取余
**	指数
ABS	取绝对值
SLL	逻辑左移
SRL	逻辑右移
SLA	算术左移
SRA	算术右移
ROL	逻辑循环左移
ROR	逻辑循环右移

算术操作符的具体使用规则如下：

① +（加）、−（减）、+（正号）和 −（负号）4 种操作符的操作与数值运算完全相同，应用类型为整数、实数和物理类型。

② *（乘）、/（除）的操作数应用类型是整数和实数。另外，物理类型可以被整数或实数相乘或相除，其结果仍然是物理类型。物理类型除以同一个物理类型可得整数。

③ MOD（取模）和 REM（取余）只能用于整数类型。

④ ABS（取绝对值）操作符可以用于任何数值类型。

⑤ **（指数）的左操作数可以是整数或实数，但是右操作数必须是整数。同时只有在左操作数为实数时，其右操作数才可以是负整数。

在算术运算中，实际上能够真正综合出逻辑电路的操作符只有"+"、"−"和"*"。当数据位较长时，使用算术操作符进行运算，特别是使用乘法运算符"*"时应特别慎重。因为对于 16 位的乘法运算，综合时的逻辑门电路会超过 1000 门。对于算术操作符"/"、"MOD"、"REM"，当分母的操作数是 2 的幂次时，逻辑电路才可能被综合。

⑥ 6 种移位操作符都是 VHDL′93 标准新增加的操作符，在 VHDL′87 标准中没有，有的综合器尚不支持此类操作。VHDL′93 标准规定移位操作符的操作数类型应是一维数组，并要求数组中的元素必须是 BIT 或 BOOLEAN 数据类型，移位的位数是整数。在 EDA 工具所附的程序包中重载的移位操作符已支持 STD_LOGIC_VECTOR 及 INTEGER 等类型。移位操作符左边可以是支持的类型，右边则必定是整数类型。如果操作符右边是整数类型常数，移位操作符实现起来比较节省硬件资源。

SLL 是将位矢量向左移，右边补进的是零；SRL 的功能恰好与 SLL 相反；ROL 和 ROR 的移位方式稍有不同，它们是循环移位；SLA 和 SRA 是算术移位操作符，其移空位用最初的首位来填补。

6.8.4 并置操作符

VHDL 提供了一种并置操作符，它的符号为"&"，用来进行位和位矢量的连接运算。这里所谓位和位矢量的连接运算，是指将并置操作符右边的内容接在左边的内容之后以形成一个新的位矢量。

采用并置操作符进行连接的方式很多，既可以将两个位连接起来形成一个位矢量，也可以将两个位矢量连接起来形成一个新的位矢量，还可以将位矢量和位连接起来形成一个新的位矢量。

例如：

```
SIGNAL a, b : STD_LOGIC ;
SIGNAL c : STD_LOGIC_VECTOR ( 1 DOWNTO 0 ) ;
SIGNAL d, e : STD_LOGIC_VECTOR ( 3 DOWNTO 0 ) ;
SIGNAL f : STD_LOGIC_VECTOR ( 5 DOWNTO 0 ) ;
SIGNAL g : STD_LOGIC_VECTOR ( 7 DOWNTO 0 ) ;
c <= a & b ;      --两个位连接
f <= a & d ;      --位和一个位矢量连接
```

在采用并置操作符的过程中，设计人员常常采用一种称为聚合连接的方式。聚合连接就是将以上直接连接中的并置操作符换成逗号，然后再使用括号将连接的位括起来。

例如：

```
SIGNAL a, b, c, d : STD_LOGIC ;
SIGNAL q : STD_LOGIC_VECTOR ( 4 DOWNTO 0 ) ;
q <= a & b & c & d & a ;
```

若采用聚合连接的方式，那么以上 q 的表达式可以写成如下几种形式中的任何一个：

```
q <= ( a , b, c, d, a ) ;
q <= ( 4 => a, 3 => b, 2 => c, 1 => d, 0 => a ) ;
q <= ( 3 => b, 2 => c, 1 => d, OTHERS => a ) ;
```

6.8.5 操作符重载

先来看看以下两个算术和逻辑运算：

```
SIGNAL a, b, c : INTEGER ;
SIGNAL x, y, z : BIT ;
c <= a + b ;
z <= x AND y ;
```

通过软件编译，我们知道这样的语法是正确的。如果 a、b、c 与 x、y、z 之间，或与 STD_LOGIC 等其他数据类型之间相互操作，可以吗？答案是否定的。因为 VHDL 是强类型语言，相同类型的操作数才能进行操作。VHDL 自身定义的算术和布尔函数仅对内部数据类型（STD 程序包中的数据类型）有效，即算术运算符+（加）、-（减）仅对 INTEGER 类型数据有效，逻辑运算符 AND、OR、NOT 仅对 BIT 类型有效。如果要满足我们的需要，就必须对操作符进行重载。

所谓操作符重载，是指对已存在的操作符重新定义，使其能进行不同类型操作数之间的运算。定义重载操作符的函数称为重载函数。

重载操作符的定义见 IEEE 库的程序包 STD_LOGIC_ARITH、STD_LOGIC_UNSIGNED、STD_LOGIC_SIGNED，重载操作符由原操作符加双引号表示，如"+"。

对操作符重载时，只需在程序前调用对应的程序包即可。以下的程序告诉我们如何使用操作符重载。默认的+（加）只能对两个整型数据进行运算，如果要实现两个标准逻辑数的加法运算，需要在程序前调用 IEEE 的 STD_LOGIC_UNSIGNED 程序包。

【例6.12】操作符重载。

```
LIBRARY IEEE;
USE IEEE.STD_LOGIC_1164.ALL;
USE IEEE.STD_LOGIC_UNSIGNED.ALL;

ENTITY overload IS
  PORT( a ,b : IN STD_LOGIC_VECTOR ( 3 DOWNTO 0 );
        sum : OUT STD_LOGIC_VECTOR ( 4 DOWNTO 0 ) );
END overload;
ARCHITECTURE example OF overload IS
  SIGNAL t1, t2 : STD_LOGIC_VECTOR ( 4 DOWNTO 0 ) ;
BEGIN
    t1 <= '0' & a ;
    t2 <= '0' & b ;
    sum <= t1 + t2 ;
END example ;
```

6.9 数据对象

VHDL 程序中数值的载体称为对象。VHDL 一共有4种对象，分别是常量、变量、信号和文件。其中，文件类型是 VHDL'93 标准新增加的。在电子电路中，这4类对象通常都具有一定的物理含义。例如，信号对应代表物理设计中的某一条硬件连接线；常量对应代表数字电路中的电源和地等；当然，变量对应关系不太直接，通常只代表暂存某些值的载体；文件是传输大量数据的客体，在仿真测试时，测试的输入激励数据和仿真输出常常需要用文件来实现。以下针对这4种数据对象进行进一步说明。

6.9.1 常量

常量是指 VHDL 程序中一经定义后就不再发生变化的值，它可以在程序的很多区域进行说明，并且可以具有任何数据类型的值。作为硬件描述语言中的一种对象，常量在硬件电路设计中具有一定的物理意义，它通常代表硬件电路中的电源或地等。

常量的使用通常可以使设计人员编写出可读性很强的 VHDL 程序，同时可以使程序中全局参数的修改变得十分简单易行。例如，在编写 VHDL 程序的过程中，设计人员往往会遇到程序多处使用同一个数值的情况，这时为了方便起见，就可以使用一个常量来代替这个特定的数值。这样做最直观的好处是，如果以后需要修改这个数值时，只需修改这个常量就可以了，而并不需要进行多处修改。

常量在使用前必须要进行说明，只有进行说明之后的常量才能在 VHDL 程序中使用，否则编译后将会给出语法错误。常量说明的语法结构为：

CONSTANT 常数名：数据类型：=表达式；

例如：

CONSTANT rise_time : TIME :=10 ns ;
CONSTANT bus_width : INTEGER := 8 ;

第一行说明了常量 rise_time，它的类型是 TIME（TIME 是语言中预先定义的），它在仿真开始时的设定值为 10ns；第二行说明了常量 bus_width，它是整型类型的，数值为 8。

再看以下一个常量说明的举例:

  CONSTANT a : BIT_VECTOR (0 TO 3) ;

对象 a 被定义为常量，类型为位矢量 BIT_VECTOR。在定义对象 a 时，确定了其下标范围为 0～3。定义常量时，也可同时赋值，以枚举形式给出它的各个元素的数值。

例如:

  CONSTANT a : BIT_VECTOR := ('0' , '0' , '1' , '0') ;

这是按位矢量下标顺序列出的 a (0 : 3) 数值，也可以不按顺序，但要标明下标值。例如，以下两式均与上式等价:

  CONSTANT a : BIT_VECTOR := (0=> '0' , 1=>'0' ,2=> '1' ,3=> '0') ;
  CONSTANT a : BIT_VECTOR := (2=> '1' ,OTHERS=> '0') ;

由于 BIT_VECTOR 是位矢量，故可用位串表示其值，如 a 可等价地定义为:

  CONSTANT a : BIT_VECTOR := "0010";

常量一旦被赋值就不能被改变。它不像后面提到的信号和变量那样，可以任意代入不同的数值。另外，常量所赋的值应与定义的数据类型一致。

6.9.2　变量

变量只能在进程语句、函数语句和过程语句结构中使用，它是一个局部量。在仿真过程中，它不像信号那样到了规定的仿真时间才进行赋值，变量的赋值是立即生效的。变量的主要作用是在进程中作为临时性的数据存储单元。

变量定义的一般格式为:

  VARIABALE 变量名：数据类型：=初始值；

例如:

  VARIABLE ctrl_status : BIT_VECTOR (10 DOWNTO 0) ;
  VARIABLE sum : INTEGER RANGE 0 TO 100 : =10 ;

第一行说明对象 ctrl_status 为含 11 个元素的数组，每个数组元素的类型为 BIT；第二行说明对象 sum 是整型，范围为 0～100，且初始值为 10。

变量作为局部量，其适用范围仅限于定义了变量的进程或子程序的顺序语句中。在这些语句结构中，同一变量的值将随变量赋值语句前后顺序的运算而改变。因此，变量赋值语句的执行与软件描述语言中的完全顺序执行的赋值操作十分类似。

在变量定义语句中可以定义初始值，这是一个与变量具有相同数据类型的常数值，这个表达式的数据类型必须与所赋值的变量一致，初始值的定义不是必需的。此外，由于硬件电路上电后的随机性，综合器并不支持设置初始值。

变量赋值的一般格式为:

  目标变量名:=表达式；

由此式可见，变量赋值符号是":="。变量数值的改变是通过变量赋值语句来实现的。赋值语句右方的"表达式"必须是一个与"目标变量名"具有相同数据类型的数值，这个表达式可以是一个运算表达式，也可以是一个数值。通过赋值操作，变量获得新的数值。

例如，对变量赋值语句为:

```
            ctrl_status := " 0000 0000 000 ";
            sum := 20 ;
```

6.9.3 信号

信号是电子电路内部硬件连接的抽象，它除了没有数据流动方向说明以外，其他性质几乎与前面所述的"端口"概念一致。信号通常在结构体、程序包和实体中说明。

信号说明语句的一般格式为：

    SIGNAL　信号名：数据类型 ：=初始值；

例如：

```
            SIGNAL    sys_clk : BIT := '0' ;
            SIGNAL    sys_busy : BIT := '1' ;
            SIGNAL    count : BIT_VECTOR ( 7 DOWNTO 0 ) ;
```

在程序中，信号值的代入采用"<="表示代入赋值，它允许信号传递时有延时。而":="用于信号中表示直接赋值，可用于信号赋初始值，没有延时。

例如：

    t1<=t2 AFTER 10 ns ;

此式表明信号 t2 的值在延时 10ns 之后赋给信号 t1。

对于常量、变量和信号作以下三点说明。

（1）常量只能进行一次赋值，变量和信号可以多次赋值。

（2）信号相当于硬件中的连线，因此信号的赋值必须经一段时间的延迟后才能生效，而变量赋值是立即生效的。

（3）常量是全局量，即其值始终不变，在结构体描述、程序包说明、实体说明、过程说明、函数调用说明和进程说明中使用。变量是局部量，在进程说明、函数调用说明、过程说明中使用。信号是全局量，在结构中描述、程序包说明、实体说明中使用。

6.9.4 文件

对文件进行说明的一般格式为：

    FILE　文件变量: TEXT IS 方向"文件名";

其中的方向是指明读还是写，读为"IN"，写为"OUT"。文件名所指的文件必须是 ASCII 码的文件。当读入时，此文件的扩展名必须为"in"，当读出时，文件的扩展名必须为"out"。

例如：

    FILE fi : TXET IS IN " test.in";

此语句说明 fi 被定义为文件变量，它指向文件名为"test.in"的文件。从文件中读出一行的格式是：

    READLINE (文件变量, 行变量);

例如：

```
            VARIABLE    li : LINE ;
            READLINE (fi , li );
```

首先定义 li 为行变量（LINE），然后从前一例定义的文件变量 fi 所指的文件（即 test.in）中读出一行数据，赋值给行变量 li。

从文件中读出一行后，还可以依次读出一行中的每个数据，才到指定的数据变量或信号中，其格式为：

  READ (行变量, 数据变量);

例如：

  READ (li, clk) ;
  READ (li, dout) ;

习 题 6

1. VHDL 程序的基本结构分成几个部分？试简要说明每一部分的功能和格式。
2. 举例说明 GENERIC 说明语句和 GENERIC 映射语句有何用处。
3. 说明端口模式 INOUT 和 BUFFER 有何异同点。
4. 写出 74151 数据选择器的实体部分。
5. 写出 74138 译码器的实体部分。
6. 写出 74283 加法器的实体部分。
7. 写出 74290 计数器的实体部分。
8. 写出 74194 双向移位寄存器的实体部分。
9. 举例说明结构体的格式。
10. 在 VHDL 程序中，用来描述结构体有哪 3 种方式？
11. 数据类型 BIT、INTEGER 和 BOOLEAN 分别定义在哪个库中？哪些库和程序包总是可见的？
12. STD_LOGIC_1164 库里具体定义了什么内容？
13. 判断下列 VHDL 标识符是否合法，如果有错则指出原因：
  （1）16#0FA# （2）10#12F# （3）8#789# （4）8#356#
  （5）74HC245 （6）\74HC574\ （7）CLR/RESET （8）D100%
14. 在 STRING、TIME、REAL、BIT 数据类型中，VHDL 综合器支持哪些类型？
15. 表达式 C<=A+B 中，A、B 的数据类型都是 INTEGER，C 的数据类型是 STD_LOGIC，是否能直接进行加法运算？说明原因和解释方法。
16. 表达式 C<=A+B 中，A、B、C 的数据类型都是 STD_LOGIC_VECTOR，是否能直接进行加法运算？说明原因和解释方法。
17. 什么是操作符重载？重载函数有何用处？
18. 解释 BIT 类型与 STD_LOGIC 类型的区别？如果定义三态门的输出，能否定义为 BIT 类型？
19. 举例说明如何实现类型之间的转换。
20. VHDL 中有哪 4 种数据对象？举例说明数据对象与数据类型的关系。

第7章 VHDL 基本语句与基本设计

本章概要：本章主要介绍 VHDL 的顺序语句、并行语句及组合与时序电路描述举例。
知识要点：（1）VHDL 顺序语句；
（2）VHDL 并行语句；
（3）VHDL 描述逻辑电路举例。
教学安排：本章教学安排 4 学时。通过本章的学习，重点让学生和读者熟悉 VHDL 顺序语句、并行语句的功能和格式，掌握采用顺序语句、并行语句描述逻辑电路的方式方法。

7.1 顺 序 语 句

在 VHDL 中，设计实体的行为和结构是通过结构体来实现的，而结构体中的处理部分则是采用 VHDL 提供的一些基本描述语句来组合实现的。在编写 VHDL 程序时，通常可以按照语句的执行顺序将其分为顺序语句和并行语句两大类。

顺序语句的执行顺序与书写顺序一致，与传统软件设计语言的特点相似。顺序语句只能用于进程和子程序中，被用来描述组合逻辑和时序逻辑。常用的顺序描述语句有：赋值语句、IF 语句、CASE 语句、LOOP 语句、NEXT 语句、EXIT 语句、子程序调用语句、RETURN 语句、WAIT 语句和 NULL 语句。下面对这 10 种顺序语句进行介绍。

7.1.1 赋值语句

在编写 VHDL 程序的过程中，设计人员经常会采用两种类型的赋值语句：一种是应用于进程和子程序内部的赋值语句，这时它是一种顺序语句，因此称为顺序赋值语句；另外一种是应用于进程和子程序外部的信号赋值语句，这时它是一种并行语句，因此称为并行信号赋值语句。

顺序赋值语句也有两种，即信号赋值语句和变量赋值语句。每一种赋值语句都由三部分组成，即赋值目标、赋值符号和赋值源。

赋值目标是所赋值的受体，它的基本元素只能是信号或变量，但表现形式可以有多种，如文字、标识符、数组等。

赋值符号有信号赋值符号（<=）和变量赋值符号（:=）两种。

赋值源是赋值的主体，它可以是一个数值，也可以是一个逻辑或运算表达式。

VHDL 规定，赋值目标和赋值源的数据类型必须严格一致。变量赋值与信号赋值的区别在于：变量具有局部特征，它的有效性只局限于所定义的一个进程或一个子程序中，它是一个局部的、暂时性的数据对象（在某些情况下），对于它的赋值会立即发生（假设进程已经启动）；信号则不同，信号具有全局性特征，它不但可以作为一个设计实体内部各单元之间数据传送的载体，而且可以通过信号与其他的实体进行通信。

7.1.2 IF 语句

提到 IF 语句，相信具有高级软件编程基础的读者对此一定不陌生。与其他高级编程语言类似，VHDL 中的 IF 语句也是一种具有条件控制功能的语句，它同样是根据给出的条件来决定需要执行程序中的哪些语句。

根据语句所设的条件，IF 语句有选择地执行指定的语句，其语法格式由简单到复杂可以分为 3 种，下面分别对它们进行介绍。

1. 具有开关控制的 IF 语句

在 VHDL 中，具有开关控制的 IF 语句是一种非常基本的顺序描述语句。通常，它的语法结构如下：

```
IF 条件 THEN
    顺序语句;
END IF;
```

当程序执行到 IF 语句时，如果 IF 语句中的条件成立，那么程序将执行后面的顺序语句，否则程序将跳出 IF 语句，转而去执行其他的程序处理语句。

具有开关控制的 IF 语句的典型应用是描述数字电路中的基本 D 触发器，它的处理程序如下。

【例 7.1】 基本 D 触发器。

```
LIBRARY IEEE;
USE IEEE.STD_LOGIC_1164.ALL;

ENTITY dff1 IS
  PORT( d, clk : IN STD_LOGIC;
        q: OUT STD_LOGIC);
END ENTITY dff1;

ARCHITECTURE a1 OF dff1 IS
  SIGNAL sig_save: STD_LOGIC ;
BEGIN
  PROCESS(clk)
  BEGIN
    IF clk'event AND clk='1' THEN
      sig_save<=d;
    END IF;
    q<=sig_save;
  END PROCESS;
END ARCHITECTURE a1;
```

2. 具有二选择控制的 IF 语句

在 VHDL 中，具有二选择控制的 IF 语句经常用来描述具有两个分支控制的逻辑功能电路。通常，它的语法结构如下：

```
IF 条件 THEN
    顺序语句 1;
ELSE
    顺序语句 2;
END IF;
```

当程序执行到 IF 语句时，如果 IF 语句中的条件成立，那么程序将会执行后面的顺序语句 1，否则程序将会执行顺序语句 2。以下是用 IF 语句描述的三态非门：

```
IF oe = '0'  THEN
```

```
        y <= NOT x;
    ELSE
        y <= 'Z';              -- 高阻符号 Z 要大写
    END IF;
```

3. 具有多选择控制的 IF 语句

在 VHDL 中，具有多选择控制的 IF 语句常用来描述具有多个选择分支的逻辑功能电路。通常，它的语法结构如下：

```
    IF 条件 1 THEN
        顺序语句 1;
    ELSIF 条件 2 THEN
        顺序语句 2;
    [ELSIF 条件 n–1 THEN
        顺序语句 n–1;]             --根据需要，可以有若干 ELSIF
    [ELSE
        顺序语句 n;]               --最后的 ELSE 语句可以按需选用
    END IF;
```

当程序执行到 IF 语句时，如果 IF 语句中的条件 1 成立，那么程序将会执行后面的顺序语句 1；如果 IF 语句中的条件 2 成立，那么程序将会执行后面的顺序语句 2；依次类推，如果 IF 语句中的条件 n–1 成立，那么程序将会执行后面的顺序语句 n–1；如果 IF 语句中的前 n–1 个条件均不成立，那么程序将会执行顺序语句 n。

4. IF 语句的嵌套

IF 语句也可以进行多层嵌套。在编写 VHDL 程序的过程中，IF 语句的嵌套可以用来解决描述具有复杂控制功能的逻辑电路的问题。下面通过 IF 语句的嵌套来描述一个具有同步置位功能的 D 触发器，其中使用了两级 IF 语句嵌套，VHDL 源程序如下。

【例 7.2】 具有同步置位功能的 D 触发器。

```
LIBRARY IEEE;
USE IEEE.STD_LOGIC_1164.ALL;

ENTITY dff2 IS
   PORT(d,clk,clr:IN STD_LOGIC;
                q:OUT STD_LOGIC);
END ENTITY dff2;

ARCHITECTURE a2 OF dff2 IS
BEGIN
  PROCESS(clk,clr)
  BEGIN
    IF clk'EVENT AND clk='1' THEN
      IF clr='1' THEN
        q<='1';
      ELSE
        q<=d;
```

```
       END IF;
     END IF;
   END PROCESS;
END ARCHITECTURE a2;
```

7.1.3 CASE 语句

在 VHDL 中，CASE 语句是另外一种形式的条件控制语句，它与 IF 语句一样可以用来描述具有控制功能的数字电路。一般来说，CASE 语句是根据表达式的值从不同的顺序处理语句序列中选取其中的一组语句进行操作，它常常用来描述总线、编码器、译码器或数据选择器等数字逻辑电路的具体功能。

也许有人会问：CASE 语句的描述功能采用 IF 语句也能实现，那么 VHDL 为什么要提出一种新的 CASE 语句呢？实际上，虽然 CASE 语句和 IF 语句都是通过条件的判断来决定需要执行程序中的哪些语句，但是由于 CASE 语句中条件表达式的值与所要处理的顺序语句的对应关系十分明显，因此 CASE 语句的可读性要比 IF 语句强得多。

一般来说，CASE 语句的语法结构如下：

```
CASE 条件表达式 IS
    WHEN 选择值 1 => 顺序语句 1;
    WHEN 选择值 2 => 顺序语句 2;
    ...
    WHEN OTHERS => 顺序语句 n;
END CASE;
```

当执行到 CASE 语句时，如果条件表达式的计算值与选择值 1 相同，那么程序就去执行 CASE 语句中的顺序语句 1；如果条件表达式的计算值与选择值 2 相同，那么程序就去执行 CASE 语句中的顺序语句 2；依次类推，如果条件表达式的计算值与前面的 n–1 个取值都不同，那么程序就去执行 CASE 语句中的顺序语句 n。

通常情况下，CASE 语句的 WHEN 子句具有 5 种不同的书写格式。因此，在编写 VHDL 程序的过程中，设计人员可以根据设计的需要来选择采用哪一种书写格式。在 CASE 语句中，WHEN 子句的 5 种书写格式如下：

① WHEN 取值=>顺序语句;
② WHEN 取值|取值|……|取值=>顺序语句;
③ WHEN 取值 TO 取值=>顺序语句;
④ WHEN 取值 DOWNTO 取值=>顺序语句;
⑤ WHEN OTHERS=>顺序语句;

在编写 VHDL 程序的过程中，设计人员使用 CASE 语句时需要注意以下几个方面：
① 条件表达式的所有取值必须在 WHEN 子句中被列举出来；
② WHEN 子句中的取值必须在条件表达式的取值范围之内；
③ 不同的 WHEN 子句中不允许出现相同条件表达式的取值；
④ WHEN 子句中可以采用保留字 OTHERS 来表示所有具有相同操作的取值；
⑤ WHEN 子句可以任意颠倒次序而不会影响描述的逻辑功能；
⑥ 含有保留字 OTHERS 的 WHEN 子句必须放在 CASE 语句的最后；
⑦ 含有保留字 OTHERS 的 WHEN 子句在 CASE 语句中只能出现一次。

注意：条件语句中的"=>"不是操作符，它只相当于 THEN 的作用。

使用 OTHERS 的目的是使条件句中的所有选择值能涵盖表达式的所有取值，以免综合器会插入不必要的锁存器。这一点对于 STD_LOGIC 和 STD_LOGIC_VECTOR 数据类型的值尤为重要。以下是用 CASE 语句描述 1 线-4 线分配器举例。

```
d0 <= '0'; d1 <= '0';
d2 <= '0'; d3 <= '0';      --输出赋初值
CASE sel IS
    WHEN "00" => d0 <= d;
    WHEN "01" => d1 <= d;
    WHEN "10" => d2 <= d;
    WHEN OTHERS => d3 <= d;
END CASE;
```

7.1.4　LOOP 语句

LOOP 语句与其他高级语言中的循环语句相似，它可以使所包含的一组顺序语句被循环执行，其执行次数可由设定的循环参数决定。LOOP 语句有 3 种格式。

1. 无限 LOOP 语句

无限 LOOP 语句格式如下：

```
[标号：]LOOP
        顺序语句；
    EXIT  标号；
END LOOP；
```

这种循环方式是一种最简单的语句形式，它的循环方式需引入其他控制语句（如 EXIT 语句）后才能确定。VHDL 重复执行 LOOP 循环内的语句，直至遇到 EXIT 语句结束循环。以下是无限 LOOP 语句的举例。a 的初始值设定为 0，程序循环执行加 1 运算 10 次，直至 a 为 11 时退出循环：

```
L2 : LOOP
        a: = a+1 ;
        EXIT  L2  WHEN  a>10 ;
    END  LOOP  L2 ;
```

2. FOR-LOOP 语句

其语法格式如下：

```
[标号]: FOR  循环变量  IN  离散范围  LOOP
            顺序处理语句；
    END  LOOP [标号]；
```

FOR 后面的循环变量是一个临时变量，属于 LOOP 语句的局部变量，不必事先定义。这个变量只能作为赋值源，不能被赋值，它由 LOOP 语句自动定义。离散范围必须是可计算的整数范围。循环次数范围规定 LOOP 语句中的顺序语句被执行的次数。循环变量从循环次数范围的初值开始，每执行完一次顺序语句后递增 1，直至达到循环次数范围指定的最大值。下例是用 FOR-LOOP 语句描述 8 位奇偶校验电路程序。

【例 7.3】 用 FOR-LOOP 语句描述 8 位奇偶校验电路程序。

```
LIBRARY  IEEE;
USE  IEEE.STD_LOGIC_1164.ALL;

ENTITY  parity_check  IS
  PORT( a:  IN STD_LOGIC_VECTOR( 7 DOWNTO 0 ) ;
        y:  OUT STD_LOGIC )  ;
END  ENTITY  parity_check;

ARCHITECTURE  one  OF  parity_check  IS
BEGIN
  PROCESS( a )
    VARIABLE  tmp: STD_LOGIC;
  BEGIN
    tmp:='1' ;
    FOR  i  IN  0  TO  7  LOOP
      tmp:= tmp  XOR  a( i ) ;
    END LOOP;
      y<=tmp ;
  END  PROCESS;
END;
```

程序中，FOR-LOOP 语句执行"1⊕a(0)⊕a(1)⊕a(2)⊕a(3)⊕a(4)⊕a(5)⊕a(6)⊕a(7)"运算。如果将变量 tmp 的初值改为'0'，则为偶校验电路。

3. WHILE-LOOP 语句

其语法格式如下：

    [标号]: WHILE 循环控制条件 LOOP
           顺序处理语句；
    END LOOP [标号];

与 FOR-LOOP 循环语句不同的是，WHILE-LOOP 语句并没有给出循环次数范围，没有自动递增循环变量的功能，而是只给出了循环执行顺序语句的条件。这里的循环控制条件可以是任何布尔表达式。当条件为 TRUE 时，继续循环；否则跳出循环，执行 END LOOP 后的语句。以下是 WHILE-LOOP 循环语句举例，程序执行 1+2+3+4+5+6+7+8+9 功能：

    sum := 0 ;
    i := 0 ;
    abcd : WHILE (i<10) LOOP
      sum:=sum+i;
      i:=i+1;
    END LOOP abcd ;

注意：循环变量 i 需事先定义、赋初值，并执行其变化方式。一般综合工具，如 Synplify 都支持 WHILE-LOOP 语句。采用 WHILE-LOOP 语句来描述 8 位奇偶校验电路程序如下。

【例 7.4】 采用 WHILE-LOOP 语句来描述 8 位奇偶校验电路程序。

```
LIBRARY  IEEE;
USE  IEEE.STD_LOGIC_1164.ALL;
```

```vhdl
ENTITY parity_check IS
  PORT( a: IN STD_LOGIC_VECTOR( 7 DOWNTO 0 ) ;
        y: OUT STD_LOGIC ) ;
END ENTITY parity_check;

ARCHITECTURE one OF parity_check IS
BEGIN
  PROCESS( a )
    VARIABLE tmp: STD_LOGIC;
    VARIABLE i: INTEGER ;
  BEGIN
    tmp:= '0' ; i:= 0 ;
    WHILE ( i<8 ) LOOP
      tmp:=tmp XOR a( i ) ; i:=i+1;
    END LOOP;
      y<=tmp ;
  END PROCESS;
END;
```

7.1.5 NEXT 语句

在 LOOP 语句中，NEXT 语句用来跳出本次循环。其格式有 3 种。

① NEXT;

无条件终止当前的循环，跳回到本次循环 LOOP 语句开始处，开始下次循环。

② NEXT [标号];

无条件终止当前的循环，跳转到指定标号的 LOOP 语句开始处，重新开始执行循环操作。

③ NEXT [标号] [WHEN 条件表达式];

当条件表达式的值为 TRUE，则执行 NEXT 语句，进入跳转操作，否则继续向下执行。

以下是一个 NEXT 的应用举例，请读者尝试分析程序功能：

```vhdl
L1: WHILE  i<10  LOOP
  L2: WHILE  j<20  LOOP
    …
    NEXT L1 WHEN i=j;
    …
  END LOOP L2;
END LOOP L1;
```

7.1.6 EXIT 语句

EXIT 语句与 NEXT 语句具有十分相似的语句格式和跳转功能，它们都是 LOOP 语句的内部循环控制语句，作用是结束循环状态。两者的区别在于 NEXT 语句是跳向 LOOP 语句的起始点，EXIT 语句则是跳向 LOOP 语句的终点。

EXIT 的语句格式也有 3 种：

EXIT;
EXIT LOOP 标号;

EXIT　LOOP　标号　WHEN　条件表达式;

先看一个例子:

```
PROCESS (a)
  VARIABLE  int_a: INTEGER;
BEGIN
  int_a:=a;
  FOR i IN 0 TO max_limit LOOP
    IF(int_a<=0)  THEN
       EXIT;
    ELSE  int_a:=int_a−1;
    END  IF;
  END  LOOP;
END  PROCESS;
```

本例中如果 int_a 满足小于等于 0 的条件,则循环结束,EXIT 的作用是结束循环。再比如下面的例子的功能是比较两个数的大小,EXIT 的作用也是结束循环:

```
SIGNAL   a, b: STD_LOGIC_VECTOR( 3 DOWNTO 0);
SIGNAL   a_less_than_b: BOOLEAN;
...
a_less_then_b<=FALSE;
FOR i IN 3 DOWNTO 0 LOOP
  IF  a(i)='1' AND b(i)='0' THEN
     a_less_than_b<=FLASE;  EXIT;
  ELSIF  a(i)='0' AND b(i)='1' THEN
     a_less_than_b<=TRUE; EXIT;
  ELSE  NULL;
  END  IF;
END  LOOP;
```

7.1.7　WAIT 语句

在进程中(包括过程中),当执行到 WAIT(等待语句)时,运行程序将被挂起,直到满足此语句设置的结束挂起条件后,才重新开始执行进程或过程中的程序。对于不同的结束挂起条件的设置,WAIT 语句有以下 4 种不同的语句格式:

```
WAIT              --无限等待
WAIT ON           --敏感信号量变换
WAIT UNTIL        --条件满足(可综合)
WAIT FOR          --时间到
```

第 1 条语句格式中,未设置停止挂起的条件,表示永远挂起。第 4 条语句格式称为超时等待语句,在此语句中定义了一个时间段,从执行到 WAIT 语句开始,在此时间段内,进程处于挂起状态,当超过这一段时间后,进程自动恢复执行。

下面对其他两个语句进一步说明。

1. WAIT ON 语句

其一般格式为:

        WAIT ON   信号[, 信号];

例如，以下两种描述是完全等价的，都是执行"相与"的功能：

```
PROCESS(a,b)                      PROCESS
BEGIN                             BEGIN
   y<=a  AND  b;                     y<=a  AND  b;
END  PROCESS;                        WAIT ON  a, b;
                                  END  PROCESS;
```

敏感信号量列表和 WAIT 语句只能选其一，两者不能同时使用。

2．WAIT UNTIL 语句（可综合）

其一般格式为：

    WAIT UNTIL   表达式;

当表达式的值为"真"时，进程被启动，否则进程被挂起。WAIT UNTIL 语句有 3 种表达方式：

    WAIT UNTIL   信号=某个数值;
    WAIT UNTIL   信号'EVENT   AND   信号=某个数值;
    WAIT UNTIL   NOT（信号'STABLE） AND   信号=某个数值;

例如，对于时钟信号上升沿，有以下 4 种描述方式，它们实现相同的硬件电路结构：

    WAIT UNTIL   clk='1';
    WAIT UNTIL   rising_edge(clk);
    WAIT UNTIL   clk'EVENT   AND   clk='1';
    WAIT UNTIL   NOT（clk'STABLE） AND   clk='1';

读者可以思考，时钟信号的下降沿该如何描述？

7.1.8 子程序调用语句

VHDL 程序与其他软件语言程序中应用子程序的目的是相似的，即能够更有效地完成重复性的工作。子程序模块是利用顺序语句定义和完成算法的，但子程序不能像进程那样可以从本结构体的其他块或进程结构中读取信号值或向信号赋值，只能通过子程序调用与子程序的界面端口进行通信。

子程序被调用时，首先要初始化，执行处理功能后，将处理结果传递给主程序。子程序内部的值不能保持，子程序返回后才能被再次调用并初始化。

1．子程序

子程序有两种类型：过程（PROCEDURE）和函数（FUNCTION）。

（1）过程（PROCEDURE）

过程语句的书写格式为：

    PROCEDURE   过程名（参数表）IS
        [说明部分；]
    BEGIN
        过程语句部分；
    END PROCEDURE   过程名;

下例的过程名为 vector_to_int，实现将位矢量转换成整数的功能，在过程语句执行结束后，将输入值复制到调用者的 OUT 和 INOUT 所定义的变量中，完成子程序和主程序之间的数据传递。

第7章 VHDL 基本语句与基本设计

```
PROCEDURE vector_to_int
    (a: IN STD_LOGIC_VECTOR;
    x_flag: OUT BOOLEAN;
    q: INOUT    INTEGER) IS
BEGIN
    q := 0;
    x_flag := FALSE;
    FOR  i  IN a'RANGE  LOOP
        q := q*2;                          --*: 乘,  **: 乘方
        IF (a(i)=1) THEN
            q := q+1;
        ELSE (a(i) /=1) THEN               --/=: 不等
            x_flag := TRUE;
        END IF;
    END LOOP;
END vector_to_int;
```

（2）函数（FUNCTION）

函数的书写格式为：

FUNCTION 函数名 (参数表) RETURN 数据类型 IS
    [说明部分];
BEGIN
    顺序语句;
    RETURN [返回变量名];
END   RETURN   函数名;

下例是用 VHDL 构造的选择最大值的函数程序。

【例 7.5】 选择最大值的程序。

```
LIBRARY  IEEE;
USE IEEE.STD_LOGIC_1164.ALL;

PACKAGE bpac IS
    FUNCTION max (a: STD_LOGIC_VECTOR;
            b: STD_LOGIC_VECTOR)
    RETURN STD_LOGIC_VECTOR;
END bpac;

PACKAGE  BODY bpac IS
    FUNCTION max (a: STD_LOGIC_VECTOR;
            b: STD_LOGIC_VECTOR)
    RETURN STD_LOGIC_VECTOR  IS
    VARIABLE tmp: STD_LOGIC_VECTOR (a'RANGE);
    BEGIN
        IF (a>b) THEN
            tmp := a;
        ELSE
            tmp := b;
        END IF;
```

```
        RETURN tmp;
    END;
END bpac;
```

在进程、函数和过程中,可以使用过程调用语句,此时它是一种顺序语句。子程序调用可以在任何地方根据其名称进行调用。

2. 子程序调用语句

(1) 过程调用语句

过程调用就是执行一个给定名字和参数的过程。调用过程的语句格式如下:

　　过程名([参数名=>]表达式{, [参数名=>]表达式});

其中,表达式也称为实参,它可以是一个具体的数值,也可以是一个标识符,是当前调用程序中过程形参的接受体。在此调用格式中,形参名即为当前要调用的过程中已说明的参数名,即与实参表达式相联系的形参名。被调用中的形参名与调用语句中的实参表达式的对应关系分位置关联法和名称关联法两种,位置关联法可以省略形参名。

下面是一个过程调用的例子:

　　maximum(tmp1, in3, tmp2);

(2) 函数调用

函数调用与过程调用十分类似,不同之处是调用函数将返回一个指定类型的值,函数的参量只能是输入值。函数调用的一般格式为:

　　函数名([参数名=>]表达式{, [参数名=>]表达式});

例如,调用前面比较大小的函数,使用如下语句:

　　f<=max (a, b);

7.2　并　行　语　句

在 VHDL 中,并行语句有多种语句格式,各种并行语句在结构体中的执行是同步进行的。更严格地说,并行语句间在执行顺序的地位上是平等的,其执行顺序与书写顺序无关。在执行中,并行语句之间可以有信息往来,也可以互相独立、互不相关。并行语句内部的语句运行方式可以有两种不同的方式,即并行执行方式和顺序执行方式。

结构体中可综合的并行语句主要有 5 种:

① 并行信号赋值语句;
② 进程语句;
③ 并行过程调用语句;
④ 元器件例化语句;
⑤ 生成语句。

7.2.1　并行信号赋值语句

并行信号赋值语句是应用于结构体中进程和子程序之外的一种基本信号赋值语句,它与信号赋值语句的语法结构是完全相同的。作为一种并行描述语句,结构体中的多条并行信号赋值语句是并行执行的,它们的执行顺序与书写顺序无关。

第7章 VHDL基本语句与基本设计

并行信号赋值语句有3种形式：并行简单信号赋值语句、条件信号赋值语句和选择信号赋值语句。

1. 并行简单信号赋值语句

并行简单信号赋值语句是 VHDL 并行语句结构的最基本单元。它的语句格式为：

赋值目标 <= 表达式；

其中，赋值目标的数据对象必须是信号，它的数据类型必须与赋值信号右边的表达式的数据类型一致。这里的表达式可以是一个运算表达式，也可以是数据对象（变量、信号或常量）。符号"<="表示赋值操作，即将数据信息传入。

例如：

f<=a+b；
q<="0000"；

第一条语句是信号赋值，先将右边信号 a 和 b 相加，然后将结果赋值给左边信号 f。第二条语句是常量赋值，将4位二进制信号赋值给左边信号 q。当然 q 应该已经在前面定义成了4位的矢量信号，如果定义的不是4位，或者定义成了整型等其他数据，这样的赋值就不允许了。

数据信息的传入可以设置延时量，因此，目标信号获得传入的数据并不是即时的，而是要经历一个特定的延时过程。对于变量赋值来说是没有延时的。

下面的例子是基本 RS 触发器的 VHDL 描述，该结构中使用了两条简单信号赋值语句：

```
ENTITY RSFF IS
    PORT ( R , S : IN BIT ;           --端口信号
                Q : BUFFER BIT ) ;
END ;

ARCHITECTURE ONE OF RSFF IS
    SIGNAL Q_NOT : BIT ;              --中间节点信号，用 SIGNAL 来说明
BEGIN
    Q_NOT <= R NAND Q ;
    Q <= S NAND Q_NOT ;
END ;
```

2. 条件信号赋值语句（WHEN-ELSE 语句）

在 VHDL 中，条件信号赋值语句是指根据不同条件将不同的表达式赋给目标信号的一种并行信号赋值语句，它是一种应用较为广泛的信号赋值语句。一般来说，条件信号赋值语句的语法结构如下：

赋值目标<=表达式1 WHEN 赋值条件1 ELSE
　　　　　表达式2 WHEN 赋值条件2 ELSE
　　　　　…
　　　　　表达式 n；

程序执行到该语句时，首先要进行条件判断，然后根据不同条件的判断情况将不同的表达式赋给目标信号。如果条件满足，那么就将条件前面的那个表达式的值赋给目标信号；如果条件不满足，那么就去判断下一个条件。可以看出，语法结构中的最后一个表达式没有条件，它表示当前面的所有条件都不满足时，程序就将表达式 n 的值赋给目标信号。

使用条件信号赋值语句需要注意以下几个方面：

① 只有当条件满足时，语句才能将这个条件前面的表达式赋给目标信号；

② 语句是一种并行描述语句，它不能在进程和子程序中使用；
③ 语句对条件进行判断是有顺序的，位于语句前面的条件具有较高的优先级；
例如：

```
z <= a  WHEN  p1 = '1'  ELSE
     b  WHEN  p2 = '1'  ELSE
     c;
```

当 p1 和 p2 条件同时为 1 时，z 获得的赋值是 a，而不是 b。
④ 语句中最后一个表达式的后面不含有 WHEN 子句；
⑤ 语句中条件表达式的结果为 BOOLEAN 型数值，同时允许条件重叠；
⑥ 条件信号赋值语句不能进行嵌套，因此它不能生成锁存器。
条件信号赋值语句多用于描述判断、数据选择等功能电路。

3. 选择信号赋值语句（WITH-SELECT 语句）

在 VHDL 中，选择信号赋值语句是指根据选择条件表达式的值，将不同的表达式赋给目标信号的一种并行信号赋值语句。选择信号赋值语句的格式如下：

```
WITH  条件表达式  SELECT
  信号 <= 表达式1  WHEN  值1,
         表达式2  WHEN  值2,
         ...
         表达式n;
```

程序执行到该语句时，首先要进行选择条件表达式的判断，然后根据条件表达式的值来决定将哪个表达式赋给目标信号。如果选择条件表达式的值符合某一个选择条件，那么就将该选择条件前面的表达式赋给目标信号；如果选择条件表达式的值不符合某一个选择条件，那么程序就去继续判断下一个选择条件，直到找到满足的选择条件为止。

使用选择信号赋值语句需要注意以下几个方面：
① 只有当条件表达式的值满足选择条件时，语句才能将前面的表达式赋给目标信号；
② 语句是一种并行描述语句，它不能在进程和子程序中使用；
③ 语句中的表达式后面都含有 WHEN 子句；
④ 语句对选择条件的测试是同时进行的，因此不允许选择条件重叠；
⑤ 语句中的选择条件不允许出现涵盖不全的情况。

这种语句根据多值表达式的值进行相应的赋值，很适宜用来描述真值表式的译码电路。以下是 3 线-8 线译码器的描述，输出低电平有效。

【例 7.6】 3 线-8 线译码器。

```
ENTITY dec38 IS
  PORT(a : IN BIT_VECTOR ( 2 DOWNTO 0 );
       y : OUT BIT_VECTOR ( 7 DOWNTO 0) );
END dec38;

ARCHITECTURE one OF dec38 IS
BEGIN
  WITH a SELECT
    y<= "11111110"  WHEN  "000",
        "11111101"  WHEN  "001",
```

```
            "111111011"    WHEN    "010",
            "111110111"    WHEN    "011",
            "111101111"    WHEN    "100",
            "110111111"    WHEN    "101",
            "101111111"    WHEN    "110",
            "011111111"    WHEN    "111";
    END one;
```

无论是条件信号赋值语句，还是选择信号赋值语句，都可以使用 WHEN OTHERS 表示多余的输入情况。并行信号赋值语句只能描述并行电路特性，而对于电路的顺序行为，如状态机等，并行语句则显得力不从心，因此需要使用进程语句来描述。

7.2.2 进程语句

在 VHDL 中，进程语句是使用最频繁、应用最广泛的一种语句，因此掌握进程语句对于编写 VHDL 程序来说十分重要。一般来说，一个结构体可以包含一个或多个进程语句，结构体的各个进程语句之间是一组并发行为，即各个进程语句是并行执行的，但在每一个进程语句中，组成进程的各个语句则是顺序执行的。可见，进程语句同时具有并行语句和顺序语句的特点。

进程语句的格式如下：

  [进程名:] PROCESS [（敏感信号表）] [IS]
    [说明语句 ;]
  BEGIN
    顺序描述语句 ;
  END　PROCESS [进程名];

每一个进程语句的结构都可以有一个进程名，主要是用于区分不同的进程，因此进程名是唯一的，不同的进程，进程名不能相同。同时，进程名也不是必需的，可以没有。

敏感信号表是指用来存放敏感信号的列表，它列出了进程语句敏感的所有信号。敏感信号表中可以是一个或多个敏感信号，只要其中的一个或多个敏感信号发生变化，进程语句将会启动，从而引起进程内部顺序语句的执行。

说明语句用于说明进程中需要使用的一些局部量，包括数据类型、常数、变量、属性、子程序等。但需要注意，说明部分不允许定义信号和共享变量。

顺序描述语句部分是一段顺序执行的语句，描述该进程的行为。这些语句可以是信号赋值语句、变量赋值语句或顺序语句等。

进程语句必须以 END PROCESS 结束，进程名可以省略。

对于一个进程语句来说，它只具有两种工作状态：等待状态和执行状态。进程语句的工作状态主要取决于敏感信号激励，当敏感信号激励中的信号没有任何变化或者表达式不满足时，进程处于等待状态。当敏感信号激励中的任意一个信号发生变化，并且表达式满足时，进程将会启动进入到工作状态。

进程启动后，BEGIN 和 END PROCESS 间的语句将从上到下顺序执行一次，当最后一个语句执行完以后，程序返回进程语句的开始，然后等待下一次敏感信号表中的信号变化。可见，一个进程可以被看成一个无限循环：当进程的最后一个语句执行完以后，程序返回到进程的第一个语句，然后等待敏感信号激励再一次发生。

前面已经讲过，进程是 VHDL 中最为重要的部分，大部分设计都会用到进程结构，因此掌握进程的使用显得尤为重要。在使用时要注意以下几个问题：

① 一个进程中不允许出现两个时钟沿触发；

② 对同一信号赋值的语句应出现在单个进程内，不要在时钟沿之后加上 ELSE 语句，现在综合工具支支持这种特殊的触发器结构；

③ 当出现多层 IF 语句嵌套时，最好采用 CASE 语句替代，一是减少多层嵌套带来的延时，二是可以增强程序的可读性；

④ 顺序语句，如 IF 语句、CASE 语句、LOOP 语句、变量赋值语句等，必须出现在进程、函数或子程序内部，而不能单独出现在进程之外；

⑤ 进程内部是顺序语句，进程之间是并行运行的。VHDL 中的所有并行语句都可以理解为特殊的进程，只是不以进程结构出现，其输入信号和判断信号就是隐含的敏感表。

下面举例说明如何使用进程语句，描述对象是 2 选 1 数据选择器程序：

```
mux: PROCESS ( d0 ,d1 , sel )      -- mux 是进程名，敏感信号 d0, d1 数据输入, sel 是选择输入
    BEGIN                          --用 IF–THEN–ELSE 顺序语句完成功能描述
        IF   ( sel = '0' )  THEN
            x <= a;                -- x 是 mux 的输出信号
        ELSE
            x <= b;
        END IF;
    END PROCESS;
```

用进程描述组合逻辑电路时，敏感信号应包含所有的输入信号。而对于时序电路，并不是所有输入信号都能引起进程的执行，因此敏感信号表中只列出了那些重要的信号。例如，D 触发器的两个输入端 clk 和 d 并没有都出现在敏感信号表中。

```
PROCESS ( clk )                    -- clk 的上升沿到来时，启动该进程
BEGIN
    IF   RISING_EDGE ( clk )   THEN    --调用 RISING_EDGE 库函数判断 clk 上升沿
        q <= d ;                       --省略了 ELSE 语句，隐含其他情况 q 信号不变
    END IF;
END PROCESS ;
```

7.2.3 并行过程调用语句

过程调用语句在进程内部执行时，它是一种顺序语句，在结构体的进程之外出现时，它作为并行语句的形式出现。作为并行过程调用语句，在结构体中它们是并行执行的，其执行顺序与书写顺序无关。

并行过程调用语句的功能等效于包含了同一个过程调用语句的进程。并行过程调用语句的语句调用格式与顺序调用过程语句是相同的，即：

过程名[([参数名=>]表达式{, [参数名=>]表达式})];

例 7.7 是一个取三个输入位矢量最大值的功能描述，在它的结构体中使用了两个并行过程调用语句。

【例 7.7】 取三个输入位矢量的最大值。

```
LIBRARY IEEE;
USE IEEE.STD_LOGIC_1164.ALL;
USE IEEE.STD_LOGIC_UNSIGNED.ALL;

ENTITY max IS
    PORT (in1:IN STD_LOGIC_VECTOR (7 DOWNTO 0);
          in2:IN STD_LOGIC_VECTOR (7 DOWNTO 0);
```

```
                in3:IN STD_LOGIC_VECTOR (7 DOWNTO 0);
                q:OUT STD_LOGIC_VECTOR (7 DOWNTO 0));
END max;

ARCHITECTURE rtl OF max IS
    PROCEDURE maximun(a,b:IN STD_LOGIC_VECTOR;
        SIGNAL c:OUT STD_LOGIC_VECTOR ) IS
        VARIABLE temp:STD_LOGIC_VECTOR (a'RANGE);
    BEGIN
        IF (a > b) THEN
            temp := a;
        ELSE
            temp := b;
        END IF;
            c <= temp;
    END maximun;
SIGNAL tmp1,tmp2:STD_LOGIC_VECTOR(7 DOWNTO 0);
BEGIN
    maximun(in1,in2,tmp1);
    maximun(tmp1,in3,tmp2);
    q <= tmp2;
END rtl;
```

说明：读者可以使用 Synplify 软件进行综合，查看结果。

7.2.4 元器件例化语句

在层次化设计中常常需要调用底层元器件。元器件可以是设计好的一个 VHDL 设计实体，可以是来自 FPGA 元器件库的元器件，可以是别的硬件描述语言，如 Verilog 设计的实体，可以是 IP 核、LPM 模块、FPGA 中的嵌入式硬 IP 核等。

元器件例化语句由元器件说明和元器件例化两部分组成。

1. 元器件说明

元器件说明是指对所调用的较低层次的实体模块（元器件）的名称、类属参数、端口类型、数据类型的说明。其语法为：

```
COMPONENT  元器件名  [IS]
    [GENERIC  （类属说明）;]
    [PORT  （端口说明）;]
END   COMPONENT;
```

元器件说明类似于实体说明，例如：

```
COMPONENT  and2
    PORT(i1,i2: IN BIT;
         o1: OUT   BIT)l
END   COMPONENT;
```

以上的例子说明了一个名为 and2 的元器件，它有两个输入端和一个输出端。

又如以下例子定义了一个名为 add 的元器件：

```
COMPONENT  add
    GENERIC(n: POSITIVE );
    PORT ( x,y:  IN BIT_VECTOR( n-1   DOWNTO   0 );
           z:  OUT   BIT_VECTOR( n-1   DOWNTO   0 );
           carry:  OUT   BIT );
END   COMPONENT ;
```

2．元器件例化

元器件例化是指把低层次元器件安装（调用）到当前层次设计实体内部的过程，包括类属参数传递、元器件端口映射。其一般格式为：

例化名称:元器件名称　　[GENERIC MAP (类属名称=>表达式{, 类属名称=>表达式})]
　　　　　　　　　　　PORT MAP ([端口名称=>]表达式{, [端口名称=>]表达式});

例如：

u1: add GENERIC MAP (n=>4)
    PORT MAP (x,y,z,carry);

端口映射有两种方式，一种是名称关联方式，另一种是位置关联方式。
名称关联方式端口映射的格式为：

低层次端口名=>当前层次端口名、信号名

例如：

or2 PORT MAP (o=>n6, i1=>n3, i2=>n1)

位置关联方式端口映射的格式为：

(当前层次端口名, 当前层次端口名, ----)

例如：

or2   PORT MAP (n3, n1, n6)

在位置关联方式中，例化的端口表达式（信号）必须与元器件说明语句中的端口顺序一致。一个低层次设计在被例化前必须有一个元器件说明，例如：

```
LIBRARY IEEE;
USE IEEE. STD_LOGIC_1164.ALL;
ENTITY  exam  IS
    PORT(ea,eb: IN STD_LOGIC_VECTOR(3 DOWNTO 0);
         ey: OUT STD_LOGIC);
END exam;

ARCHITECTURE  exam_arch  OF  exam  IS
    COMPONENT  compare                        --元器件说明
        PORT( a: IN STD_LOGIC_VECTOR(3 DOWNTO 0);
              b: IN STD_LOGIC_VECTOR(3 DOWNTO 0);
              y: OUT   STD_LOGIC);
    END   COMPONENT;
BEGIN
```

```
        u1: compare PORT   MAP (ea, eb, ey);              --元器件例化
    END exam_arch;
```

说明：对于元件 compare 的描述读者可以自行完成，然后将两个程序放在一个文本中利用 Synplify 软件进行综合。

7.2.5 生成语句

生成语句（GENERATE）是一种可以建立重复结构或者在多个模块的表示形式之间进行选择的语句。由于生成语句可以用来产生多个相同的结构，因此使用生成语句就可以避免多段相同结构的 VHDL 程序的重复书写（相当于"复制"）。

生成语句的格式有如下两种形式。

1. FOR-GENERATE 语句

语法如下：

```
    标号:FOR   循环变量   IN   范围   GENERATE
                       {并行语句}
         END   GENERATE   [标号];
```

其中，循环变量的值在每次的循环中都将发生变化。范围用来指定循环变量的取值范围，循环变量的取值将从取值范围最左边的值开始，并且递增到取值范围最右边的值，实际上也就是限制了循环的次数。循环变量每取一个值就要执行一次 GENERATE 语句体中的并行处理语句。最后 FOR-GENERATE 模式生成语句以保留字"END GENERATE [标号:];"来结束 GENERATE 语句的循环。

生成语句的典型应用是存储器阵列和寄存器。下面以 4 位移位寄存器为例，说明 FOR-GENERATE 模式生成语句的优点和使用方法。

图 7.1 所示电路为由边沿 D 触发器组成的 4 位移位寄存器，其中第一个触发器的输入端用来接收 4 位移位寄存器的输入信号，其余的每个触发器的输入端均与左面一个触发器的 Q 端相连。

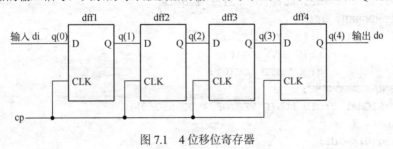

图 7.1 4 位移位寄存器

根据以上的电路原理图，写出 4 位移位寄存器的 VHDL 描述如下。

【例 7.8】 4 位移位寄存器的 VHDL 描述。

```
LIBRARY IEEE;
USE IEEE. STD_LOGIC_1164.ALL;

ENTITY shift_reg IS
   PORT(di:IN STD_LOGIC;
        cp:IN STD_LOGIC;
        do:OUT STD_LOGIC);
END shift_reg;
```

```
ARCHITECTURE structure OF shift_reg IS
    COMPONENT dff
        PORT(d:IN STD_LOGIC;
            clk:IN STD_LOGIC;
            q:OUT STD_LOGIC);
    END COMPONENT;
    SIGNAL q:STD_LOGIC_VECTOR(3 DOWNTO 0);
BEGIN
    dff1:dff  PORT MAP (di,cp,q(1));
    dff2:dff  PORT MAP (q(1),cp,q(2));
    dff3:dff  PORT MAP (q(2),cp,q(3));
    dff4:dff  PORT MAP (q(3),cp,do);
END structure;
```

在此例的结构体中有 4 条元器件例化语句,这 4 条语句的结构十分相似。例 7.9 对例 7.8 再做适当修改,使结构体中这 4 条元器件例化语句具有相同的结构。

【例 7.9】 修改后的 4 位移位寄存器 VHDL 描述。

```
LIBRARY IEEE;
USE IEEE.STD_LOGIC_1164.ALL;

ENTITY shift_reg IS
    PORT(di:IN STD_LOGIC;
        cp:IN STD_LOGIC;
        do:OUT STD_LOGIC);
END shift_reg;

ARCHITECTURE structure OF shift_reg IS
    COMPONENT dff
        PORT(d:IN STD_LOGIC;
            clk:IN STD_LOGIC;
            q:OUT STD_LOGIC);
    END COMPONENT;
    SIGNAL q:STD_LOGIC_VECTOR(4 DOWNTO 0);
BEGIN
    q(0)<= di;
    dff1:dff  PORT MAP (q(0),cp,q(1));
    dff2:dff  PORT MAP (q(1),cp,q(2));
    dff3:dff  PORT MAP (q(2),cp,q(3));
    dff4:dff  PORT MAP (q(3),cp,q(4));
    do<= q(4);
END structure;
```

这样便可以使用 FOR-GENERATE 模式生成语句对上例中的规则体进行描述,如下:

```
LIBRARY IEEE;
USE IEEE.STD_LOGIC_1164.ALL;
ENTITY shift_reg1 IS
```

第7章 VHDL基本语句与基本设计

```
    PORT(di:IN STD_LOGIC;
         cp:IN STD_LOGIC;
         do:OUT STD_LOGIC);
END shift_reg1;
ARCHITECTURE structure OF shift_reg1 IS
    COMPONENT dff
        PORT(d:IN STD_LOGIC;
             clk:IN STD_LOGIC;
             q:OUT STD_LOGIC);
    END COMPONENT;
    SIGNAL q:STD_LOGIC_VECTOR(4 DOWNTO 0);
BEGIN
    q(0)<= di;
    label1:FOR i IN 0 TO 3 GENERATE
        dffx:dff  PORT MAP (q(i),cp,q(i+1));
    END GENERATE label1;
    do <= q(4);
END structure;
```

可以看出，用FOR-GENERATE模式生成语句替代例7.9中的4条元器件例化语句，使VHDL程序变得更加简明。在结构体中用了两条并发的信号代入语句和一条FOR-GENERATE模式生成语句。两条并发的信号代入语句用来将内部信号 q 和输入端口 di、输出端口 do 连接起来，一条FOR-GENERATE模式生成语句用来产生具有相同结构的4个触发器。

2. IF-GENERATE 语句

IF-GENERATE 模式生成语句主要用来描述一个结构中的例外情况，如某些边界条件的特殊性。当执行到该语句时首先进行条件判断，如果条件为 TRUE，才会执行生成语句中的并行处理语句；如果条件为 FALSE，则不执行该语句。

IF-GENERATE 的一般结构如下：

    标号：IF 条件表达式 GENERATE
         {并行语句}
    END GENERATE [标号];

要注意IF语句和IF-GENERATE语句的区别。一是IF-GENERATE语句没有类似于IF语句的ELSE或ELSIF分支语句。二是IF语句是顺序语句，IF-GENERATE是并行语句。例7.10是IF-GENERATE语句应用举例。

【例7.10】 IF-GENERATE 语句应用举例。

```
LIBRARY IEEE;
USE IEEE. STD_LOGIC_1164.ALL;

ENTITY shift_reg2 IS
    PORT(di:IN STD_LOGIC;
         cp:IN STD_LOGIC;
         do:OUT STD_LOGIC);
END shift_reg2;
```

```
ARCHITECTURE structure OF shift_reg2 IS
    COMPONENT dff
      PORT(d:IN STD_LOGIC;
           clk:IN STD_LOGIC;
           q:OUT STD_LOGIC);
    END COMPONENT;
    SIGNAL q:STD_LOGIC_VECTOR(3 DOWNTO 1);
BEGIN
    label1:
    FOR i IN 0 TO 3 GENERATE
        label2:IF(i=0)GENERATE
          dffx:dff PORT MAP (di,cp,q(i+1));
        END GENERATE label2;
        label3:IF (i=3)GENERATE
          dffx:dff PORT MAP (q(i),cp,do);
        END GENERATE label3;
        label4:IF ((i/=0)AND(i/=3))GENERATE
         dffx:dff PORT MAP (q(i),cp,q(i+1));
        END GENERATE label4;
    END GENERATE label1;
END structure;
```

在结构体中，FOR-GENERATE 模式生成语句中使用了 IF-GENERATE 模式生成语句。IF-GENERATE 模式生成语句首先进行条件 i=0 和 i=3 的判断，即判断所产生的 D 触发器是移位寄存器的第一级还是最后一级。如果是第一级触发器，就将寄存器的输入信号 di 代入到 PORT MAP 语句中；如果是最后一级触发器，就将寄存器的输出信号 do 代入到 PORT MAP 语句中。这样就解决了硬件电路中输入/输出端口具有不规则性所带来的问题。

7.3 VHDL 组合逻辑电路设计

任何复杂、实用的数字电路都是由基本的数字部件构成的。因此，作为 VHDL 设计的基础，本节将介绍最基本、最典型数字电路的 VHDL 描述。

1. 表决电路

三人表决电路是常见的组合电路，当两人或以上赞成时，结果通过，否则不通过。使用 VHDL 描述该电路的程序如下。

【例 7.11】 三人表决电路。

```
LIBRARY IEEE;
USE IEEE.STD_LOGIC_1164.ALL;

ENTITY maj IS
  PORT(sw:IN STD_LOGIC_VECTOR(2 DOWNTO 0);
       m:OUT STD_LOGIC);
END maj;
```

```
ARCHITECTURE one OF maj IS
BEGIN
  WITH sw SELECT
     m<='1' WHEN "011",
         '1' WHEN "101",
         '1' WHEN "110",
         '1' WHEN "111",
         '0' WHEN OTHERS;
END one;
```

2. 地址译码

例7.12中的地址译码器能对地址范围在0000H～1FFFFH和3100H～3FFFFH之间的输入有指示,输出低电平有效。

【例7.12】 地址译码器。

```
LIBRARY IEEE;
USE IEEE.STD_LOGIC_1164.ALL;

ENTITY addrdec IS
  PORT(address:IN STD_LOGIC_VECTOR(15 DOWNTO 0);
       cs1,cs2:OUT STD_LOGIC);
END addrdec;

ARCHITECTURE one OF addrdec IS
BEGIN

  cs1<='0' WHEN (address>=X"0000") AND (address<=X"1FFF") ELSE
       '1';
  cs2<='0' WHEN (address>=X"3100") AND (address<=X"3FFF") ELSE
       '1';
END one;
```

3. 七段显示译码器

七段显示译码器是将BCD码译成数码管对应a～g七段显示信号。图7.2所示为七段显示器的结构与两种连接方式。假设这里采用的是共阴极连接,则1使对应的二极管亮,而0不亮,则七段显示译码器的VHDL描述如下。

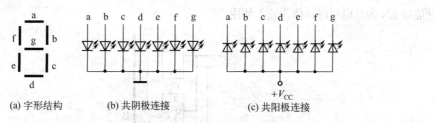

图7.2 LED七段显示器

【例7.13】 七段显示译码器。

```vhdl
LIBRARY IEEE ;
USE IEEE.STD_LOGIC_1164.ALL ;

ENTITY seg7 IS
  PORT ( bcd: IN STD_LOGIC_VECTOR ( 3 DOWNTO 0 ) ;         --定义输入信号
         a,b,c,d,e,f,g: OUT STD_LOGIC ) ;                  --定义七段输出信号
END seg7 ;

ARCHITECTURE  one OF seg7 IS
  SIGNAL dout : STD_LOGIC_VECTOR ( 6 DOWNTO 0 ) ;
BEGIN
  WITH bcd SELECT
    dout <="0111111" WHEN "0000",                --显示0
          "0000110" WHEN "0001",                 --显示1
          "1011011" WHEN "0010",                 --显示2
          "1100110" WHEN "0011",                 --显示3
          "1100110" WHEN "0100",                 --显示4
          "1101101" WHEN "0101",                 --显示5
          "1111101" WHEN "0110",                 --显示6
          "0000111" WHEN "0111",                 --显示7
          "1111111" WHEN "1000",                 --显示8
          "1101111" WHEN "1001",                 --显示9
          "0000000" WHEN OTHERS ;                --其他都显示0
    a <= dout ( 6 ) ;
    b <=dout ( 5 ) ;
    c <= dout ( 4 ) ;
    d <=dout ( 3 ) ;
    e <= dout ( 2 ) ;
    f <= dout ( 1 ) ;
    g<= dout ( 0 ) ;
END one;
```

如果采用的是共阳极连接，程序稍做修改即可。注意：实际中七段显示译码器的输出是不能直接驱动数码管的，必须加几百欧姆的限流电阻或专用驱动芯片。

4. 双向总线

一位双向总线的结构如图7.3所示，数据端是双向的，当使能端EN为高电平时，作为输出使用，当使能端EN为低电平时，作为输入使用。

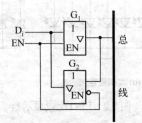

图7.3 双向总线结构

第7章 VHDL基本语句与基本设计

【例7.14】 一位双向总线。

```
LIBRARY IEEE;
USE IEEE.STD_LOGIC_1164.ALL ;

ENTITY bidir IS
  PORT ( di,d :INOUT STD_LOGIC;
         en: IN STD_LOGIC);
END bidir;

ARCHITECTURE one OF bidir IS
  SIGNAL a,b: STD_LOGIC;
BEGIN
  PROCESS(en,di)
  BEGIN
    IF(en= '1')  THEN
       a<=di;
    ELSE
       a<= 'Z';
    END IF;
    d<=a;
  END PROCESS;
  PROCESS(en,d)
  BEGIN
    IF (en= '0')  THEN
       b<=d;
    ELSE
       b<= 'Z';
    END IF;
    d<=b;
  END PROCESS;
END one;
```

5. 优先编码器

8 线-3 线优先编码器的编码输入端是 i(7)~i(0)，编码优先顺序由高到低是 i(7)~i(0)，编码输出端是 a(2)~a(0)，该电路还有一个高电平有效的编码有效输出端 gs。

【例7.15】 8 线-3 线优先编码器。

```
ENTITY  pri_encoder IS                      -- 实体说明
    PORT (i:IN BIT_VECTOR(7 DOWNTO 0);      -- 编码输入
          a:OUT BIT_VECTOR(2 DOWNTO 0);     -- 编码输出
          gs:OUT BIT);                      -- gs 是编码有效输出，高电平有效
END pri_encoder;

ARCHITECTURE one OF pri_encoder IS          -- 结构体
BEGIN
    PROCESS(i)                  --输入信号 i 是敏感值，当数组 i 有变化时，启动进程
    BEGIN
```

```
                gs <= '1';                        -- gs 赋初值,当gs=1时,表示编码输出有效
                IF i(7) = '1' THEN a <= "111";    -- i(7)优先级最高,相应编码为"111"
                ELSIF i(6) = '1' THEN a <= "110";
                ELSIF i(5) = '1' THEN a <= "101";
                ELSIF i(4) = '1' THEN a <= "100";
                ELSIF i(3) = '1' THEN a <= "011";
                ELSIF i(2) = '1' THEN a <= "010";
                ELSIF i(1) = '1' THEN a <= "001";
                ELSIF i(0) = '1' THEN a <= "000";
                ELSE gs <= '0';                   -- 当数据输入都为"0"时,输出编码无效,用gs=0表示
                     a <= "000";                  -- 编码无效时,将编码输出设置为"000"
                END IF;
            END PROCESS;
        END one;
```

6. 8位加法器

VHDL 算术运算符提供的加法对于多位加法来说非常耗费硬件资源,而串行进位加法器速度又较慢,因此,实际中需要在资源和速度之间进行平衡。实践表明:4 位二进制并行加法器和串行进位加法器占用几乎相同的资源。这样,多位加法器由 4 位并行加法器级联来构成是最好的选择。

本例中的 8 位加法器采用了两个 4 位并行加法器级联而成。

【例7.16】 8位加法器。

```
LIBRARY IEEE;
USE IEEE.STD_LOGIC_1164.ALL;
USE IEEE.STD_LOGIC_UNSIGNED.ALL;              --调用此库的目的是运算符重载

ENTITY adder4b IS
  PORT(cin:in std_logic;                       --进位输入
        a:in std_logic_vector(3 downto 0);     --加数
        b:in std_logic_vector(3 downto 0);     --被加数
        s:out std_logic_vector(3 downto 0);    --和
        cout:out std_logic);                   --进位输出
END adder4b;

ARCHITECTURE one OF adder4b IS
  SIGNAL aa, bb:std_logic_vector(4 downto 0);
  SIGNAL sum:std_logic_vector(4 downto 0);
BEGIN
  aa <='0' & a;                                --将加数扩展为5位
  bb <='0' & b;                                --将被加数扩展为5位
  sum <= aa + bb + cin;                        --算术相加,参加加法的矢量位数相同
  s <= sum (3 downto 0);                       --产生本位和输出
  cout <= sum (4);                             --产生进位输出
END one;
```

这里使用了运算符重载,调用了程序包 STD_LOGIC_UNSIGNED 对算术加"+"运算符进行了重新

定义，赋予新的数据类型操作功能。重载过后的算术加不仅支持标准逻辑矢量之间的相加，还支持标准逻辑矢量和整型数据的相加。

```
LIBRARY IEEE;
USE IEEE.STD_LOGIC_1164.ALL;

ENTITY adder8b IS
  PORT(cin:IN STD_LOGIC;
       a:IN STD_LOGIC_VECTOR(7 DOWNTO 0);
       b:IN STD_LOGIC_VECTOR(7 DOWNTO 0);
       s:OUT STD_LOGIC_VECTOR(7 DOWNTO 0);
       cout:OUT STD_LOGIC);
END adder8b;

ARCHITECTURE one OF adder8b IS
  COMPONENT adder4b                    --4位加法器元器件说明
    PORT(cin:IN STD_LOGIC;
         a:IN STD_LOGIC_VECTOR(3 DOWNTO 0);
         b:IN STD_LOGIC_VECTOR(3 DOWNTO 0);
         s:OUT STD_LOGIC_VECTOR(3 DOWNTO 0);
         cout:OUT STD_LOGIC);
  END COMPONENT;
  SIGNAL carry_out:STD_LOGIC;
BEGIN
  U1: adder4b PORT MAP(cin =>cin,a=>a(3 DOWNTO 0),b =>b(3 DOWNTO 0),s=>s(3
      DOWNTO 0), cout => carry_out);
  U2: adder4b PORT MAP(cin =>carry_out,a=>a(7 DOWNTO 4),b=>b(7 DOWNTO 4),s=>s(7
      DOWNTO 4), cout => cout);
END one;
```

注意：以上两个程序当使用 Synplify 软件综合时，需要合并成一个文件。综合出来的电路图如图 7.4 所示。

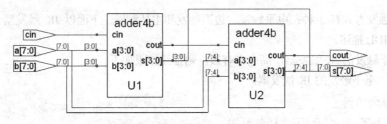

图 7.4 8 位加法器实现电路

7. 采用元器件例化的方式实现组合电路

首先用 VHDL 描述一个两输入与非门，然后把该与非门当做一个已有元器件，用元器件例化语句结构实现图 7.5 所示的连接关系。

【例 7.17】 元器件例化语句结构实现组合电路。

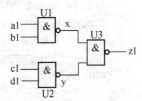

图 7.5 待描述的组合电路

```
LIBRARY IEEE;
USE IEEE.STD_LOGIC_1164.ALL;
ENTITY nand2 IS
    PORT (a, b: IN STD_LOGIC; c: OUT STD_LOGIC);
END nand2;
ARCHITECTURE arch_nand2 OF nand2 IS
BEGIN
    c <= a NAND b;
END arch_nand2;


LIBRARY IEEE;                               -- 用元器件例化方式实现图 7.5 所示电路的连接关系
USE IEEE.STD_LOGIC_1164.ALL;
ENTITY circuit IS
    PORT (a1, b1, c1, d1: IN STD_LOGIC; z1: OUT STD_LOGIC);
END circuit;
ARCHITECTURE arch_cir OF circuit IS
COMPONENT nand2                             -- 元器件说明,引用前面描述的与非门
    PORT (a, b: IN STD_LOGIC; c: OUT STD_LOGIC);
END COMPONENT nand2;
SIGNAL x, y: STD_LOGIC;                     -- 定义电路中的两个连接信号
BEGIN                                       -- 用元器件例化语句实现元器件在电路中的连接
    U1: NAND2 PORT MAP (a => a1, b => b1, c => x); -- 元器件例化语句实现引脚连接
    U2: NAND2 PORT MAP (a => c1, b => d1, c => y);
    U3: NAND2 PORT MAP (a => x, b => y, c=> z1);
END arch_cir;
```

7.4 VHDL 时序逻辑电路设计

时序电路是数字电路中的最重要电路,下面介绍如何用 VHDL 描述触发器、寄存器和移位寄存器。

7.4.1 触发器

触发器的触发方式有 3 种:电平触发、边沿触发和主从触发。下面以 JK 触发器为例,说明这 3 种触发器的 VHDL 描述。

假设是电平触发的 JK 触发器,高电平有效,则描述结果如下。

【例 7.18】 电平触发的 JK 触发器。

```
LIBRARY IEEE;
USE IEEE.STD_LOGIC_1164.ALL;

ENTITY jkff1 IS
  PORT(clk:IN STD_LOGIC;              --时钟信号
       j,k:IN STD_LOGIC;              --激励信号
         q:BUFFER STD_LOGIC);         --状态信号,由于存在反馈,因此是 BUFFER 端口
END jkff1;

ARCHITECTURE one OF jkff1 IS
```

```
    SIGNAL jk:STD_LOGIC_VECTOR(1 DOWNTO 0);        --定义一个矢量,便于CASE判断
BEGIN
  jk<=j & k;                                       --将j和k组合成二维矢量
  PROCESS(clk)                                     --进程敏感信号是clk
  BEGIN
    IF clk= '1' THEN                               --高电平有效
      CASE jk IS                                   --CASE语句更像真值表
        WHEN "00"=>q<=q;                           --00 保持
        WHEN "01"=>q<= '0';                        --01 置0
        WHEN "10"=>q<= '1';                        --10 置1
        WHEN "11"=>q<=NOT q;                       --11 翻转
        WHEN OTHERS=>q<=q;
      END CASE;
    END IF;
  END PROCESS;
END one;
```

如果触发方式变成了边沿有效,那么只需修改if语句即可。具体来说,如果是上升沿,if语句对CLK信号的上升沿进行判断,可以使用两种方法判断是否为上升沿。

一种方法是使用"IF CLK'EVENT AND CLK= '1' THEN"语句。CLK'EVENT表示CLK信号发生变化,同时变化后的结果CLK= '1',显然CLK发生的是上跳变化,因此产生上升沿。如果CLK= '0',则发生的是下跳变化,产生的是下降沿。

另一种判断上升沿的方法是使用函数"RISING_EDGE(CLK)",如果CLK发生了上跳变化,则该函数结果为"真"。判断下降沿的函数是"FALLING_EDGE(CLK)"。

如果触发方式是主从,即CLK为高电平时,主触发器向输入看齐,CLK下跳时,从触发器向主触发器看齐。其VHDL描述如下。

【例7.19】 主从结构的JK触发器。

```
LIBRARY IEEE;
USE IEEE.STD_LOGIC_1164.ALL;

ENTITY jkff2 IS
  PORT(clk:IN STD_LOGIC;
       j,k:IN STD_LOGIC;
       q:BUFFER STD_LOGIC);
END jkff2;

ARCHITECTURE one OF jkff2 IS
  SIGNAL jk:STD_LOGIC_VECTOR(1 DOWNTO 0);
  SIGNAL qs:STD_LOGIC;
BEGIN
  jk<=j & k;
  PROCESS(clk)
  BEGIN
    IF clk= '1' THEN                    --高电平时,从触发器向输入看齐
    CASE jk IS
      WHEN "00"=>qs<=qs;
```

```
            WHEN "01"=>qs<= '0';
            WHEN "10"=>qs<= '1';
            WHEN "11"=>qs<=NOT qs;
      END CASE;
    END IF;
    IF clk'EVENT AND clk= '0' THEN        --下降沿时,主触发器向从触发器看齐
        q<=qs;
    END IF;
      END PROCESS;
END one;
```

7.4.2 寄存器

寄存器一般由多个触发器连接而成,主要有基本寄存器、移位寄存器两种。

1. 基本寄存器

基本寄存器只具有数据寄存的功能,一般采用边沿 D 触发器构成。例如,由 4 个上升沿 D 触发器构成的 4 位寄存器,其 VHDL 描述如下。

【例 7.20】 4 位寄存器。

```
LIBRARY IEEE;
USE IEEE.STD_LOGIC_1164.ALL;
ENTITY reg4b IS
  PORT(clk:IN STD_LOGIC;
       d0,d1,d2,d3:IN STD_LOGIC;
       q0,q1,q2,q3:OUT STD_LOGIC);
END reg4b;
ARCHITECTURE one OF reg4b IS
BEGIN
  PROCESS(clk)
  BEGIN
    IF clk'EVENT AND clk= '1' THEN
      q0<=d0;
      q1<=d1;
      q2<=d2;
      q3<=d3;
    END IF;
  END PROCESS;
END one;
```

2. 移位寄存器

移位寄存器有左移、右移和双向三种,下面介绍右移寄存器的描述方式。

【例 7.21】 右移寄存器。

```
LIBRARY IEEE;
USE IEEE.STD_LOGIC_1164.ALL;

ENTITY shift4b IS
```

```
    PORT(clk:IN STD_LOGIC;
         din:IN STD_LOGIC;
         q0,q1,q2,q3:BUFFER STD_LOGIC);
END shift4b;

ARCHITECTURE one OF shift4b IS
BEGIN
  PROCESS(clk)
  BEGIN
    IF clk'EVENT AND clk='1' THEN
      q0<=din;
      q1<=q0;
      q2<=q1;
      q3<=q2;
    END IF;
  END PROCESS;
END one;
```

移位寄存器在实际中使用非常多,并/串转换和串/并转换就是两种重要的电路。请读者尝试编写这两个电路的程序。

7.4.3 计数器

1. 同步计数器

同步计数器中的触发器都公用一个时钟端。

【例7.22】 同步计数器。

```
LIBRARY IEEE;
USE IEEE.STD_LOGIC_1164.ALL;
USE IEEE.STD_LOGIC_UNSIGNED.ALL;          --运算符重载

ENTITY cnt10 IS
  PORT(clk:IN STD_LOGIC;
       q:BUFFER STD_LOGIC_VECTOR(3 DOWNTO 0);
       c10:OUT STD_LOGIC);                --进位输出
END cnt10;

ARCHITECTURE one OF cnt10 IS
BEGIN
  PROCESS(clk)                            --该进程描述模10计数过程
  BEGIN
    IF clk'EVENT AND CLK= '1' THEN
      IF q<9 THEN q<=q+1;                 --修改此处可以得到任意模计数器
      ELSE q<= "0000";
      END IF;
    END IF;
  END PROCESS;
```

```vhdl
    PROCESS(q)                                  --该进程描述进位输出
    BEGIN
      IF q= "1001" THEN c10<= '1';
      ELSE c10<= '0';
      END IF;
    END PROCESS;
END one;
```

2. 同步复位和异步复位

同步复位是当复位信号有效且在给定时钟边沿到来时触发器才被复位。此时带同步复位的时序部件敏感信号量只有时钟信号。异步复位则是一旦复位信号有效，无论时钟有没有到来，触发器都复位。这样带异步复位的时序部件信号量就有复位信号和时钟信号两个。

【例7.23】 带异步复位的计数器。

```vhdl
LIBRARY IEEE;
USE IEEE.STD_LOGIC_1164.ALL;
USE IEEE.STD_LOGIC_UNSIGNED.ALL;

ENTITY cnt16 IS
  PORT(clk,clr:IN STD_LOGIC;                  --clr 是异步复位端
       q:BUFFER STD_LOGIC_VECTOR(3 DOWNTO 0));
END cnt16;

ARCHITECTURE one OF cnt16 IS
BEGIN
  PROCESS(clr,clk)
  BEGIN
    IF clr='1' THEN q<="0000";                --clr 为高电平时，复位计数器状态到0
    ELSIF clk'EVENT AND clk='1' THEN
     q<=q+1;
    END IF;
  END PROCESS;
END one;
```

7.4.4 分频器

在数字电路中，常需要对较高频率的时钟进行分频操作，得到较低频率的时钟信号。我们知道，在硬件电路设计中时钟信号是非常重要的。

下面介绍分频器的 VHDL 描述，在源代码中完成对时钟信号 CLK 的 2 分频、4 分频、8 分频和 16 分频。

【例7.24】 分频器的 VHDL 描述。

```vhdl
LIBRARY IEEE;
USE IEEE.STD_LOGIC_1164.ALL;
USE IEEE.STD_LOGIC_ARITH.ALL;
USE IEEE.STD_LOGIC_UNSIGNED.ALL;

ENTITY clkdiv IS
```

```vhdl
    PORT(clk: IN STD_LOGIC;
        clk_div2: OUT STD_LOGIC;
        clk_div4: OUT STD_LOGIC;
        clk_div8: OUT STD_LOGIC;
        clk_div16: OUT STD_LOGIC);
END clkdiv;

ARCHITECTURE rtl OF clkdiv IS
    SIGNAL count : STD_LOGIC_VECTOR(3 DOWNTO 0);
BEGIN
    PROCESS(clk)
    BEGIN
        IF (clk'event AND clk='1') THEN
            IF(count="1111") THEN
                Count<= (OTHERS =>'0');
            ELSE
                Count <= count +1;
            END IF ;
        END IF ;
    END PROCESS;
    clk_div2 <= count(0);
    clk_div4 <= count(1);
    clk_div8 <= count(2);
    clk_div16 <= count(3);
END rtl;
```

对于分频倍数不是 2 的整数次幂的情况，只需对源代码中的计数器进行计数控制就可以了。例如，例 7.25 的源代码描述的是一个对时钟信号进行 6 分频的分频器。

【例 7.25】 6 分频电路。

```vhdl
LIBRARY IEEE;
USE IEEE.STD_LOGIC_1164.ALL;
USE IEEE.STD_LOGIC_UNSIGNED.ALL;

ENTITY clk_div IS
    PORT(clk: IN STD_LOGIC;
        clk_div6: OUT STD_LOGIC);
END clk_div;

ARCHITECTURE rtl OF clk_div IS
    SIGNAL count: STD_LOGIC_VECTOR(1 DOWNTO 0);
    SIGNAL clk_temp: STD_LOGIC;
BEGIN
    PROCESS(clk)
    BEGIN
        IF (clk'event AND clk='1') THEN
            IF(count="10") THEN
                count<= (OTHERS =>'0');
```

```
                clk_temp<=NOT clk_temp;
            ELSE
                count <= count +1;
            END IF ;
        END IF ;
    END PROCESS;
    clk_div6 <= clk_temp;
END rtl;
```

前面的两个分频器的例子描述了将时钟信号进行分频,分频后得到的时钟信号的占空比为50%。在进行硬件设计时,往往要求得到一个占空比不是50%的分频信号,这时仍采用计数器的方法来产生占空比不是50%的分频信号。例7.26的源代码描述的是这样一个分频器:将输入的时钟信号进行16分频,分频信号的占空比为1/16,也就是说,其中高电位的脉冲宽度为输入时钟信号的一个周期。

【例7.26】 占空比为1/16的16分频电路。

```
LIBRARY IEEE;
USE IEEE.STD_LOGIC_1164.ALL;
USE IEEE.STD_LOGIC_ARITH.ALL;
USE IEEE.STD_LOGIC_UNSIGNED.ALL;

ENTITY clkdiv IS
    PORT(clk: IN STD_LOGIC;
         clk_div16: OUT STD_LOGIC);
END clkdiv;

ARCHITECTURE rtl OF clkdiv IS
    SIGNAL count : STD_LOGIC_VECTOR(3 DOWNTO 0);
BEGIN
    PROCESS(clk)
    BEGIN
    IF (clk'EVENT AND clk='1') THEN
        IF(count="1111") THEN
            count<= (OTHERS =>'0');
        ELSE
            count <= count +1;
        END IF ;
    END IF ;
   END PROCESS;
   PROCESS(clk)
   BEGIN
     IF (clk'event AND clk='1') THEN
        IF(count="1111") THEN
            clk_div16 <='1';
        ELSE
            clk_div16 <='0';
        END IF;
     END IF;
```

```
    END PROCESS;
  END rtl;
```

对于上述源代码描述的这种分频器,在硬件电路设计中应用十分广泛,设计人员常采用这种分频器来产生选通信号、中断信号和数字通信中常用到的帧头信号等。

习 题 7

1. 用 IF 语句描述 4 选 1 数据选择器功能。
2. 用 IF 语句描述三人表决电路的功能。
3. 用 IF 语句描述四舍五入电路的功能,假定输入的是一位 BCD 码。
4. 总结用 IF 语句编程的注意事项。
5. 用 CASE 语句描述七段显示译码器,假定输入的是一位 BCD 码。
6. 用 CASE 语句描述 4 选 1 数据选择器功能。
7. 总结用 CASE 语句编程的注意事项。
8. 用 WHEN-ELSE 语句描述 4 选 1 数据选择器功能。
9. 用 WITH-SELECT 语句描述 4 选 1 数据选择器功能。
10. 用 WITH-SELECT 语句描述七段显示译码器功能。
11. 进程(PROCESS)语句中能不能使用 WITH-SELECT 和 WHEN-ELSE 语句?为什么?
12. 用进程语句描述组合电路和时序电路有什么区别?
13. 图 7.6 所示为一位二进制数全加器的电路图,试用元器件例化语句描述该电路。

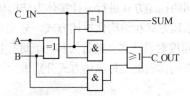

图 7.6 一位二进制数全加器电路图

14. 试用算术运算符实现两位二进制乘法器,编写完整的 VHDL 程序。
15. 试编写求补码的 VHDL 程序,输入是带符号的 4 位二进制数。
16. 试编写两个 4 位二进制相减的 VHDL 程序。
17. 有一个比较电路,当输入的一位 8421BCD 码大于 4 时,输出为 1,否则为 0,试编写出 VHDL 程序。
18. 试编写一个实现 3 输入与非门的 VHDL 源程序。
19. 试编写同步模 5 计数器程序,有进位输出和异步复位端。
20. 编写 4 位串/并转换程序。
21. 编写 4 位并/串转换程序。
22. 编写 4 位除法电路程序。提示:可以使用状态图。
23. 编写 8 路彩灯控制器程序。
24. 编写 1010 序列检测器的程序。
25. 用 VHDL 描述一个同步复位、同步置位(同步优先于置位)的 D 触发器。复位、置位信号都是高电平有效,时钟脉冲上升沿触发。

第8章 VHDL 设计进阶

本章概要：本章首先介绍 VHDL 结构体的三种描述方式——VHDL 行为描述方式、结构化描述方式和寄存器传输描述方式，然后重点介绍有限状态机（FSM）的设计方法。

知识要点：（1）VHDL 行为描述方式；
（2）VHDL 结构化描述方式；
（3）VHDL 寄存器传输描述方式；
（4）有限状态机（FSM）设计方法。

教学安排：本章教学安排 4 学时，重点让学生和读者熟悉 VHDL 的三种描述方法，掌握有限状态机（FSM）的设计方法。

8.1 VHDL 行为描述方式

所谓行为描述，就是对设计实体的数学模型的描述，其抽象程度远远高于寄存器传输描述方式和结构化描述方式。行为描述类似于高级编程语言，当描述一个设计实体的行为时，无须知道具体电路的结构，只需用一组状态来描述即可。行为描述的优点在于只需描述清楚输入与输出的行为，而无须花费更多的精力关注设计功能的门级实现。

VHDL 允许设计人员采用不同的描述方式进行设计实体中结构体的书写。结构体的三种描述方式为：行为描述方式、寄存器传输描述方式和结构化描述方式，分别对应的结构体名为 behave、rtl 和 structure。这三种描述方式从不同角度对设计实体的行为和功能进行描述，具有各自的特点。下面以一位全加器的 VHDL 描述为例，对结构体的这三种描述方式分别进行讨论。一位全加器的逻辑示意图和实现的逻辑电路图如图 8.1 所示。

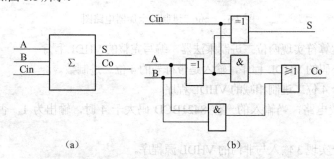

图 8.1 一位全加器的逻辑示意图和实现的逻辑电路图

【例 8.1】 行为描述方式描述的一位全加器。

```
LIBRARY IEEE;
USE IEEE.std_logic_1164.ALL;
ENTITY full_adder IS
    PORT(A,B: IN std_logic;
         Cin: IN std_logic;
         Co: OUT std_logic;
```

```
                S: OUT std_logic);
END full_adder;
ARCHITECTURE behave OF full_adder IS
BEGIN
    PROCESS (A,B,Cin)
    VARIABLE n: integer RANGE 0 TO 3;
    CONSTANT S_vector: std_logic_vector(0 TO 3):="0101";
    CONSTANT Co_vector: std_logic_vector(0 TO 3):= "0011";
    BEGIN
        n:=0;
        IF(A='1') THEN
          n:=n+1;
        END IF;
        IF(B='1') THEN
          n:=n+1;
        END IF;
        IF(Cin='1') THEN
          n:=n+1;
        END IF;
        S<=S_vector(n);
        Co<=Co_vector(n);
    END PROCESS;
END behave;
```

例 8.1 是以行为描述方式描述一位全加器功能的 VHDL 程序。其中，端口 Cin 是低位进位的输入端口，Co 是向高位进位的输出端口。在 VHDL 程序的结构体中，可以看出对实体功能的描述完全是对一位全加器数学模型的描述，没有涉及任何有关电路的结构或门级电路。这个结构体的行为描述是用一个进程语句来完成的：进程语句的说明部分定义了变量 n、常量 S_vector 和 Co_vector。进程语句中包含三个 IF 语句和两个信号赋值语句，用来对全加器的数学模型进行描述。

下面再看一个行为描述方式的例子。我们的任务是设计一个有高进位 c1、低进位 c0 的 10 位二进制全加器电路。若使用几个低位加法器组合求解，则描述太烦琐，因而考虑用抽象的上层行为描述模式设计该加法器。

【例 8.2】 行为描述方式描述的 10 位二进制全加器。

```
LIBRARY IEEE;
USE IEEE.std_logic_1164.ALL;
USE IEEE.std_logic_unsigned.ALL;
ENTITY adder1 IS
PORT(a,b: IN std_logic_vector(9 DOWNTO 0);
     co: IN std_logic_vector(9 DOWNTO 0);
     c1: OUT std_logic;
     sum: OUT std_logic_vector(10 DOWNTO 0));
END;
ARCHITECTURE behave OF adder1 IS
SIGNAL a_temp: std_logic_vector(10 DOWNTO 0);
SIGNAL b_temp: std_logic_vector(10 DOWNTO 0);
SIGNAL sum_temp: std_logic_vector(10 DOWNTO 0);
```

```
    BEGIN
    PROCESS
      BEGIN
        a_temp<='0' & a;
        b_temp<='0' & b;
        sum_temp<=a_temp+b_temp+co;
        sum<=sum_temp(9 downto 0);
        c1<=sum_temp(10);
    END PROCESS;
    END behave;
```

程序说明如下。

① 用行为描述方式设计加法器，可以降低设计难度。行为描述用于表示输入与输出之间转换的行为，无须包含任何结构方面的信息。

② 设计者只需编制出源程序，而挑选电路方案的工作则由 EDA 软件自动完成。

③ 最终选取的电路方案的优化程度，往往取决于综合软件的技术水平和器件的支持能力。也就是说，最终选取的电路方案占用的 PLD 器件资源不一定是最少的。

④ 设计策略，首先考虑用行为描述模式设计电路，如果设计的结果不能满足资源占有率的要求，则应改变描述模式。

⑤ 本程序用"和（sum）"的最高位作为高进位。由于规定设计的是 10 位加法器，所以应设置"和（sum）"的位数为 11。

8.2　VHDL 结构化描述方式

所谓结构化描述方式，是指在多层次的设计中，通过调用库中的元器件或已设计好的模块来完成设计实体功能的描述。在结构体中，描述只表示元器件（或模块）和元器件（或模块）之间的互连，就像网表一样。当引用库中不存在的元器件时，必须首先进行元器件的创建，然后将其放在工作库中，这样才可以通过调用工作库来引用元器件。在引用元器件时，首先要在结构体说明部分进行元器件的说明，然后才能在使用元器件时进行元器件例化。

为了采用结构化描述方式来对一位全加器进行 VHDL 描述，首先需要定义构成全加器的基本器件——半加器。例 8.3 为描述半加器的 VHDL 程序，它采用了寄存器传输描述方式。

【例 8.3】　寄存器传输方式描述的半加器。

```
LIBRARY IEEE;
USE IEEE.std_logic_1164.ALL;
ENTITY h_adder IS
        PORT(A,B: IN std_logic;
             Co: OUT std_logic;
             S: OUT std_logic);
END h_adder;
ARCHITECTURE rtl OF h_adder IS
SIGNAL tmp1,tmp2: std_logic;
BEGIN
    tmp1<=A OR B;
    tmp2<=A NAND B;
```

```
       Co <=NOT tmp1;
       S <=tmp1 AND tmp2;
END rtl;
```

这里，定义了构成一位全加器的基本元器件——半加器，下面就可以采用半加器来构成一位全加器。熟悉数字电路的人们都知道，由一位半加器实现一位全加器的逻辑电路图如图 8.2 所示。

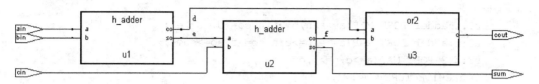

图 8.2 两个半加器构成一个全加器

根据图 8.2 所示的逻辑电路图，采用结构化描述方式描述一位全加器逻辑功能的 VHDL 程序如例 8.4 所示。不难看出，这个 VHDL 程序的结构体中引用了前面定义的半加器器件 h_adder 和或门器件 or2。在使用的过程中，首先要在结构体说明部分采用 COMPONENT 语句对要引用的器件 h_adder 和 or2 进行说明，然后在使用器件时采用 PORT MAP 映射语句进行元器件例化。

【例 8.4】 结构化描述方式描述的一位全加器。

```
--或门逻辑表达
LIBRARY ieee;
USE ieee.std_logic_1164.all;

ENTITY or2 IS
  PORT(a,b:in std_logic;
       c:out std_logic);
END ENTITY or2;

ARCHITECTURE one OF or2 IS
BEGIN
  c<=a or b;
END ARCHITECTURE one;

---一位全加器
LIBRARY ieee;
USE ieee.std_logic_1164.all;

ENTITY f_adder IS
  PORT(ain,bin,cin:in std_logic;
       cout,sum:out std_logic);
END ENTITY f_adder;

ARCHITECTURE one OF f_adder IS
COMPONENT h_adder
  PORT(a,b:in std_logic;
     co,so:out std_logic);
END COMPONENT;
```

```
    COMPONENT or2
      PORT(a,b:in std_logic;
           c:out std_logic);
    END COMPONENT;

    SIGNAL d,e,f:std_logic;
    BEGIN
      u1:h_adder PORT MAP(a=>ain,b=>bin,co=>d,so=>e);
      u2:h_adder PORT MAP(a=>e,b=>cin,co=>f,so=>sum);
      u3:or2 PORT MAP(a=>d,b=>f,c=>cout);
    END ARCHITECTURE one;
```

这里需要注意的是：在引用半加器器件 h_adder 和或门器件 or2 的过程中，如果这两个器件已经事先放在了工作库 WORK 中，那么在 VHDL 程序的开始部分实际上隐含了以下的程序行："LIBRARY WORK;"。如果这两个器件没有事先放在工作库 WORK 中，那么在 VHDL 的开始部分首先要对引用的器件 h_adder 和 or2 进行描述定义，否则以上的 VHDL 程序在编译时将会给出错误信息。

下面再看一个结构描述的例子。我们的任务是设计一个实现逻辑函数：f = ab+cd 的逻辑电路。

【例8.5】 结构化方式描述的逻辑函数：f = ab+cd。

```
--a * b 描述
LIBRARY ieee;
USE ieee.std_logic_1164.all;
ENTITY ym IS
PORT(a,b:in bit;
     c:out bit);
END;
ARCHITECTURE ym1 OF ym IS
BEGIN
   c<=a and b;
END;
--a + b 描述
LIBRARY ieee;
USE ieee.std_logic_1164.all;
ENTITY hm IS
PORT(a,b:in bit;
     c:out bit);
END;
ARCHITECTURE hm1 OF hm IS
BEGIN
   c<=a or b;
END;
--顶层实体
LIBRARY ieee;
USE ieee.std_logic_1164.all;
ENTITY and_or_gate IS
PORT(a,b,c,d: in bit;
     f: out bit);
```

```
END;
ARCHITECTURE and_or_gate1 OF and_or_gate IS
COMPONENT ym
    PORT(a,b:in bit;
         c:out bit);
END COMPONENT;
COMPONENT hm
    PORT(a,b:in bit;
         c:out bit);
END COMPONENT;
SIGNAL temp1,temp2:bit;
BEGIN
    u1:ym
    port map(a=>a,b=>b,c=>temp1);
    u2:ym
    port map(a=>c,b=>d,c=>temp2);
    u3:hm
    port map(temp1,temp2,c=>f);
END;
```

用结构化描述方式设计电路的步骤如下：
① 调用已有元器件，通过 COMPONENT 语句实现；
② 用设计的端口名称替换被调用元器件的端口名称，这一步通过例化语句实现。
结构化描述方式的特点如下：
① 在已有元器件的端口之间进行连接，若多个元器件的端口被命名为同一名称，则表示这几个端口是并接在一起的；
② 结构化描述实质是用文字描述电路原理图中各元器件的连接关系。

8.3 VHDL RTL 描述方式

用行为描述方式编写的 VHDL 程序抽象程度很高，是很难直接映射到具体逻辑器件上的。所谓寄存器传输描述，是指对设计实体的描述按照从信号到信号的寄存器传输的路径形式来进行的。由于这种描述形式容易进行逻辑综合，因此成为设计人员经常采用的一种描述方式。有时这种描述方式也被称为数据流描述方式。

不难看出，寄存器传输描述方式需要对信号的寄存器传输路径进行描述，因此要求设计人员对设计实体的功能实现有一定的了解，有时还需要对内部电路有清楚的认识，这具有一定的难度。

【例 8.6】 寄存器传输方式描述的一位全加器。

```
LIBRARY IEEE;
USE IEEE.std_logic_1164.ALL;
ENTITY full_adder IS
        PORT(A,B: IN std_logic;
             Cin: IN std_logic;
             Co: OUT std_logic;
             S: OUT std_logic);
END full_adder;
```

```
ARCHITECTURE rtl OF full_adder IS
    SIGNAL tmp1,tmp2:std_logic;
BEGIN
    tmp1<=A XOR B;
    tmp2<=tmp1 AND Cin;
    S<=tmp1 XOR Cin;
    Co<=tmp2 OR (A AND B);
END rtl;
```

从例 8.6 可以看出，结构体的寄存器传输描述方式是按照一位全加器的逻辑电路图进行描述的，这就要求设计人员对全加器的电路实现有清楚的认识。

下面再看一个寄存器传输描述的例子。此例的任务是设计一个实现逻辑函数 f = ab+cd 的逻辑电路。

【例 8.7】 寄存器传输方式描述的逻辑函数：f = ab+cd。

```
LIBRARY ieee;
USE ieee.std_logic_1164.all;
USE ieee.std_logic_unsigned.all;
ENTITY and_or IS
PORT(a,b,c,d:I n std_logic;
    f: out std_logic);
END;
ARCHITECTURE rtl OF and_or IS
  BEGIN
    PROCESS
    BEGIN
    f<=(a and b) or (c and d);
    END PROCESS;
END;
```

程序说明如下。

① 用寄存器传输描述方式设计电路与用传统的逻辑方程设计电路很相似。显然，f=ab+cd 和 f<=(a and b) or (c and d)是很相似的，它们的差别仅在于描述逻辑运算的逻辑符号及表达方式略有不同。寄存器传输描述也表示行为，但含有结构信息，如进程间的通信等通常用并行语句进行描述。应当说明的是，有的描述形式究竟属于哪一种方式是难以界定的，但这绝对不会影响对具体描述的应用。

② 设计中只要有了布尔代数表达式，就很容易将它转换为 VHDL 的数据流表达式。转换方法是用 VHDL 中的逻辑运算符号置换布尔逻辑运算符。例如，用 or 置换 "+"，用 "<=" 置换 "="。

8.4 有限状态机（FSM）设计

8.4.1 Moore 和 Mealy 状态机的选择

在数字电路系统中，有限状态机是一种十分重要的时序逻辑电路模块，它对数字系统的设计具有十分重要的作用。

在实际的应用中，根据有限状态机是否使用输入信号，设计人员经常将其划分为 Moore 型有限状态机和 Mealy 型有限状态机两种类型。

Moore 型有限状态机：输出信号仅与当前状态有关，即可以把 Moore 型有限状态机的输出看成是当前状态的函数。

Mealy 型有限状态机:输出信号不仅与当前状态有关,而且还与所有的输入信号有关,即可以把 Mealy 型有限状态机的输出看成是当前状态和所有输入信号的函数。可见,Mealy 型有限状态机要比 Moore 型有限状态机复杂一些。

根据以上 Moore 型和 Mealy 型有限状态机的定义,Moore 型有限状态机的结构框图如图 8.3 所示,Mealy 型有限状态机的结构框图如图 8.4 所示。可以看出两种有限状态机的主要区别在于:Moore 型有限状态机仅与当前状态有关,而与输入信号无关;Mealy 型有限状态机不但与当前状态有关,而且还与状态机的输入信号有关。由于两种有限状态机结构上的差别很小,因此它们在 VHDL 程序设计上的差别也很小。如果需要构造一个 Mealy 型有限状态机,设计人员只需将输出信号按照设计的要求表示为当前状态和所有输入信号的函数即可。

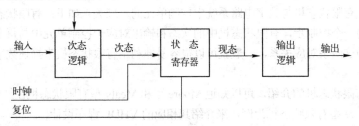

图 8.3　Moore 型有限状态机的结构框图

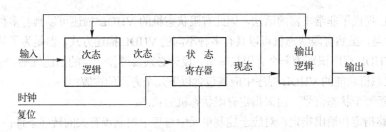

图 8.4　Mealy 型有限状态机的结构框图

掌握了 Moore 型和 Mealy 型有限状态机的基本概念后,读者会提出这样一个问题:在设计过程中,设计人员如何选择使用 Moore 型有限状态机还是 Mealy 型有限状态机呢?

通常,设计过程中采用何种有限状态机主要取决于以下几个方面。

(1) 对于 Moore 型有限状态机来说,输出信号将在时钟信号的触发沿到来后的几个门时延后得到输出值,同时在该时钟周期的剩余时间内保持不变,即使输入信号在该时钟周期内发生变化,输出信号的值也不会改变。由于 Moore 型有限状态机的输出与当前的输入部分无关,因此当前输入产生的任何效果都会延迟到下一个时钟周期。可见,Moore 型有限状态机的最大优点就是可以将输入部分和输出部分隔离开。

(2) 对于 Mealy 型有限状态机来说,由于它的输出是输入信号的函数,因此如果输入信号发生改变,那么输出可以在一个时钟周期的中间发生改变。可见,与 Moore 型有限状态机相比,它对输入信号的变化相应要早一个时钟周期。但是需要注意的是,它也会将输入端口的噪声传递给输出信号。

(3) 在实际的应用过程中,Moore 型有限状态机可能要比相应的 Mealy 型有限状态机需要更多的状态。

一般来说,根据实际设计的要求和以上三个方面的考虑,设计人员基本就可以确定应该使用哪种类型的有限状态机了。

在数字电路系统中,有限状态机的主要功能是实现一个数字系统设计中的控制部分,通过这点可以看出,它与 CPU 的功能十分类似。熟悉 CPU 的读者也许会问,既然 CPU 可以完成电路设计中的控制功能，为什么还要用有限状态机呢？这主要是因为有限状态机与 CPU 相比，具有一些优于 CPU 的功能，主要体现在以下两个方面。

（1）CPU 在实现控制功能的过程中，需要很多操作指令步和硬件操作单元（如 ALU 寄存器等）。而在有限状态机中，控制状态存储在多个触发器中，表示状态转移和控制功能的代码存储在门级网络中。因此不难看出，有限状态机的性能要优于 CPU。

（2）有限状态机的逻辑通常十分适用于可编程逻辑器件。通过恰当的 VHDL 描述和 EDA 工具的综合，一般可以生成性能极优的有限状态机，从而使其在执行时间、运行速度和占用资源等方面优于由 CPU 实现的设计方案。

在数字电路系统的设计过程中，设计人员如何利用有限状态机来实现一个数字电路中的控制单元呢？通常情况下，有限状态机与数字电路系统中控制单元的对应关系如下：有限状态机中的每个状态对应于控制单元的一个控制步，有限状态机中的次态和输出对应于控制单元中与每个控制步有关的转移条件。只要遵循这两条对应关系，一般就可以很容易地利用有限状态机来描述数字电路系统中的控制单元了。

根据以上对有限状态机的介绍，可以知道 Moore 型和 Mealy 型有限状态机在结构上的差别很小，因此本章将以 Moore 型有限状态机为例，来介绍其相应的 VHDL 程序设计。

8.4.2 有限状态机的描述方式

由于 VHDL 提供了非常丰富的语法，因此有限状态机的 VHDL 描述可以具有多种不同的方式。这里需要注意的是，虽然有限状态机可以具有多种不同的 VHDL 描述方式，但是为了使综合工具可以将一个完整的 VHDL 程序识别为一个有限状态机，设计必须要遵循一定的描述规则。一般来说，一个用来描述有限状态机功能的 VHDL 程序中应该包含以下几个方面的内容：

① 至少包括一个状态信号，用来指定有限状态机的状态；
② 状态转移指定和输出指定，对应于控制单元中与每个控制步有关的转移条件；
③ 时钟信号，一般用来进行同步；
④ 同步或异步复位信号。

在以上的 4 条内容中，第①～③条内容是一个有限状态机的 VHDL 程序所必须包括的，而第 4 条内容则不是必需的。但是对于一个实际应用的有限状态机来说，复位信号是不可缺少的，因此这里将同步或异步复位信号也列在了上面。

只要遵循以上的描述规则，设计人员编写的多种不同描述方式的 VHDL 程序就都是合法的。通常，在描述有限状态机的过程中，常用的描述方式有三种。

（1）三进程描述方式：是指在 VHDL 程序的结构体中，使用三个进程语句来描述有限状态机的功能——一个进程用来描述有限状态机中的次态逻辑，一个进程用来描述有限状态机中的状态寄存器，另外一个进程用来描述有限状态机中的输出逻辑。

（2）双进程描述方式：是指在 VHDL 程序的结构体中，使用两个进程语句来描述有限状态机的功能——一个进程用来描述有限状态机中次态逻辑、状态寄存器和输出逻辑中的任意两个，另外一个进程则用来描述有限状态机其他的功能。

（3）单进程描述方式：是指在 VHDL 程序的结构体中，使用一个进程语句来描述有限状态机中的次态逻辑、状态寄存器和输出逻辑。

根据以上有限状态机 VHDL 程序的三种描述方式的不同定义，这里将它们列成表格形式，用来比较这三种描述方式的异同点，如表 8.1 所示。

表 8.1 有限状态机描述方式

描述方式		进程描述功能	所用进程数
三进程描述方式		进程1：描述次态逻辑 进程2：描述状态寄存器 进程3：描述输出逻辑	3
双进程描述方式	形式1	进程1：描述次态逻辑、状态寄存器 进程2：描述输出逻辑	2
	形式2	进程1：描述状态寄存器、输出逻辑 进程2：描述次态逻辑	2
	形式3	进程1：描述次态逻辑、输出逻辑 进程2：描述状态寄存器	2
单进程描述方式		进程1：描述次态逻辑、状态寄存器和输出逻辑	1

在上面的三种描述方式中，采用三进程描述方式和双进程描述方式中的形式 3 来描述有限状态机时，可以把有限状态机的组合逻辑部分和时序逻辑部分分开，这样有利于对有限状态机的组合逻辑部分和时序逻辑部分进行测试。一般来说，不同描述方式对于综合的结果影响很大。通常，三进程描述方式、双进程描述方式中的形式 3 和单进程描述方式的综合结果是比较好的，而双进程描述方式中的形式 1 和形式 2 并不常用。

下面以一个具体的 Moore 型有限状态机的设计为例，具体介绍采用不同描述方式来描述 Moore 型有限状态机功能的具体方法。

现在要求设计一个存储控制器，具体要求如下：

（1）存储控制器能够根据微处理器的读周期或写周期，分别对存储器输出写使能信号 we 和读使能信号 oe；

（2）存储控制器的输入信号有三个：微处理器的准备就绪信号 ready、微处理器的读/写信号 read_write 和时钟信号 clk。

接下来讨论这个存储控制器的具体工作过程。当微处理器的准备就绪信号 ready 有效或上电复位时，控制器开始工作并在下一个时钟周期到来时判断本次工作是读存储器操作还是写存储器操作。当微处理器的读/写信号 read_write 有效时，本次工作为读操作；当微处理器的读/写信号 read_write 无效时，本次工作为写操作。控制器的输出写使能信号 we 在写操作中有效，而读使能信号 oe 在读操作中有效。当读操作或写操作完成以后，微处理器的准备就绪信号 ready 标识本次处理任务完成，并使控制器回到空闲状态。

根据有限状态机与存储控制器的对应关系，可以参照控制器的操作控制步来确定有限状态机的状态。设空闲状态为 idle，当微处理器的准备就绪信号 ready 有效后的下一个时钟周期到来时所处的状态设为判断状态（decision），然后将根据微处理器的读/写信号 read_write 的不同而转入的状态分别设为读状态（read）和写状态（write）。

确定了有限状态机的状态后，即可根据控制器的工作过程给出有限状态机的状态转移图。状态转移图是一个十分重要的概念，它表明了有限状态机的各个状态和相应的转移条件。根据状态转移图，设计人员可以很容易地写出有限状态机的 VHDL 描述。实现存储控制器功能的有限状态机的状态转移图如图 8.5 所示，希望读者通过这个图例能够掌握状态转移图的一般画法。

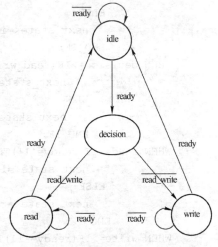

图 8.5 有限状态机的状态转移图

表 8.2 有限状态机的输出逻辑真值表

所处状态	oe	we
idle	0	0
decision	0	0
read	1	0
write	0	1

完成了有限状态机的状态转移图后，还要给出这个有限状态机的输出逻辑。可以看出，这个存储控制器有限状态机的输出逻辑十分简单，它的真值表如表 8.2 所示。根据该表可以确定这个有限状态机是一个 Moore 型有限状态机。

完成了以上的步骤以后，接下来就可以编写用来描述有限状态机功能的 VHDL 程序了。在编写 VHDL 程序的过程中，通常把有限状态机中的所有状态表达为 CASE 语句中的一个分支，而有限状态机中的状态转移则是通过 IF 语句来实现的。

1. 存储控制器的三进程描述方式

采用三进程描述方式对存储控制器有限状态机进行描述的 VHDL 程序如例 8.8 所示，它的特点是每个进程分别对应于有限状态机中的次态逻辑、状态寄存器和输出逻辑。

【例 8.8】 采用三进程描述方式对存储控制器有限状态机进行描述。

```vhdl
LIBRARY IEEE;
USE IEEE.std_logic_1164.ALL;
ENTITY store_controller IS
    PORT(ready:IN std_logic;
        clk:IN std_logic;
        read_write:IN std_logic;
        we,oe :OUT std_logic);
END store_controller;
ARCHITECTURE state_machine OF store_controller IS
    TYPE state_type IS (idle,decision,read,write);
    SIGNAL present_state,next_state:state_type;
BEGIN
    nextstate_logic:PROCESS(present_state,ready,read_write)
    BEGIN
        CASE present_state IS
WHEN idle=>IF (ready='1') THEN
            next_state<=decision;
        ELSE
            next_state<=idle;
        END IF;
WHEN decision=>IF(read_write='1')THEN
            next_state<=read;
        ELSE
            next_state<=write;
        END IF;
WHEN read=>IF(ready='1')THEN
            next_state<=idle;
        ELSE
            next_state<=read;
        END IF;
WHEN write=>IF(ready='1')THEN
            next_state<=idle;
```

```
                ELSE
                    next_state<=write;
                END IF;
        END CASE;
END PROCESS;
state_register:PROCESS(clk)
BEGIN

        IF(clk'event AND clk='1') THEN
            present_state<=next_state;
        END IF;
END PROCESS;
    output_logic:PROCESS(present_state)
    BEGIN
        CASE present_state IS
            WHEN idle=>we<='0';oe<='0';
            WHEN decision=>we<='0';oe<='0';
            WHEN read=>we<='0';oe<='1';
            WHEN write=>we<='1';oe<='0';
        END CASE;
    END PROCESS;
END state_machine;
```

从例 8.8 所示的 VHDL 程序可以看出，采用 VHDL 对所设计的 Moore 型有限状态机进行描述的过程，无须进行烦琐的状态分配、绘制状态转移表和写出状态方程式等步骤，整个描述过程十分简单。与传统的设计方法相比，它大大降低了设计人员的工作量，节省了大量的时间和人力，同时也充分体现了采用 VHDL 设计硬件电路的优越性。

根据例 8.8 所示的 VHDL 程序设计，可以总结出采用 VHDL 描述有限状态机的具体操作步骤。

① 用定义的状态类型去定义信号，状态类型为可枚举类型。在例 8.8 中，结构体中的说明部分定义了枚举类型 state_type 和两个类型为 state_type 的信号 present_state、next_state。其中，信号 present_state 表示有限状态机的当前状态，而信号 next_state 则表示有限状态机的下一状态。

② 结构体中采用进程来描述有限状态机的状态转移。由于次态是当前状态和输入信号的函数，因此这里将当前状态和输入信号作为进程的敏感信号。

③ 结构体中采用进程来描述有限状态机中状态寄存器的逻辑，状态寄存器的功能是将次态转化为现态。由于状态转化发生在时钟信号的跳变沿，因此这里将时钟信号作为进程的敏感信号。

④ 结构体中采用进程来描述有限状态机的输出逻辑。由于输出逻辑根据当前状态对输出信号进行赋值，因此这里进程的敏感信号是当前状态信号。

步骤②~④根据描述方式的不同而存在于不同的进程当中，但是不管采用何种方式，步骤②~④的逻辑必须要进行描述。例 8.8 所示的 VHDL 程序中采用了三个进程来描述有限状态机的逻辑：进程 nextstate_logic 用来描述有限状态机的次态逻辑，由于次态逻辑是当前状态和输入信号的函数，因此这里将当前状态 present_state 和输入信号 ready、read_write 作为进程的敏感信号；进程 state_register 将次态转化为现态，由于它是一个时钟进程，因此这里将输入时钟信号 clk 作为进程的敏感信号；进程 output_logic 将根据当前状态给出输出信号，不难看出它是一个组合进程。

2. 存储控制器的单进程描述方式

采用单进程描述方式对存储控制器有限状态机进行描述的 VHDL 程序如例 8.9 所示,它的特点是使用一个进程来描述有限状态机中的次态逻辑、状态寄存器和输出逻辑。

【例 8.9】 采用单进程描述方式对存储控制器有限状态机进行描述。

```vhdl
LIBRARY IEEE;
USE IEEE.std_logic_1164.ALL;
ENTITY store_controller IS
    PORT(ready:IN std_logic;
         clk:IN std_logic;
         read_write:IN std_logic;
         we,oe :OUT std_logic);
END store_controller;
ARCHITECTURE state_machine OF store_controller IS
    TYPE state_type IS (idle,decision,read,write);
    SIGNAL state:state_type;
BEGIN
    One_process:PROCESS(clk)
    BEGIN
IF(clk'event AND clk='1')THEN
  CASE state IS
       WHEN idle=>IF(ready='1')THEN
                    state<=decision;
                 ELSE
                    state<=idle;
                 END IF;
WHEN decision=>IF(read_write='1')THEN
                  state<=read;
               ELSE
                  state<=write;
               END IF;
WHEN read=>IF(ready='1')THEN
              state<=idle;
           ELSE
              state<=read;
           END IF;
WHEN write=>IF(ready='1')THEN
               state<=idle;
            ELSE
               state<=write;
            END IF;
  END CASE;
END IF;
  END PROCESS;
  oe<='1' WHEN state=read ELSE '0';
  we<='1' WHEN state=write ELSE '0';
END state_machine;
```

3. 存储控制器的双进程描述方式

现在采用双进程描述方式对存储控制器有限状态机进行功能描述。双进程描述方式具有 3 种形式，其中第 3 种形式最好，主要原因是这种方式采用两个进程将组合逻辑和时序逻辑分开。采用三进程描述方式对存储控制器有限状态机进行描述后，双进程描述方式就显得容易一些了，这里只需将例 8.8 中的任意两个进程合成一个进程即可。

采用双进程描述方式对存储控制器有限状态机进行描述的一种 VHDL 程序如例 8.10 所示。不难看出，它采用的是将例 8.8 中的进程 nextstate_logic 和进程 state_register 合成为一个进程 state_transfer1 的形式。这里，进程 state_transfer1 用来描述次态逻辑和处理状态寄存器的时钟同步，其中只用到了一个信号 state，这一点读者要注意。

【例 8.10】 采用双进程描述方式对存储控制器有限状态机描述形式一。

```
LIBRARY IEEE;
USE IEEE.std_logic_1164.ALL;
ENTITY store_controller IS
    PORT(ready:IN std_logic;
         clk:IN std_logic;
         read_write:IN std_logic;
         we,oe :OUT std_logic);
END store_controller;
ARCHITECTURE state_machine OF store_controller IS
    TYPE state_type IS (idle,decision,read,write);
    SIGNAL state:state_type;
BEGIN
IF(clk'event and clk='1')THEN
  CASE state IS
      WHEN idle=>IF(ready='1')THEN
                  state<=decision;
                ELSE
                  state<=idle;
                END IF;
WHEN decision=>IF(read_write='1')THEN
                  state<=read;
                ELSE
                  state<=write;
                END IF;
WHEN read=>IF(ready='1')THEN
                  state<=idle;
                ELSE
                  state<=read;
                END IF;
WHEN write=>IF(ready='1')THEN
                  state<=idle;
                ELSE
                  state<=write;
                END IF;
  END CASE;
```

```
            END IF;
    END PROCESS;
        Output_logic:PROCESS(state)
        BEGIN
                CASE state IS
                    WHEN idle =>we<='0';oe<='0';
                    WHEN decision=>we<='0';oe<='0';
                    WHEN read=>we<='0';oe<='1';
                    WHEN write=>we<='1';oe<='0';
                END CASE;
        END PROCESS;
    END state_machine;
```

采用双进程描述方式对存储控制器有限状态机进行描述的另一种 VHDL 程序如例 8.11 所示。不难看出，它采用的是将例 8.8 中的进程 state_register 和进程 output_logic 合成为一个进程 state_transfer2 的形式。在例 8.11 所示的 VHDL 程序中，首先采用进程语句 nextstate_logic 来描述次态逻辑，然后采用进程 state_transfer2 来描述状态寄存器和输出逻辑。由于在进程 state_transfer2 中必须按照次态逻辑对输出信号进行赋值，因此定义了一个变量 present_state_tmp 来立即获得次态信号的值，随后将其作为 CASE 语句的表达式对输出信号进行赋值。

【例 8.11】 采用双进程描述方式对存储控制器有限状态机描述形式二。

```
LIBRARY IEEE;
USE IEEE.std_logic_1164.ALL;
ENTITY store_controller IS
    PORT(ready:IN std_logic;
        clk:IN std_logic;
        read_write:IN std_logic;
        we,oe :OUT std_logic);
END store_controller;
ARCHITECTURE state_machine OF store_controller IS
    TYPE state_type IS (idle,decision,read,write);
    SIGNAL state:state_type;
BEGIN
Nextstate_logic:PROCESS(present_state,ready,read_write)
BEGIN
        CASE present_state IS
            WHEN idle=>IF(ready='1') THEN
                        Next_state<=decision;
                    ELSE
                        Next_state<=idle;
                    END IF;
            WHEN decision=>IF(read_write='1') THEN
                next_state<=read;
ELSE
    Next_state<=write;
END IF;
WHEN read=>IF(ready='1') THEN
```

```
                Next_state<=idle;
            ELSE
                Next_state<=read;
            END IF;
        WHEN write=>IF(ready='1')THEN
                    Next_state<=idle;
                ELSE
                    Next_state<=write;
                END IF;
    END CASE;
END PROCESS;
State_transfer2:PROCESS(clk)
VARIABLE present_state_tmp:state_type;
BEGIN
        IF(clk'event AND clk='1')THEN
            Present_state_tmp:=next_state;
            CASE present_state_tmp IS
                WHEN idle =>we<='0';oe<='0';
                WHEN decision=>we<='0';oe<='0';
                WHEN read=>we<='0';oe<='1';
                WHEN write=>we<='1';oe<='0';
        END CASE;
    END IF;
    Present_state<=present_state_tmp;
END PROCESS;
END state_machine;
```

在例 8.11 所示 VHDL 程序的进程 state_transfer2 中,如果直接将次态信号赋值给信号 present_state,随后将其作为 CASE 语句的表达式来对输出信号进行赋值,是否正确呢?这个问题请读者自行分析。

采用双进程描述方式对存储控制器有限状态机进行描述的最后一种 VHDL 程序如例 8.12 所示。不难看出,它采用的是将例 8.8 中的进程 nextstate_logic 和进程 output_logic 合成为一个进程 state_transfer3 的形式。可见这种方式比三进程描述方式要简单得多,VHDL 程序也要短一些,这样将使模拟过程速度加快,而对综合结果却没有什么影响。因此,一般情况下设计人员常常采用这种双进程描述方式。

【例8.12】 采用双进程描述方式对存储控制器有限状态机描述形式三。

```
LIBRARY IEEE;
USE IEEE.std_logic_1164.ALL;
ENTITY store_controller IS
   PORT(ready:IN std_logic;
        clk:IN std_logic;
        read_write:IN std_logic;
        we,oe :OUT std_logic);
END store_controller;
ARCHITECTURE state_machine OF store_controller IS
    TYPE state_type IS (idle,decision,read,write);
    SIGNAL state:state_type;
```

```vhdl
BEGIN
State_transfer3:PROCESS(present_state,ready,read_write)
BEGIN
    CASE present_state IS
        WHEN idle=>we<='0';oe<='0';
                    IF(ready='1')THEN
                        Next_state<=decision;
                    ELSE
                        Next_state<=idle;
                    END IF;
        WHEN decision=>we<='0';oe<='0';
            IF(read_write='1')THEN
                Next_state<=read;
            ELSE
                Next_state<=write;
            END IF;
        WHEN read=>we<='0';oe<='1';
            IF (ready='1') THEN
                Next_state<=idle;
            ELSE
                Next_state<=read;
            END IF;
        WHEN write=>we<='1';oe<='0';
            IF(ready='1') THEN
                Next_state<=idle;
            ELSE
                Next_state<=write;
            END IF;
    END CASE;
END PROCESS;
    State_register:PROCESS(clk)
    BEGIN
            IF(clk'event AND clk='1')THEN
                Present_state<=next_state;
            END IF;
    END PROCESS;
END state_machine;
```

8.4.3 有限状态机的同步和复位

从有限状态机的结构框图可以知道,时钟信号和复位信号对每个有限状态机来说都是很重要的,特别对时钟信号更是不可缺少的。本节将重点讨论时钟信号的另一种应用和有复位信号的有限状态机的 VHDL 程序设计。

1. 输出信号的同步

在有限状态机的结构框图中,无论是 Moore 型有限状态机还是 Mealy 型有限状态机,它们的输出信号都是经由组合逻辑电路输出的,因此输出信号会产生"毛刺"现象。对于同步电路来说,由于"毛刺"只是发生在时钟跳变沿之后的一小段时间里,因此在下一个时钟跳变沿到来时"毛刺"已经消失,所以这时"毛刺"现象不会对电路产生影响。但是如果设计人员在设计电路的过程中,需要把有限状态机的输出作为使能信号、片选信号、复位信号或时钟信号等来使用时,"毛刺"现象将会对电路设计造成很大的影响,甚至烧毁电路板。因此在这种情况下,设计必须保证有限状态机的输出信号没有"毛刺"产生。

在设计中消除"毛刺"现象的方法很多,这里介绍一种用时钟信号来同步输出信号以消除"毛刺"现象的方法。采用的方法是用时钟信号将有限状态机的输出信号加载到一个寄存器中,这个寄存器一般是由 D 触发器构成的,它的时钟信号就是有限状态机的时钟信号。这种方法实际上就是在有限状态机的结构框图中的输出逻辑后端加一个寄存器,这时 Moore 型有限状态机的结构框图如图 8.6 所示。

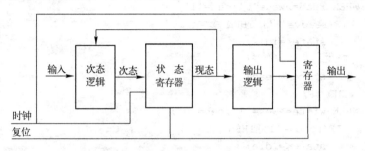

图 8.6 Moore 型有限状态机的同步和复位

图 8.6 指明了每个输出信号都经过了一个附加的寄存器,这个寄存器由时钟信号来进行同步,因此能够保证输出信号上不会有"毛刺"现象出现。这里需要注意的是:由于附加了一个时钟同步的寄存器,所以这时的输出信号将比不加寄存器时的输出信号晚一个时钟周期。

对于用时钟信号同步输出信号的有限状态机来说,它的 VHDL 描述与前面相比改动不是很大,只要将输出信号的赋值语句写到时钟进程里就可以了。例如,下面就是一个与时钟信号同步输出信号的 Moore 型有限状态机的 VHDL 描述,实现的功能仍然是前面描述的存储控制器,如例 8.13 所示。

【例 8.13】 一个与时钟信号同步输出信号的 Moore 型有限状态机。

```vhdl
LIBRARY IEEE;
USE IEEE.std_logic_1164.ALL;
ENTITY store_controller IS
    PORT(ready:IN std_logic;
        clk:IN std_logic;
        read_write:IN std_logic;
        we,oe :OUT std_logic);
END store_controller;
ARCHITECTURE state_machine OF store_controller IS
    TYPE state_type IS (idle,decision,read,write);
    SIGNAL state:state_type;
BEGIN
State_transfer:PROCESS(clk)
BEGIN
  IF(clk'event AND clk='1')THEN
    CASE state IS
      WHEN idle=>we<='0';oe<='0';
        IF(ready='1')THEN
          state<=decision;
```

```
                ELSE
                    state<=idle;
                END IF;
            WHEN decision=>we<='0';oe<='0';
                IF(read_write='1') THEN
                    state<=read;
                ELSE
                    state<=write;
                END IF;
            WHEN read=>we<='0';oe<='1';
                IF(ready='1') THEN
                    state<=idle;
                ELSE
                    state<=read;
                END IF;
            WHEN write=>we<='1';oe<='0';
                IF(ready='1')THEN
                    state<=idle;
                ELSE
                    state<=write;
                END IF;
            END CASE;
        END IF;
    ENDPROCESS;
END state_machine;
```

不难看出，例8.13采用的是单进程描述方式，它将有限状态机的次态逻辑、状态寄存器和输出逻辑用一个进程来进行描述。虽然采用单进程描述方式的VHDL程序较短，但是由于其结构比较复杂、不易维护、可读性较差等缺点，设计人员一般不应采用这种描述方式，而应采用双进程描述方式。采用例8.12所示的双进程描述方式（形式3），不仅可以清楚地在一个进程中确定状态的转移和对输出信号的赋值，而且具有结构易于建立、维护和修改等优点。因此，在采用VHDL描述有限状态机的过程中，特别对于大型有限状态机，建议读者采用这种形式。

2. 有限状态机的同步复位

与其他时序逻辑电路一样，有限状态机的复位信号分为同步复位和异步复位两种。这里仍然以上述的存储控制器为例，重点讨论带有复位信号的有限状态机的VHDL描述。

同步复位信号在时钟的跳变沿到来时，将对有限状态机进行复位操作，同时把复位值赋给输出信号并使有限状态机回到空闲状态。在描述带同步复位信号的有限状态机的过程中，当同步复位信号到来时，为了避免在状态转移进程中的每个状态分支中都指定到空闲状态的转移，可以在状态转移进程的开始部分加入一个对同步复位信号进行判断的IF语句：如果同步复位信号有效，则直接进入到空闲状态并将复位值赋给输出信号；如果复位信号无效，则执行接下来的正常状态转移进程。

在描述带同步复位的有限状态机时，对同步复位信号进行判断的IF语句中，如果不指定输出信号的值，那么输出信号将保持原来的值不变。这种情况会需要额外的寄存器来保持原值，从而增加了占用的资源数，因此需要在IF语句中指定输出信号的值。有时可以指定在复位情况下输出信号的值是任意值，这样在逻辑综合时就会忽略它们。

第 8 章 VHDL 设计进阶

下面给出了一个用来描述带有同步复位信号的有限状态机功能的 VHDL 程序，如例 8.14 所示。不难看出，程序中当复位信号 reset 有效时，指定输出信号输出任意值，并使有限状态机的状态指向空闲状态 idle。

【例 8.14】 带有同步复位信号的有限状态机。

```vhdl
LIBRARY IEEE;
USE IEEE.std_logic_1164.ALL;
ENTITY store_controller IS
    PORT(ready:IN std_logic;
        clk:IN std_logic;
        read_write:IN std_logic;
        we,oe :OUT std_logic);
END store_controller;
ARCHITECTURE state_machine OF store_controller IS
    TYPE state_type IS (idle,decision,read,write);
    SIGNAL state:state_type;
BEGIN
State_transfer:PROCESS(reset,present_state,ready,read_write)
BEGIN
  IF(reset='1')THEN
    oe<='-';
    we<='-';
    next_state<=idle;
  ELSE
    CASE present_state IS
    WHEN idle=>we<='0';oe<='0';
      IF(ready='1')THEN
        Next_state<=decision;
      ELSE
        Next_state<=idle;
      END IF;
    WHEN decision=>we<='0';oe<='0';
      IF(read_write='1')THEN
        Next_state<=read;
      ELSE
        Next_state<=write;
      END IF;
    WHEN read=>we<='0';oe<='1';
      IF(ready='1')THEN
        Next_state<=idle;
      ELSE
        Next_state<=read;
      END IF;
    WHEN write=>we<='1';oe<='0';
      IF(ready='1') THEN
        Next_state<=idle;
      ELSE
```

```
        Next_state<=write;
      END IF;
    END CASE;
  END IF;
END PROCESS;
  State_register:PROCESS(clk)
  BEGIN
    IF(clk'event AND clk='1')THEN
      Present_state<=next_state;
    END IF;
  END PROCESS;
END state_machine;
```

此外，对于有限状态机的同步复位还可以采用另一种方法，就是把对复位信号进行判断的IF语句放在正常的状态转移语句的后面。这里需要注意的是，采用这种方式只需在其中定义状态的转移，而无须对输出信号进行赋值，原因是各个输出信号已经在上面的状态转移语句中被赋值。采用这种描述方法对存储控制器有限状态机进行描述的 VHDL 程序如例 8.15 所示。

【例 8.15】 有限状态机同步复位的另一种形式。

```
LIBRARY IEEE;
USE IEEE.std_logic_1164.ALL;
ENTITY store_controller IS
   PORT(ready:IN std_logic;
        clk:IN std_logic;
        read_write:IN std_logic;
        we,oe :OUT std_logic);
END store_controller;
ARCHITECTURE state_machine OF store_controller IS
    TYPE state_type IS (idle,decision,read,write);
    SIGNAL state:state_type;
BEGIN
State_transfer:PROCESS(reset,present_state,ready,read_write)
BEGIN
State_transfer:PROCESS(reset,present_state,ready,read_write)
BEGIN
CASE present_state IS
  WHEN idle=>we<='0';oe<='0';
    IF(ready='1') THEN
        Next_state<=decision;
    ELSE
       Next_state<=idle;
    END IF;
WHEN decision=>we<='0';oe<='0';
    IF(read_write='1')THEN
      Next_state<=read;
    ELSE
      Next_state<=write;
```

```
        END IF;
    WHEN read=>we<='0';oe<='1';
        IF(ready='1') THEN
            Next_state<=idle;
        ELSE
            Next_state<=read;
        END IF;
    WHEN write=>we<='1';oe<='0';
        IF(ready='1') THEN
            Next_state<=idle;
        ELSE
            Next_state<=write;
        END IF;
    END CASE;
        IF(reset='1') THEN
            Next_state<=idle;
        END IF;
    END PROCESS;
    State_register:PROCESS(clk)
    BEGIN
      IF(clk'event AND clk='1') THEN
        Present_state<=next_state;
      END IF;
     END PROCESS;
    END state_machine;
```

3. 有限状态机的异步复位

如果只需在上电复位和系统错误时进行复位操作，那么采用异步复位方式要比同步复位方式好。这样做的主要原因是：同步复位方式占用较多的额外资源，而异步复位可以消除引入额外寄存器的可能性，而且带有异步复位信号的 VHDL 描述十分简单，只需在描述状态寄存器的进程中引入异步复位信号即可。在 VHDL 程序的进程中，对有限状态机进行复位的操作应该处于同步时钟信号之外。

例 8.16 所示为一个用来描述带有异步复位信号的有限状态机功能的 VHDL 程序。

【例 8.16】 带有异步复位信号的有限状态机。

```
LIBRARY IEEE;
USE IEEE.std_logic_1164.ALL;
ENTITY store_controller IS
    PORT(ready:IN std_logic;
         clk:IN std_logic;
         read_write:IN std_logic;
         we,oe :OUT std_logic);
END store_controller;
ARCHITECTURE state_machine OF store_controller IS
    TYPE state_type IS (idle,decision,read,write);
    SIGNAL state:state_type;
BEGIN
State_transfer:PROCESS(reset,present_state,ready,read_write)
```

```vhdl
BEGIN
State_transfer:PROCESS(reset,present_state,ready,read_write)
BEGIN
  CASE present_state IS
    WHEN idle=>we<='0';oe<='0';
      IF(ready='1') THEN
        Next_state<=decision;
      ELSE
        Next_state<=idle;
      END IF;
    WHEN decision=>we<='0';oe<='0';
      IF(read_write='1') THEN
        Next_state<=read;
      ELSE
        Next_state<=write;
      END IF;
    WHEN read=>we<='0';oe<='1';
      IF(ready='1') THEN
        Next_state<=idle;
      ELSE
        Next_state<=read;
      END IF;
    WHEN write=>we<='1';oe<='0';
      IF(ready='1') THEN
        Next_state<=idle;
      ELSE
        Next_state<=write;
      END IF;
    END CASE;
END PROCESS;
State_register:PROCESS(clk,reset)
BEGIN
 IF(reset='1') THEN
   Present_state<=idle;
 ELSIF(clk'event AND clk='1') THEN

   Present_state<=next_state;
  END IF;
END PROCESS;
END state_machine;
```

8.4.4 改进的 Moore 型有限状态机

前面已经对有限状态机的基本描述方式进行了较为详细的讨论。本节将从减小输出信号时延和消除"毛刺"现象的角度出发,对前面介绍的 Moore 型有限状态机进行改进。这里将介绍两种改进的 Moore 型有限状态机: 一种是在 Moore 型有限状态机中直接把状态作为输出信号,另一种是在 Moore 型有限状态机中采用并行输出寄存器进行译码输出。

下面对这两种改进的有限状态机分别进行介绍。

1. 状态作为输出信号

在 Moore 型有限状态机中,如果把状态作为输出信号,将会构成一种特殊类型的有限状态机,这种改进的有限状态机实际上相当于去掉了一般有限状态机中的输出逻辑电路。在数字电路中,这种改进的 Moore 型有限状态机的结构框图如图 8.7 所示。从图 8.7 中不难看出,在 Moore 型有限状态机中去掉了逻辑输出而直接把状态作为输出信号,这样输出信号就直接来自于寄存器,从而避免了"毛刺"现象的产生,由于在有限状态机中少了一级逻辑电路,因此可以减小输出信号的传输时延。正是因为具有这两方面的优点,这种改进的 Moore 型有限状态机应用得十分广泛。

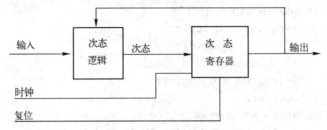

图 8.7 Moore 型有限状态机的同步和复位

对这种改进的 Moore 型有限状态机进行 VHDL 描述时,最重要的工作就是对状态进行编码。这里仍然以前面介绍的存储控制器为例,来介绍如何对这种改进的 Moore 型有限状态机进行 VHDL 描述。

在采用 VHDL 描述这种改进的 Moore 型有限状态机之前,设计人员首先要对 Moore 型有限状态机的状态进行编码操作。一般来说,Moore 型有限状态机的状态编码主要包括以下步骤。

(1) 建立包括有限状态机各个状态和输出信号的表格

对于前面介绍的存储控制器来说,它包括的 4 个状态分别为空闲状态(idle)、判断状态(decision)、读状态(read)和写状态(write)。它的输出信号为读使能信号 oe 和写使能信号 we。这样,建立的包括有限状态机各个状态和输出信号的表格如表 8.3 所示。

(2) 对建立的表格添加状态位

由表 8.3 不难看出,在有限状态机输出信号的所有值中,输出组合 00 出现的频率最高。为了在编码时能够区分具有该输出值的 idle 状态和 decision 状态,这里必须加入一个状态位,目的是使它们具有不同的状态编码。在表 8.3 中添加一个冗余的状态位 s 来区分 idle 状态和 decision 状态,这时形成的表格如表 8.4 所示。

表 8.3 有限状态机的输出逻辑的真值表

所处状态	oe	we
idle	0	0
decision	0	0
read	1	0
write	0	1

表 8.4 添加状态位的状态编码表

所处状态	oe	we	s
idle	0	0	0
decision	0	0	1
read	1	0	
write	0	1	

(3) 补全表格中的状态编码

由于表 8.4 中的其他状态具有独立的状态编码,因此可以在表 8.4 的空白处填入任意值。这里填入 0 以完成有限状态机最终的状态编码,如表 8.5 所示。

对 Moore 型有限状态机进行状态编码后,就可以编写描述其功能的 VHDL 程序了。与前面用可枚举类型定义的状态对象不同,这里将指定常量来确定各个状态的取值。描述这种改进的 Moore 型有限状态机功能的 VHDL 程序如例 8.17 所示。

表 8.5 最终的状态编码表

所处状态	oe	we	s
idle	0	0	0
decision	0	0	1
read	1	0	0
write	0	1	0

【例 8.17】 改进的 Moore 型有限状态机。

```vhdl
LIBRARY IEEE;
USE IEEE.std_logic_1164.ALL;
ENTITY store_controller IS
    PORT(ready:IN std_logic;
         reset:IN std_logic;
         clk:IN std_logic;
         read_write:IN std_logic;
         we,oe:OUT std_logic);
END store_controller;
ARCHITECTURE state_machine OF store_controller IS
TYPE state_type IS array(2 DOWNTO 0) OF std_logic;
    CONSTANT idle:state_type:="000";
    CONSTANT decision:state_type:="001";
    CONSTANT read:state_type:="100";
    CONSTANT write:state_type:="010";
    SIGNAL state:state_type;
BEGIN
State_transfer:PROCESS(clk)
BEGIN
 IF(reset='1')THEN
    state<=idle;
 ELSIF(clk'event AND clk='1') THEN
    CASE state IS
      WHEN idle=>IF (ready='1')THEN
                    state<=decision;
                 ELSE
                    state<=idle;
                 END IF;
      WHEN decision=>IF(read_write='1') THEN
                    state<=read;
                 ELSE
                    state<=write;
                 END IF;
      WHEN read=>IF(ready='1') THEN
                    state<=idle;
                 ELSE
                    state<=read;
                 END IF;
      WHEN write=>IF(ready='1')THEN
                    state<=idle;
```

```
                        ELSE
                            state<=write;
                        END IF;
                WHEN OTHERS=>STATE<="---";
            END CASE;
        END IF;
    END PROCESS;
    oe<=state(2);
    we<=state(1);
END state_machine;
```

例 8.17 所示的程序采用的是单进程描述方式,结构体中采用了进程 state_transfer 来描述 Moore 型有限状态机的状态转移过程。在 VHDL 程序的结构体中,首先定义了一个位矢量 state_type,然后将状态的编码赋给每个状态常量。

结构体中的其他部分与普通 Moore 型有限状态机的 VHDL 程序十分相似,只是在其中的 CASE 语句中多了一个"WHEN OTHERS=>"分支。由于状态信号 state 是一个 3 位的位矢量,也就是说它应该有 8 种组合,因此这里有必要使用该分支来涵盖所有剩下的取值。当进程进入该分支语句时,程序中将其次态设为任意值,这种设定的目的是减少用于状态转移的逻辑资源。因为在进行状态编码时已经将输出信息包含在编码中,所以输出信号就可以直接通过状态来进行赋值操作了。

2. 并行输出寄存器的译码输出

并行输出寄存器的译码输出同样也是为了减少输出信号的延时,从而提高 Moore 型有限状态机的速度。这种改进的 Moore 型有限状态机的结构框图如图 8.8 所示。

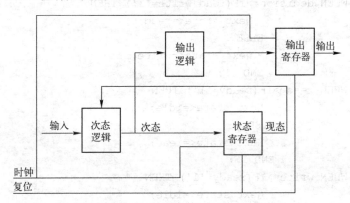

图 8.8　译码输出的 Moore 型有限状态机的结构框图

从图 8.8 中不难看出,这种改进就是在进行状态锁存之前首先进行输出译码,然后再把它锁存到输出寄存器中。这种方法就相当于提前做了输出的译码工作,加一个输出寄存器的目的是使译码输出的信号稳定并避免"毛刺"现象的发生。可见,经过这种改进以后,有限状态机要比以前的设计增加了更多的寄存器,即占用了更多的逻辑资源。但是,这种逻辑资源的牺牲可以换来速度的提高,在需要很高速度的有限状态机中必须要牺牲逻辑资源来换取速度上的提高。可见,逻辑资源和速度是一对矛盾,一方的提高是以牺牲另一方为前提的。

这里仍然以前面介绍的存储控制器有限状态机为例,下面将给出用来描述这种改进的 Moore 型有限状态机功能的 VHDL 程序,如例 8.18 所示。

【例 8.18】 改进的 Moore 型有限状态机二。

```vhdl
LIBRARY IEEE;
USE IEEE.std_logic_1164.ALL;
ENTITY store_controller IS
     PORT(ready:IN std_logic;
          reset:IN std_logic;
          clk:IN std_logic;
          read_write:IN std_logic;
          we,oe:OUT std_logic);
END store_controller;
ARCHITECTURE state_machine OF store_controller IS
     TYPE state_typeIS(idle,decision,read,write);
     SIGNAL present_state,next_state:state_type;
     SIGNAL oe_tmp,we_tmp:std_logic;
BEGIN
     State_transfer:PROCESS(reset,present_state,ready,read_write)
     BEGIN
     CASE present_state IS
        WHEN idle=>IF(ready='1') THEN
                    Next_state<=decision;
                   ELSE
                    Next_state<=idle;
                   END IF;
        WHEN decision=>IF(read_write='1') THEN
                    Next_state<=read;
                   ELSE
                    next_state<=write;
                   END IF;
        WHEN read=>IF(ready='1') THEN
                    Next_state<=idle;
                   ELSE
                    Next_state<=read;
                   END IF;
        WHEN write=>IF(ready='1') THEN
                    Next_state<=idle;
                   ELSE
                    Next_state<=write;
                   END IF;
      END CASE;
   END PROCESS;
   Oe_tmp<='1' WHEN next_state=read ELSE '0';
   We_tmp<='1' WHEN next_state=write ELSE '0';
   State_register:PROCESS(clk,reset)
   BEGIN
    IF(reset='1') THEN
       oe<='0';
       we<='0';
```

```
        present_state<=idle;
    ELSIF(clk'event AND clk='1') THEN
      Present_state<=next_state;
      oe<=oe_tmp;
      we<=we_tmp;
    END IF;
  END PROCESS;
END state_machine;
```

在例 8.18 所示的结构体中定义了两个新的信号 oe_tmp、we_tmp，它的作用是得到在下一个时钟周期到来时信号 oe、we 的值。程序中删除了 CASE 语句中基于 present_state 信号对信号 oe 和 we 的赋值语句，在状态转移进程之外使用了两个以 next_state 信号为条件的条件信号赋值语句。这是因为在改进后的结构中，是根据次态提前进行译码输出的，所以要进行上面的修改。最后，通过进程 state_register 将信号 oe_tmp、we_tmp 的值在时钟信号的上升沿锁存到输出信号 oe 和 we 上。

在前面的介绍中，重点是以 Moore 型有限状态机为例来介绍有限状态机的，它的设计方法实际上同样适用于 Mealy 型有限状态机。但是，Moore 型有限状态机和 Mealy 型有限状态机的 VHDL 描述是略有不同的。它们的不同之处主要体现在：设计人员在编写 Mealy 型有限状态机 VHDL 程序的过程中，在描述输出逻辑时要以当前状态和输入信号为条件，而对于 Moore 型有限状态机，描述输出逻辑时只需以当前状态作为给输出信号赋值的条件。除了这一点之外，Moore 型有限状态机的 VHDL 描述与 Mealy 型有限状态机的 VHDL 描述是完全一样的。

8.4.5 小结

在数字电路系统中，有限状态机是指那些输出取决于过去输入部分和当前输入部分的时序逻辑电路。有限状态机是一种十分重要的时序逻辑电路模块，它对于数字系统的设计具有十分重要的作用。

通常，设计人员将有限状态机划分为 Moore 型有限状态机和 Mealy 型有限状态机。其中，Moore 型有限状态机的输出信号仅与当前状态有关，即可以把它的输出看成是当前状态的函数；Mealy 型有限状态机的输出信号不仅与当前状态有关，而且还与所有的输入信号有关，即可以把它的输出看成是当前状态和所有输入信号的函数。由于 Moore 型和 Mealy 型有限状态机结构上的差别很小，因此本章以 Moore 型有限状态机为例来介绍有限状态机的 VHDL 程序设计。

在描述有限状态机的过程中，常用的描述方式有三种：三进程描述方式、双进程描述方式和单进程描述方式。一般来说，三进程描述方式、双进程描述方式中的形式 3 和单进程描述方式的综合结果是比较好的，而双进程描述方式中的形式 1 和形式 2 并不常用。

采用 VHDL 描述有限状态机时的具体操作步骤如下：
（1）定义状态信号；
（2）描述有限状态机的状态转移；
（3）描述有限状态机中状态寄存器的逻辑；
（4）描述有限状态机的输出逻辑。

对有限状态机的输出信号进行时钟同步，可以消除"毛刺"现象。具体方法是用时钟信号将有限状态机的输出信号加载到一个寄存器中，这个寄存器一般是由 D 触发器构成的，它的时钟信号就是有限状态机的时钟信号。

有限状态机的复位信号分为同步复位和异步复位两种。如果只需在上电复位和系统错误时进行复位操作，那么采用异步复位方式要比采用同步复位方式好，其主要原因如下：

(1) 异步复位可以消除引入额外寄存器的可能性;
(2) 异步复位的 VHDL 描述简单。

为了减小输出信号时延和消除"毛刺"现象,给出了两种改进的 Moore 型有限状态机:一种是在 Moore 型有限状态机中直接把状态作为输出信号,另一种是在 Moore 型有限状态机中采用并行输出寄存器进行译码输出。了解这两种改进型有限状态机的结构框图,对于编写相应的 VHDL 程序是十分有帮助的。

Moore 型有限状态机的设计方法同样适用于 Mealy 型有限状态机,但是在设计过程中应该注意两者的不同之处。

习 题 8

1. 说明行为描述方式、寄存器传输描述方式和结构化描述方式各自的优缺点。
2. 仿照例 8.5,用结构化描述方式描述逻辑函数:f=(a+b)*(c+d)。
3. 利用 Moore 型有限状态机实现对序列 "010101101" 的检测,检测到序列输出 1,否则输出 0。
4. 说明下面这段程序是哪种类型的状态机,说明它的优缺点,画出状态图,并将它改为双进程描述的有限状态机。

```
LIBRARY IEEE;
USE IEEE.std_logic_1164.ALL;
ENTITY store_controller IS
    PORT(ready:IN std_logic;
         clk:IN std_logic;
         read_write:IN std_logic;
         we,oe :OUT std_logic);
END store_controller;
ARCHITECTURE state_machine OF store_controller IS
    TYPE state_type IS (idle,decision,read,write);
    SIGNAL state:state_type;
BEGIN
State_transfer:PROCESS(clk)
BEGIN
  IF(clk'event AND clk='1')THEN
    CASE state IS
      WHEN idle=>we<='0';oe<='0';
        IF(ready='1')THEN
          state<=decision;
        ELSE
          state<=idle;
        END IF;
      WHEN decision=>we<='0';oe<='0';
        IF(read_write='1') THEN
          state<=read;
        ELSE
          state<=write;
        END IF;
```

```
            WHEN read=>we<='0';oe<='1';
              IF(ready='1') THEN
                  state<=idle;
              ELSE
                  state<=read;
              END IF;
            WHEN write=>we<='1';oe<='0';
              IF(ready='1')THEN
                  state<=idle;
              ELSE
                  state<=write;
              END IF;
          END CASE;
      END IF;
  ENDPROCESS;
END state_machine;
```

5. 说明有限状态机的几种描述方式，并比较它们的异同点。

6. 根据图 8.9 所示的状态转移图，写出有限状态机的 VHDL 程序，并给出仿真波形。本状态机的同步时钟为 clk，状态机的转变发生在时钟信号的上升沿。状态机的输入信号为 reset 和 a，输出信号为 k1 和 k2（图中状态转变没有标明输出，说明输出没有变化）。

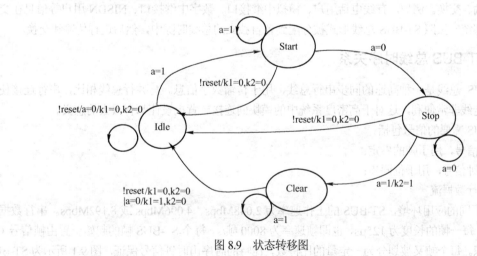

图 8.9 状态转移图

第9章 数字接口实例及分析

本章概要：本章主要介绍数字接口领域的典型 VHDL 设计实例。
知识要点：（1）ST-BUS 总线接口设计实例；
（2）数字复接分接接口设计实例；
（3）I²C 接口设计实例；
（4）GMSK 基带调制接口设计实例。
教学安排：本章教学安排 2~4 学时。通过本章的学习，重点让学生和读者扩展视野，了解 EDA 技术在数字系统设计中的实际应用；熟悉 VHDL 在数字接口设计领域的设计流程和基本方法，培养理论联系实际、分析解决实际问题的能力。

9.1 ST-BUS 总线接口设计

ST-BUS 总线是一种时分复用总线，它用严格的时钟关系进行帧的定位（同步）和比特的定位（同步）。这种总线在数字电路交换系统中得到了广泛的应用。各种语音、数据信息按照时分复用的方式在总线中传输、交换。例如，有线电话用户、模拟中继接口、数字中继接口、NISDN 用户等信息在交换系统内部都统一按照 ST-BUS 总线形式被分配到各自独立的总线时隙中，然后进行传输和交换。

9.1.1 ST-BUS 总线时序关系

ST-BUS 总线是一种高速的同步串行总线，用于传输数字信息。与并行总线相比，串行连接使得电路板的走线非常便利，这对于高密度系统中的模块间连接、背板设计都有很大的意义。

ST-BUS 需要的信号包括：
- 帧信号，用于帧的界定；
- 时钟信号，用于位同步；
- 串行数据流。

根据不同的应用环境，ST-BUS 的工作速率为 2.048Mbps、4.096Mbps 或 8.192Mbps。串行数据流以帧划分，每一帧的长度为 125μs，也即帧速率为 8000 帧/s。每个 ST-BUS 帧的起始位置由帧信号（帧脉冲）标识。每个帧又被划分为一定量的比特数，比特的时序由时钟信号保证。图 9.1 所示为 ST-BUS 的基本时序关系。

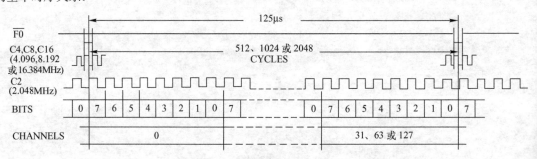

图 9.1 ST-BUS 的基本时序关系

这个信息流可以被认为是两个通信节点间的一个高速通道。但是，很多情况下，独占整个通信带宽的情况不会出现，让多个用户共享这个通道就显得非常有意义。最直接的思路就是将整个高速通道分解为多个低带宽的低速通道，时分复用就完成了这个功能。

数字通信的最初应用就是从语音信号的PCM编解码开始的，语音的带宽上限可以认为是4kHz，根据抽样定理，可以将对模拟信号的抽样速率定在8kHz，然后再进行8b的编码，最终一路PCM数字语音的带宽就为64kHz。以2.048Mbps的ST-BUS为例，一个ST-BUS的一帧信号可以划分为32个8b的时隙，这样时隙速率就为64kbps，如果将每个时隙分配给一个语音用户的话，一个ST-BUS串行数据流就可以完成32路语音数据的传输，大大增强了带宽的利用率和实际应用的灵活性。相似地，每一帧4.096Mbps和8.192Mbps的ST-BUS能划分为64个和128个独立的时隙。

在实际使用中，许多节点的数据源汇接到一条ST-BUS数据流，三态接口必须要使用。在某个时刻，除了一个该时刻时隙用户以外，其他的用户都必须工作在高阻态，这样就不会造成总线的冲突。

ST-BUS定义了4个标准的时钟频率，用于给ST-BUS模块提供内部的时钟，但根据模块的工作速率，只有一个时钟有用，时钟频率为16.384MHz、8.192MHz、4.096MHz和2.048MHz。需要的时钟频率都是数据速率的两倍，但当数据流工作在2.048Mbps时，4.096MHz和2.048MHz时钟都可以使用。

下面就以2.048Mbps速率的ST-BUS为例介绍详细的时序关系。图9.2所示为时序关系图。

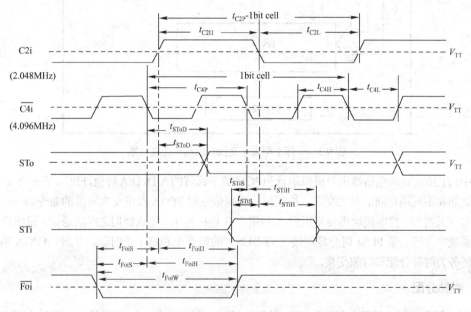

图9.2 2.048Mbps速率工作时的ST-BUS时序图

时序关系中信号定义如下。
- C2i：2MHz时钟信号；
- C4i：4MHz时钟信号；
- STo：输出串行数据流；
- STi：输入串行数据流；
- Foi：帧同步信号。

各ST-BUS总线上挂接的模块会得到两个时钟信号Fo（帧脉冲）和C4i或C2i（位时钟）。然后，这个模块只能在帧脉冲标识的第一个时隙内发送和接收数据，其余时间发送方向必须为高阻。同时，数据格式也必须严格按照时序图。

我们可以看到，帧脉冲的低电平时间大约为一个 2.048MHz 时钟周期，而 C2i 的上升沿对应着 C4i 的下降沿。在 C2i 的上升沿或 C4i 的下降沿采样到 Fo 为低电平就说明一帧的开始。ST-BUS 的模块在帧定位时刻后的 C4i 的第一个上升沿开始发送数据（当只有 C2i 时，也可以就在帧定位时刻即 C2i 的上升沿，开始发送数据），在接收方向，在 C2i 的下降沿进行数据的采样。

9.1.2 ST-BUS 总线接口实例

下面以两路电话的 PCM 编解码芯片的时钟驱动和时隙交换为实例，介绍 ST-BUS 总线接口的应用。

TP3067 是一种完成 A 律 PCM 编解码的芯片，完成 A/D、D/A 转换。假设一部小型数字交换机的基本连接关系如图 9.3 所示。

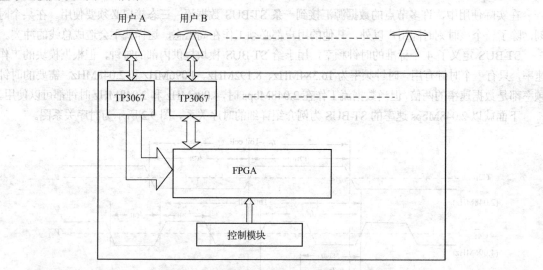

图 9.3 一部小型数字交换机的基本连接关系

其中，TP3067 完成电话线用户模拟语音和 PCM 数字语音的 A/D、D/A 转换，FPGA 完成各个 TP3067 的时钟驱动和不同用户间的时隙交换。控制模块根据信令对 FPGA 发出交换时隙的命令。

假设在某时刻，控制模块需要将用户 A 和用户 B 连接起来，完成他们之间的通话。设用户 A 和 B 在交换系统中占同一条 PCM 时分复用线（ST-BUS）的第 0 个和第 1 个时隙。此时，FPGA 需要完成的主要任务为时钟分配和时隙交换。

1. 时钟分配

FPGA 得到的时钟信号包括 ST-BUS 的标准帧脉冲和 4.096MHz 时钟信号，而输出对象主要为 TP3067。

TP3067 的工作接口主要包括模拟端接口和数字端接口，其数字端时钟接口如下。

- MclkR：接收方向的主时钟，A 律模式为 2.048MHz；
- BclkR：接收方向的比特时钟，A 律模式为 2.048MHz；
- MclkX：发送方向的主时钟，A 律模式为 2.048MHz；
- BclkX：发送方向的比特时钟，A 律模式为 2.048MHz；
- FsR：接收方向的帧脉冲；
- FsX：发送方向的帧脉冲。

TP3067 芯片所需的时钟和帧脉冲的时序图如图 9.4 所示。但是需要理解的是，每个 TP3067 芯片在给定的 FsR、FsX 后的第一个时隙发送和接收数据。因此工作在第 0 个时隙和第 1 个时隙的 TP3067 的帧脉冲是不同的。

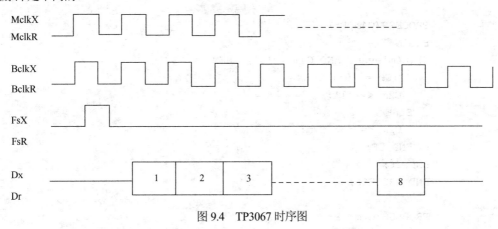

图 9.4 TP3067 时序图

FPGA 根据给定的系统时钟和帧脉冲，要给出两路工作在 0 时隙和 1 时隙的 TP3067 芯片的以上时钟信号。例 9.1 为时钟分配部分的 VHDL 代码。

【例 9.1】 ST-BUS 总线时钟分配电路。

```vhdl
-- ####################################################################
-- # Project    :    tp3067 chip clock signal                         #
-- #                 one work in 0 slot, the other work in 1 slot     #
-- # Filename   :    Clock_st .vhd                                    #
-- # Institute  :    ****                                             #
-- # Date       :    02.05.2006                                       #
-- ####################################################################

LIBRARY IEEE;
USE IEEE.std_logic_1164.all;

ENTITY Clock_st IS

    PORT(
        C4m,FR:IN STD_LOGIC;
        MclkR, MclkT, BclkR, BclkT:OUT STD_LOGIC_vector(1 DOWNTO 0);
        FsX, FsR:OUT STD_LOGIC_vector(1 DOWNTO 0)
        );
END Clock_st;

ARCHITECTURE rtl OF Clock_st IS
    signal C2m:std_logic;
    signal Fr_Local:std_logic;
    signal count_bit:INTEGER RANGE 0 TO 255;
BEGIN

    MclkR <= C2m & C2m;
    MclkT <= C2m & C2m;
```

```vhdl
BclkR <= C2m & C2m;
BclkT <= C2m & C2m;

PROCESS(C4m, Fr)
BEGIN
IF(C4m'event AND C4m = '0') THEN
   IF(Fr = '0') THEN
     C2m <= '1';
   ELSE
     C2m <= not C2m;
   END IF;
END IF;
END PROCESS;

PROCESS(C2m, Fr)
BEGIN
IF(C2m'event AND C2m='1') THEN
   Fr_Local <= FR;
END IF;
END PROCESS;

PROCESS(C2m, Fr_Local)
BEGIN
IF(C2m'event AND C2m = '0') THEN
   IF(Fr_Local = '0') THEN
      count_bit <= 1;
   ELSE
      count_bit <= count_bit + 1;
   END IF;
END IF;
END PROCESS;

PROCESS(C2m)
BEGIN
IF(C2m'event AND C2m='1') THEN
   IF(count_bit = 255) THEN
     FsX(0) <= '1';
     FsR(0) <= '1';
   ELSE
     FsX(0) <= '0';
     FsR(0) <= '0';
   END IF;

   IF(count_bit = 7) THEN
     FsX(1) <= '1';
     FsR(1) <= '1';
   ELSE
```

第9章 数字接口实例及分析

```
                    FsX(1) <= '0';
                    FsR(1) <= '0';
                END IF;
            END IF;
        END PROCESS;

END rtl;
```

以上设计在 ModelSim 中的仿真结果如图 9.5 所示。

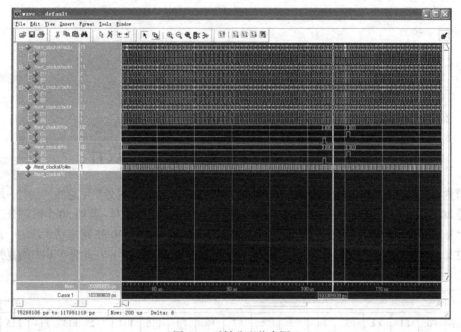

图 9.5 时钟分配仿真图

2. 时隙交换

以上的设计使得接在 ST-BUS 总线上的两个 Codec 芯片正常工作。现在如果需要完成用户 A 与 B 间的通话,则控制模块向 FPGA 发送命令,需要 FPGA 完成这两个用户的信息交换,即时隙 0 和时隙 1 之间的时隙交换,这也是数字电路交换的基本形式。

在时钟的控制下,用户 A 的 TP3067 在第 0 个时隙发送和接收数据,而在其他时隙上发送方向为高阻,接收方向均视为无效。用户 B 的 TP3067 在第 1 个时隙发送和接收数据,其他时隙的处理同上。因此,如果需要完成用户 A 与 B 之间的通信,只需在 FPGA 之中把用户 A 发送的时隙数据内容放入用户 B 接收的时隙上,同时把用户 B 发送的时隙数据内容放入用户 A 接收的时隙上即可。

TP3067 芯片的数字端接口除了以上介绍的时钟接口以外,还有两个数据接口,即挂在 ST-BUS 总线上的发送、接收数据线 Dx 和 Dr。

设计的模块同样具有两个系统时钟输入 C4m、Fr,同时两片 TP3067 的 Dx 和 Dr 也送入 FPGA 完成时隙交换。实体部分定义如下,请读者对交换功能进行设计。

```
-- ##################################################################
-- # Project   :   slot 0 and slot 1 switch                         #
-- # Filename  :   Slot_Switch .vhd                                 #
```

```
--#Date       :    02.05.2006                                          #
-- ####################################################################

-- ####################################################################
LIBRARY ieee;
USE ieee.std_logic_1164.all;
USE ieee.std_logic_arith.all;
USE ieee.std_logic_unsigned.all;

ENTITY Slot_Switch IS
    PORT(
        C4m,Fr:IN  STD_LOGIC;
        Dx:IN  std_logic_vector(1 DOWNTO 0);
        Dr:OUT std_logic_vector(1 DOWNTO 0)
        );
END Slot_Switch;
```

9.2 数字复接分接接口技术及设计

本节内容是第 9.1 节内容的延续，第 9.1 节介绍的 ST-BUS 总线是时分复用总线的一种。最常见的应用就是 30 话路的时分复用，时隙 0 和 16 用于传输同步信息和信令信息，其他 30 个时隙分时传送语音话路信息。其中，速率为 2Mbps 的时分复用总线就是最常见的 PCM30/32 路电话系统的一次群。

经过第 9.1 节的阐述，PCM 一次群的基本时序关系已经比较清楚了，在此先对其中的复帧定义进行简单的介绍。图 9.6 所示为一个完整的 CCITT G.732 规定的帧结构。

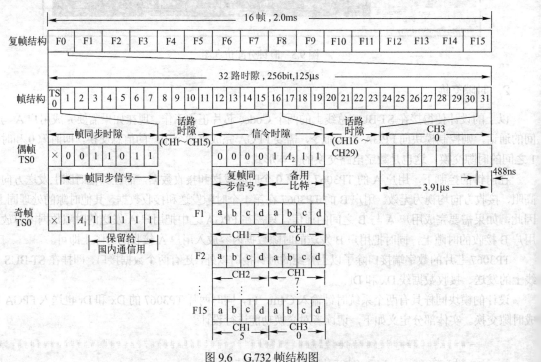

图 9.6 G.732 帧结构图

从图中可以看出，每 16 个子帧构成了一个复帧。其中每帧的时隙 1~15、时隙 17~31 用于传输话路。时隙 0 用于传输同步等信息，对于复帧中的时隙 0 定义见表 9.1。

表 9.1 复帧中的时隙 0 定义

偶数帧	X0011011（帧同步码）
奇数帧	X1Annnnn（非帧同步码）

X：国际电话通信保留
奇数帧中的 1：区别帧同步码
A：帧失步对告码
n：保留

子帧中的时隙 16 用于传送复帧同步信息和信令，定义见表 9.2。

表 9.2 子帧中的时隙 16 定义

F0 帧时隙 16	0000XBXX（复帧同步码）
其余帧时隙 16	abcdabcd（信令码字）

X：保留
B：复帧失步对告码
abcdabcd：两个话路的信令码（必须非 0000）

这样一个 PCM30/32 基群结构就比较清楚了，但是如果觉得这个接口速率较低，需要更高的带宽传送更多的信号（话路）怎么办？这就引出了本节讨论的主题——数字复接和分接技术。

9.2.1 数字复接分接接口技术原理

对于时分复用总线，为了提高信道的利用率和信息传输速率（也就是提高通信容量），可以采用 TDM 把多路信号在同一个信道中分时传输。可是，通过深入研究就会发现一个问题，假设要对 120 路电话信号进行 TDM，根据 PCM 过程，首先要在 125μs 内完成对 120 路语音信号的抽样，然后对 120 个样点值分别进行量化和编码。这样，对每路信号的处理时间（抽样、量化和编码）不到 1μs，实际系统只有 0.95μs（这种对 120 路语音信号直接编码复用的方法，称为 PCM 复用）。如果复用的信号路数再增加，如 480 路，则每路信号的处理时间更短。要在如此短暂的时间内完成大路数信号的 PCM 复用，尤其是要完成对数压扩 PCM 编码，对电路及元器件的精度要求就很高，在技术上实现起来也比较困难。

数字复接可以很好地解决这个问题。数字复接的定义为：它是指将两个或多个低速数字流合并成一个高速数据流的过程、方法。它是提高线路利用率的一种有效方法。例如，把 4 路 2Mbps 的数据流合并成一条 8Mbps 的高速数据流，就是数字复接。而把高速数据流分解为多路低速数据流，就是数字分接。

根据不同传输介质的传输能力和电路情况，在数字通信中将数字流比特率划分为不同等级，其计量基本单元为一路 PCM 信号的比特率 8000（Hz）×8（b）= 64Kbps（零次群）。复用设备按照给定的比特率系列划分为不同的等级，在各个数字复用等级上的复用设备就是将数个低等级比特率的信号源复接成一个高等级比特率的数字信号。

CCITT 为了便于国际通信的发展，推荐了两类比特率群路系列，表 9.3 表示了这两类比特率群路。

表 9.3 两类比特率群路

群 号	2M 系列		1.5M 系列	
	速 率	路 数	速 率	路 数
一次群（基群）	2.048Mbps	30	1.544Mbps	24
二次群	8.448Mbps	30×4=120	6.312Mbps	24×4=96
三次群	34.368Mbps	120×4=480	32.064Mbps	96×5=480
四次群	139.264Mbps	480×4=1920	97.728Mbps	480×3=1440
五次群	564.992Mbps	1920×4=7680	397.200Mbps	1440×4=5760

数字复接系统主要由数字复接器和分接器组成。复接器是把两个或两个以上的支路（低次群）按时分复用方式合并成一个单一的高次群，其设备由定时、码速调整和复接单元等组成。分接器的功能是把已合路的高次群数字信号分解成原来的低次群数字信号，它由同步、定时和码速恢复等单元组成，系统框图如图 9.7 所示。

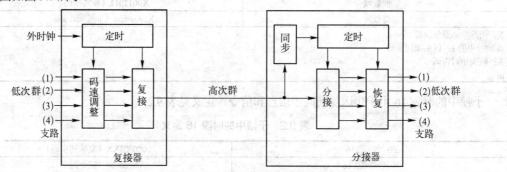

图 9.7　数字复接系统框图

复接器在各支路数字信号复接之前需要进行码速调整，即对各输入支路数字信号进行频率和相位调整，使其各支路输入码流速率彼此同步并与复接器的定时信号同步后，复接器方可将低次群码流复接成高次群码流。由此可得出如下复接条件：被复接的各支路数字信号彼此之间必须同步并与复接器的定时信号同步方可复接。根据此条件划分的复接方式可分为同步复接和异步复接两种。

（1）同步复接是用一个高稳定的主时钟来控制被复接的几个低次群，使这几个低次群的码速统一在主时钟的频率上，这就达到了系统同步的目的。这种方法的缺点是一旦主时钟出现故障，相关的通信系统就将全部中断。

（2）异步复接是各低次群使用各自的时钟，这样各低次群的时钟速率就不一定相等，因而在复接时先要进行码速调整，使各低次群同步后再复接。

从工程实现角度出发，异步复接的难度较大，而同步复接较容易实现。下面将讨论一个同步复接的实例。

9.2.2　同步数字复接分接接口设计实例

本节以两路 2Mbps 数据流复接成一条 4Mbps 数据流以及反向分接为实例，介绍同步数字复接的 VHDL 实现。

由于是同步复接，两路低速 TDM 数据流和高速数据流在统一的时钟调度下。2Mbps 数据流的基本时序见 9.1 节，而 4Mbps 数据流的时序关系图如图 9.8 所示。

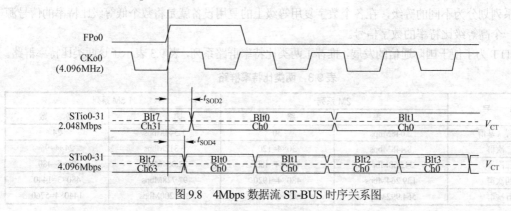

图 9.8　4Mbps 数据流 ST-BUS 时序关系图

很显然,两路低速信号和一路高速信号的对接过程必然要使用到缓存设备。缓存设备以及对它的地址控制就成为同步复接的核心。

在 FPGA 中,缓存器不宜使用逻辑单元来实现,因为太消耗逻辑单元资源。最佳方法就是使用内部 RAM 资源,以 Altera 的器件为例,就是 EAB 资源。图 9.9 和图 9.10 所示分别为同步数字复接和分接的实现框图。

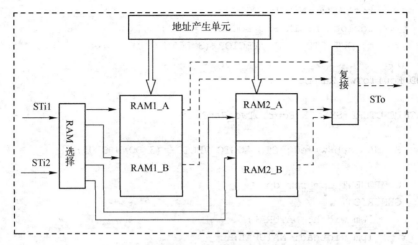

图 9.9　数字复接实现框图

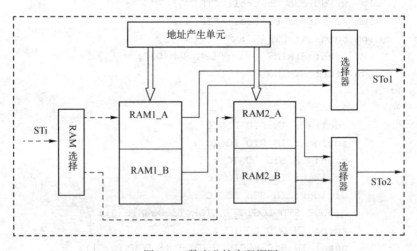

图 9.10　数字分接实现框图

数字复接和分接分别使用了两片 RAM,使用 Altera 的 FPGA,其 VHDL 代码如下。

【例 9.2】 RAM 模块。

```
LIBRARY ieee;
USE ieee.std_logic_1164.all;

ENTITY FourToTwo_RamA IS
    PORT
    (
        data: IN STD_LOGIC_VECTOR (3 DOWNTO 0);
```

```vhdl
        wraddress: IN STD_LOGIC_VECTOR (8 DOWNTO 0);
        rdaddress: IN STD_LOGIC_VECTOR (8 DOWNTO 0);
        wren: IN STD_LOGIC:= '1';
        rden: IN STD_LOGIC:= '1';
        wrclock: IN STD_LOGIC ;
        wrclocken: IN STD_LOGIC:= '1';
        rdclock: IN STD_LOGIC ;
        rdclocken: IN STD_LOGIC := '1';
        q: OUT STD_LOGIC_VECTOR (3 DOWNTO 0)
    );
END FourToTwo_RamA;

ARCHITECTURE SYN OF FourToTwo_RamA IS

    SIGNAL sub_wire0: STD_LOGIC_VECTOR (3 DOWNTO 0);

    COMPONENT lpm_ram_dp
    GENERIC (
        lpm_width: NATURAL;
        lpm_widthad: NATURAL;
        lpm_indata: STRING;
        lpm_wraddress_control: STRING;
        lpm_rdaddress_control: STRING;
        lpm_outdata: STRING;
        LPM_TYPE: STRING   := "LPM_RAM_DP";
        lpm_hint: STRING
    );
    PORT (
            rdclken: IN STD_LOGIC ;
            rdclock: IN STD_LOGIC ;
            wren: IN STD_LOGIC ;
            wrclken: IN STD_LOGIC ;
            wrclock: IN STD_LOGIC ;
            q: OUT STD_LOGIC_VECTOR (3 DOWNTO 0);
            rden: IN STD_LOGIC ;
            data: IN STD_LOGIC_VECTOR (3 DOWNTO 0);
            rdaddress: IN STD_LOGIC_VECTOR (8 DOWNTO 0);
            wraddress: IN STD_LOGIC_VECTOR (8 DOWNTO 0)
    );
    END COMPONENT;

BEGIN
    q<= sub_wire0(3 DOWNTO 0);

    lpm_ram_dp_component : lpm_ram_dp
    GENERIC MAP (
        LPM_WIDTH => 4,
```

```
            LPM_WIDTHAD => 9,
            LPM_INDATA => "REGISTERED",
            LPM_WRADDRESS_CONTROL => "REGISTERED",
            LPM_RDADDRESS_CONTROL => "REGISTERED",
            LPM_OUTDATA => "REGISTERED",
            LPM_TYPE => "LPM_RAM_DP",
            LPM_HINT => "USE_EAB=ON"
        )
        PORT MAP (
            rdclken => rdclocken,
            rdclock => rdclock,
            wren => wren,
            wrclken => wrclocken,
            wrclock => wrclock,
            rden => rden,
            data => data,
            rdaddress => rdaddress,
            wraddress => wraddress,
            q => sub_wire0
        );

END SYN;
```

作为顶层文件的一个 COMPONENT，在顶层 VHDL 程序中需要对它进行元器件例化。

从实现框图可以看出，在数字复接中，低速数据流 STi1 以帧为单位交替写入 RAM1 的 A 部分（即前半地址空间）和 RAM1 的 B 部分（即后半地址空间），而低速数据流 STi2 则以帧为单位交替写入 RAM2 的 A 部分（即前半地址空间）和 RAM2 的 B 部分（即后半地址空间）。RAM 输出数据则以高速速率（4MHz）交替从 RAM1 和 RAM2 中读取整个地址空间数据。图 9.9 和图 9.10 中实线部分表示低速 2Mbps 数据流，虚线部分表示 4Mbps 数据流。

对地址的控制可以分为 4 种状态（0、1、2、3），通过控制单元产生的信号完成 RAM 数据的写入和读出。表 9.4 所示为状态的划分。

在数字分接中，道理类似，也可以使用 4 种状态进行控制，状态的划分如表 9.5 所示。

表 9.4 数字复接状态的划分

状 态	相 应 动 作
状态 0	STi1 写入 RAM1A
	STi2 写入 RAM2A
	STo 从 RAM1B 中读取数据
状态 1	STi1 写入 RAM1A
	STi2 写入 RAM2A
	STo 从 RAM2B 中读取数据
状态 2	STi1 写入 RAM1B
	STi2 写入 RAM2B
	STo 从 RAM1A 中读取数据
状态 3	STi1 写入 RAM1B
	STi2 写入 RAM2B
	STo 从 RAM1B 中读取数据

表 9.5 数字分接状态的划分

状 态	相 应 动 作
状态 0	STi 写入 RAM1A
	STo1 从 RAM1B 中读取数据
	STo2 从 RAM2B 中读取数据
状态 1	STi 写入 RAM2A
	STo1 从 RAM1B 中读取数据
	STo2 从 RAM2B 中读取数据
状态 2	STi 写入 RAM1B
	STo1 从 RAM1A 中读取数据
	STo2 从 RAM2A 中读取数据
状态 3	STi 写入 RAM2B
	STo1 从 RAM1A 中读取数据
	STo2 从 RAM2A 中读取数据

根据以上描述的 4 个节拍控制,结合 RAM 模块的使用,可以实现数字复接和分接。下面的实例给出了数字复接中几种主要构成模块。

首先是 RAM 模块的元器件例化:

```
U3:TwoToFour_RamA
 PORT map(Data_InTTFRamA,
         AddressWR_TTFRamA,
         AddressRD_TTFRamA,
         WRWe_TTFRamA,
         RDWe_TTFRamA,
         Clk_TTFInRamA,
         WRClkWe_TTFRamA,
         Clk_TTFOutRamA,
         RDClkWe_TTFRamA,
         Data_OutTTFRamA);

U4:TwoToFour_RamB
 PORT map(Data_InTTFRamB,
         AddressWR_TTFRamB,
         AddressRD_TTFRamB,
         WRWe_TTFRamB,
         RDWe_TTFRamB,
         Clk_TTFInRamB,
         WRClkWe_TTFRamB,
         Clk_TTFOutRamB,
         RDClkWe_TTFRamB,
         Data_OutTTFRamB);
```

对 4 个节拍的控制主要依据图 9.8 所示的时序关系使用计数器完成。

【例 9.3】 节拍控制电路。

```
PROCESS(Fr,C4M)
BEGIN
IF (C4M'event AND C4M = '0') THEN
   IF(Fr = '0') THEN
      Count4MF_256 <= 0;
      Count4MF_1024 <= 0;
   ELSE
      Count4MF_256 <= Count4MF_256+1;
      Count4MF_1024 <= Count4MF_1024+1;
   END IF;
END IF;
END PROCESS;

PROCESS(C4M)
BEGIN
IF(C4M'event AND C4M = '1') THEN
   IF(Count4MF_1024 = 511) THEN
```

```
          Temp_AB <= not Temp_AB;
      END IF;
   END IF;
END PROCESS;

PROCESS(C4M)
BEGIN
IF(C4M'event AND C4M = '0') THEN
  IF(Temp_AB = '0') THEN
     IF(Count4MF_1024 = 511) THEN
        Control_Line <= "00";
     ELSIF(Count4MF_1024 = 255) THEN
        Control_Line <= "01";
     END IF;
  ELSIF(Temp_AB = '1') THEN
     IF(Count4MF_1024 = 511) THEN
        Control_Line <= "10";
     ELSIF(Count4MF_1024 = 255) THEN
        Control_Line <= "11";
     END IF;
  END IF;
END IF;
END PROCESS;
```

以下的代码通过节拍（状态）的控制，完成对 RAM 地址及控制端口的处理。

【例9.4】 控制电路。

```
PROCESS(C4M)
BEGIN
IF(C4M'event AND C4M='1') THEN
   CASE Control_Line IS
      WHEN "00" => Data_InTTFRamA <=  Sto_Temp0;
      WHEN "01" => Data_InTTFRamA <=  Sto_Temp0;
      WHEN "10" => Data_InTTFRamA <=  Sto_Temp0;
      WHEN "11" => Data_InTTFRamA <=  Sto_Temp0;
      WHEN OTHERS => Data_InTTFRamA <=  "00";
   END CASE;
END IF;
END PROCESS;

PROCESS(C4M)
BEGIN
IF(C4M'event AND C4M='1') THEN
   CASE Control_Line IS
      WHEN "00" => AddressWR_TTFRamA <= conv_std_logic_vector(Count2M_256,9);
      WHEN "01" => AddressWR_TTFRamA <= conv_std_logic_vector(Count2M_256,9);
      WHEN "10" => AddressWR_TTFRamA<= conv_std_logic_vector(CountHigh2M_512,9);
      WHEN "11" => AddressWR_TTFRamA<= conv_std_logic_vector(CountHigh2M_512,9);
```

```
        WHEN  OTHERS => AddressWR_TTFRamA <= "000000000";
    END CASE;
END IF;
END PROCESS;

WITH Control_Line SELECT
  AddressRD_TTFRamA<= conv_std_logic_vector(CountHigh4M_512,9)  WHEN "00",
                     "000000000"                                 WHEN "01",
                     conv_std_logic_vector(Count4MF_256,9)       WHEN "10",
                     "000000000"                                 WHEN "11",
                     "000000000"                                 WHEN OTHERS;

WITH Control_Line SELECT
    Clk_TTFInRamA    <= C8M            WHEN "00",
                        C8M            WHEN "01",
                        C8M            WHEN "10",
                        C8M            WHEN "11",
                        '0'            WHEN OTHERS;

WITH Control_Line SELECT
    Clk_TTFOutRamA   <= C8M            WHEN "00",
                        C8M            WHEN "01",
                        C8M            WHEN "10",
                        C8M            WHEN "11",
                        '0'            WHEN OTHERS;
WRClkWe_TTFRamA <= '1';

WITH Control_Line SELECT
    RDWe_TTFRamA     <= '1'            WHEN "00",
                        '1'            WHEN "01",
                        '1'            WHEN "10",
                        '1'            WHEN "11",
                        '0'            WHEN OTHERS;
```

9.3 I^2C 接口设计

芯片级的连接技术一直是硬件总线技术的重要组成部分，如 CPU 和各种外设的总线连接。传统上一直使用并行总线技术，通常包括地址总线、数据总线和控制总线。它的优点是接口规范化、存取速度快、接口实现较为简单等，现在已经应用得非常广泛，但它也有一个缺点：使用的连接关系较多，在数据吞吐量不是很大时，效率较低，同时造成电路连接关系复杂、PCB 设计困难。

I^2C（Inter-Integrated Circuit）总线是一种由 Philips 公司开发的两线式串行总线，用于连接微控制器及其外围设备。I^2C 总线产生于 20 世纪 80 年代，最初为音频和视频设备开发使用，如今主要在服务器管理中使用，其中包括单个组件状态的通信。例如，管理员可以对各个组件进行查询，以管理系统的配置或掌握组件的功能状态，如电源和系统风扇。可随时监控内存、硬盘、网络、系统温度等多个参数，增加了系统的安全性，方便管理。

9.3.1 I²C 总线工作原理

数字电子系统设计中，在速率要求不高、数据流量不大的情况下，可以使用连接关系简单的串行总线技术。I²C 总线就是这样一种技术。I²C 总线支持各种 IC 之间的连接。总线只包括两根线：串行数据线（SDA）和串行时钟线（SCL），用于携带总线设备需要传递的信息。每个设备使用一个唯一的地址标识，可以发送也可以接收。除了发送和接收以外，设备也可以担任数据传输的主设备或从设备，主设备可以初始化总线的数据传输，同时产生时钟信号，此时被寻址的设备就是从设备。

总结 I²C 总线的特征如下。
- 只要求两条总线线路：一条串行数据线 SDA 和一条串行时钟线 SCL。
- 每个连接到总线的器件都可以通过唯一的地址和一直存在的简单的主机/从机关系软件设定地址。主机可以作为主机发送器或主机接收器。
- 它是一个真正的多主机总线，如果两个或更多主机同时初始化数据传输可以通过冲突检测和仲裁防止数据被破坏。
- 串行的 8 位双向数据传输位速率在标准模式下可达 100kbps，在快速模式下可达 400kbps，在高速模式下可达 3.4Mbps。
- 片上的滤波器可以滤去总线数据线上的毛刺波，保证数据完整。
- 连接到相同总线的 IC 数量只受到总线的最大电容 400pF 限制。

I²C 总线在传送数据过程中共有三种类型信号，分别为开始信号、结束信号和应答信号。
- 开始信号：SCL 为高电平时，SDA 由高电平向低电平跳变，开始传送数据。
- 结束信号：SCL 为高电平时，SDA 由低电平向高电平跳变，结束传送数据。
- 应答信号：接收数据的 IC 在接收到 8b 数据后，向发送数据的 IC 发出特定的低电平脉冲，表示已收到数据。CPU 向受控单元发出一个信号后，等待受控单元发出一个应答信号，CPU 接收到应答信号后，根据实际情况做出是否继续传递信号的判断。若未收到应答信号，则判断为受控单元出现故障。

其中，起始和结束信号的时序如图 9.11 所示，其中，S 为起始信号，P 是结束信号。

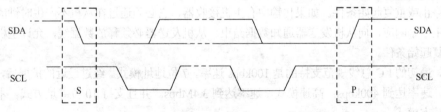

图 9.11 起始和结束信号的时序

发送到 SDA 线上的每个字节必须为 8 位，每次传输可以发送的字节数量不受限制，每个字节后必须跟一个响应位，首先传输的是数据的最高位 MSB，如图 9.12 所示。如果从机要完成一些其他功能（如一个内部中断服务程序）后，才能接收或发送下一个完整的数据字节，可以使串行时钟线 SCL 保持低电平迫使主机进入等待状态，当从机准备好接收下一个数据字节并释放串行时钟线 SCL 后数据传输继续。

数据传输必须带响应，相关的响应时钟脉冲由主机产生在响应的时钟脉冲期间。发送器释放 SDA 线（高）。

在响应的时钟脉冲期间，接收器必须将 SDA 线拉低，使它在这个时钟脉冲的高电平期间保持稳定的低电平，如图 9.13 所示。当然必须考虑建立时间和保持时间。通常被寻址的接收器在接收到每个字节后必须产生一个响应。

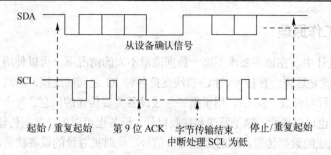

图 9.12 I²C 总线数据传输

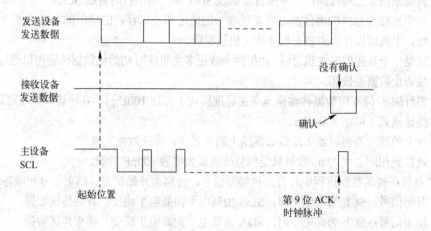

图 9.13 I²C 总线响应

当从机不能响应从机地址时,如它正在执行一些实时函数,不能接收或发送,从机必须使数据线保持高电平,然后主机产生一个停止条件终止传输,或者产生重复起始条件开始新的传输。

如果从机接收器响应了从机地址,但是在传输了一段时间后不能接收更多数据字节,主机必须再一次终止传输。这个情况用从机在第一个字节后没有产生响应来表示从机使数据线保持高电平,主机产生一个停止或重复起始条件。如果传输中有主机接收器,它必须通过在从机不产生时钟的最后一个字节不产生一个响应,向从机发送器通知数据结束。从机发送器必须释放数据线,允许主机产生一个停止或重复起始条件。

另外,最初的 I²C 总线规范支持的是 100kbps 速率,7 位地址模式。经过最近的扩展后,可以支持快速模式,速率达到 400kbps;高速模式,速率达到 3.4Mbps。并且支持 10 位寻址方式。本书的实例主要描述基本模式。

I²C 基本 7 位地址模式的数据格式如图 9.14 和图 9.15 所示。

S	Slave Address (7b)	R/W	ack	数据(1字节)	ack	数据	ack	P
→	→	→	←	→	←	→	←	→

S: 起始位
P: 停止位
→: 方向,主→从
←: 方向,从→主

图 9.14 写操作

S	Slave Address (7b)	R/W	ack	数据（1 字节）	ack	数据	ack	P
→	→	→	←	→	←	→	←	→

S：起始位
P：停止位
→：方向，主→从
←：方向，从→主

图 9.15　读操作

9.3.2　I²C 总线接口设计实例

1. X9241 芯片

要进行 I²C 控制器的设计，需要有一个验证对象。具有 I²C 从设备接口规范的器件有很多，包括很多图像、音频处理芯片及存储器件。在此，选择一种非常简单、便于测试的数字电位器 X9241A。

传统的可变电位器多为人工调整，调试生产麻烦，而且在一些防震性要求较高的场合较易发生变化，影响整个系统的性能。数字电位器可以很好地解决这些问题。X9241A 内部具有 4 个可变电位器，每个调整范围为 2~50kΩ，也可以多个级联使用。芯片内部每个电位器的控制逻辑如图 9.16 所示。

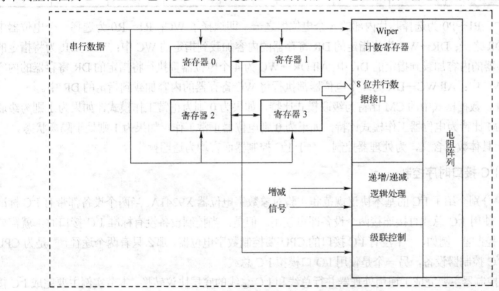

图 9.16　电位器的控制逻辑

直接控制电位器的是易失性的寄存器 Wiper Count Register（WC），另外，每个电位器控制还带有 4 个非易失性 Flash 寄存器 DR0~DR3。X9241A 芯片每次上电后，默认从 DR0 中将数据加载到 WC 中，完成对电位器的配置。此外，在运行过程中，系统可以通过 I²C 控制器直接改变 WC 或 DRx 的值，或者指定 DRx 里的值加载到 WC 中。

最常见的三字节指令控制时序关系如图 9.17 所示。

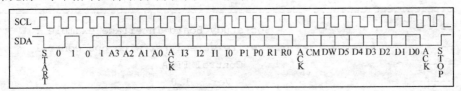

图 9.17　X9241 指令控制时序

通过以上的时序图可见，X9241A 的时序接口中和标准 I^2C 规范有一个细微差别，即它的地址字节定义为固定的 0101 和芯片引脚定义的 A3~A0，而规范中地址字节的最低位是读写比特。X9241A 的读写控制是通过后面的指令字节（数据字节 1）完成的。时序图中的指令字节的含义见表 9.6。

表 9.6 时序图中的指令字节含义

指　令	指令格式							
	I3	I2	I1	I0	P1	P0	R1	R0
读 WC	1	0	0	1	1/0	1/0	—	—
写 WC	1	0	1	0	1/0	1/0	—	—
读 DR	1	0	1	1	1/0	1/0	1/0	1/0
写 DR	1	1	0	0	1/0	1/0	1/0	1/0
DR→WC	1	1	0	1	1/0	1/0	1/0	1/0
WC→DR	1	1	1	0	1/0	1/0	1/0	1/0
All DR→WC	0	0	0	1	—	—	1/0	1/0
All WC→DR	1	0	0	0	—	—	1/0	1/0
递增/减	0	0	1	0	1/0	1/0	—	—

表中，P1~P0 为选择芯片内部的 4 个电位器之一，即选择了 WC；R1~R0 为选择一个电位器中的 4 个 DR 之一；DR→WC 为将指定的 DR 寄存器的内容加载到指定的 WC 中；WC→DR 为将指定的 WC 寄存器的内容加载到指定的 DR 中；All DR→WC 为 4 个电位器都执行将指定的 DR 寄存器的内容加载到 WC 中；All WC→DR 为 4 个电位器都执行将 WC 寄存器的内容加载到指定的 DR 中。

另外，数据格式中的 CM 比特为级联模式比特，如果为 0 则为正常工作模式，如果为 1 则为级联模式。DM 比特为电位器工作模式比特，如果为 0 则电位器正常工作，如果为 1 则处于隔离状态。

以上具体数据含义，为处理器控制，对于 I^2C 控制器而言均为透明操作。

2. I^2C 接口时序控制

以上分别介绍了 I^2C 的基本协议规范和实验对象数字电位器 X9241A。当两个设备都带有 I^2C 标准接口时，使用 I^2C 总线直接连接两个设备即可使用。但是，当控制设备没有标准 I^2C 接口时，就需要使用 I^2C 控制器。例如，一个没有 I^2C 接口的 CPU 要控制数字电位器，那么只有两个途径，一是为 CPU 加一个 I^2C 控制器设备，另一个是使用 I/O 口模拟 I^2C 总线。

I^2C 控制器主要完成了通用处理器并行总线和 I^2C 总线的底层协议转换。本节实例主要完成 I^2C 接口的时序设计，而 CPU 接口及相应寄存器操作请读者参考相关资料，自行完成设计。

不加入总线转换功能的 I^2C 控制模块主要完成 I^2C 总线的时序控制。本书的设计实例步骤比较简单，完全按照 X9241A 的时序要求设计。此处，给出写 WC 寄存器的代码，其他命令可以自行设计。

寄存器控制数据、指令数据和写入的数值数据分别存入 Register_Changed、Instruction_Changed 和 Data_Changed 中。整个模块分为 4 种状态：普通状态、等待 ACK 状态、写数据状态和结束状态。

【例 9.5】 I^2C 控制电路。

```
----
----                    Soc study Board Interface example :
----                  I2C Write wcregister with cpu control
----                              Control FPGA
----                                Ver : 1.0
----                             Chip: EP1C6Q240C8
```

```vhdl
-------------------------------------------------------------------------
LIBRARY ieee;
USE ieee.std_logic_1164.all;

ENTITY I2C_NCPU IS
    PORT (
        Reset           : in        std_logic;
        CLK_2M          : in        std_logic;
        SCL             : out       std_logic;
        Sdata_Dir       : out       std_logic;
        SDATA           : inout     std_logic
    );
END I2C_NCPU;

ARCHITECTURE RTL of I2C_NCPU IS

SIGNAL    Register_Changed              : std_logic_vector(7 DOWNTO 0);
SIGNAL    Instruction_Changed           : std_logic_vector(7 DOWNTO 0);
SIGNAL    Data_Changed                  : std_logic_vector(7 DOWNTO 0);

SIGNAL    Data_RealWrite                : std_logic_vector(7 DOWNTO 0);

SIGNAL    Count                         : integer range 0 to 9;
SIGNAL    Count_Control                 : integer range 0 to 63;
SIGNAL    Count_ACK                     : integer range 0 to 3;
SIGNAL    Count_DataWrited              : integer range 0 to 3;

SIGNAL    Count_10hz                    : integer range 0 to 204799;
SIGNAL    Clk_10hz                      : std_logic;

SIGNAL    Clk_200k                      : std_logic;
SIGNAL    Clk_100k                      : std_logic;
SIGNAL    Clk_50k                       : std_logic;

TYPE StateType IS (Normal_State, WaitAck_State, WriteData_State, End_State);
SIGNAL I2CControlState : StateType;

BEGIN

--------------the device address is 0101;the physical address is 0000
Register_Changed <= "01010000";

------------the write wc register command is 0101; the p1-p0 is 01--the second;
Instruction_Changed <= "10100100";

--------------the writed data is 00 000000
--------------the 1pin and 3pin of r1 is 10k
```

```vhdl
---data is 00 111111 1pin and 3pin of r1 is 0k ;
-------------data is 00 111000 1pin and 3pin of r1 is 1.1k
Data_Changed <= "00111000";

----the clock divide process: produce the 200k,100k and 50k clock from 2M clock
PROCESS(Clk_2M)
BEGIN
IF(Clk_2M'event and CLK_2m='1') THEN
  IF(Count_10hz = 204799) THEN
    Count_10hz <= 0;
    Clk_10hz <= not Clk_10hz;
  ELSE
    Count_10hz <= Count_10hz + 1;
  END IF;
END IF;
END PROCESS;

PROCESS(CLK_2M)
BEGIN
IF(Reset = '1') THEN
   Count <= 0;
   Clk_200k <= '0';
ELSIF(CLK_2M'event AND CLK_2M = '1') THEN
   IF(Count = 9) THEN
      Count <= 0;
      Clk_200k <= not Clk_200k;
   ELSE
      Count <= Count+1;
   END IF;
END IF;
END PROCESS;

PROCESS(Clk_200k)
BEGIN
IF(Reset = '1') THEN
   Clk_100k <= '0';
ELSIF(Clk_200k'event and Clk_200k = '1') THEN
   Clk_100k <= not Clk_100k;
END IF;
END PROCESS;

PROCESS(Clk_100k)
BEGIN
IF(Reset = '1') THEN
   Clk_50k <= '0';
ELSIF(Clk_100k'event AND Clk_100k='1') THEN
   Clk_50k <= NOT Clk_50k;
```

第9章 数字接口实例及分析

```vhdl
    END IF;
END PROCESS;
SCL <= Clk_50k;
-----------the main process: produce the timing of writing wr register
process(Reset,Clk_200k)
begin
if(Reset = '1') then
   Count_Control <= 0;
elsif(Clk_200k'event and Clk_200k='1') then
   case I²CControlState is
       when Normal_State =>
           Count_Control <= Count_Control + 1;
       when WaitAck_State =>
           Count_Control <= 0;
       when WriteData_State =>
           Count_Control <= Count_Control + 1;
       when End_State =>
           Count_Control <= 0;
       when others =>
   end case;
end if;
end process;

process(Reset,Clk_200k)
begin
if(Reset = '1') then
   SDATA <= '1';
   Sdata_Dir <= '1';
   I²CControlState <= Normal_State;
elsif(Clk_200k'event and Clk_200k='0') then
   case I²CControlState is
       when  Normal_State =>
                         if(Count_Control = 1) then
                            SDATA <= '0';
                         elsif(Count_Control = 3) then
                            SDATA <= Register_Changed(7);
                         elsif(Count_Control = 7) then
                            SDATA <= Register_Changed(6);
                         elsif(Count_Control = 11) then
                            SDATA <= Register_Changed(5);
                         elsif(Count_Control = 15) then
                            SDATA <= Register_Changed(4);
                         elsif(Count_Control = 19) then
                            SDATA <= Register_Changed(3);
                         elsif(Count_Control = 23) then
                            SDATA <= Register_Changed(2);
                         elsif(Count_Control = 27) then
```

```vhdl
                    SDATA <= Register_Changed(1);
                elsif(Count_Control = 31) then
                    SDATA <= Register_Changed(0);
                elsif(Count_Control = 35) then
                    SDATA <= 'Z';
                    I2CControlState <= WaitAck_State;
                end if;

                Sdata_Dir <= '1';

            when WaitAck_State =>
                Sdata_Dir <= '0';
                SDATA <= 'Z';
                if(SDATA = '0') then
                    Count_ACK <= Count_ACK + 1;
                end if;

                if(Count_ACK = 2) then

                    if(Count_DataWrited = 0) then
                        I2CControlState <= WriteData_State;
                        Data_RealWrite <= Instruction_Changed;
                        Count_DataWrited <= Count_DataWrited + 1;
                    elsif(Count_DataWrited = 1) then

                        I2CControlState <= WriteData_State;
                        Data_RealWrite <= Data_Changed;
                        Count_DataWrited <= Count_DataWrited + 1;
                    elsif(Count_DataWrited = 2) then
                        Count_DataWrited <= 0;
                        I2CControlState <= End_State;
                    end if;
                else
                    I2CControlState <= WaitAck_State;
                end if;

            when WriteData_State =>

                if(Count_Control = 1) then
                    SDATA <= Data_RealWrite(7);
                    Sdata_Dir <= '1';
                elsif(Count_Control = 5) then
                    SDATA <= Data_RealWrite(6);
                    Sdata_Dir <= '1';
                elsif(Count_Control = 9) then
                    SDATA <= Data_RealWrite(5);
                    Sdata_Dir <= '1';
                elsif(Count_Control = 13) then
```

```vhdl
                    SDATA <= Data_RealWrite(4);
                    Sdata_Dir <= '1';
                elsif(Count_Control = 17) then
                    SDATA <= Data_RealWrite(3);
                    Sdata_Dir <= '1';
                elsif(Count_Control = 21) then
                    SDATA <= Data_RealWrite(2);
                    Sdata_Dir <= '1';
                elsif(Count_Control = 25) then
                    SDATA <= Data_RealWrite(1);
                    Sdata_Dir <= '1';
                elsif(Count_Control = 29) then
                    SDATA <= Data_RealWrite(0);
                    Sdata_Dir <= '1';
                elsif(Count_Control = 33) then
                    SDATA <= 'Z';
                    I2CControlState <= WaitAck_State;
                    Count_ACK <= 0;
                    Sdata_Dir <= '0';
                end if;
            when End_State =>
                    SDATA <= '1';
                    Sdata_Dir <= '1';
            when others =>
        end case;
    end if;
end process;

end RTL;
```

9.4 GMSK 基带调制接口设计

在无线通信系统中，信道具有多普勒频移、多径衰落、非线性等特征，而且频率资源极其紧张。这些都给通信调制技术在恒包络、频谱效率、带外干扰等性能方面提出了较高的要求。连续相位调制（CPM）通过信号相位的连续变化提高了频带利用率，减少了带外功率辐射，且具有恒包络特性，非常适合在非线性信道中传输。

GMSK 调制方式是 CPM 调制的典型代表，广泛应用于 GSM、GPRS、军事通信和无线局域网等系统中。它是从 MSK 发展而来的一种二进制调制技术，通过高斯脉冲滤波器降低频谱的旁瓣，使得调制信号在符号间不仅相位连续而且平滑过渡，能满足移动通信等对信号带外辐射功率限制非常严格的应用场合。软件无线电通过宽带 A/D 数字化和可编程数字信号处理模块实现了通信中的信号处理，由于其可编程性，因此具有开放式的结构为调制解调实现提供了良好的平台。

9.4.1 GMSK 调制基本原理

MSK 信号的表达形式为：

$$s(t) = A\cos\left(2\pi f_c t + \frac{\pi}{T}a_n h t + \varphi_n\right)$$

式中，$nT \leq t \leq (n+1)T$，T 为符号周期，f_c 为载波，h 为调制指数，a_n 为输入数据，φ_n 为相位常数。对于 MSK 信号，其 h 为 0.5，因此载波相位为：

$$\phi_n(t) = 2\pi f_c t + \frac{\pi}{2T}a_n t + \varphi_n$$

可见在一个码元周期内，MSK 信号相位变化 $\pm \pi/2$，符号位由输入码元决定，φ_n 保证了相位的连续性。MSK 信号当前相位值也可以理解为：

$\phi_n(t) = \phi(nT) + \phi(t)$，其中 $\phi(nT)$ 为累积相位，即过去 n 个码元累积的总相位，$\phi(t)$ 为附加相位，它在 $nT \leq t \leq (n+1)T$ 之间线性变化。图 9.18 所示为 MSK 的相位路径仿真图。输入码元值为 {-1 -1 1 1 -1 1 1 1 1 -1}，采样频率为 $8/T$。

MSK 信号具有相位连续性和较好的误码特性，但在移动通信等应用场合，对信号的带外辐射功率限制十分严格，通常达到 70~80dB 以上，MSK 信号无法满足，GMSK 信号由此产生。

GMSK 在 MSK 基础上对基带信号进行平滑处理，使调制后的信号在码元转换时刻不仅连续而且变化平滑，从而达到改善频谱特性的目的。GMSK 调制的直观理解是高斯滤波加 MSK 调制，在此我们还是从相位变化的角度对 GMSK 信号进行分析。

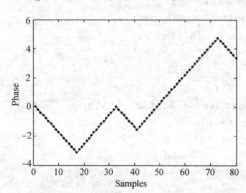

图 9.18 MSK 相位路径仿真图

在以上的讨论中，MSK 信号的 $a_n t$ 为矩形脉冲，如果变成高斯滤波成型的平滑曲线脉冲，则调制信号就成为了 GMSK 信号。高斯滤波使信号的频谱更加紧凑，但同时它在时间上展宽了信号脉冲，引入了码间串扰，因此 GMSK 信号也可以理解为一种部分响应信号。

矩形脉冲码元信号经过高斯滤波后，信号表达式为：

$$g(t) = \frac{1}{2}\left\{erfc\left[\frac{2\pi B_b}{\sqrt{2\ln 2}}\left(t - \frac{T}{2}\right)\right] - erfc\left[\frac{2\pi B_b}{\sqrt{2\ln 2}}\left(t + \frac{T}{2}\right)\right]\right\}$$

式中，B_b 为滤波器的 3dB 带宽。此时，GMSK 信号相位 $\varphi(t) = \pi \sum_{k=-\infty}^{n} a_k q(t - kT)$，其中：

$$q(t) = \frac{1}{2T}\int_{-\infty}^{t} g\left(\tau - \frac{T}{2}\right)d\tau$$

进一步推导可得：

$$q(t) = \begin{cases} 0 & t < -\frac{(L-1)T}{2} \\ \frac{1}{2T}\int_{-\infty}^{t} g\left(\tau - \frac{T}{2}\right)d\tau & -\frac{(L-1)T}{2} \leq t \leq \frac{(L+1)T}{2} \\ \frac{1}{2} & t > \frac{(L+1)T}{2} \end{cases}$$

在工程实现中，L 不可能无限长，需要进行截短。当 L 为 5 时，$q(t)$ 的仿真结果如图 9.19 所示。其中采样频率为 $8/T$，$B_b = 0.25/T$。

截短后，GMSK 信号的相位可以表示为：

$$\varphi(t) = \pi \sum_{k=n-(L-1)/2}^{n+(L-1)/2} a_k q(t-kT) + \frac{\pi}{2} \sum_{k=-\infty}^{n-(L-1)/2-1} a_k$$

其中后半部分为累积相位，是 $\pi/2$ 的整数倍，而前半部分为前后码元对本码元的相位影响。当输入码元值同样为 {−1 −1 1 1 −1 1 1 1 1 −1} 时，GMSK 信号相位路径仿真结果如图 9.20 所示。

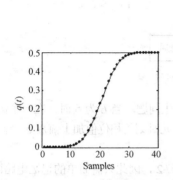
图 9.19　$q(t)$ 的仿真结果

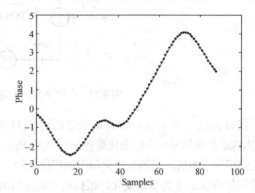
图 9.20　GMSK 信号相位路径仿真结果

9.4.2　GMSK 调制实现的基本方法

GMSK 调制电路的实现方法有多种。最常见的有图 9.21 和图 9.22 所示的两种实现结构。

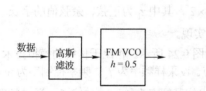

图 9.21　高斯滤波+VCO 实现 GMSK 调制示意图

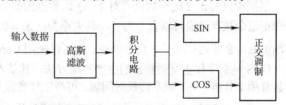

图 9.22　正交调制实现 GMSK 调制示意图

图 9.21 使用高斯脉冲信号直接对 VCO 进行频率调制。这种方法简单，容易实现。但由于 VCO 频率稳定度有限，易受器件、温度等因素影响而改变，因此 GMSK 信号的性能不够理想。具体工程实现上，一般需要通过锁相技术来增强频率稳定度，达到性能要求。

图 9.22 通过积分电路计算出高斯滤波后信号的相位值，然后分为 I、Q 两路正交信号送入正交调制器完成 GMSK 调制。这种架构符合软件无线电调制电路的基本思想，设计的重点在于高斯滤波和积分查表电路。

图 9.22 所示的方法虽然具有软件无线电特征，但高斯滤波和积分电路的设计过于复杂，而且 I、Q 两路数据经过 D/A 转换及模拟滤波后送入正交调制器，即存在精度有限、易幅度失衡的问题，也不利于单片化、小型化实现。

随着芯片技术的飞速发展，一些以往认为复杂度过高的实现方法也变得可行了。以 FPGA、DSP 为代表的软件无线电平台技术使得数字域的处理不断向 RF 靠近。图 9.23 所示为一种基于相位路径的全数字化调制方法，它利用存储资源代替了一些复杂度较高的运算单元，可以使用单芯片完成基带调制和中频正交调制，具有软件化、高性能、小型化等特点。主要包括了相位存储查找表、I、Q 数据查找表和 DDS 查找表三部分存储模块及内插、低通滤波和频率控制字产生等算法逻辑模块。

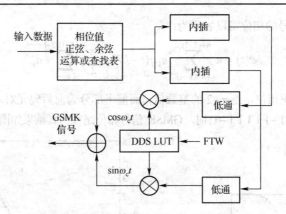

图 9.23 全数字方法实现 GMSK 调制示意图

根据第 9.4.1 节的讨论，GMSK 基带调制可以归结为相位产生问题。当 L 为 5 时，在一个码元周期内 GMSK 基带信号相位的变化路径如图 9.20 所示，即前一码元时刻的相位值加上前后 5 个码元对本码元的相位影响值，即累积相位和附加相位之和。

累积相位以 $\pi/2$ 为单位变化，根据历史码元值增大或减小 $\pi/2$，因此只需简单的记忆电路即可，无须占用额外的存储资源。

附加相位只和 L 个相关码元有关，具体存储表大小还和采样率有关，采样率主要对 $q(t)$ 进行离散化，在此设采样率为 c/T。若滤波器的 B_b 固定，则 $q(t)$ 值是固定的，因此根据输入的 L 个码元可以查找到 c 个采样点的相位值，进而查到附加相位正弦和余弦的结果。

累积相位为 $\pi/2$ 的整数倍，对 I、Q 路数据的影响在于对符号位和查表的控制上，因此相位存储表和正弦余弦存储表可以合二为一，其大小为：$S_1 = 2^L \times c \times z_1 \times 2$，其中 z_1 为正弦、余弦值的字长。实现正弦、余弦运算除了查找表以外，还可以采用 Cordic 算法实现。

DDS 是数字化正交调制器的主要实现方法，其基本结构如图 9.24 所示。相比于传统的模拟技术，它具有频率分辨率高、频率转换时间短、可产生任意波形等优点。设采样频率为 f_s，频率控制字为 w，频率控制字长为 L'，则输出信号频率为 $f = (w/2^{L'})f_s$。通过频率控制字可以实现信号频率的快速切换。存储查找表可以采用单象限存储，使用瞬时相位的高位来控制取反等运算完成其他象限的信号输出。

图 9.24 DDS 实现结构图

DDS 存储查找表的大小为：$S_2 = 2^{L'} \times z_2 \times 2$，其中，$z_2$ 是输出信号的字长。

9.4.3　GMSK 基带调制接口的实现代码

以下代码为 GMSK 基带调制接口的实现代码。它的中频接口为数字上变频芯片 AD9957，采用的是复用接口方式，速率为 1.6Mbps，因此代码的输出 data_out 为 I、Q 复用输出。

【例 9.6】 GMSK 基带调制接口顶层实例。

```
LIBRARY ieee;
USE ieee.std_logic_1164.all;
USE ieee.std_logic_arith.all;
USE ieee.std_logic_signed.all;

ENTITY GMSK_MOD IS
```

```vhdl
        generic (table_len: integer := 256);
        PORT(  rst: IN std_logic;
               clk_16k: OUT std_logic;     --16kHz clock
               data_in: IN std_logic;
               clk_work: IN std_logic;     --work clock
               clk_1_6M: IN std_logic;     --1.6MHz clock
               ex_1_6m : IN std_logic;
               fs_syn: IN std_logic;
               transmit_control: IN std_logic_vector (1 downto 0);
                         --"00" mod, "01" carrier, "10" turn off, "11" mod
               data_out: OUT std_logic_vector (17 downto 0);        --to ad9957
               tx_enable: OUT std_logic;
               index_out1: OUT integer range -32768 to 32767;   --for test
               index_out2: OUT integer range -32768 to 32767;   --for test
               shaping_out: OUT integer range -32768 to 32767;  --for test
               shaping_out2: OUT integer range -32768 to 32767; --for test

               cum_99_in: OUT integer range -32768 to 32767;    --for test
               cum_99: OUT integer range -32768 to 32767;       --for test
               sum_out: OUT std_logic_vector (31 downto 0);     --for test
               sum_in: OUT std_logic_vector (31 downto 0);      --for test
               curr_data: OUT integer range -32768 to 32767;    --for test
               counter_tr: OUT integer range 0 to 120;          --for test
               counter_g: OUT integer range 0 to 5000;          --for test
               in_counter: OUT integer range 0 to 120;          --for test
               cum_flag: OUT std_logic;                         --for test
               reg_flag: OUT std_logic;                         --for test
               first_frm_flag: OUT std_logic;                   --for test
               sum_flag: OUT std_logic                          --for test
               );
END GMSK_MOD;

ARCHITECTURE GMSKMOD_PROC OF GMSK_MOD IS
subtype MY_VECTOR IS std_logic_vector (15 DOWNTO 0);
subtype MY_INTEGER IS integer RANGE -2**15 TO 2**15-1;
subtype MY_INDEX_INTEGER IS integer RANGE -201 TO 201;
subtype MY_LONG_SIGNED_INTEGER IS integer RANGE -2147483647 TO 2147483647;
subtype MY_MUL_RESULT IS std_logic_vector (26 DOWNTO 0);

type my_coef_vector IS array (0 TO 49) of MY_VECTOR;
type my_gauss_coef IS array (0 TO 249) of MY_INTEGER;
type sc_table IS array (0 TO table_len) of MY_INTEGER;
type calc_buffer IS array (0 TO 49) of MY_INTEGER;
type shape_buffer IS array (0 TO 49) of MY_INTEGER;
type cum_buffer IS array (0 TO 49) of MY_LONG_SIGNED_INTEGER;
type add_buffer IS array (0 TO 49) of MY_VECTOR;
```

```vhdl
SIGNAL p_c: calc_buffer;
SIGNAL add_in_a,add_in_b,add_in_c,add_in_d,add_in_e,add_in_f,add_in_g,add_
in_h,add_result_1,add_result_2,add_result_3,add_result_4: add_buffer;
SIGNAL  a_s_flag_1,a_s_flag_2,a_s_flag_3,a_s_flag_4: std_logic;
SIGNAL  buf_shape_in_1,buf_shape_in_2,buf_shape_in_3,buf_shape_in_4,
buf_shape_in_5: my_coef_vector;
SIGNAL buf_shape_out_1,buf_shape_out_2,buf_shape_out_3,buf_shape_out_4,
buf_shape_out_5:my_coef_vector;
SIGNAL last_cum_out: std_logic_vector (31 downto 0);
SIGNAL last_cum_in: std_logic_vector (31 downto 0);
SIGNAL g_counter: integer range 0 to 3500 := 0;
SIGNAL tran_counter: integer range 0 to 120;
SIGNAL region_flag: std_logic := '0';
SIGNAL sum_reset: std_logic;
SIGNAL cum_reset: std_logic;
SIGNAL first_fs_flag: std_logic;

SIGNAL clk16_inner : std_logic;                         --zd
SIGNAL counter_inner : integer range 0 to 49;           --zd
SIGNAL syn_counter : integer range 0 to 3;              --BaudGenerator
CONSTANT gauss_coef:my_gauss_coef := (0,0,0,0,0,0,0,0,0,0,
0,0,0,0,0,0,0,0,0,0,
0,0,0,0,1,1,1,1,1,2,
2,3,3,4,5,6,8,9,11,13,
16,19,23,27,32,38,45,54,63,74,
87,101,118,137,158,183,211,242,278,318,
363,413,469,531,600,676,760,852,953,1064,
1185,1316,1458,1612,1778,1956,2147,2351,2569,2801,
3046,3306,3579,3867,4168,4483,4811,5152,5506,5871,
6247,6634,7029,7434,7845,8263,8685,9112,9540,9970,
10399,10826,11250,11670,12082,12487,12883,13268,13641,14001,
14346,14674,14986,15279,15553,15806,16039,16249,16436,16599,
16738,16853,16943,17007,17045,17058,17045,17007,16943,16853,
16738,16599,16436,16249,16039,15806,15553,15279,14986,14674,
14346,14001,13641,13268,12883,12487,12082,11670,11250,10826,
10399,9970,9540,9112,8685,8263,7845,7434,7029,6634,
6247,5871,5506,5152,4811,4483,4168,3867,3579,3306,
3046,2801,2569,2351,2147,1956,1778,1612,1458,1316,
1185,1064,953,852,760,676,600,531,469,413,
363,318,278,242,211,183,158,137,118,101,
87,74,63,54,45,38,32,27,23,19,
16,13,11,9,8,6,5,4,3,3,
2,2,1,1,1,1,1,0,0,0,
0,0,0,0,0,0,0,0,0,0,
0,0,0,0,0,0,0,0,0,0);

CONSTANT cos_tab: sc_table :=
```

```
(128451,128412,128296,128103,127832,127485,127060,126559,125982,125329,
124601,123798,122920,121967,120942,119843,118673,117431,116118,114735,
113283,111763,110176,108522,106803,105019,103172,101264,99294,97264,
95176,93030,90828,88572,86262,83900,81488,79027,76518,73963,
71363,68721,66037,63313,60551,57753,54920,52053,49156,46229,
43274,40293,37287,34259,31211,28144,25059,21960,18848,15724,
12590,9449,6303,3152,0,-3152,-6303,-9449,-12590,-15724,
-18848,-21960,-25059,-28144,-31211,-34259,-37287,-40293,-43274,-46229,
-49156,-52053,-54920,-57753,-60551,-63313,-66037,-68721,-71363,-73963,
-76518,-79027,-81488,-83900,-86262,-88572,-90828,-93030,-95176,-97264,
-99294,-101264,-103172,-105019,-106803,-108522,-110176,-111763,-113283,-114735,
-116118,-117431,-118673,-119843,-120942,-121967,-122920,-123798,-124601,-125329,
-125982,-126559,-127060,-127485,-127832,-128103,-128296,-128412,-128451,-128412,
-128296,-128103,-127832,-127485,-127060,-126559,-125982,-125329,-124601,-123798,
-122920,-121967,-120942,-119843,-118673,-117431,-116118,-114735,-113283,-111763,
-110176,-108522,-106803,-105019,-103172,-101264,-99294,-97264,-95176,-93030,
-90828,-88572,-86262,-83900,-81488,-79027,-76518,-73963,-71363,-68721,
-66037,-63313,-60551,-57753,-54920,-52053,-49156,-46229,-43274,-40293,
-37287,-34259,-31211,-28144,-25059,-21960,-18848,-15724,-12590,-9449,
-6303,-3152,0,3152,6303,9449,12590,15724,18848,21960,
25059,28144,31211,34259,37287,40293,43274,46229,49156,52053,
54920,57753,60551,63313,66037,68721,71363,73963,76518,79027,
81488,83900,86262,88572,90828,93030,95176,97264,99294,101264,
103172,105019,106803,108522,110176,111763,113283,114735,116118,117431,
118673,119843,120942,121967,122920,123798,124601,125329,125982,126559,
127060,127485,127832,128103,128296,128412,128451);
constant sin_tab: sc_table := (0,3152,6303,9449,12590,15724,18848,21960,25059,28144,
31211,34259,37287,40293,43274,46229,49156,52053,54920,57753,
60551,63313,66037,68721,71363,73963,76518,79027,81488,83900,
86262,88572,90828,93030,95176,97264,99294,101264,103172,105019,
106803,108522,110176,111763,113283,114735,116118,117431,118673,119843,
120942,121967,122920,123798,124601,125329,125982,126559,127060,127485,
127832,128103,128296,128412,128451,128412,128296,128103,127832,127485,
127060,126559,125982,125329,124601,123798,122920,121967,120942,119843,
118673,117431,116118,114735,113283,111763,110176,108522,106803,105019,
103172,101264,99294,97264,95176,93030,90828,88572,86262,83900,
81488,79027,76518,73963,71363,68721,66037,63313,60551,57753,
54920,52053,49156,46229,43274,40293,37287,34259,31211,28144,
25059,21960,18848,15724,12590,9449,6303,3152,0,-3152,
-6303,-9449,-12590,-15724,-18848,-21960,-25059,-28144,-31211,-34259,
-37287,-40293,-43274,-46229,-49156,-52053,-54920,-57753,-60551,-63313,
-66037,-68721,-71363,-73963,-76518,-79027,-81488,-83900,-86262,-88572,
-90828,-93030,-95176,-97264,-99294,-101264,-103172,-105019,-106803,-108522,
-110176,-111763,-113283,-114735,-116118,-117431,-118673,-119843,-120942,-121967,
-122920,-123798,-124601,-125329,-125982,-126559,-127060,-127485,-127832,-128103,
-128296,-128412,-128451,-128412,-128296,-128103,-127832,-127485,-127060,-126559,
-125982,-125329,-124601,-123798,-122920,-121967,-120942,-119843,-118673,-117431,
```

-116118,-114735,-113283,-111763,-110176,-108522,-106803,-105019,-103172,-101264,
-99294,-97264,-95176,-93030,-90828,-88572,-86262,-83900,-81488,-79027,
-76518,-73963,-71363,-68721,-66037,-63313,-60551,-57753,-54920,-52053,
-49156,-46229,-43274,-40293,-37287,-34259,-31211,-28144,-25059,-21960,
-18848,-15724,-12590,-9449,-6303,-3152,0);

```vhdl
COMPONENT cum_region1
    PORT
    (
        aclr: IN STD_LOGIC ;
        data: IN STD_LOGIC_VECTOR (15 DOWNTO 0);
        gate: IN STD_LOGIC ;
        q: OUT STD_LOGIC_VECTOR (15 DOWNTO 0)
    );
END COMPONENT;

COMPONENT cum_region2
    PORT
    (
        aclr: IN STD_LOGIC ;
        data: IN STD_LOGIC_VECTOR (15 DOWNTO 0);
        gate: IN STD_LOGIC ;
        q: OUT STD_LOGIC_VECTOR (15 DOWNTO 0)
    );
END COMPONENT;

COMPONENT cum_region3
    PORT
    (
        aclr: IN STD_LOGIC ;
        data: IN STD_LOGIC_VECTOR (15 DOWNTO 0);
        gate: IN STD_LOGIC ;
        q: OUT STD_LOGIC_VECTOR (15 DOWNTO 0)
    );
END COMPONENT;

COMPONENT cum_region4
    PORT
    (
        aclr: IN STD_LOGIC ;
        data: IN STD_LOGIC_VECTOR (15 DOWNTO 0);
        gate: IN STD_LOGIC ;
        q: OUT STD_LOGIC_VECTOR (15 DOWNTO 0)
    );
END COMPONENT;

COMPONENT cum_region5
```

```vhdl
        PORT
        (
            aclr: IN STD_LOGIC ;
            data: IN STD_LOGIC_VECTOR (15 DOWNTO 0);
            gate: IN STD_LOGIC ;
            q: OUT STD_LOGIC_VECTOR (15 DOWNTO 0)
        );
    END COMPONENT;

    COMPONENT last_sum
        PORT
        (
            aclr: IN STD_LOGIC ;
            data: IN STD_LOGIC_VECTOR (31 DOWNTO 0);
            gate: IN STD_LOGIC ;
            q: OUT STD_LOGIC_VECTOR (31 DOWNTO 0)
        );
    END COMPONENT;

    COMPONENT shaping_add_1
        PORT
        (
            add_sub: IN STD_LOGIC ;
            dataa: IN STD_LOGIC_VECTOR (15 DOWNTO 0);
            datab: IN STD_LOGIC_VECTOR (15 DOWNTO 0);
            result: OUT STD_LOGIC_VECTOR (15 DOWNTO 0)
        );
    END COMPONENT;

    COMPONENT shaping_add_2
        PORT
        (
            add_sub: IN STD_LOGIC ;
            dataa: IN STD_LOGIC_VECTOR (15 DOWNTO 0);
            datab: IN STD_LOGIC_VECTOR (15 DOWNTO 0);
            result: OUT STD_LOGIC_VECTOR (15 DOWNTO 0)
        );
    END COMPONENT;

    COMPONENT shaping_add_3
        PORT
        (
            add_sub: IN STD_LOGIC ;
            dataa: IN STD_LOGIC_VECTOR (15 DOWNTO 0);
            datab: IN STD_LOGIC_VECTOR (15 DOWNTO 0);
            result: OUT STD_LOGIC_VECTOR (15 DOWNTO 0)
        );
```

```vhdl
    END COMPONENT;

COMPONENT shaping_add_4
    PORT
    (
        add_sub: IN STD_LOGIC ;
        dataa: IN STD_LOGIC_VECTOR (15 DOWNTO 0);
        datab: IN STD_LOGIC_VECTOR (15 DOWNTO 0);
        result: OUT STD_LOGIC_VECTOR (15 DOWNTO 0)
    );
END COMPONENT;

BEGIN
    PROCESS(rst,clk_1_6M)
    BEGIN
    IF(rst = '0') THEN
        counter_inner <= 0;
        clk16_inner <= '0';
    ELSIF(clk_1_6M'event and clk_1_6M ='1') THEN   --ex_1_6m is dependent of 12.8m
        IF(counter_inner = 49) THEN
            clk16_inner <= not clk16_inner;
            counter_inner <= 0;
        ELSE
            counter_inner <= counter_inner + 1;
        END IF;
    END IF;
    END PROCESS;

    clk_16k <= clk16_inner;

    PROCESS(rst,clk16_inner)
    BEGIN
    IF(rst = '0') THEN
        syn_counter <= 0;
        sum_reset <= '1';
        cum_reset <= '1';
        first_fs_flag <= '1';
     ELSIF(clk16_inner'event AND clk16_inner='1') THEN
         sum_reset <= '0';
         cum_reset <= '0';
         first_fs_flag <= '0';
END IF;
END PROCESS;
cum_flag <= cum_reset;                          -- for debug
    sum_flag <= sum_reset;                      -- for debug
    first_frm_flag <= first_fs_flag;            -- for debug
```

第 9 章 数字接口实例及分析

```vhdl
GLOBAL_COUNTER: process--(first_fs_flag,clk_work)
variable temp_g_counger: integer range 0 to 5000;
BEGIN
    WAIT until clk_work'event AND clk_work = '1';     --zd

    IF first_fs_flag = '1' THEN
        temp_g_counger := 0;
    ELSE--if(clk_work'event and clk_work='1') THEN   --zd
        temp_g_counger := temp_g_counger + 1;
        IF  temp_g_counger > 3199 then
            temp_g_counger := 0;
        END IF;
    END IF;
    g_counter <= temp_g_counger;
END PROCESS GLOBAL_COUNTER;
counter_g <= g_counter;                               -- for debug


TRANSMIT_COUNTER: process
variable temp_counter: integer range 0 to 110;
BEGIN
    WAIT until clk_1_6M'event AND clk_1_6M = '1';

    IF (first_fs_flag = '1')  THEN
        temp_counter := 0;
    ELSE
        temp_counter := temp_counter + 1;
        if temp_counter > 99 then
            temp_counter := 0;
        END IF;
    END IF;
    tran_counter <= temp_counter;
END PROCESS TRANSMIT_COUNTER;
counter_tr <= tran_counter;-- for debug

UGMSKMOD1: for i in 0 to 49 generate
gauss_shaping1:cum_region1
PORT MAP (aclr => '0',
      data => buf_shape_in_1(i),
      gate => '1',
      q => buf_shape_out_1(i));
END generate;
cum_99_in <= conv_integer(buf_shape_in_1(49));   -- for debug
cum_99 <= conv_integer(buf_shape_out_1(49));     -- for debug


UGMSKMOD2: for i in 0 to 49 generate
gauss_shaping2:cum_region2
PORT MAP (aclr => '0',
```

```vhdl
            data => buf_shape_in_2(i),
            gate => '1',
            q => buf_shape_out_2(i));
   END generate;

   UGMSKMOD3: for i in 0 to 49 generate
   gauss_shaping3:cum_region3
   PORT MAP (aclr => '0',
            data => buf_shape_in_3(i),
            gate => '1',
            q => buf_shape_out_3(i));
   END generate;
   shaping_out <= conv_integer(buf_shape_in_3(0));      -- for debug
   shaping_out2 <= conv_integer(buf_shape_out_3(0));    -- for debug

   UGMSKMOD4: for i in 0 to 49 generate
   gauss_shaping2:cum_region4
   PORT MAP (aclr => '0',
            data => buf_shape_in_4(i),
            gate => '1',
            q => buf_shape_out_4(i));
   END generate;

   UGMSKMOD5: for i in 0 to 49 generate
   gauss_shaping3:cum_region5
   PORT MAP (aclr => '0',
            data => buf_shape_in_5(i),
            gate => '1',
            q => buf_shape_out_5(i));
   END generate;

   UGMSKMOD6: last_sum
   PORT MAP (aclr   => '0',
      data=> last_cum_in,
      gate=> '1' ,
      q => last_cum_out);
   sum_out <= last_cum_out;                             -- for debug
   sum_in <= last_cum_in;                               -- for debug

   UGMSKMOD7: for i in 0 to 49 generate
   MY_ADD1: shaping_add_1
   PORT MAP (add_sub    => a_s_flag_1,
      dataa    => add_in_a(i),
      datab    => add_in_b(i),
      result   => add_result_1(i));
   END generate;
```

```
UGMSKMOD8: for i in 0 to 49 generate
MY_ADD2: shaping_add_2
PORT MAP (add_sub    => a_s_flag_2,
    dataa    => add_in_c(i),
    datab    => add_in_d(i),
    result   => add_result_2(i));
END generate;

UGMSKMOD9: for i in 0 to 49 generate
MY_ADD1: shaping_add_3
PORT MAP (add_sub    => a_s_flag_3,
    dataa    => add_in_e(i),
    datab    => add_in_f(i),
    result   => add_result_3(i));
END generate;

UGMSKMOD10: for i in 0 to 49 generate
MY_ADD2: shaping_add_4
PORT MAP (add_sub    => a_s_flag_4,
    dataa    => add_in_g(i),
    datab    => add_in_h(i),
    result   => add_result_4(i));
END generate;

SHAPING_PROCESS: process--(first_fs_flag,clk_work)
VARIABLE c:calc_buffer;
VARIABLE temp_counter: integer range 0 to 35;
BEGIN
    WAIT until clk_work'event AND clk_work = '1';           --zd

    IF  first_fs_flag = '1' THEN

        FOR i in 0 to 49 LOOP
            p_c(i) <= 0;
        END LOOP;
        FOR I in 0 to 49 LOOP
            buf_shape_in_1(i) <= (OTHERS => '0');
        END LOOP;
        FOR i in 0 to 49 LOOP
            buf_shape_in_2(i) <= (OTHERS => '0');
        END LOOP;
        FOR i in 0 to 49 LOOP
            buf_shape_in_3(i) <= (OTHERS => '0');
        END LOOP;
        FOR i in 0 to 49 LOOP
            buf_shape_in_4(i) <= (OTHERS => '0');
        END LOOP;
```

```vhdl
            FOR i in 0 to 49 LOOP
                buf_shape_in_5(i) <= (OTHERS => '0');
            END LOOP;
            temp_counter := 0;
        ELSE--if(clk_work'event and clk_work='1') THEN
            CASE g_counter IS
                WHEN 5 =>
                    FOR i in 0 to 49 LOOP
                        c(i) := conv_integer(buf_shape_out_1(i));
                    END LOOP;

                    FOR i in 0 to 49 LOOP
                        p_c(i) <= c(i);
                    END LOOP;

                    temp_counter := 0;
                WHEN 1460 =>                    --1
                    IF data_in = '1' THEN
                        temp_counter := temp_counter + 1;
                    END IF;
                WHEN 1461 =>                    --2
                    IF data_in = '1' THEN
                        temp_counter := temp_counter + 1;
                    END IF;
                WHEN 1462 =>                    --3
                    IF data_in = '1' THEN
                        temp_counter := temp_counter + 1;
                    END IF;
                WHEN 1463 =>                    --4
                    IF data_in = '1' THEN
                        temp_counter := temp_counter + 1;
                    END IF;
            WHEN 1464 =>                        --5
                    IF data_in = '1' THEN
                        temp_counter := temp_counter + 1;
                    END IF;
                WHEN 1465 =>                    --6
                    IF data_in = '1' THEN
                        temp_counter := temp_counter + 1;
                    END IF;
                WHEN 1466 =>                    --7
                    IF data_in = '1' THEN
                        temp_counter := temp_counter + 1;
                    END IF;
                WHEN 1467 =>                    --8
                    IF data_in = '1' THEN
                        temp_counter := temp_counter + 1;
```

```vhdl
            END IF;
        WHEN 1468 =>                          --9
            IF data_in = '1' THEN
                temp_counter := temp_counter + 1;
            END IF;
        WHEN 1469 =>                          --10
            IF data_in = '1' THEN
                temp_counter := temp_counter + 1;
            END IF;
        WHEN 1470 =>                          --11
            IF data_in = '1' THEN
                temp_counter := temp_counter + 1;
            END IF;
        WHEN 1471 =>                          --12
            IF data_in = '1' THEN
                temp_counter := temp_counter + 1;
            END IF;
        WHEN 1472 =>                          --13
            IF data_in = '1' THEN
                temp_counter := temp_counter + 1;
            END IF;
        WHEN 1473 =>                          --14
            IF data_in = '1' THEN
                temp_counter := temp_counter + 1;
            END IF;
        WHEN 1474 =>                          --15
            IF data_in = '1' THEN
                temp_counter := temp_counter + 1;
            END IF;
        WHEN 1475 =>                          --16
            IF data_in = '1' THEN
                temp_counter := temp_counter + 1;
            END IF;
        WHEN 1476 =>                          --17
            IF data_in = '1' THEN
                temp_counter := temp_counter + 1;
            END IF;

        WHEN 1500 =>
                                   -- gauss filter shaping
            FOR i in 0 to 49 LOOP
                add_in_a(i) <= buf_shape_out_2(i);
                add_in_b(i) <= conv_std_logic_vector(gauss_coef(i),16);
            END LOOP;
            IF (temp_counter > 9) THEN
                a_s_flag_1 <= '1';
            ELSE
```

```vhdl
                    a_s_flag_1 <= '0';
                END IF;
            WHEN 1550 =>
                                            -- feedback to shaping buffer
                FOR i in 0 to 49 LOOP
                    buf_shape_in_1(i) <= add_result_1(i);
                END LOOP;
            WHEN 1605 =>
                                            -- gauss filter shaping
                FOR i in 0 to 49 LOOP
                    add_in_c(i) <= buf_shape_out_3(i);
                    add_in_d(i) <= conv_std_logic_vector(gauss_coef(i+50),16);
                END LOOP;
                IF (temp_counter > 9) THEN
                    a_s_flag_2 <= '1';
                ELSE
                    a_s_flag_2 <= '0';
                END IF;
            WHEN 1655 =>
                                            -- feedback to shaping buffer
                FOR i in 0 to 49 LOOP
                    buf_shape_in_2(i) <= add_result_2(i);
                END LOOP;
            WHEN 1705 =>
                                            -- gauss filter shaping
                FOR i in 0 to 49 LOOP
                    add_in_e(i) <= buf_shape_out_4(i);
                    add_in_f(i) <=
                    conv_std_logic_vector(gauss_coef(i+100),16);
                END LOOP;
                IF (temp_counter > 9) THEN
                    a_s_flag_3 <= '1';
                ELSE
                    a_s_flag_3 <= '0';
                END IF;
            WHEN 1755 =>
                                            -- feedback to shaping buffer
                FOR i in 0 to 49 LOOP
                    buf_shape_in_3(i) <= add_result_3(i);
                END LOOP;
            WHEN 1805 =>
                                            -- gauss filter shaping
                FOR i in 0 to 49 LOOP
                    add_in_g(i) <= buf_shape_out_5(i);
                    add_in_h(i) <=
                    conv_std_logic_vector(gauss_coef(i+150),16);
                END LOOP;
```

```vhdl
                    IF (temp_counter > 9) THEN
                        a_s_flag_4 <= '1';
                    ELSE
                        a_s_flag_4 <= '0';
                    END IF;
                WHEN 1855 =>
                                            -- feedback to shaping buffer
                    FOR i in 0 to 49 LOOP
                        buf_shape_in_4(i) <= add_result_4(i);
                    END LOOP;
                WHEN 1905 =>
                                            -- feedback to shaping buffer
                    FOR i in 0 to 49 LOOP
                        IF (temp_counter > 9) THEN
                            buf_shape_in_5(i) <=
                    conv_std_logic_vector(gauss_coef(i+200),16);
                        else
                            buf_shape_in_5(i) <=
                    conv_std_logic_vector(-gauss_coef(i+200),16);
                        end if;
                    end loop;
                when others =>   NULL;
            end case;
        end if;
end process SHAPING_PROCESS;

TRANSMIT_DATA: process
variable cur_data: integer range -32768 to 32768 := 0;
variable t_cum_sum,t_last_sum,t_last_sum2: integer range -2**30 to 2**30-1;
variable temp_cur_data: integer range -2**30 to 2**30-1;
variable temp_index1: integer range -32768 to 32768;
variable temp_index2: integer range -32768 to 32768;
variable temp_da: integer range -2**17 to 2**17-1;
variable temp_db: integer range -2**17 to 2**17-1;
variable temp_counter: integer range 0 to 120;
variable temp_index3: integer range 0 to 128;
begin
    wait until clk_1_6M'event and clk_1_6M = '0';

    if first_fs_flag = '1' then
        last_cum_in <= (OTHERS => '0');
        data_out <= (OTHERS => '0');
    elsif region_flag = '0' then
        temp_counter := tran_counter/2;
        cur_data := p_c(temp_counter);
        curr_data <= cur_data;              -- for debug
        in_counter <= temp_counter;         -- for debug
```

```vhdl
            t_last_sum := conv_integer(last_cum_out);
            t_cum_sum := t_last_sum + cur_data;
            if t_cum_sum > 268434958 then
                t_last_sum2 := t_cum_sum - 268434958;
            elsif t_cum_sum < -268434958 then
                t_last_sum2 := t_cum_sum + 268434958;
            else
                t_last_sum2 := t_cum_sum;
            end if;
            last_cum_in <= conv_std_logic_vector(t_last_sum2,32);

            temp_index1 := t_cum_sum/2**14;
            index_out1 <= temp_index1;                    -- for debug
            if temp_index1 > table_len then
                temp_index2 := temp_index1 rem table_len;
            elsif temp_index1 < 0 then
                temp_index2 := (temp_index1 rem table_len) + table_len;
            else
                temp_index2 := temp_index1;
            end if;
            index_out2 <= temp_index2;                    -- for debug

            temp_da := cos_tab(temp_index2);
            temp_db := sin_tab(temp_index2);

            if ((transmit_control = "00") or (transmit_control = "11")) then
                data_out <= conv_std_logic_vector(temp_da,18);
            elsif transmit_control = "01" then
                data_out <= "011111010111000011";
                            --011111010111000011
            end if;
        elsif region_flag = '1' then
            if ((transmit_control = "00") or (transmit_control = "11")) then
                data_out <= conv_std_logic_vector(temp_db,18);
            elsif transmit_control = "01" then
                data_out <= "000000000000000000";
            end if;
        end if;
    end process TRANSMIT_DATA;

CHANGE_FLAG: process
begin
    wait until clk_1_6M'event and clk_1_6M = '1';

    if first_fs_flag = '1' then
        region_flag <= '0';
    else
```

```
                region_flag <= not region_flag;
            end if;
        end process CHANGE_FLAG;

        reg_flag <= region_flag;                    -- for debug

        -----------------------------------------------------------
        TX_EN_SYN_PROCESS: process(first_fs_flag,clk_1_6M)
        variable temp_flag: std_logic;
        begin
            --wait until clk_1_6M'event and clk_1_6M = '0';

            if (first_fs_flag = '1') or (transmit_control = "10") then
                temp_flag := '0';
            elsif (clk_1_6M'event and clk_1_6M = '0') then
                temp_flag := '1';
            end if;
            tx_enable <= temp_flag;
        end process TX_EN_SYN_PROCESS;

end GMSKMOD_PROC;
```

【例 9.7】 cum_region1 代码实例。

```
LIBRARY ieee;
USE ieee.std_logic_1164.all;

LIBRARY lpm;
USE lpm.all;

ENTITY cum_region1 IS
    PORT
    (
        aclr: IN STD_LOGIC ;
        data: IN STD_LOGIC_VECTOR (15 DOWNTO 0);
        gate: IN STD_LOGIC ;
        q: OUT STD_LOGIC_VECTOR (15 DOWNTO 0)
    );
END cum_region1;


ARCHITECTURE SYN OF cum_region1 IS

    SIGNAL sub_wire0: STD_LOGIC_VECTOR (15 DOWNTO 0);

    COMPONENT lpm_latch
    GENERIC (
        lpm_type: STRING;
```

```
            lpm_width: NATURAL
    );
    PORT (
            aclr: IN STD_LOGIC ;
            q: OUT STD_LOGIC_VECTOR (15 DOWNTO 0);
            data: IN STD_LOGIC_VECTOR (15 DOWNTO 0);
            gate: IN STD_LOGIC
    );
    END COMPONENT;

BEGIN
    q <= sub_wire0(15 DOWNTO 0);

    lpm_latch_component : lpm_latch
    GENERIC MAP (
        lpm_type => "LPM_LATCH",
        lpm_width => 16
    )
    PORT MAP (
        aclr => aclr,
        data => data,
        gate => gate,
        q => sub_wire0
    );

END SYN;
```

【例9.8】 shaping_add_3 代码实例。

```
LIBRARY ieee;
USE ieee.std_logic_1164.all;

LIBRARY lpm;
USE lpm.all;

ENTITY shaping_add_3 IS
    PORT
    (
        add_sub: IN STD_LOGIC ;
        dataa: IN STD_LOGIC_VECTOR (15 DOWNTO 0);
        datab: IN STD_LOGIC_VECTOR (15 DOWNTO 0);
        result: OUT STD_LOGIC_VECTOR (15 DOWNTO 0)
    );
END shaping_add_3;


ARCHITECTURE SYN OF shaping_add_3 IS
```

```vhdl
        SIGNAL sub_wire0: STD_LOGIC_VECTOR (15 DOWNTO 0);


        COMPONENT lpm_add_sub
        GENERIC (
            lpm_direction: STRING;
            lpm_hint: STRING;
            lpm_representation: STRING;
            lpm_type: STRING;
            lpm_width: NATURAL
        );
        PORT (
                dataa: IN STD_LOGIC_VECTOR (15 DOWNTO 0);
                add_sub: IN STD_LOGIC ;
                datab: IN STD_LOGIC_VECTOR (15 DOWNTO 0);
                result: OUT STD_LOGIC_VECTOR (15 DOWNTO 0)
        );
        END COMPONENT;

BEGIN
        result    <= sub_wire0(15 DOWNTO 0);

        lpm_add_sub_component : lpm_add_sub
        GENERIC MAP (
            lpm_direction => "UNUSED",
            lpm_hint => "ONE_INPUT_IS_CONSTANT=NO,CIN_USED=NO",
            lpm_representation => "SIGNED",
            lpm_type => "LPM_ADD_SUB",
            lpm_width => 16
        )
        PORT MAP (
            dataa => dataa,
            add_sub => add_sub,
            datab => datab,
            result => sub_wire0
        );
END SYN;
```

【例 9.9】 last_sum 代码实例。

```vhdl
LIBRARY ieee;
USE ieee.std_logic_1164.all;

LIBRARY lpm;
USE lpm.all;

ENTITY last_sum IS
    PORT
    (
        aclr: IN STD_LOGIC ;
        data: IN STD_LOGIC_VECTOR (31 DOWNTO 0);
```

```vhdl
        gate: IN STD_LOGIC ;
        q: OUT STD_LOGIC_VECTOR (31 DOWNTO 0)
    );
END last_sum;


ARCHITECTURE SYN OF last_sum IS

    SIGNAL sub_wire0: STD_LOGIC_VECTOR (31 DOWNTO 0);


    COMPONENT lpm_latch
    GENERIC (
        lpm_type: STRING;
        lpm_width: NATURAL
    );
    PORT (
            aclr: IN STD_LOGIC ;
            q: OUT STD_LOGIC_VECTOR (31 DOWNTO 0);
            data: IN STD_LOGIC_VECTOR (31 DOWNTO 0);
            gate: IN STD_LOGIC
    );
    END COMPONENT;

BEGIN
    q <= sub_wire0(31 DOWNTO 0);

    lpm_latch_component : lpm_latch
    GENERIC MAP (
        lpm_type => "LPM_LATCH",
        lpm_width => 32
    )
    PORT MAP (
        aclr => aclr,
        data => data,
        gate => gate,
        q => sub_wire0
    );

END SYN;
```

习 题 9

1. 自行设计读 X9241 WC 寄存器的功能模块。
2. 简述 MSK 调制和 GMSK 调制的区别。
3. 阅读代码例 9.6 和 Cordic 算法资料，比较查表法和 Cordic 算法各自的特点。
4. 查阅资料，分析 I^2C 接口和 SPI 接口的区别。

第10章 通信算法实例及分析

本章概要：本章主要介绍通信算法领域的典型 VHDL 设计实例。
知识要点：（1）伪随机序列产生与检测设计实例；
　　　　　　（2）比特同步设计实例；
　　　　　　（3）基带差分编码设计实例；
　　　　　　（4）FIR 滤波器设计实例。
教学安排：本章教学安排 2～4 学时。通过本章的学习，可以让学生和读者扩大知识面，了解 EDA 技术在通信系统中的实际应用，熟悉使用 VHDL 在通信算法领域的设计流程和基本方法，培养理论联系实际、分析解决实际问题的能力。

10.1 伪随机序列的产生、检测设计

　　m 序列是最大长度线性移位寄存器序列的简称。m 序列有很多优良的特性，例如，同时具有随机性和规律性，良好的自相关和互相关性且很容易产生。首先，应用在扩频通信系统中，3G 移动通信技术的特征之一就是码分多址，即 CDMA，码是 CDMA 码分的基础。这里的码就是伪随机码，简称 PN 码。这是因为伪随机序列（Pseudonoise Sequence）具有类似于随机信号的一些统计特性，但又是有规律的，容易产生和复制。也正是因为系统中一般都采用伪随机序列，在扩频通信系统中也把扩频序列叫做伪随机序列（即 PN 码）。PN 码的选择作为 3G 移动通信的关键技术之一，直接影响着 CDMA 系统的质量、抗干扰能力等。目前，IS95 标准中使用的 PN 序列就是 m 序列，同时 m 序列还是构成其他序列的基础，如在 WCDMA 中采用的 GOLD 码就是两个 m 序列相加而成。此外，m 序列又有较好的密码学性质，用在密码学和保密通信中产生序列密码。

10.1.1 m 序列的产生

　　m 序列是最长线性反馈移位寄存器序列的简称，通常产生伪随机序列的电路为反馈移位寄存器，由线性反馈移存器产生的周期最长的二进制数字序列称为 m 序列。图 10.1 所示为一个 4 级反馈移位寄存器。为了防止全零状态，这 4 级反馈移位寄存器需要有非零初始状态，例如 1000，这样在时钟的控制下，移位寄存器的状态改变，同时输出也随之改变。

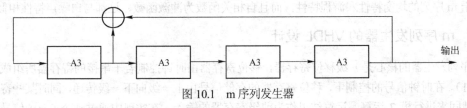

图 10.1　m 序列发生器

　　因为 4 级反馈移位寄存器共有 16 种可能的状态，除了不需要的全 0 状态外，剩下 15 种状态。又由于 m 序列的输出是末级寄存器的数据，因此任何 4 级反馈移位寄存器产生的序列的周期最长为 15。图 10.1 所示的发生器中，如果初始状态为 1000，则状态的变化如图 10.2 所示。

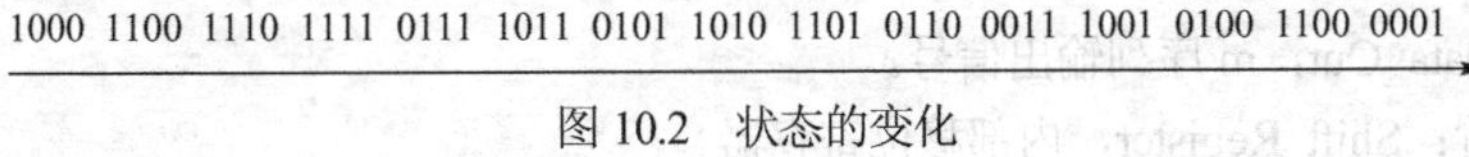

1000　1100　1110　1111　0111　1011　0101　1010　1101　0110　0011　1001　0100　1100　0001

图 10.2　状态的变化

10.1.2 m 序列的性质

1. 均衡特性

在 m 序列的一个周期中,1 和 0 的数目基本相等。准确地说,1 的个数比 0 的个数多一个。

2. 游程特性

把一个序列中取值相同的那些连在一起的元素合称为一个"游程"。在一个游程中元素的个数称为游程长度。图 10.1 所示产生的 m 序列的一个周期为 10001111010110010…。在这一个周期中,共有 8 个游程,其中长度为 4 的游程有一个,即 1111;长度为 3 的有一个,即 000;长度为 2 的游程有两个,即 11 和 00;长度为 1 的游程有 4 个,即单 0 和单 1。一般来说,在 m 序列中,长度为 1 的游程占游程总数的 1/2,长度为 2 的游程占游程总数的 1/4,长度为 3 的游程占游程总数的 1/8……长度为 k 的游程数目占游程总数的 2^{-k},其中 $1 \leqslant k \leqslant n-1$($n$ 为寄存器数目)。

3. 移位相加特性

一个 m 序列 M,与其经任意次延时移位产生的另一个不同序列 M_2 模 2 相加,得到的序列仍然是此 m 序列的某个移位序列。

4. 相关特性

令 x_i 为某时刻的 m 序列,而 x_{x+j} 为该序列的 j 次移位后的序列,则自相关值可以通过式(10.1)计算。

$$R(j) = \frac{A-D}{n} \tag{10.1}$$

式中,A 是 x_i 和 x_{i+j} 模 2 加后为 0 的数目,D 是 x_i 和 x_{i+j} 模 2 加后为 1 的数目。由 m 序列的移位相加特性可知,x_i 和 x_{i+j} 模 2 加后仍是 m 序列的一个元素,所以式(10.1)的分子就等于 m 序列一个周期中 0 的数目与 1 的数目之差。又由 m 序列的均衡特性可知,m 序列一个周期中 0 的数目比 1 的数目少一个,因此分子就为–1。因此,很显然相关函数为:

$$R(j) = \begin{cases} 1, & j=0 \\ -1/m, & j=1,2,\cdots,m-1 \end{cases}$$

5. 伪随机特性

由于 m 序列的均衡特性、游程特性,而且自相关函数为冲激函数,这都与白噪声特性相似。

10.1.3 m 序列发生器的 VHDL 设计

m 序列发生器的核心是 n 级移位寄存器,移位寄存器由时钟控制若干串接的寄存器所组成(可参见图 10.1)。在时钟信号的控制下,移位寄存器的存储信号由上一级向下一级传递,同时某些寄存器的输出反馈回来进行模 2 运算,运算结果作为前级寄存器的输入。在实现中通过一个 Reset 信号进行移位寄存器的初始状态设置。

引脚设置:Reset,复位信号;

Clk,时钟信号;

Data_Out,m 序列输出信号。

内部信号设置:Shift_Register,内部移位寄存器。

m序列发生器的 VHDL 实例如下。

【例 10.1】 m序列发生器。

```vhdl
####################################################################
-- # Project    :    M serial For study
-- # Filename   :    Mserial .vhd

-- # Institute  :    ****
-- # Date       :    07.05.2006
####################################################################
####################################################################
-- the generation poly is x**4+x+1
-- the m shift register state is 1000 1100 1110 1111 0111 1011
--                                0101 1010 1101 0110 0011 1001
--                                0100 0010 0001 1000
####################################################################

library ieee;
use ieee.std_logic_1164.all;
use ieee.std_logic_arith.all;
use ieee.std_logic_unsigned.all;

entity Mserial is
 port (Reset: in   std_logic;
       Clk: in    std_logic;
       Data_Out: out  std_logic);
end Mserial;

architecture rtl of Mserial is

signal  Shift_Register:std_logic_vector(3 downto 0);

begin

process(Reset,Clk)
begin
if(Reset = '0') then
   Shift_Register <= "1000";
else if(Clk'event and Clk='1') then
   Data_Out <= Shift_Register(0);
   Shift_Register(0) <= Shift_Register(1);
   Shift_Register(1) <= Shift_Register(2);
   Shift_Register(2) <= Shift_Register(3);
   Shift_Register(3) <= Shift_Register(3) xor Shift_Register(0);
end if;
end if;
end process;

end rtl;
```

10.1.4 m 序列检测电路的 VHDL 设计

以上介绍了 m 序列发生器的实现方法，它产生了周期为 15 的序列。根据自相关特性，某一相位的 m 序列只有和自己的相关值为 1，而与其他任意移位后的序列的相关值都只有 $-1/m$。这一特征能够很好地完成对某一相位序列的检测，在实际的通信系统中，帧同步技术就可以通过类似方法实现。

初始时检测模块为搜索状态，通过不断计算输入的序列和设定好的固定相位序列值的相关值，再与设定好的阈值相比较，通过标识信号输出搜索标识。

引脚设置：Reset，复位信号；
　　　　　Clk，时钟信号；
　　　　　Data_In，被检测序列输入信号；
　　　　　Flag_Out，检测输出信号。

内部信号设置：Shift_Register，内部移位寄存器；
　　　　　　　Ref_Value，检测参考信号（某特定相位的 m 序列）；
　　　　　　　Coff_Value，计算的相关值。

检测电路的 VHDL 代码如下。

【例 10.2】 m 序列检测电路。

```
-- ################################################################
-- # Project     :     Detect mserial For study
-- #
-- # Filename    :     Detect_Mseiral .vhd
-- # Designer    :
-- # Institute   :     ****
-- # Date        :     07.05.2006
-- ################################################################

-- ################################################################
-- the generation poly is x**4+x+1
-- the detect mserial is 000111101011001
-- ################################################################

library ieee;
use ieee.std_logic_1164.all;
use ieee.std_logic_arith.all;
use ieee.std_logic_unsigned.all;

entity Detect_Mserial is
 port ( Reset: in   std_logic;
     Clk: in   std_logic;
     Data_In: in   std_logic;
     Flag_Out: out  std_logic);
end Detect_Mserial;

architecture rtl of Detect_Mserial is
```

```vhdl
signal Shift_Register: std_logic_vector(14 downto 0);
signal Ref_Value: std_logic_vector(14 downto 0);
signal Coff_Value: integer range 0 to 15;

begin

Ref_Value <= "100110101111000";

process(Reset,Clk)
begin
    if(Reset = '0') then
        Shift_Register <= (others => '0');
    else if(Clk'event and Clk='0') then
        Shift_Register(0) <= Shift_Register(1);
        Shift_Register(1) <= Shift_Register(2);
        Shift_Register(2) <= Shift_Register(3);
        Shift_Register(3) <= Shift_Register(4);
        Shift_Register(4) <= Shift_Register(5);
        Shift_Register(5) <= Shift_Register(6);
        Shift_Register(6) <= Shift_Register(7);
        Shift_Register(7) <= Shift_Register(8);
        Shift_Register(8) <= Shift_Register(9);
        Shift_Register(9) <= Shift_Register(10);
        Shift_Register(10) <= Shift_Register(11);
        Shift_Register(11) <= Shift_Register(12);
        Shift_Register(12) <= Shift_Register(13);
        Shift_Register(13) <= Shift_Register(14);
        Shift_Register(14) <= Data_In;
    end if;
    end if;
end process;

process(Reset,Clk)
    begin
    if(Reset = '0') then
        Flag_Out <= '0';
    else if(Clk'event and Clk='0') then
        Coff_Value <= (conv_integer((Shift_Register(0) xor Ref_Value(0))) +
                      conv_integer((Shift_Register(1) xor Ref_Value(1))) +
                      conv_integer((Shift_Register(2) xor Ref_Value(2))) +
                      conv_integer((Shift_Register(3) xor Ref_Value(3))) +
                      conv_integer((Shift_Register(4) xor Ref_Value(4))) +
                      conv_integer((Shift_Register(5) xor Ref_Value(5))) +
                      conv_integer((Shift_Register(6) xor Ref_Value(6))) +
                      conv_integer((Shift_Register(7) xor Ref_Value(7))) +
                      conv_integer((Shift_Register(8) xor Ref_Value(8))) +
```

```
                        conv_integer((Shift_Register(9) xor Ref_Value(9))) +
                        conv_integer((Shift_Register(10) xor Ref_Value(10))) +
                        conv_integer((Shift_Register(11) xor Ref_Value(11))) +
                        conv_integer((Shift_Register(12) xor Ref_Value(12))) +
                        conv_integer((Shift_Register(13) xor Ref_Value(13))) +
                        conv_integer((Shift_Register(14) xor Ref_Value(14))));
            if(Coff_Value < 2) then
               Flag_Out <= '1';
            else
               Flag_Out <= '0';
            end if;
         end if;
         end if;
   end process;

end rtl;
```

使用 ModelSim 软件对以上设计进行仿真,合成文件及测试文件如下,仿真结果如图 10.3 所示。

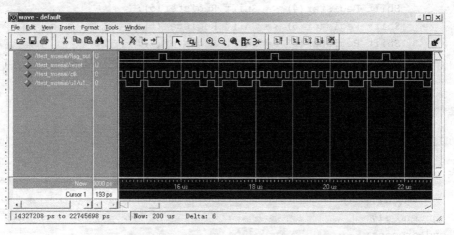

图 10.3 m 序列产生及检测设计——ModelSim 仿真结果

【例 10.3】 顶层代码及测试代码。

```
library ieee;
use ieee.std_logic_1164.all;
use ieee.std_logic_arith.all;
use ieee.std_logic_unsigned.all;

entity Mserial_All is
 port (Reset: in std_logic;
       Clk: in std_logic;
       Flag_Out: out std_logic);
end Mserial_All;

architecture rtl of Mserial_All is
```

```vhdl
signal Data_Temp : std_logic;

component Mserial
port (Reset: in std_logic;
      Clk: in std_logic;
      Data_Out: out  std_logic);
end component;

component Detect_Mserial
 port (Reset: in std_logic;
      Clk: in std_logic;
      Data_In: in std_logic;
      Flag_Out: out std_logic);
end component;

begin

U1 : Mserial
 port map(Reset => Reset,
          Clk => Clk,
          Data_Out => Data_Temp);

U2 : Detect_Mserial
 port map(Reset => Reset,
          Clk => Clk,
          Data_In => Data_Temp,
          Flag_Out => Flag_Out);

end rtl;

-- ######################################################################
-- # Project    :                                                       #
-- #                                                                    #
-- # Filename   :    Ttest_Mserial .vhd
-- # Institute  :    ****                                               #
-- # Date       :    06.05.2006                                         #
-- ######################################################################

library ieee;
use ieee.std_logic_1164.all;
use ieee.std_logic_arith.all;
use ieee.std_logic_unsigned.all;

entity Ttest_Mserial is
 port (Flag_Out : out std_logic);
end Ttest_Mserial;

architecture rtl of Ttest_Mserial is
```

```vhdl
    signal   Reset: std_logic;
    signal   Clk: std_logic := '0';

    component Mserial_All
    port (Reset: in std_logic;
          Clk: in std_logic;
          Flag_Out: out std_logic);
    end component;

begin
-- ##########################################
-- Lookup_Rom port map
U1 : Mserial_All
 port map(Reset => Reset,
          Clk => Clk,
          Flag_Out => Flag_Out);

clock : PROCESS
  begin
  wait for 100 ns; Clk <= not Clk;
end PROCESS clock;


Reset_Function : PROCESS
  begin
  wait for 10 ns;
  Reset <= '0';
  wait for 20 ns;
  Reset <= '1';
  wait for 100000000ns;
  Reset <= '1';
end process reset_Function;

end rtl;
```

10.2 比特同步设计

比特同步（位同步）是数字通信系统同步技术的一种，也是非常重要的一种。位同步和载波同步是截然不同的两种同步方式。在模拟通信中，没有位同步的问题，只有载波同步的问题，而且只有在接收机采用相干解调时才有载波同步问题。但在数字通信中，一般都有位同步的问题。

比特同步的实现方法分为直接法（自同步法）和插入导频法（外同步法）。在此，主要介绍的是使用 EDA 方法实现一个基本的自同步法的位同步。

10.2.1 锁相功能的自同步法原理

位同步锁相法实现是在接收端利用鉴相器比较接收码元和本地产生的位同步信号的相位，若两者相位不一致（超前或滞后），鉴相器就产生误差信号去调整同步信号的相位，直至获得准确的位同步信号为止。

数字锁相的原理框图如图 10.4 所示，它由高稳定度振荡器（晶振）、分频器、相位比较器和控制器组成。其中，控制器包括图中的扣除门、附加门和或门。高稳定度振荡器产生的信号经过整形电路变成周期性脉冲，经过控制器再送入分频器，输出位同步脉冲序列。一般情况下，接收码元的速率为 F（波特），则产生的位同步脉冲的频率也为 F（Hz），此时，晶振产生的主频率应该为 nF（Hz），则扣除与附加的调整大小也以 nF（Hz）为单位。

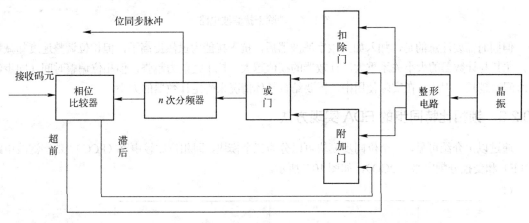

图 10.4　数字锁相原理框图

调整的基本原理是当分频器输出的位同步脉冲超前于接收码元的相位时，相位比较器输出一个超前信号，加到扣除门，扣除一个上支路脉冲，这样分频器输出脉冲的相位就推后一个频率为 nF（Hz）的周期。若分频器输出的位同步脉冲相位滞后于接收码元的相位，则相位比较器送出一个滞后脉冲，加到附加门，使得下支路输出的一个脉冲通过或门，使分频器的输入端添加了一个脉冲，这样，输出相位就提前了一个频率为 nF（Hz）的周期。

整个结构中对接收码元的相位比较器是一个关键的部件，它的实现方法主要有微分型和积分型。在此主要讨论较容易实现的微分型相位比较器。接收码元的相位信息可以通过基带信号的过零点提取。图 10.5 所示的基带信号波形图，将每个码元分为前后两个区，前半码元称为超前区，后半码元称为滞后区。位同步提取时钟采样边沿落在超前区，则说明提取时钟需要向后调整，反之，采样时钟采样边沿落在滞后区，则说明时钟需要向前调整。

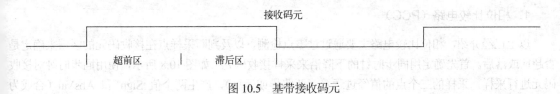

图 10.5　基带接收码元

因此通过过零点检测，同时判断采样时钟落在接收码元的什么区域，来送出超前脉冲或滞后脉冲。

以上数字锁相方法简单易行，但它的抗干扰能力较差，噪声或其他干扰也会触发电路工作，锁相电路做出调整，导致不希望的相位抖动。此时，可以仿照模拟锁相电路，在以上电路后加入一个数字滤波器，由一个计数器和或门组成，计数器初始值置于 N，前级相位比较器送入的超前脉冲或滞后脉冲使得计数器递加或递减，当计数器为 $2N$ 或 0 时，滤波器才送出真正的超前脉冲或滞后脉冲，去驱动后级的可调整分频器的时钟相位，同时使计数器恢复到初始值。这样，就消除了随机干扰对同步信号相位的调整。滤波器框架如图 10.6 所示。

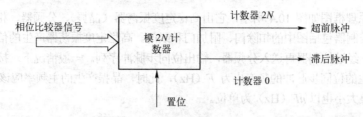

图 10.6 消除干扰滤波电路

但同时需要注意的是，加入如上数字滤波器后，抗干扰能力虽然提高了，但相位调整速度却减慢了，尤其与计数器的大小关系重大，计数器的模值越大，抗干扰能力越强，但相位调整时间（同步建立时间）越长。因此，在实际使用中，需要结合具体情况来确定计数器的大小。

10.2.2 锁相比特同步的 EDA 实现方法

通过以上介绍可见，一个位同步模块可以分为三个模块，即相位比较电路（PCC）、数字滤波电路（DLF）和受控分频电路（DCO），如图 10.7 所示。

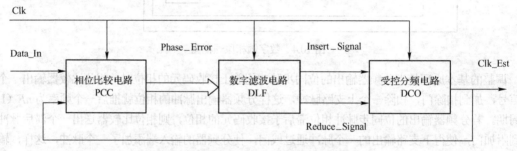

图 10.7 锁相功能位同步实现方框图

整个模块的工作原理如下：相位比较电路模块比较输入位流数据 Data_In 与本地估算时钟 Clk_Est 的相位，给出相位误差信号 Sign 和 AbsVal（两者合并记为 Phase_Error）。DLF 对相位误差信号进行平滑滤波，并生成控制 DCO 动作的控制信号 Reduce_Signal 和 Insert_Signal。DCO 根据控制信号给出的指令，调节内部高速振荡器的振荡频率，使其输出时钟 Clk_Est（同时反馈给 PCC）的相位跟踪输入数据 Data_In 的相位。

1. 相位比较电路（PCC）

以上已经介绍，相位比较电路主要通过过零点检测，以及判断采样点在接收码元的区域来确定是否超前或落后。首先确定用同步时钟的下降沿来采样接收码元。如图 10.8 所示，使用同步时钟对接收码元进行采样，采样的三个点的值经过运算（两路异或运算），产生两个值 Sign 和 AbsVal（合成为 Phase_Error 向量）送给 DLE 模块。

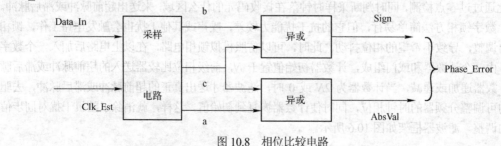

图 10.8 相位比较电路

其中，a、b、c 分别对应图 10.9 所示的对接收码元的采样值。

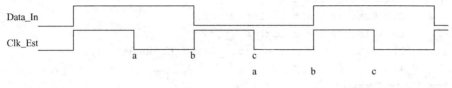

图 10.9 采样值示意图

如图 10.9 所示，相位比较电路在 Clk_Est 的跳变沿（包括上升沿和下降沿）对接收码元进行采样，并且存储起来。然后，在时钟的下降沿将存储的三个数据送入两路异或电路进行运算。其中，a 和 c 的运算代表着过零点检测，即有无码元数值变化，如果有，则 AbsVal 有效，说明同时产生的 Sign 为有效调整数据；而 b 和 c 的异或说明下降沿采样落在接收码元的什么区域，如果为 0，则落在滞后区，如果为 1，则落在超前区，以此驱动后级滤波电路，最终产生调整信号。

相位调整模块的示意代码如下。

【例 10.4】 相位调整模块。

```
-- ################################################################
-- # Project:BIT synchronization mudule for study                 #
-- #                                                              #
-- # Filename:Phase_Compare .vhd                                  #
-- # Institute:****                                               #
-- # Date:06.05.2006                                              #
-- ################################################################

-- ################################################################
-- The Top file is Digital_Pll.vhd                                #
-- 1: Phase_Compare.vhd                                           #
-- 2: Loop_Filter.vhd                                             #
-- 3: Digital_CO.vhd                                              #
-- ################################################################


-- ################################################################
-- # Reset: input reset signal                                    #
-- # Clk_Est: input estimated clock signal                        #
-- # Data_In: input data                                          #
-- # Phase_Error: bit1: 1: phase leading ; 0: phase lagging       #
-- # bit0: 1: phase error is effect; 0 : no effect                #
-- ################################################################
-- # expecting in the clk_est'falling edge sample data_in         #
-- ################################################################


library ieee;
use ieee.std_logic_1164.all;
use ieee.std_logic_arith.all;
use ieee.std_logic_unsigned.all;
```

```vhdl
entity Phase_Compare is
 port (Reset: in    std_logic;
       Clk_Est: in    std_logic;
       Data_In: in    std_logic;
       Phase_Error: out  std_logic_vector(1 downto 0)
       );
end Phase_Compare;

architecture rtl of Phase_Compare is

signal Temp_SampleA: std_logic;
signal Temp_SampleB: std_logic;
signal Temp_SampleC: std_logic;

begin

process(Reset,Clk_Est)
begin
if(Reset = '0') then
   Temp_SampleA <= '0';
   Temp_SampleC <= '0';
elsif(Clk_Est'event and Clk_Est = '0') then
   Temp_SampleA <= Temp_SampleC;
   Temp_SampleC <= Data_In;
end if;
end process;

process(Reset, Clk_Est)
begin
if(Reset = '0') then
   Temp_SampleB <= '0';
elsif(Clk_Est'event and Clk_Est = '1') then
   Temp_SampleB <= Data_In;
end if;
end process;

process(Reset, Clk_Est)
begin
if(Reset = '0') then
   Phase_Error <= "00";
elsif(Clk_Est'event and Clk_Est = '0') then
   Phase_Error(0) <= Temp_SampleA xor Temp_SampleC;
   Phase_Error(1) <= Temp_SampleB xor Temp_SampleC;
end if;
end process;

end rtl;
```

2. 数字滤波电路（DLE）

DLE 的工作原理在第 10.2.1 节已经介绍，它主要由双向计数模块和比较控制模块组成。在初始时刻，双向计数器被置初值 $M/2$。前级相位比较器模块送来的相位误差 Phase_Error 在双向计数器中做代数累加。在计数值达到边界值 0 或 M 后，比较逻辑将计数器同步置回 $M/2$，同时相应地在 Reduce_Signal 或 Insert_Signal 引脚上输出一高脉冲作为控制指令。随机噪声引起的相位误差输出由于长时间保持同一极性的概率极小，在计数器中会被相互抵消，而不会传到后级模块中去，达到了去噪滤波的目的。

计数器逻辑的模值 M 对整个位同步的性能指标有着显著的影响。加大模值 M，有利于提高锁相环的抗噪能力，但是会导致较长的捕捉时间和较窄的捕捉带宽。减小模值 M 可以缩短捕捉时间，扩展捕捉带宽，但是降低了锁相电路的抗噪能力。在设计中，将 M 设计为 generic 参数，可以根据实际情况进行设置。

以下为数字滤波器的示意 VHDL 代码。

【例 10.5】 数字滤波模块。

```vhdl
-- ##############################################################
-- # Project:BIT synchronization mudule for study               #
-- #                                                            #
-- # Filename:Loop_Filter .vhd                                  #
-- # Institute:****                                             #
-- # Date:06.05.2006                                            #
-- ##############################################################

-- ##############################################################
-- The Top file is Digital_PLL.vhd                              #
-- 1: Phase_Compare.vhd                                         #
-- 2: Loop_Filter.vhd                                           #
-- 3: Digital_CO.vhd                                            #
-- ##############################################################

-- ##############################################################
-- #           M = 256                                          #
-- ##############################################################

library ieee;
use ieee.std_logic_1164.all;
use ieee.std_logic_arith.all;
use ieee.std_logic_unsigned.all;

entity Loop_Filter is
 generic(M:  integer);
 port (Reset: in   std_logic;
       Clk: in    std_logic;
       Clk_Est: in   std_logic;
       Phase_Error: in   std_logic_vector(1 downto 0);
       Insert_Signal: out  std_logic;
       Reduce_Signal: out  std_logic
```

```
        );
end Loop_Filter;

architecture rtl of Loop_Filter is

signal Value_Lever:    integer range 0 to 255;
signal Count_Sample:   integer range 0 to 7;

begin

process(Reset,Clk_Est)
begin
if(Reset = '0') then
   Value_Lever <= M/2-1;
elsif(Clk_Est'event and Clk_Est='1') then
   if((Value_Lever = 0) or (Value_Lever = M-1)) then
      Value_Lever <= M/2-1;
   else
     case Phase_Error is
     when "01" =>
              Value_Lever <= Value_Lever - 1;
     when "11" =>
              Value_Lever <= Value_Lever + 1;
     when others =>
      end case;
   end if;
end if;
end process;

process(Reset,Clk)
begin
if(Reset = '0') then
   Count_Sample <= 0;
elsif(Clk'event and Clk='1') then
   Count_Sample <= Count_Sample + 1;
end if;
end process;

process(Reset,Clk)
begin
if(Reset = '0') then
   Insert_Signal <= '0';
   Reduce_Signal <= '0';
elsif(Clk'event and Clk='0') then
   if(Count_Sample = 0) then
      if(Value_Lever = 0) then
         Reduce_Signal <= '1';
```

```
        elsif(Value_Lever = M-1) then
           Insert_Signal <= '1';
        end if;
      else
        Reduce_Signal <= '0';
        Insert_Signal <= '0';
      end if;
    end if;
    end process;

end rtl;
```

3. 受控分频电路（DCO）

DCO 的主要功能是根据前级 DLF 模块输出的控制信号 Reduce_Signal 和 Insert_Signal 生成本地估算时钟 Clk_Est，这一时钟信号即为位同步模块恢复出来的位时钟。DCO 应有三个基本的组成部分：高速振荡器、相位调整电路和分频器。

高速振荡器提供高速稳定的时钟信号 Clk（在实例中 Clk 为一输入高速时钟），该时钟信号有固定的时钟周期。周期大小即为锁相电路在锁定状态下相位跟踪的精度，同时，它还影响锁相电路的捕捉时间和捕捉带宽。

相位调整电路在控制信号 Reduce_Signal 和 Insert_Signal 上均无高脉冲出现时，仅对 Clk 时钟信号进行 n 分频处理，分频后的速率就是输入码元的速率。当信号 Reduce_Signal 上有高脉冲时，在脉冲上升沿后，相位调整电路会在时钟信号 Clk_Est 的某一周期中扣除一个 Clk 时钟周期，从而导致 Clk_Est 时钟信号相位前移。而在信号 Insert_Signal 上有高脉冲时，相对应的处理会导致 Clk_Est 时钟信号相位后移。

DCO 模块的示意代码如下。

【例 10.6】 可控分频模块。

```
-- ##########################################################################
-- # Project:BIT synchronization mudule for study                           #
-- #                                                                        #
-- # Filename:Digital_CO .vhd                                               #
-- # Institute:****                                                         #
-- # Date:06.05.2006                                                        #
-- ##########################################################################

-- ##########################################################################
-- The Top file is Digital_Pll.vhd                                          #
-- ##########################################################################


-- ##########################################################################
-- for example Clk: 64mhz                                                   #
--             Clk_Est : 8mhz                                               #
-- ##########################################################################


library ieee;
use ieee.std_logic_1164.all;
```

```vhdl
use ieee.std_logic_arith.all;
use ieee.std_logic_unsigned.all;

entity Digital_CO is
 port (Reset: in std_logic;
       Clk: in std_logic;
       Insert_Signal: in std_logic;
       Reduce_Signal: in std_logic;
       Clk_Est: buffer std_logic
       );
end Digital_CO;

architecture rtl of Digital_CO is

signal Count_Control:integer range 0 to 7;

begin

process(Reset, Clk)
    begin
    if(Reset = '0') then
      Count_Control <= 0;
    elsif(Clk'event and CLk = '1') then
      if(Insert_Signal = '1') then
         Count_Control <= Count_Control;
      elsif(Reduce_Signal = '1') then
         Count_Control <= Count_Control + 2;
      else
         Count_Control <= Count_Control + 1;
      end if;
    end if;
end process;

process(Reset, Clk)
    begin
    if(Reset = '0') then
      Clk_Est <= '0';
    elsif(Clk'event and Clk = '0') then
      if(Count_Control = 7) then
        Clk_Est <= not Clk_Est;
      end if;
    end if;
end process;

end rtl;
```

顶层文件为 Digital_Pll.vhd，它调用了以上三个模块，代码如下。

【例 10.7】 顶层模块。

```vhdl
-- ######################################################################
-- # Project:BIT synchronization mudule for study                       #
-- #                                                                    #
-- # Filename:Digital_PLL .vhd                                          #

-- # Designer:Suyong                                                    #
-- # Institute:****                                                     #
-- # Date:06.05.2006                                                    #
-- ######################################################################

-- ######################################################################
-- The Top file is Digital_PLL.vhd                                      #
-- fall into three part                                                 #
-- 1: Phase_Compare.vhd                                                 #
-- 2: Loop_Filter.vhd                                                   #
-- 3: Digital_CO.vhd                                                    #
-- ######################################################################

library ieee;
use ieee.std_logic_1164.all;
use ieee.std_logic_arith.all;
use ieee.std_logic_unsigned.all;

entity Digital_PLL is
 port (Reset: in    std_logic;
       Clk: in    std_logic;
       Data_In: in    std_logic;
       Clk_Estimate: out   std_logic;
       Data_Out: out   std_logic
       );
end Digital_PLL;

architecture rtl of Digital_PLL is

component Phase_Compare
 port (Reset: in    std_logic;
       Clk_Est: in    std_logic;
       Data_In: in    std_logic;
       Phase_Error: out   std_logic_vector(1 downto 0)
       );
end component;

component Loop_Filter
 generic(M   :   integer);
 port (Reset: in    std_logic;
       Clk: in    std_logic;
       Clk_Est: in    std_logic;
       Phase_Error: in    std_logic_vector(1 downto 0);
```

```vhdl
            Insert_Signal: out  std_logic;
            Reduce_Signal: out  std_logic
            );
end component;

component Digital_CO
 port (Reset: in std_logic;
       Clk: in std_logic;
       Insert_Signal: in std_logic;
       Reduce_Signal: in std_logic;
       Clk_Est: buffer std_logic
       );
end component;

signal   Clk_Est:std_logic;
signal   Phase_Error:std_logic_vector(1 downto 0);
signal   Insert_Signal:std_logic;
signal   Reduce_Signal:std_logic;

begin

u1 : Phase_Compare
 port map(Reset => Reset,
          Clk_Est => Clk_Est,
          Data_In => Data_In,
          Phase_Error => Phase_Error
          );

u2 : Loop_Filter
 generic map(256)
 port map(Reset => Reset,
          Clk => Clk,
          Clk_Est => Clk_Est,
          Phase_Error => Phase_Error,
          Insert_Signal => Insert_Signal,
          Reduce_Signal => Reduce_Signal
          );

u3 : Digital_CO
 port map(Reset => Reset,
          Clk => Clk,
          Insert_Signal => Insert_Signal,
          Reduce_Signal => Reduce_Signal,
          Clk_Est => Clk_Est
          );

Clk_Estimate <= Clk_Est;
Data_Out <= Data_In;

end rtl;
```

10.3 基带差分编码设计

正弦载波数字调制是提高数字信息传输有效性和可靠性的重要手段,基本的数字调制方式有振幅调制(ASK)、频率调制(FSK)和相位调制(PSK 或 DPSK)。从提高通信系统有效性和可靠性方面来看,在这几种调制方式中,相位调制是比较理想的选择,再加上设备复杂性等方面的因素,因此目前用得较多的数字调制方式是相位调制。

相位调制包括二进制相移键控(2PSK)、多进制数字相位调制(MPSK)和二进制差分相位键控(DPSK)。其中,2PSK 是最基本的调制方式。MPSK 是 2PSK 的推广,比 2PSK 系统有高得多的信息传输速率,是近几年来十分引人注目的一种高效率的传输方式。但带来的问题是,进制数越大,在传输过程中受到噪声干扰时就越容易出错,即误码率越大。DPSK 是为解决 2PSK 解调过程的反相工作问题提出的。目前,差分 PSK 应用较为广泛,本节主要介绍了 BPSK 和 QPSK 中的基带调制和差分编码的 EDA 实现方法。

10.3.1 PSK 调制和差分编码原理

在二进制数字调制中,当正弦载波的相位随二进制数字基带信号离散变化时,则产生二进制相移键控(2PSK)信号,通常用已调信号载波相位的 0° 和 180° 分别表示二进制数字基带信号的 1 和 0。二进制相移键控信号的时域表达式为:

$$e_{2psk} = \left[\sum a_n g(t-nT_b)\right]\cos w_c t$$

式中,

$$a_n = \begin{cases} 1, & p \\ -1, & 1-p \end{cases}$$

若 $g(t)$ 是脉宽为 T_b、高度为 1 的矩形脉冲时,则有:

$$e_{2psk} = \begin{cases} \cos w_c t, & p \\ -\cos w_c t, & 1-p \end{cases}$$

可以看出,当发送二进制符号 1 时,已调信号取 0 相位;当发送二进制符号 0 时,已调信号取 180 相位。

这种以载波的不同相位直接表示相应数字信息的相位键控,通常被称为绝对移相方式。调制原理图如图 10.10 所示,BPSK 信号的典型波形图如图 10.11 所示。

图 10.10 BPSK 调制原理图

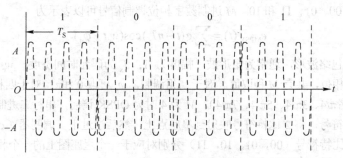

图 10.11 BPSK 信号的典型波形图

为解决 BPSK 信号解调过程的反向工作问题,提出了二进制差分相位键控(DBPSK)。DBPSK 方式是利用前后相邻码元的载波相位的相对变化来表示数字信息的。假设前后相邻码元的载波相位差为 $\Delta\varphi$($\Delta\varphi$ 定义为本码元初相与前一码元初相之差),并设数字信息与 $\Delta\varphi$ 之间的关系为:

$$\Delta\varphi = \begin{cases} 0, & \text{"0"} \\ \pi, & \text{"1"} \end{cases} \quad \text{或} \quad \Delta\varphi = \begin{cases} 0, & \text{"0"} \\ \pi, & \text{"1"} \end{cases}$$

则一组二进制数字信息与其对应的 DBPSK 信号的载波相位关系如下:

数字信息　　　1　1　0　1　0　0　1　1　1　0
DBPSK 相位　0　π　0　0　π　π　π　0　π　0　0
或　　　　　　π　0　π　π　0　0　0　π　0　π　π

可以看出,解调 DBPSK 信号时并不依赖于某一固定的载波相位参考值,只要前后码元的相对相位关系不破坏,则鉴别这个相位关系就可以正确恢复数字信息,这就避免了 BPSK 方式中的倒π现象发生。单纯从波形上看,DBPSK 波形也可以是另一符号序列(即相对码)经绝对移相形成的。这就说明:一方面,只有已知移相键控方式是绝对的还是相对的,才能正确判定原信息;另一方面,相对移相信号可以看做是数字信息序列(绝对码)变换成相对码,然后再根据相对码经过绝对相移而形成的。DBPSK 调制原理图如图 10.12 所示。

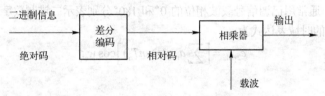

图 10.12　DBPSK 调制原理图

多进制数字相位调制是利用载波的不同相位来表征数字信息的调制方式。将 QPSK 信号用信号矢量图来描述,如图 10.13 所示。

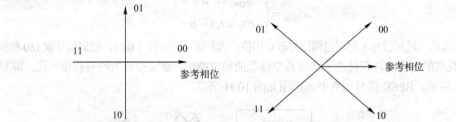

图 10.13　四进制数字相位调制信号矢量图

二进制数字相位矢量图,以 0 相位载波作为参考相位。载波相位只有两种取值,它们分别代表信息 1 和 0。四进制数字相位调制信号矢量图,载波相位有 0、π/2、π、3π/2(或 π/4、3π/4、5π/4、7π/4),它们分别代表信息 00、01、11 和 10。M 进制数字相位调制信号可以表示为

$$e_{\text{MPSK}}(t) = \sum g(t-nT_s)\cos(w_c t + \varphi_n)$$

式中,$g(t)$ 为信号包络波形,通常为矩形波,幅度为 1;T_s 为码元时间宽度;w_c 为载波频率;φ_n 为第 n 个码元对应的相位,共有 M 种取值。对于二相调制,φ_n 可取 0 和 π;对于四相调制,φ_n 可取 0、π/2、π、3π/2(或者 π/4、3π/4、5π/4、7π/4)。M 为 4 时为 QPSK 调制,串行二进制数据流首先经过串并变换成为 2 比特符号,将 2 比特符号映射到星座点上,然后通过正交调制器($\cos w_c t$、$-\sin w_c t$)调制出去。每个 2 比特符号(00,01,10,11)分别对应于一个星座图上的一个相位点。

QPSK 正交调制原理图如图 10.14 所示。

第 10 章 通信算法实例及分析

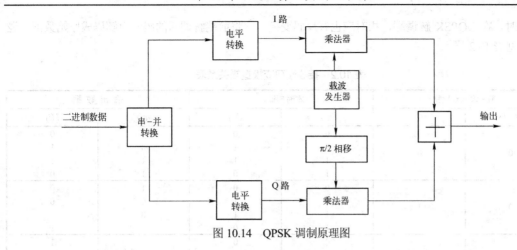

图 10.14 QPSK 调制原理图

和 DBPSK 相类似,四进制调相也存在差分 QPSK,即 DQPSK。在图 10.14 中,在串-并转换之后加入一级码变换(相当于 DBPSK 中的差分编码),即完成了 DQPSK,如图 10.15 所示。

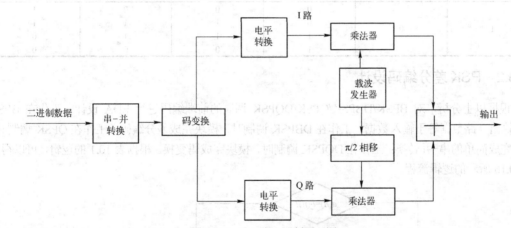

图 10.15 DQPSK 调制原理图

图中的码变换比二进制的差分编码要复杂,设 $a(n)$、$b(n)$ 为本次到达码元组值,$c(n)$、$d(n)$ 为本次码变换输出的码元组,$c(n-1)$、$d(n-1)$ 为上一时刻输出的码元组。整个码变换的逻辑关系见表 10.1。

表 10.1 码变换逻辑关系表

本时刻到达的数据及相对相位变化			前一时刻码元的状态			本时刻输出的码元数据		
$a(n)$	$b(n)$	相位变化	$c(n-1)$	$d(n-1)$	对应相位	$c(n)$	$d(n)$	对应相位
0	0	0	0	0	0	0	0	0
			1	0	90	1	0	90
			1	1	180	1	1	180
			0	1	270	0	1	270
1	0	90	0	0	0	1	0	90
			1	0	90	1	1	180
			1	1	180	0	1	270
			0	1	270	0	0	0
1	1	180	0	0	0	1	1	180
			1	0	90	0	1	270
			1	1	180	0	0	0
			0	1	270	1	0	90
0	1	270	0	0	0	0	1	270
			1	0	90	0	0	0
			1	1	180	1	0	90
			0	1	270	1	1	180

同时，在 DQPSK 解调端，相对应也有反码变换，它将前端解调后的码元组解码成原始数据，逻辑关系见表 10.2。

表 10.2 接收端码变换逻辑关系表

前一输入双比特		本时刻输入		输 出 数 据	
$c(i-1)$	$d(i-1)$	$c(i)$	$d(i)$	$a(i)$	$b(i)$
0	0	0	0	0	0
		0	1	0	1
		1	1	1	1
		1	0	1	0
0	1	0	0	1	0
		0	1	0	0
		1	1	0	1
		1	0	1	1
1	1	0	0	1	1
		0	1	1	0
		1	1	0	0
		1	0	0	1
1	0	0	0	0	1
		0	1	1	1
		1	1	1	0
		1	0	0	0

10.3.2 PSK 差分编码设计

根据以上分析，对 BPSK/DBPSK/QPSK/DQPSK 调制的前端编码进行 EDA 设计，工作在 BPSK 时，输出一路数据等于输入数据；工作在 DBPSK 调制时，模块完成差分编码；工作在 QPSK 调制时，模块完成简单的串-并转换；工作在 DQPSK 调制时，模块完成码变换。根据表 10.1 的逻辑，可以得到图 10.16 所示的逻辑流程。

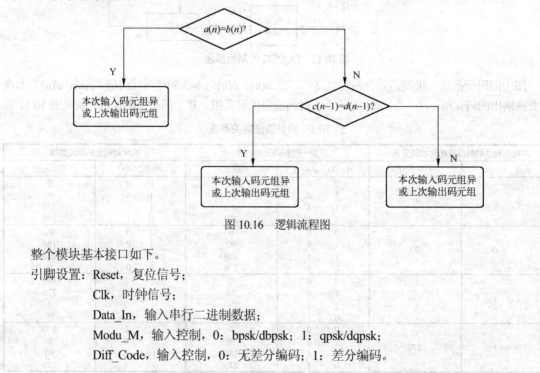

图 10.16 逻辑流程图

整个模块基本接口如下。

引脚设置：Reset，复位信号；

Clk，时钟信号；

Data_In，输入串行二进制数据；

Modu_M，输入控制，0：bpsk/dbpsk；1：qpsk/dqpsk；

Diff_Code，输入控制，0：无差分编码；1：差分编码。

设计文件如下。

【例10.8】 差分编码。

```vhdl
-- ####################################################################
-- # Project:Mpsk Baseband modulation design For study                #
-- #                                                                   #
-- # Filename:Diff_Code .vhd                                          #
-- # Institute:****                                                   #
-- # Date:06.05.2006                                                  #
-- ####################################################################

library ieee;
use ieee.std_logic_1164.all;
use ieee.std_logic_arith.all;
use ieee.std_logic_unsigned.all;


-- ####################################################################
-- generic                                                            #
-- 1: Modu_M :           0:bpsk/dpsk, 1:qpsk/dqpsk                    #
-- 3: Diff_Code:         0:no diff code 1: diff code                  #
-- ####################################################################

entity Diff_Code is
 --generic(Modu_M: integer;
 --        Diff_Code: integer);

 port (Reset: in   std_logic;
       Clk: in   std_logic;
       Modu_M: in   std_logic;
       Diff_Mode: in   std_logic;
       Data_In: in   std_logic;
       Data_OutI: out  std_logic;
       Data_OutQ: out  std_logic
       );
end Diff_Code;

architecture rtl of Diff_Code is

signal  Temp_OutI00: std_logic;
signal  Temp_OutQ00: std_logic;
signal  Temp_OutI01: std_logic;
signal  Temp_OutQ01: std_logic;
signal  Temp_OutI10: std_logic;
signal  Temp_OutQ10: std_logic;
signal  Temp_OutI11: std_logic;
signal  Temp_OutQ11: std_logic;
```

```vhdl
signal Register_dbpsk : std_logic := '0';        --reference phase is 0
signal Register_dqpsk : std_logic_Vector(1 downto 0) := "00";
                                                 --reference phase is 00

signal Shift_qpsk: std_logic_vector(1 downto 0);
signal Shift_dqpsk: std_logic_vector(1 downto 0);
signal Clk_OutQpsk: std_logic := '0';
signal Select_Mode: std_logic_vector(1 downto 0);

begin

-- #############################################
Temp_OutI00 <= Data_In;
Temp_OutQ00 <= '0';
-- #############################################

-- #############################################
process(Reset,Clk)
begin
if(Reset = '0') then
   Temp_OutI01 <= '0';
   Temp_OutQ01 <= '0';
else if(Clk'event and Clk = '1') then
   Temp_OutI01 <= Data_In xor Register_dbpsk;
end if;
end if;
end process;

process(Reset,Clk)
begin
if(Reset = '0') then
   Register_dbpsk <= '0';
else if(Clk'event and Clk = '0') then
   Register_dbpsk <= Temp_OutI01;
end if;
end if;
end process;
-- #############################################

-- #############################################
process(Reset,Clk)
begin
if(Reset = '0') then
   Clk_OutQpsk <= '0';
elsif(Clk'event and Clk = '1') then
   Clk_OutQpsk <= not Clk_OutQpsk;
end if;
```

```vhdl
    end process;

    process(Reset,Clk)
    begin
    if(Reset = '0') then
       Shift_qpsk <="00";
    else if(Clk'event and Clk='1') then
       Shift_qpsk(0) <= Data_In;
       Shift_qpsk(1) <= Shift_qpsk(0);
    end if;
    end if;
    end process;

    process(Reset, Clk_OutQpsk)
    begin
    if(Reset = '0') then
       Temp_OutI10 <= '0';
       Temp_OutQ10 <= '0';
    elsif(Clk_OutQpsk'event and Clk_OutQpsk='1') then
       Temp_OutI10 <= Shift_qpsk(0);
       Temp_OutQ10 <= Shift_qpsk(1);
    end if;
    end process;
    -- ##################################################

    -- ##################################################
    process(Reset,Clk)
    begin
    if(Reset = '0') then
       Shift_dqpsk <= "00";
    elsif(Clk'event and Clk='1') then
       Shift_dqpsk(0) <= Data_In;
       Shift_dqpsk(1) <= Shift_dqpsk(0);
    end if;
    end process;

    process(Reset, Clk_OutQpsk)
    begin
    if(Reset = '0') then
       Temp_OutI11 <= '0';
       Temp_OutQ11 <= '0';
    elsif(Clk_OutQpsk'event and Clk_OutQpsk='1') then
       if(Shift_dqpsk(0) = shift_dqpsk(1)) then
          Temp_OutI11 <= Shift_dqpsk(0) xor Register_dqpsk(0);
          Temp_OutQ11 <= Shift_dqpsk(1) xor Register_dqpsk(1);
       elsif(Shift_dqpsk(0) /= Shift_dqpsk(1)) then
```

```vhdl
        if(Register_dqpsk(0) = Register_dqpsk(1)) then
           Temp_OutI11 <= Shift_dqpsk(0) xor Register_dqpsk(0);
           Temp_OutQ11 <= Shift_dqpsk(1) xor Register_dqpsk(1);
        else
           Temp_OutI11 <= not (Shift_dqpsk(0) xor Register_dqpsk(0));
           Temp_OutQ11 <= not (Shift_dqpsk(1) xor Register_dqpsk(1));
        end if;
      end if;
end if;
end process;

process(Reset, Clk_OutQpsk)
begin
if(Reset = '0') then
   Register_dqpsk <= "00";
elsif(Clk_OutQpsk'event and Clk_OutQpsk='0') then
   Register_dqpsk(0) <= Temp_OutI11;
   Register_dqpsk(1) <= Temp_OutQ11;
end if;
end process;
-- #####################################################


-- #####################################################

-- #####################################################
Select_Mode <= Modu_M & Diff_Mode;        --Modu_M : bpsk 4psk  Diff_Code :
                                                 no decoder/decoder

with Select_Mode select
    Data_OutI       <= Temp_OutI00              when "00",
                       Temp_OutI01              when "01",
                       Temp_OutI10              when "10",
                       Temp_OutI11              when "11",
                       '0'                      when others;
with Select_Mode select
    Data_OutQ       <= Temp_OutQ00              when "00",
                       Temp_OutQ01              when "01",
                       Temp_OutQ10              when "10",
                       Temp_OutQ11              when "11",
                       '0'                      when others;
end rtl;
```

在 ModelSim 中进行仿真，当控制参数（Modu_M，Diff_Code）为 00 时，即 BPSK 方式，仿真波形如图 10.17（a）所示；控制参数为 01，DBPSK 方式下的仿真如图 10.17（b）所示；控制参数为 10，QPSK 方式下的仿真如图 10.17（c）所示；控制参数为 11，DQPSK 方式下的仿真如图 10.17（d）所示

第10章 通信算法实例及分析

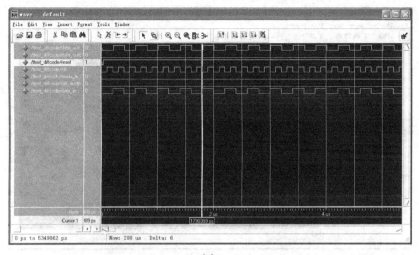

(a)

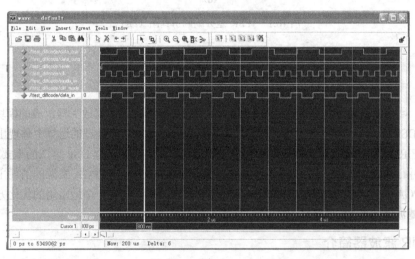

(b)

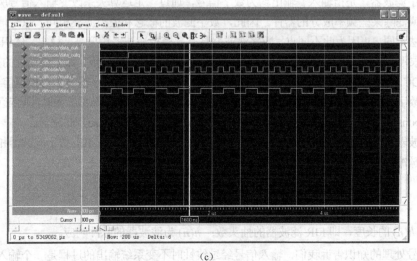

(c)

图 10.17 PSK 差分编码仿真图

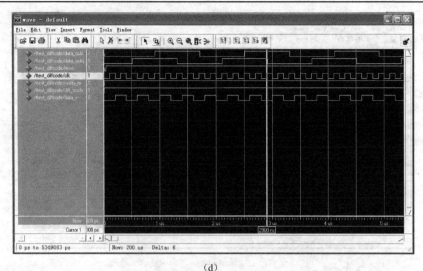

(d)

图 10.17　PSK 差分编码仿真图（续）

10.4　FIR 滤波器设计

近年来，数字滤波器正在迅速代替传统的由 R、L、C 元器件和运算放大器组成的模块滤波器，并且日益成为 DSP 的一个主要处理环节。FPGA 也在实现前端数字信号处理的运算中体现出越来越重要的作用（如 FIR 滤波、CORDIC 算法或 FFT）。乘累加运算是实现大多数 DSP 算法的重要途径，FPGA 在实现高速并行乘累加运算方面比 DSP 等实现途径有明显的优势。对 FPGA 资源的消耗主要为宽位乘法器，以 FPGA 内部的查找表结构（利用 EAB 资源）代替乘法器是一个最常用的优化方法。本节主要讨论 FIR 滤波器的 EDA 实现方法。

10.4.1　FIR 滤波器简介

所谓数字滤波器，是指输入、输出均为数字信号，通过一定运算关系改变输入信号所含频率成分的相对比例或滤除某些频率成分的器件。因此，数字滤波的概念和模拟滤波相同，只是信号的形式和实现滤波方法不同。正因为此不同点，数字滤波器具有比模拟滤波器精度高、稳定、体积小、重量轻、灵活、不要求阻抗匹配，以及模拟滤波器无法实现的特殊滤波功能等优点。如果要处理的是模拟信号，可以通过 ADC 和 DAC，在信号形式上进行匹配转换，同样可以使用数字滤波器对模拟信号进行滤波。

如果将数字滤波器从实现的网络结构或从单位脉冲响应来分类，可以分成无限脉冲响应（IIR, Infinite Impulse Response）滤波器和有限脉冲响应（FIR, Finite Impulse Response）滤波器。

FIR 滤波器称为有限长脉冲响应滤波器，是数字滤波器的一种，与 IIR 数字滤波器相对应，它的特点是单位脉冲响应 $h(n)$ 是一个有限长序列，因此系统函数一般写成如下形式：

$$H(z) = \sum_{n=0}^{N-1} h(n) z^{-n}$$

式中，N 是 $h(n)$ 的长度，即 FIR 滤波器的抽头数；$h(n)$ 为滤波器的脉冲响应。

数字信号处理的知识告诉我们，输入信号经过线性时不变系统输出的过程是一个输入信号与单位脉冲响应进行线性卷积的过程，因此输入信号经过 FIR 滤波器可以表达为：

$$y(n) = x(n)h(n) = \sum_k x(k)h(n-k) = \sum_k h(k)x(n-k)$$

式中，$x(n)$ 是输入信号，$y(n)$ 是卷积输出，$h(n)$ 是系统的单位脉冲响应。如图 10.18 所示，可以看出，每次采样 $y(n)$ 需要进行 L 次乘法和 $L-1$ 次加法操作实现乘累加之和，其中，L 是滤波器单位脉冲响应 $h(n)$ 的长度。可以发现，当 L 很大时，每计算一个点，都需要很长的延迟时间。

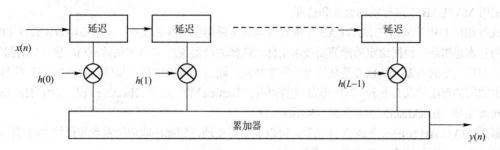

图 10.18　FIR 滤波器方框图

对于滤波器而言，首先要确定它的性能，然后 FIR 滤波器的设计主要就在于阶数和各阶系数上。最常见的 FIR 滤波器的设计方法是窗函数设计法。

窗设计的基本思想是，首先选择一个适当的理想选频滤波器（它是一个非因果、无限持续时间脉冲响应），然后截取（加窗）它的脉冲响应得到线性相位和因果 FIR 滤波器。因此这种方法的重点是选择一个合适的窗函数和理想滤波器。用 $H_d(e^{jw})$ 表示理想的选频滤波器，它在通带上具有单位增益和线性相位，在阻带上具有零响应。可以给出定义如下：

$$H_d(e^{jw}) = \begin{cases} e^{-j\alpha w}, & |w| \leq w_c \\ 0, & w_c < |w| \leq \pi \end{cases}$$

式中，w_c 为截止频率，α 为采样延迟。通过傅里叶反变换，这个滤波器的脉冲响应具有无限持续时间：

$$h_d(n) = F^{-1}[H_d(e^{jw})] = \frac{\sin[w_c(n-\alpha)]}{\pi(n-\alpha)}$$

由于这个滤波器是非因果无限持续时间的，因此为了得到一个 FIR 滤波器，必须同时在两边截取 $h_d(n)$，它的 $h(n)$ 长度为 M：

$$h(n) = \begin{cases} h_d(n), & 0 \leq n \leq M-1 \\ 0, & \text{其他} \end{cases}$$

这种操作叫做"加窗"，可见 $h(n) = h_d(n)w(n)$。最简单的窗函数为矩形窗，从阻带衰减来看，它的性能最差，定义为：

$$w(n) = \begin{cases} 1, & 0 \leq n \leq M-1 \\ 0, & \text{其他} \end{cases}$$

幅频响应为

$$W(e^{jw}) = \left[\frac{\sin\left(\dfrac{wM}{2}\right)}{\sin\left(\dfrac{w}{2}\right)}\right] e^{-jw\frac{M-1}{2}}$$

10.4.2 使用 MATLAB 设计 FIR 滤波器

MATLAB 是一套用于科学计算的可视化高性能语言与软件环境，它集数值分析、矩阵运算、信号处理和图形显示于一体，构成了一个界面友好的用户环境。它的信号处理工具箱包含了各种经典的和现代的数字信号处理技术，是一个非常优秀的算法研究与辅助设计的工具。在设计数字滤波器时，通常采用 MATLAB 来进行辅助设计和仿真。

线性相位 FIR 滤波器在 MATLAB 中的设计也通常采用窗函数法设计。采用窗函数法设计 FIR 滤波器的基本思想是：根据给定的滤波器技术指标，选择滤波器长度 N 和窗函数 $\omega(n)$，使其具有最窄宽度的主瓣和最小的旁瓣。其核心是从给定的频率特性，通过加窗确定有限长单位脉冲响应序列 $h(n)$。工程中常用的窗函数共有 6 种，即矩形窗、巴特利特（Bartlett）窗、汉宁（Hanning）窗、汉明（Hamming）窗、布莱克曼（Blackman）窗和凯泽（Kaiser）窗。

通过 MATLAB 中的命令或者 m 函数，可以非常方便地得到脉冲响应的系数和最终滤波器的幅频和相频特性。下面是两个简单的设计例子。

（1）设计一个低通 FIR 滤波器，长度为 8，截止频率为 0.4π。分别用矩形窗和布莱克曼窗设计。

```
Window=boxcar(8);
b=fir1(7,0.4,Window);
freqz(b,1)
Window=blackman(8);
b=fir1(7,0.4,Window);
freqz(b,1)
```

特性仿真图形如图 10.19 所示。

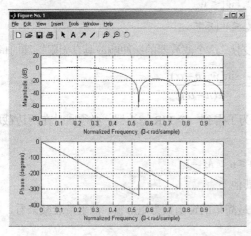 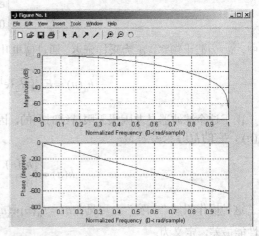

图 10.19　FIR 低通滤波器幅频/相频特性图

（2）设计一个线性相位带通滤波器，长度为 16，上、下边带截止频率分别为 0.3π 和 0.5π。采用布莱克曼窗设计。

```
Window=Blackman(16);
b=fir1(15,[0.3 0.5],window);
freqz(b,1)
```

特征仿真图如图 10.20 所示。

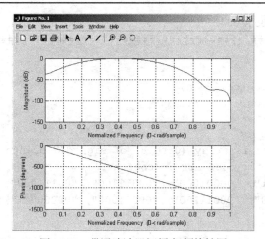

图 10.20 带通滤波器幅频/相频特性图

10.4.3 FIR 滤波器的 FPGA 普通设计

FIR 数字滤波器设计的基本步骤一般如下。

(1) 确定技术指标和模型逼近。

在设计一个滤波器之前,必须首先根据工程实际的需要确定滤波器的技术指标。在很多实际应用中,数字滤波器常被用来实现选频操作。因此,指标的形式一般是在频域中给出幅度和相位响应。

确定了技术指标后,就可以建立一个目标的数字滤波器模型(通常采用理想的数字滤波器模型)。之后,利用数字滤波器的设计方法(如窗函数法),设计出一个实际滤波器模型来逼近给定的目标。

(2) 性能分析和计算机仿真。

以上的结果是得到以差分或系统函数或冲激响应描述的滤波器,根据这个描述就可以分析其频率特性和相位特性,以验证设计结果是否满足指标要求,或者利用计算机仿真实现设计的滤波器,再分析滤波结果来判断。

以上步骤,都可以使用 MATLAB 完成,参见第 10.4.2 节。

(3) 滤波器的近似和工程实现。

在完成滤波器的性能设定、仿真和分析后,就转换到具体的工程实现上了。在实现手段上,最常见的有 DSP 处理芯片和 EDA 实现两种方式,DSP 芯片在数字信号处理运算的实现方面具有快速、便利和低成本的优势,但对于可以全并行处理的 FPGA/ASIC,EDA 设计方法在大运算量,高复杂的滤波器设计上有着优势。而且,ASIC 设计也是多种基带算法单片合成的最佳途径。在具体实现上,不可避免地需要对系数、数据的数值进行近似量化,在实现复杂度和性能两者间做出折中。这也是这个步骤中的一个重要工作。

从图 10.18 可以发现,确定了 FIR 滤波器的阶数和乘法系数后,使用乘法器、加法器和时延器就可以完成 FIR 滤波器的设计。

下面就是一个简单的 9 阶 FIR 滤波器直接实现方法的 VHDL 实现代码。

【例 10.9】 FIR 滤波器行为设计。

```
-- ################################################################
-- # Project:FIR Filter For study                                 #
-- #                                                              #
-- # Filename:FIRFilter_Behave.vhd                                #
-- #                                                              #
-- # Model:behav, the first step                                  #
-- # Institute:****                                               #
```

```vhdl
-- # Date:06.05.2004                                                        #
-- ##########################################################################

library ieee;
use ieee.std_logic_1164.all;
use ieee.std_logic_arith.all;

package coeffs is
  type coef_arr is array (0 to 8) of signed(7 downto 0);
  constant coefs: coef_arr := coef_arr'(
      "00000001", "00001000", "00011100", "00111000", "01000110",
      "00111000", "00011100", "00001000", "00000001");
end coeffs;

library ieee;
use ieee.std_logic_1164.all;
use ieee.std_logic_arith.all;
use work.coeffs.all;

entity Fir_Filter is
 port (Clk, Reset: in std_logic;
       Sample_In: in signed (7 downto 0);
       Result_Out: out signed (17 downto 0));
end Fir_Filter;

architecture beh of Fir_Filter is

begin

process(Clk, Reset)
type    Shift_Register is array(8 downto 0) of signed(7 downto 0);
variable  Shift:Shift_Register;
variable  Temp:signed(7 downto 0);
variable  Mul_Value:signed(15 downto 0);
variable  Acc_Value:signed(17 downto 0);
begin
if(Reset = '0') then
   for i in 0 to 7 loop
      Shift(i) := (others => '0');
   end loop;
   Result_Out <= (others => '0');
else if(Clk'event and Clk = '1') then
   Temp := Sample_In;
   Mul_Value := Temp * coefs(0);
   Acc_Value := conv_signed(Mul_Value, 18);
   for i in 7 downto 0 loop
       Mul_Value := Shift(i) * coefs(i + 1);
       Acc_Value := Acc_Value + conv_signed(Mul_Value, 18);
       Shift(i + 1) := Shift(i);
   end loop;
```

```
        Shift(0) := Temp;
        Result_Out <= Acc_Value;--(17 downto 8);
     end if;
    end if;
   end process;

   end beh;
```

  实现代码非常简单和直观地完成了 FIR 滤波器的设计,但是这个设计存在的主要问题是速度较慢。它采用串行实现,使用了单个乘法单元循环使用,虽然节省了硬件资源,但使得计算时延很大,FIR 滤波器的工作速率性能不会很高。一种改进的方法是采用全并行乘法结构,即按照图 10.16 所示搭建模块,使 9 个乘法器并行工作(也可以使用算法对称优化,减少乘法器数量),但又带来了另一个问题:直接使用乘法器,当阶数较大时,即使进行算法优化,若干乘法单元也将消耗大量的逻辑单元,而且随着滤波器的阶数提高,精度提高(数据和系数位数增加),实现复杂性随之线性增加,因此工程实现性也较差。对此,有很多对于 FIR 滤波器实现技术的研究,下面介绍其中的一种。

10.4.4   FIR 滤波器的并行 FPGA 优化设计

  一种最常见的乘法器优化实现的方法是使用查表运算代替乘法运算。由于每个乘法器滤波器系数固定,将乘法器的结果预先算好,存在内部 ROM 中,然后根据输入数据寻址查得运算结果。这样的设计对于输入数据量化比特较少时比较可行且简单,但寻址空间和 ROM 的大小会随着输入数据量化比特的增加呈指数增加,存储单元耗费过大。

  为了解决上述问题,可以将乘法器化解为"查表+加法运算",因为多位乘法运算等效于分级乘法然后累加。例如,系数为 00010000,输入数据为 11100111,则乘法结果为 0x0E70。乘法运算也可以分解为:

$$(11\times 00010000)<<0+(01\times 00010000)<<2+(10\times 00010000)<<4+$$
$$(11\times 00010000)<<6=0x0E70$$

  这样一个地址空间为 4 的 ROM 中预先存好相应的计算结果,然后寻址 4 次,得到结果再分别移位相加最终得到乘法结果。此时,也可以有两种选择,如果追求最佳速度,则每个小乘法都同时查表;如果节省资源,则一个乘法器共享一个查表结构,内部采用流水线机制作几次查表。

  以下为系数为 0001000 的两比特寻址的 ROM 查找表的 ROM 模块 mif 文件和代码。

  【例 10.10】 ROM 模块。

```
     -----------the coffe is 00010000
     DEPTH = 4;
     WIDTH = 16;

     ADDRESS_RADIX = DEC;
     DATA_RADIX = HEX;

     -- Specify values for addresses, which can be single address or range

     CONTENT
     BEGIN
         0:0000;     --00001
         1:0010;     --00010
         2:0020;     --00100
         3:0030;     --01000

     END ;
```

```vhdl
-- ============================================================
-- File Name: Lookup_Rom.vhd
-- Megafunction Name(s):
--          altsyncram
-- ============================================================
-- ************************************************************
-- THIS IS A WIZARD-GENERATED FILE. DO NOT EDIT THIS FILE!
--
-- 5.0 Build 168 06/22/2005 SP 1 SJ Web Edition
-- ************************************************************

LIBRARY ieee;
USE ieee.std_logic_1164.all;

LIBRARY altera_mf;
USE altera_mf.altera_mf_components.all;

ENTITY Lookup_Rom IS
    PORT
    (
        address: IN STD_LOGIC_VECTOR (4 DOWNTO 0);
        clock: IN STD_LOGIC ;
        q: OUT STD_LOGIC_VECTOR (15 DOWNTO 0)
    );
END Lookup_Rom;

ARCHITECTURE SYN OF lookup_rom IS

    SIGNAL sub_wire0: STD_LOGIC_VECTOR (15 DOWNTO 0);

    COMPONENT altsyncram
    GENERIC (
        intended_device_family: STRING;
        width_a: NATURAL;
        widthad_a: NATURAL;
        numwords_a: NATURAL;
        operation_mode: STRING;
        outdata_reg_a: STRING;
        address_aclr_a: STRING;
        outdata_aclr_a: STRING;
        width_byteena_a: NATURAL;
        init_file: STRING;
        lpm_hint: STRING;
        lpm_type: STRING
    );
    PORT (
            clock0: IN STD_LOGIC ;
            address_a: IN STD_LOGIC_VECTOR (4 DOWNTO 0);
            q_a: OUT STD_LOGIC_VECTOR (15 DOWNTO 0)
    );
```

```
        END COMPONENT;
BEGIN
    q    <= sub_wire0(15 DOWNTO 0);

    altsyncram_component : altsyncram
    GENERIC MAP (
        intended_device_family => "Cyclone",
        width_a => 16,
        widthad_a => 5,
        numwords_a => 32,
        operation_mode => "ROM",
        outdata_reg_a => "CLOCK0",
        address_aclr_a => "NONE",
        outdata_aclr_a => "NONE",
        width_byteena_a => 1,
        init_file => "Lookup_Rom.mif",
        lpm_hint => "ENABLE_RUNTIME_MOD=NO",
        lpm_type => "altsyncram"
    )
    PORT MAP (
        clock0 => clock,
        address_a => address,
        q_a => sub_wire0
    );

END SYN;
```

以下为一个乘法单元模块的实现代码，其中参数和基本接口如下。

参数设置：WideOf_DataIn，输入数据宽度；

WideOf_DataOut，输出数据宽度；

WideOf_RomAdd，Rom 地址线宽度。

引脚设置：Reset，复位信号输入；

Clk，Rom 工作时钟；

Clk_Multi，内部工作时钟；

SignedData_In，输入数据；

SignedData_Out，输出结果；

Count_Result，测试使用。

在设计中，将输入的数据首先由有符号数转换成无符号数。具体的乘法器单元实现代码如下。

【例 10.11】 乘法器单元模块。

```
-- #################################################################
-- # Project:Fir Filter For study                                  #
-- #                                                               #
-- # Filename:HighSpeed_Multi .vhd                                 #
-- # Institute:****                                                #
-- # Date:06.05.2005                                               #
-- #################################################################
```

```vhdl
-- ########################################################################
-- # The Coeffs of Fir filter                                             #
-- # signed(7 downto 0)                                                   #
-- # h(0) : "00000001"                                                    #
-- # h(1) : "00001000"                                                    #
-- # h(2) : "00011100"                                                    #
-- # h(3) : "00111000"                                                    #
-- # h(4) : "01000110"                                                    #
-- # h(5) : "00111000"                                                    #
-- # h(6) : "00011100"                                                    #
-- # h(7) : "00001000"                                                    #
-- # h(8) : "00000001"                                                    #
-- ########################################################################

-- ########################################################################
-- The LookUP setting                                                     #
-- input: 8bits signed value                                              #
-- Coeffs: 8bits signed value                                             #
-- fir tap: 9                                                             #
-- ########################################################################

library ieee;
use ieee.std_logic_1164.all;
use ieee.std_logic_arith.all;
use ieee.std_logic_unsigned.all;

entity Highspeed_adder is
 generic(WideOf_DataIn: integer := 7;
         WideOf_DataOut: integer := 15;
         WideOf_RomAdd: integer := 2);

 port (Reset: in std_logic;
       Clk: in std_logic;
       Clk_Data: in std_logic;
       Clk_Multi: in std_logic;
       SignedData_In: in signed (WideOf_DataIn downto 0);
       SignedData_Out: out signed (WideOf_DataOut downto 0);
       Count_Result: out integer range 0 to 7);
end Highspeed_adder;

architecture rtl of Highspeed_adder is

signal Count_PipeTemp: integer range 0 to 7;
signal Count_Pipe:    integer range 0 to 7;

signal Temp_DataOrigin: std_logic_vector(WideOf_DataIn downto 0);
signal Temp_DataIn:     std_logic_vector(WideOf_DataIn downto 0);
signal Temp_SignBit:    std_logic;

signal AddressRom_Temp: std_logic_vector(4 downto 0);
```

```vhdl
signal QRom_Temp: std_logic_vector(WideOf_DataOut downto 0);
signal QRom_BitTemp: bit_vector(WideOf_DataOut downto 0);
signal QRom_BitTempTwo: bit_vector(WideOf_DataOut downto 0);
signal QRom_StdTemp: std_logic_vector(WideOf_DataOut downto 0);
signal AcculateAdd_Temp: std_logic_vector(WideOf_DataOut downto 0);
signal AcculateInteger_Temp : integer;

component Lookup_Rom
PORT
    (
        address: IN STD_LOGIC_VECTOR (4 DOWNTO 0);
        clock: IN STD_LOGIC ;
        q: OUT STD_LOGIC_VECTOR (15 DOWNTO 0)
    );
end component;

begin

Count_Result <= Count_Pipe;
-- ##########################################
-- Lookup_Rom port map
U1 : Lookup_Rom
 port map(AddressRom_Temp,
        Clk,
        QRom_Temp);

-- ##########################################
-- Count for Pipe line pace
process(Clk_Multi,Reset)
begin
if(Reset = '0') then
    Count_PipeTemp <= 0;
else if(Clk_Multi'event and Clk_Multi='1') then
    Count_PipeTemp <= Count_PipeTemp + 1;
end if;
end if;
end process;

Count_Pipe <= 0 when Reset = '0' else
                    Count_PipeTemp + 7;
-- ##########################################
-- Change Fill Code to Origin Code

Temp_SignBit <= SignedData_In(7);

Temp_DataIn <= conv_std_logic_vector(SignedData_In,8);

Temp_DataOrigin <= conv_std_logic_vector(SignedData_In,8)
                when SignedData_In(WideOf_DataIn) = '0' else
```

```vhdl
                         (not Temp_DataIn) + 1;

-- ###############################################################
-- controling Pipe line to finish high speed multiplication
-- Count_Pipe control the 0-7 pace of pipeline
-- Sample Count_Pipe using the falling edge of Clk_Multi
process(Reset,Clk_Multi)
begin
if(Reset = '0') then
   AddressRom_Temp <= (others => '0');
else if(Clk_Multi'event and Clk_Multi = '0') then
   case Count_Pipe is
      when  0 => AddressRom_Temp <= "000" & Temp_DataOrigin(1 downto 0);
      when  2 => AddressRom_Temp <= "000" & Temp_DataOrigin(3 downto 2);
      when  4 => AddressRom_Temp <= "000" & Temp_DataOrigin(5 downto 4);
      when  6 => AddressRom_Temp <= "000" & Temp_DataOrigin(7 downto 6);
      when  others =>
   end case;
end if;
end if;
end process;

QRom_BitTemp <= to_bitvector(QRom_Temp);

with Count_Pipe select
   QRom_BitTempTwo <= (QRom_BitTemp sll 0)  when 1,
                      (QRom_BitTemp sll 2)  when 3,
                      (QRom_BitTemp sll 4)  when 5,
                      (QRom_BitTemp sll 6)  when 7;


QRom_StdTemp <= to_stdlogicvector(QRom_BitTempTwo);

process(Reset, Clk_Multi)
begin
if(Reset = '0') then
   AculateAdd_Temp <= (others => '0');
else if(Clk_Multi'event and Clk_Multi = '0') then
   case Count_Pipe is
      when  1 => AculateAdd_Temp <= QRom_Temp;
      when  3 => AculateAdd_Temp <= QRom_StdTemp + AculateAdd_Temp;
      when  5 => AculateAdd_Temp <= QRom_StdTemp + AculateAdd_Temp;
      when  7 => AculateAdd_Temp <= QRom_StdTemp + AculateAdd_Temp;
      when  others =>
   end case;
end if;
end if;
end process;
```

第 10 章 通信算法实例及分析

```
-- ###############################################################
-- when the count_pipe=7, the correct SignedData_Out output;
-- then in the main procedure, in the clk rising edge output 9 acculatedadd_temp
   adder(fir filter output)

AcculateInteger_Temp <= conv_integer(AcculateAdd_Temp);

process(Clk_Multi)
begin
if(Clk_Multi'event and Clk_Multi='1') then
   if(Count_Pipe = 7) then
      SignedData_Out <= conv_signed(AcculateInteger_Temp,16);--to_signed
                        (AcculateAdd_Temp);
   end if;
end if;
end process;

end rtl;
```

在 ModelSim 中使用输入数据为 01100110，运算仿真结果如图 10.21 所示。

在以上乘法器模块的基础上，使用多个乘法器模块按照图 10.18 所示的结构，可以方便地构造出 FIR 滤波器的整个模块。

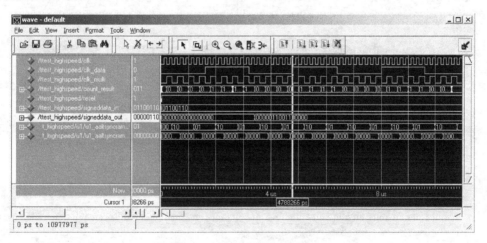

图 10.21 乘法器仿真结果图

习 题 10

1. 参考 m 序列实现方法，完成 Gold 序列的产生。
2. 绘制一个序列检测模块的状态迁移图。
3. 参考相位调制部分，完成基带 QAM 调制的设计。

参考文献

[1] 王金明,徐志军. EDA 技术与 Verilog HDL 设计. 北京:电子工业出版社,2013.
[2] 江国强. EDA 技术与应用(第 4 版). 北京:电子工业出版社,2013.
[3] 徐志军,王金明,尹廷辉. EDA 技术与 VHDL 设计. 北京:电子工业出版社,2010.
[4] 徐志军,尹廷辉. 数字设计(第 4 版). 北京:电子工业出版社,2010.
[5] 高有堂. EDA 技术及其应用实践. 北京:清华大学出版社,2006.
[6] 徐志军,王金明,尹廷辉. EDA 技术与 PLD 设计. 北京:人民邮电出版社,2006.
[7] 潘松,黄继业. SOPC 技术实用教程. 北京:清华大学出版社,2005.
[8] 潘松,黄继业. EDA 技术实用教程(第 3 版). 北京:科学出版社,2005.
[9] 王金明. 数字系统设计与 Verilog HDL(第 2 版). 北京:电子工业出版社,2005.